建筑工程监理从入门到精通

李 燕 编著

中国建筑工业出版社

图书在版编目(CIP)数据

建筑工程监理从入门到精通/李燕编著.—北京:
中国建筑工业出版社,2013.3
ISBN 978-7-112-15068-7

I.①建… II.①李… III.①建筑工程-监理工作
IV.①TU712

中国版本图书馆 CIP 数据核字(2013)第 012181 号

　　本书总共包括:第一章监理基础、第二章质量检查、第三章安全监理、第四章见证取样、第五章人防监理、第六章质量问题、第七章总监应知应会、第八章监理实战等主要内容。全面讲述了作者在做监理工作这些年的心得体会,其中既有关于专业工作的经验与教训,也有对工作本身的感受和感悟。全书内容丰富、语言朴实、言辞诚恳、感觉真切,书中最后的附录:作者文章精选,更表达了作者对监理工作热爱与对工作本身的精深领悟,对广大读者有很强的启发性和借鉴性。

　　本书可供广大监理人员阅读使用,也可供相关专业的师生阅读使用。

＊　＊　＊

责任编辑:岳建光　张伯熙
责任设计:李志立
责任校对:张　颖　赵　颖

建筑工程监理从入门到精通
李　燕　编著
＊
中国建筑工业出版社出版、发行(北京西郊百万庄)
各地新华书店、建筑书店经销
北京红光制版公司制版
北京世知印务有限公司印刷
＊
开本:787×1092毫米　1/16　印张:24¼　字数:604千字
2013年4月第一版　2013年11月第二次印刷
定价:56.00元
ISBN 978-7-112-15068-7
(23061)

前　言

在完成本书写作之时，我终于长舒口气。历时半年之久的业余时间，电脑前文字的敲击，资料的归纳、整理，书稿的撰写、编辑，在今天我终于交出了这份答卷。这半年时间也是我对十余年监理工作的系统总结。

通过本书，我力图以自己的实际经验以及现行的法律法规、技术规程、标准合同文本等进行一个总结。一是想给正在苦于东翻西找学习资料的新入行的同行一个完整的监理知识结构。二是对监理的同仁们，希望此书在手，大家可以根据本书找到相应的内容，指导和处理工作实际中遇到的问题。三是希望业主、施工单位能够根据本书，了解监理的工作程序，更好地相互配合、协作工作。四是对自己十余年的监理工作进行一次全面的知识结构及现场实践经验的系统总结。

这本书原书名为《闲叙慢说话监理》，现更名为《建筑工程监理从入门到精通》，全书共分八章另加附录，从最基本的监理法律法规应知应会开始，涵盖了监理"四控制、两管理、一协调"的现场实际工作内容。每条对应一个监理的具体内容，主要体现现场监理问题的针对性。希望对监理同行的工作有所帮助。

本书编写很多是结合了自己对现行的监理法律法规等进行的理解，因此难免有些不妥或疏漏之处，恳请读者给予批评指正。

李　燕
2012 年 9 月 28 日

目　　录

第一章 监 理 基 础

一、监理工程师报考条件、素质要求及能力要求

1. 考试

1) 报考条件

从事工程建设管理活动和工程建设的相关人员，高级职称或中级职称满三年

2) 由监理协会发布考试大纲

考试内容：三控一管理，概论、案例。

考试方式：闭卷。

合格标准：全国统一分数线，允许在两年全部通过四门考试并在一个单位注册，并有对外签字权。

其他人员一律叫监理员。没有签字权。

2. 监理工程师的素质要求

1) 较高的理论水平；

2) 复合型的知识结构；

3) 较高的专业技术水平；

4) 丰富的工程建设实际经验；

5) 具有高尚的职业道德；

6) 良好的敬业精神；

7) 具有较强的组织协调能力；

8) 良好的协作精神；

9) 具有健康的体魄和充沛的精力；

10) 具有较高的外语水平和涉外工作经验；

11) 具备一定的计算机知识。

3. 实践经验

1) 地质勘查实践经验；

2) 规划实践经验；

3) 工程设计实践经验；

4) 工程施工实践经验；

5) 设计管理实践经验；

6) 施工管理实践经验；

7) 构件、设备生产管理实践经验；

8) 工程经济管理实践经验；

9) 招标投标中介方面的实践经验；

10）立项评估、建设评价的实践经验；

11）建设监理实践经验。

4. 能力要求

1）组织协调能力；

2）表达能力：书面和口头表达能力；

3）管理能力：抓住主要矛盾的能力和工程预见性的能力；

4）综合解决问题的能力：具备经济、法律、管理、技术方面的知识和能力。

5. 目前我国监理工程师分类

1）（建设类）全国监理工程师；

2）公路监理工程师；

3）水利监理工程师；

4）设备监理工程师。

二、监理工程师的职业道德准则

1. 热爱本职工作，忠于职守、认真负责，具有对工程建设高度的责任感。

2. 坚持严格按照合同实施对工程项目的监理既要保护建设单位的利益，又要公平合理地对待施工单位。

3. 监理工程师本身要模范地遵守国家以及地方的各种法律、法规和规定，同时也要求施工单位模范的遵守，并据以保护建设单位的正当权益。

4. 监理工程师不得接受建设单位所支付的监理酬金以外的报酬以及任何形式的回扣、提成、津贴或其他间接报酬，同时，也不得接受施工单位的任何好处，以保持监理工程师的廉洁性。

5. 监理工程师要为建设单位保密。监理工程师了解和掌握的有关建设单位的情报资料，必须严格保密，不得泄露。

6. 当监理工程师认为自己正确的判断或决定被建设单位否决时，监理工程师应阐明自己的观点，并且要以书面的形式通知建设单位，说明可能给建设一方带来的不良后果。如认为建设单位的判断或决定不可行时，应以书面向建设单位提出劝告。

7. 监理工程师发现自己处理问题有错误时，应及时向建设单位承认错误并同时提出改正意见。

8. 监理工程师对本监理机构的介绍应实事求是，不得向建设单位隐瞒本机构的人员现实情况、过去的业绩以及可能影响监理服务质量的因素。

9. 监理单位和监理工程师个人，不得为所监理项目指定承包人、建筑材料、设备和构配件，不得经营或参与经营承包施工，也不得参与采购、营销设备和材料，也不得在政府部门、施工单位和设备、材料供应单位任职或兼职。

10. 监理工程师不得以谎言欺骗建设单位和施工单位，不得伤害、诽谤他人名誉借以提高自己的地位和名誉。

11. 监理工程师不得以个人名义承揽监理业务，不得同时在两个或两个以上监理单位注册和从事监理活动。

12. 为自己所监理的工程项目聘请单位监理人员时，须征得建设单位的认可。

13. 接受继续教育，努力学习专业技术和监理知识，不断提高业务能力和监理水平。

三、谈谈目前监理素质和道德的一些问题

关于素质和职业道德，谈谈自己的一些看法。

1. 全国监理工程师的考试没有考专业技术，致使很多从来没有接触过工程的人，经过几个月的学习轻而易举的拿到了资格证书，造成了有证而不懂技术的监理工程师存在，现在国证的监理工程师目前还比较缺乏，而有国证的监理工程师大都会被聘为总监，致使很多总监不懂工程技术，也就难以形成对现场的有力控制。

有的总监只是负责跟业主的沟通，业主没事，就没事，根本起不到总监应有的作用。

现场实际工作经验缺乏，不能够合理的预见性，起不到主动控制的作用。

因为监理队伍的人才缺乏，因而有证就聘为总监，而有些不具备应有的总监素质，不具备应有的专监及监理员的素质要求。对工地出现的各种情况难以把控大局，因而工地里什么事情都是以业主为主，难以达到监理应有的作用。

2. 一些地方管控不严，什么人都可以当监理。一般来说，从事监理工作的人员应该具有大专及以上的学历，有了扎实的基本功也才能够有效的管理和控制工地。而一些地方的职业高中，甚至是将工人也都招聘为监理员。这些人员有些比较好学还可以，不好学的，则是在工地混日子；很多买个文凭，几年就可以考地方上的监理工程师，而监理公司也乐于要这样的人。因为，工资不会很高，能够保证监理单位的收入，并且这类人跳槽的机率也比较低。

3. 有些业主单位，尽可能地压低监理费，而监理单位也就只好少上人或招聘一些低标准的人。不知道监理在现场是一种能力的体现，而不是靠人头。时常听到业主说："多上人，人员不够。"要求监理工地有人就行，就要有监理旁站。他们以为把监理都轰到工地里，就会管理好工地，这简直是个天大的笑话。人员多也不一定会管得住工地，而人员少也不一定管不住。所谓："老虎一个能拦路，耗子一窝喂老猫。"你要再多的人，素质低的十个不顶一个有用，监理是一种能力的体现，而不是数量取胜。

监理人员的工资太低促使监理人员流失严重，也造成了监理单位不能够聘请素质太高的人员。

监理费太低，工资低怎么可以给你配太齐太好的人员哪？一分钱一分货啊。

4. 监理单位的专业严重的不配套，就安装来说，一个安装监理工程师，既要管给排水，又要管强电，又要管弱电，又要管空调，又要管电梯，又要管通风，仿佛这安装监理是全才一样，即使这样还人员不够，一个安装监理有时比工地总监还要管得多。监理队伍严重人员匮乏。

5. 业主工资高，很多施工单位的人员，很多监理人员，甚至是设计单位的人员也都加入到了业主的行列，他们有的不懂法，不懂建设程序，有些只是懂得施工现场的一些质量方面的问题是想当然的办理事情，很多剥夺了监理的权利，越权指挥，就因为是业主，掌握了工程款的大权，掌握了可以撤换监理人员的大权，因而使监理的工作很难开展。作为业主也应该讲职业道德，因为业主是项目管理全权的负责人。

6. 有的监理利用职务之便，为工程推销材料，有些甚至这里做总监，那里却做着业主代表，有的这里做着监理，那里却是施工单位的人员。

7. 有的年龄大一些的监理人员甚至不懂电脑，也不钻研业务，而他的工作就是跟业主沟通，业主不说什么，那他的工作也就完成了。

对照监理人员的素质要求，对照监理人员的职业道德，监理是高智能的技术服务，何时监理成了老弱病残的养老院了？何时成了一个就业的渠道了？

在众多的考试当中，只有监理工程的资格考试要求最高，可怎么工资就这么低？

那次我参加一个总监答辩会，闲聊听一个业主说："监理就是老弱病残，好人谁做监理？"听到这话我的血液在燃烧，不知道说什么才好，难道监理就是任人宰割的牛羊吗？就都不是好人吗？

女儿在一个猎头公司单位实习，一房产公司招聘的明确要求是："要有业主经验的人，监理免谈，因为监理素质太低了。"听了这话，感到这个圈子里的人都是怎么样认为监理的？

我们相关主管部门，是应该大力的加强监理的管理，而不是把工地的所有责任都往监理身上推。现在素质低的施工单位，素质低的业主比比皆是，却听不到对他们的不利评价，而唯有监理，难道是迈入监理的门槛设置的太低吗？明明是特别高智商的一个职业，可为什么人们就对这个职业说得这么低哪？

看看吧，在网上经常会看到这样的话："中国监理制度是最大的黑色幽默，完全是形同虚设，有没有都一样，甚至有比没有更坏。"

"中国监理制度是最大的讽刺，大多数监理工程师只是为了外快红包而刁难资料员和施工带班。"

"一些卖菜的小贩，三轮车夫，交 600 块钱，就可以成为监理员。初中没毕业，做假学历，假职称，再托关系，找后门，培训一个星期，就可以轻而易举地成为省级监理师，这样的监理师，甚至不会立体几何，平面力系分析，不知道弯矩、剪力。不能识图，编预算。更别说三大力学，钢混、钢结构，以及进行结构验算，发现结构缺陷了。让这样的人当项目总监，别说楼倒倒、楼脆脆、楼塌塌也绝对不在话下。"

作为监理工程师的我们在想什么？作为有关的主管看到这样的话会想什么？作为监理单位领导会想什么？

难道几十万的监理工程师的大军就是这样的口碑吗？是应该引起我们每一个监理人员的深思了！

中国的监理，任重而道远，需要千千万万的监理人为之而努力的一个职业，使中国监理能够崛起，起到应有的作用！

四、监理员应履行的职责及项目监理机构的三个层次

1. 监理员的职责

（1）在监理工程师的指导下开展现场监理工作。

（2）检查承包单位投入工程项目的人力、材料、主要设备及其使用、运行情况，并做好检查记录。

（3）复核或从施工现场直接获取工程计量的有关数据并签署原始凭证。

（4）按设计图及有关标准，对承包单位的工艺过程或施工工序进行检查和记录，对加工制作及工序施工质量检查结果进行记录。

（5）担任旁站工作，发现问题及时指出并向专业监理工程师报告。

（6）做好监理日记和有关的监理记录。

2. 项目监理机构的三个层次：

（1）决策层：总监理工程师及总监代表。

依据监理合同的要求和工程项目监理活动与内容进行科学、程序化决策和管理。

（2）中间控制层（执行层），专业监理工程师。

具体监理规划的落实，监理目标控制及合同的实施。

（3）作业层（操作层）：由监理员组成。

具体负责监理工作的操作实施。

五、旁站监理人员的主要职责

旁站工作，大部分都由监理员来完成。

1. 旁站的内容

房屋建筑工程的关键部位，关键工序。

（1）基础工程中包括：

1）土方回填；

2）混凝土浇筑；

3）地下连续墙；

4）土钉墙；

5）后浇带；

6）结构混凝土；

7）防水混凝土；

8）卷材防水的细部构造处理；

9）钢结构安装。

（2）主体工程包括：

1）梁柱节点钢筋的隐蔽工程；

2）混凝土浇筑；

3）预应力张拉；

4）装配式结构检查；

5）钢结构安装；

6）网架结构；

7）索膜安装。

2. 旁站监理人员的岗位职责

（1）检查施工企业现场质量人员到岗、特殊工种人员持证上岗以及施工机械、建筑材料准备情况。

（2）现场跟班监督关键部位、关键工序的施工执行施工方案以及工程建设强制标准情况。

（3）核查进场建筑材料、建筑构配件、设备和商品混凝土的质量检验报告等，并可以在现场监督施工企业进行检验或者委托具有第三方进行复检。

（4）做好旁站监理记录和监理日记，保存旁站监理原始资料。

六、如何做一个合格的监理员

现场监理员，在监理人员中所占的比重比较大，而他承担的工作应该从监理规范中监理员的岗位职责中去找答案。

针对自己这么多年的监理工作实践，我谈谈如何做一个合格的监理员，我理解的合格监理员。

1. 合格的监理员

（1）应该深刻理解监理员的岗位职责，这里已经明确地说清楚了监理员每天的工作，那么对照一下自己，什么是应该自己做的？很多监理员不知道在现场应该干什么，那么你不知道干什么，几年下来，进步就不会很大，只能够是走马观花的看工地。

（2）人、机、料、法、环。其中，施工单位投入的人力、材料、主要设备及其使用、运行情况应该掌握。掌握的直接证据是有记录，监理工程师可以根据监理提供的现场证据资料分析施工现场进度质量等情况，以此为依据。

（3）现场的一些原始数据的获取，如果是一个合格的监理员，这个工作会为专监和总监提供很可靠的数据依据。比如工程返工：部位，人工，设备数量，时间，地点，取证照片等，这些工作应该由监理员来完成。这些原始的记录凭证资料要提供给监理工程师。

（4）对施工图纸有深刻的理解，每日检查施工单位执行规范图纸情况，对施工质量进行检查。检查的结果都要有所记录。这就要求监理员对规范，对图纸要掌握，哪里做错了，哪里有问题，做到了去现场能够发现问题。

（5）按照旁站的监理岗位职责去旁站。知道自己旁站应该检查什么，并不是站在那里。旁站的四项职责你都做到了吗？

质量员是不是到岗？不到岗要报告给专业监理工程师，或者是总监。

可以查验特种作业人员的上岗证。材料有没有什么问题？机械设备是否正常？

旁站的部位是否执行了方案和强制性条文。比如大体积混凝土浇筑方案中采用分层浇筑，是否是分层浇筑，施工的顺序是否跟方案吻合。在工地，很多监理员以为方案跟自己无关，那是总监和专监的事情，批好了，看也不看一眼方案，那么即使施工单位没有按方案去执行，你怎么可能查出来哪？

（6）要检查材料、建筑构配件、设备和商品混凝土的质量检验报告。比如，现场浇筑的是防水混凝土，你要查一查来到工地的混凝土配比是不是跟图纸里要求的配比吻合，是不是防水混凝土，掺了什么东西。

我工地的几个监理员都有照片拍照的配合比，每周工地例会都有汇报照片。

（7）检查混凝土试块制作情况，坍落度情况。我工地每次混凝土浇捣都有检查坍落度的照片以及试块制作时候的照片，确保了现场资料数据的真实可靠。我感觉这个工地的监理员做的比较到位。

（8）如实记录监理旁站记录和监理日记。这是每个监理员每天基本功。

2. 从监理员的岗位职责和旁站职责上看，监理员的岗位并不轻松，从这里就可以看出，监理员应该掌握些什么样的基础知识。

（1）熟悉图纸，熟悉规范，否则你就查不出来问题。

（2）要每天现场巡视，否则你怎么可以掌握施工单位的人力情况，不去查你怎么可以知道施工单位有多少钢筋工，有多少木工，有多少泥工？

（3）要能够吃得起辛苦，很多旁站工作都是在夜间施工，或是在大太阳底下要去查，要去看。

（4）要仔细认真，否则你怎么可以对原始凭证能够如实的签证，要知道施工单位很多的变更计量，是要监理员或监理工程师拿出原始凭证的。

（5）要勤快，包括脚和手，要检查，要巡视，要写监理日记，要写旁站记录。哪一样你做不到都不会是一个好的监理员。

（6）要有一定的魄力，你要施工单位服你，也要有一定的威慑力，否则，你一个小监理员他们怎么能够听你的。即使你发现了问题，弱弱的说一句，一些实力派的施工员也不会听你的，所以必要的魄力还是要锻炼的。

（7）要能够深刻领会总监以及专监的意图，中国的国情，有时候并不按常理出牌，一味的坚持原则不一定能够处理得好，有些问题，要及时的反映给你的专监和总监，这样，一些问题，不是你监理员能够处理得了的，你的职责就是检查，发现问题，反映问题，做好自己的本职工作。

（8）一步一步，从监理员奠定必要的台阶达到专监的水平，再达到总监的水平。这个过程不是一朝一夕的事情，需要一个从量变到质变的过程，最后能够掌控工地，成为操盘手。

（9）勤于好学，掌握工作方式方法，大部分监理员都是刚刚参加工作的年轻人，不好好学，你的实际工作经验从哪里来，不好好学你的资格证书从何而来，不好好学过去书本那一点知识你能够用到工程实践中去有多少，那是书，而不是你脑子中的东西，要让书本里的知识变成你脑子中的东西，并且能够用上，用上就是能够平时说话张口就来，现场检查哪里不符合规范，哪里不符合图纸，有板有眼，他哪个敢小瞧你？

七、专业监理工程师的主要职责

1. 负责编制本专业的监理细则。

2. 负责本专业的监理工作的具体实施。

3. 组织、指导、检查和监督本专业监理员的工作，当人员需要调整时，向总监理工程师提出建议。

4. 审查承包单位提交的涉及本专业的计划、方案、申请、变更，并向总监理工程师提出报告。

5. 负责本专业分项工程验收及隐蔽工程验收。

6. 定期向总监理工程师提交本专业监理工作实施情况报告，对重大问题及时向总监理工程师汇报和请示。

7. 根据本专业监理工作实施情况做好监理日记。

8. 负责本专业监理资料的收集、汇总及整理，参与编写监理月报。

9. 核查进场材料、设备、构配件的原始凭证、检测报告等质量证明文件及其质量情况，根据实际情况认为有必要时对进场材料、设备、构配件进行平行检验，合格时予以签认。

10. 负责本专业的工程计量工作，审核工程计量的数据和原始凭证。

八、谈谈如何做一个合格的专业监理工程师

我的理解，建筑工程专业监理工程师可以分为土建监理工程师，安装监理工程师，安全监理工程师，人防监理工程师。

土建监理工程师是主导监理工程师，又可以分为土建专业监理工程师和精装修监理工程师。

而设备监理工程师又应该分为，电气安装监理工程师，给排水监理工程师，智能化监理工程师。

目前把安全监理也划为监理的控制管理中，理应有安全监理工程师，而目前大部分安全监理工程师设置的比较少，大部分土建和安装监理工程师经过培训取得安全监理工程师证书，工地里土建安装以及安全都管起来。

有人防的工地，就要设置人防监理工程师。

如何做好专业监理工程师，我感觉应该从监理工程师的素质要求以及职业道德和专业监理工程师主要职责上面去理解。

1. 专业监理工程师必须不断的加强自身的理论学习。人的知识会随着时间的推移不断的淡忘，要不断地学习并且把学习的理论知识用到实际工作当中去，并且要博览建筑各方面的综合知识，否则就难以胜任目前越来越复杂越来越大规模的工程建筑，难以适应越来越挑剔的业主。比如一个土建监理工程师，要懂各种施工方法：桩基础，浅基础，维护结构，土方开挖，地下室施工，人防工程，防水施工，主体结构施工，幕墙施工，精装修施工；还要具有各种方案审核，建设程序，造价，进度，安全，环境保护，法律法规，各种建筑合同等相关知识，包罗万象，工地上错综复杂，这个时候，一个综合素质强的监理工程师至关重要，只有这些理论和基础知识掌握了，才会游刃有余的处理工地上的各种问题。

2. 工地上专业监理工程师掌握着施工单位的生杀大权。浇捣令、资料审核、检查验收、技术复核、索赔的原始凭证，监理工程师通知单等都是控制施工单位的手段，因此职业道德至关重要。如果心存私心，必然就会做到不公正，接受些小恩小贿就失去了原则，进而降低了工程质量，吃拿卡要不但害了自己，也损害了建设单位的利益。

3. 敬业精神很重要，你有很高的技术水平，你有很好的沟通能力，但是工作上不务实，不敬业，桌子上高高一箩的压了十几天的资料待签，应该巡视检查的不去检查，应该验收的不验收，应该开的专题会议不主持开，工作上散漫等等，都不是一个合格的监理工程师。

4. 专业监理工程师是现场的中间执行层，每天直接面对的是现场施工，每天接触的是现场施工员、质量员、安全员、资料员和项目经理，面对的是现场的施工班组，面对着各种分包单位，各种工地上的事情等。

一个合格的专业监理工程师应该有较强的组织协调能力，能够妥善的处理工地上各种问题，这一点也是至关重要的，否则，只能够管理好自己，又怎么能够去管理好施工单位哪？怎么管理好监理员哪？经常能够听到有的专业监理工程师抱怨说，自己去跑工地，而监理员却在办公室里面呆着，施工单位难管等等，其实还是自己的能力有限，跟合格还是有所差距的。

5. 专业监理工程师要牢记自己的职责，哪些应该是自己职权范围内的，哪些应该是汇报给总监的，哪些应该检查，哪些应该及时签字，哪些应该及时下发整改单，哪些应该是必须现场去检查的，哪些应该通知监理员去旁站的，哪些要及时验收的，哪些是合同里明确要求的，等等，你把专业监理工程师主要职责理解透了，并且照着做了，那么你离合格的监理工程师差得就不远了。

6. 不断掌握先进的施工材料，先进的工艺及设备知识及施工方案。比如，幕墙施工中的云石胶和结构胶，你要上网查，云石胶用在幕墙中的害处，施工中要控制用云石胶，AB 胶的好处特点。在工程施工中的各个阶段，应该根据工程的特点，干到哪里就查到哪里。目前网络这么发达，各种材料，工艺，设备，都可以在网上查询。

总之，达到监理工程师的素质要求，按照职业道德去约束自己，按照监理规范的职责去平时的工作，那么就是一个合格的专业监理工程师。

九、总监理工程师及总监代表的职责

（一）总监理工程师的职责：

1. 确定项目监理机构人员的分工和岗位职责；

2. 主持编写项目监理规划、审批项目监理实施细则，并负责管理项目监理机构的日常工作；

3. 审查分包单位的资质，并提出审查意见；

4. 检查和监督监理人员的工作，根据工程项目的进展情况可进行监理人员调配，对不称职的监理人员应调换其工作；

5. 主持监理工作会议，签发项目监理机构的文件和指令；

6. 审定承包单位提交的开工报告、施工组织设计、技术方案、进度计划；

7. 审核签署承包单位的申请、支付证书和竣工结算；

8. 审查和处理工程变更；

9. 主持或参与工程质量事故的调查；

10. 调解建设单位与承包单位的合同争议、处理索赔、审批工程延期；

11. 组织编写并签发监理月报、监理工作阶段报告、专题报告和项目监理工作总结；

12. 审核签认分部工程和单位工程的质量检验评定资料，审查承包单位的竣工申请，组织监理人员对待验收的工程项目进行质量检查，参与工程项目的竣工验收；

13. 主持整理工程项目的监理资料。

（二）总监理工程师代表的职责：

1. 负责总监理工程师指定或交办的监理工作；

2. 按总监理工程师的授权，行使总监理工程师的部分职责和权力。

（三）总监理工程师不得将下列工作委托总监理工程师代表：

1. 主持编写项目监理规划、审批项目监理实施细则；

2. 签发程开工/复工报审表、工程暂停令、工程款支付证书、工程竣工报验单；

3. 审核签认竣工结算；

4. 调解建设单位与承包单位的合同争议、处理索赔、审批工程延期；

5. 根据工程项目的进展情况进行监理人员的调配，调换不称职的监理人员。

十、总监理工程师的权利

1. 选择工程总承包的建议权。

2. 选择工程分包人的认可权。投标书或建设施工合同中没有约定的分包要经过总监理工程师的认可。

3. 审批工程施工组织设计和技术方案，向承包人提出建议，并向委托人提出书面报告。

4. 主持工程建设有关协作单位的组织协调，重要协调事项应当事先向委托人报告。

5. 征得委托人同意，监理人有权发布开工令、停工令、复工令，但事先向委托人报告。如在紧急情况下未能报告时，则应在 24 小时内向委托作出书面报告。

6. 工程上使用材料和施工质量的检验权。对于不符合设计要求和合同约定及国家标准的材料、构配件、设备，有权通知承包人停止使用。对不符合规范和质量标准的工序、分部分项工程和不安全施工作业，有权通知承包人停工整改、返工。承包人得到总监复工令后才能复工。

7. 工程施工进度的检查、监督权，以及工程实际竣工日期提前或者超过工程施工合同规定的竣工期限的签认权。

8. 在工程施工合同约定的工程价格范围内，工程款支付审核签认权，以及工程结算的复核确认权欲否决权。未经总监理工程师签字确认委托人不支付工程款。

9. 工程延期的确认权。

10. 费用索赔的确认权。

11. 工程变更指令的发布权。

12. 合同争议的调节权或准仲裁权。

对内：（总监理工程师的职责）

总监理工程师的职责：

1. 确定项目监理机构人员的分工和岗位职责；

2. 主持编写项目监理规划、审批项目监理实施细则，并负责管理项目监理机构的日常工作；

3. 审查分包单位的资质，并提出审查意见；

4. 检查和监督监理人员的工作，根据工程项目的进展情况可进行监理人员调配，对不称职的监理人员应调换其工作；

5. 主持监理工作会议，签发项目监理机构的文件和指令；

6. 审定承包单位提交的开工报告、施工组织设计、技术方案、进度计划；

7. 审核签署承包单位的申请、支付证书和竣工结算；

8. 审查和处理工程变更；

9. 主持或参与工程质量事故的调查；

10. 调解建设单位与承包单位的合同争议、处理索赔、审批工程延期；

11. 组织编写并签发监理月报、监理工作阶段报告、专题报告和项目监理工作总结；

12. 审核签认分部工程和单位工程的质量检验评定资料，审查承包单位的竣工申请，组织监理人员对待验收的工程项目进行质量检查，参与工程项目的竣工验收；

13. 主持整理工程项目的监理资料。

十一、总监理工程可以签发工程暂停令及复工的处理

总监理工程可以签发工程暂停令的情况：

1. 建设单位要求暂停施工、且工程需要暂停施工。总监理工程师认为有必要暂时停施工时，可以签发工程暂停令，若总监理工程师经过独立的判断认为没有必要暂停施工，则不应签发工程暂停令。

2. 为了保证工程质量而需要进行停工处理。

3. 施工出现了安全隐患，总监理工程师认为有必要停止施工消除隐患。

4. 发生了必须暂时停止施工的紧急事件。

5. 承包单位未经许可擅自施工，或拒绝项目监理机构管理。当总监理工程师签发工程暂停令后，在签发复工令之前，承包单位擅自施工，总监理工程师应再次签发工程暂停令，并采取进一步措施保证项目施工和监理的正常程序。当承包单位拒绝执行项目监理机构的要求或指令时，总监理工程师应视情况签发工程暂停令。

总监理工程师对复工的处理：

1. 由于建设单位原因，或其他非承包单位原因导致工程暂停时，项目监理机构应如实记录所发生的实际情况。总监理工程师应在施工暂停原因消失，具备复工条件时，及时签署工程复工报审表，指令承包单位继续施工。由于建设单位原因或非承包单位原因导致工程暂停时，一般要根据实际工程延期和费用损失，并通过协商给予承包单位工期和费用方面的补偿，所以项目监理机构应如实记录发生的实际情况以备查。

2. 由于承包单位原因导致工程暂停，在具备恢复施工条件时，项目监理机构应审查承包单位报送的复工申请及有关材料，同意后由总监理工程师签署工程复工报审表，指令承包单位继续施工。由于承包单位原因导致工程暂停，承包单位申请复工，除了填报"工程复工报审表"外，还应报送针对导致停工的原因而进行的整改工作报告等有关材料。

3. 总监理工程师在签发工程暂停令到签发工程复工报审表之间的时间内，宜会同有关各方按照施工合同的约定，处理因工程暂停引起的与工期、费用等有关的问题。总监理工程师在签发工程暂停令之后，应尽快按施工合同的规定处理因工程暂停引起的与工期、费用等有关问题。

十二、编写监理规划的基本要求

1. 编制时间：签订监理合同、收到设计文件之后，在第一次工地会议之前。

2. 编制人：总监主持，个专业监理工程师参加。

3. 编制依据：项目文件、法律法规、标准、合同、监理大纲。

4. 编制要求：

1）要针对项目的特点——研究项目的目标、技术、管理、环境、参与工程建设各方的情况等。

2）确定监理工作的目标、程序、方法、措施。要与项目的特点结合起来。内容要尽可能的具体。如：例会的时间间隔、取样达到项目、旁站的项目、隐蔽工程验收的项目划分、质量如何评定、上班进度计划和报表时间、工程款支付程序等等。

3）由公司的技术负责人进行审核。

4）要报建设单位。是否要经过建设单位的认可，由委托监理合同或双方协商确定。

5）在实施过程中如果主要的情况发生变化，应进行修改。如涉及设计方案重大修改、承包方式发生变化、建设单位的出资方式发生变化，工期和质量要求发生重大变化，或当原监理规划所确定的方法、措施、程序和制度不能有效地发挥控制作用时，总监理工程师应及时召集专业监理工程师进行修订，按原程序报建设单位。

5. 主要内容：

1）工程项目概况，重点分析工程的重点和难点。

2）监理范围。

3）监理内容。

4）监理目标。

5）监理依据。

6）项目监理机构的组织形式。

7）项目监理机构的人员配备计划。

8）项目监理机构的人员岗位职责。

9）监理工作程序。

10）监理工作方法及措施，要注意一般问题是一般措施，特殊问题要特殊措施。

11）监理工作制度。

12）监理设施。

十三、编写监理细则的基本要求

1. 监理细则是一份全部监理与管理工作的流程，有内容有要求。要具体有可操作性，分专业编制。如旁站监理细则，水电安装监理细则，地下室深基坑监理细则等等。

2. 编制时间：收到施工图与施工组织设计方案后编制，在相应的工程开工前完成。

3. 编制人：专业监理工程师。

4. 审核人：总监理工程师。

5. 编制依据：监理规划、施工图、工艺图、施工方案，技术规程，规范等。

6. 编制要求：

1) 要结合施工方案来编制。

2) 要有操作性。时间地点、工作内容与要求、检查方法与频度。

3) 不仅要有目标值、还要有过程控制、主动控制及事后控制的措施。

4) 当施工方案变化或设计变更时要进行调整。

5) 发给施工单位与建设单位。

6) 分阶段编写。

7. 主要内容：

1) 专业工程的特点。

2) 监理工作流程。

3) 监理工作控制要点及目标值。

4) 监理工作的方法与措施。

8. 监理细则的编制步骤和方法

1) 总监理工程师根据监理规划所确定的专业划分及人员分工，有计划的安排专业监理工程师编制各部位与各专业的监理实施细则。务必在该部位的该专业开工前一周以上完成编审工作。

2) 专业监理工程师认真熟悉图纸、施工组织设计，掌握该部位该专业工程的具体情况，分析其特点，以有利于制定针对性的监理流程及监理工作措施。

3) 专业监理工程师根据该部位给专业的具体情况，包括设计要求和施工方案，熟悉施工规范的具体要求，并进一步分析该部位该专业工程的重点、难点，预测可能出现的问题。

4) 专业监理工程师应分析该部位诶专业的工艺流程过程及质量要求，该部位该专业工程的监理流程及具体要求，书面形成监理细则。

5) 将该部位该专业工程的监理细则报总监审批，审批同意后下发给本专业的监理人员及承包单位执行。

9. 对项目规模较小、技术不复杂且管理有成熟经验和措施，并且监理规划可以起到监理实施细则的作用时，监理细则可不必另行编制（两等工程以下）。

10. 发生工程变更，计划变更或原监理细则所确定的方法、措施、流程不能有效地发挥管理和控制作用等情况时，总监理工程师应及时根据实际情况安排专业监理工程师对监理细则进行补充、修改和完善。

十四、开 工 条 件

由专业监理工程师审查承包单位报送的工程开工报审表及相关资料，由总监审批签发，并报建设单位。

1. 施工许可证已获政府主管部门批准。

2. 征地拆迁工作能够满足工程进度的需要。

3. 施工组织设计已获总监理工程师的批准。

4. 承包单位现场管理人员已经到位，机具、施工人员已经进场，主要工程材料已落实。

5. 进场道路及水、电、通信等已满足开工要求。

施工准备阶段的监理工作：

1. 参加建设单位组织的设计技术交底会，总监对设计技术交底会议纪要进行签认。

2. 由专监审查施工组织设计或方案，提出审查意见，并经总监审核、签认后报建设单位。

3. 总监审查承包单位现场管理体系、技术管理体系和质量保证体系，确保工程项目施工质量时予以确认。审核的内容为：

1）质量管理、技术管理和质量保证的组织机构。

2）质量管理、技术管理制度。

3）专职管理人员和特种作业人员的资格证、上岗证。

4. 专业监理工程师分别在单位开工前审查承包单位资格报审表和单位的有关资料，符合有管规定由总监予以签认。审核内容：

1）分包单位的营业执照、企业资质等级证书、特殊行业施工许可证、国外（境外）企业在国内承包工程许可证；

2）分包单位的业绩；

3）拟分包工程的内容和范围；

4）专职管理人员和特种作业人员的资格证、上岗证。

5. 专业监理工程师应对承包单位报送的测量放线控制成果及保护措施进行检查，符合要求时，专业监理工程师对承包单位报送的施工测量成果报验申请表予以签认。主要审查内容：

1）检查承包单位专职测量人员的岗位证书及测量设备检定证书；

2）复核控制桩的校核成果、控制桩的保护措施以及平面控制网、高程控制网和临时水准点的测量成果。

十五、第一次工地会议与工地例会

第一次工地例会由建设单位主持

主要内容：

1. 建设单位、承包单位和监理单位分别介绍各自驻现场的组织机构、人员及其分工；

2. 建设单位根据委托监理合同宣布对总监理工程师的授权；

3. 建设单位介绍工程开工准备情况；

4. 承包单位介绍施工准备情况；

5. 建设单位和总监理工程师对施工准备情况提出意见和要求；

6. 总监理工程师介绍监理规划的主要内容；

7. 研究确定各方在施工过程中参加工地例会的主要人员，召开工地例会周期、地点及主要议题；

8. 第一次工地会议纪要应由项目监理机构负责起草，并经与会各方代表会签。

工地例会：

由总监主持，会议纪要由项目监理机构负责起草，并经与会各方的代表会签。

工地例会内容：

1）检查上次例会议定事项的落实情况，分析未完事项原因；

2）检查分析工程项目进度计划完成情况，提出下一阶段进度目标及其落实措施；

3）检查分析工程项目质量状况，针对存在的质量问题提出改进措施；

4）检查工程量核定及工程款支付情况；

5）解决需要协调的有关事项；

6）其他有关事宜。

专题会议，由总监或专业监理工程组织，解决施工过程中的各种专项问题。

十六、项目监理机构处理工程变更的程序

1. 设计单位对原设计存在的缺陷提出的工程变更，应编制设计变更文件。

2. 建设单位或承包单位提出的工程变更，应提交总监理工程师，由总监理工程师组织专业监理工程师审查。审查同意后，应由建设单位转交原设计单位编制设计变更文件。当工程变更涉及安全、环保等内容时，应按规定经有关部门审定。

3. 项目监理机构应了解实际情况和收集与工程变更有关的资料。

4. 总监理工程师必须根据实际情况、设计变更文件和其他有关资料，按照施工合同的有关条款，在指定专业监理工程师完成下列工作后，对工程变更的费用和工期作出评估：

1）确定工程变更项目与原工程项目之间的类似程度和难易程度；

2）确定工程变更项目的工程量；

3）确定工程变更的单价或总价。

5. 总监理工程师应就工程变更费用及工期的评估情况与承包单位和建设单位进行协调。

6 总监理工程师签发工程变更单。

7. 项目监理机构应根据工程变更单监督承包单位实施。

8. 项目监理机构处理工程变更应符合下列要求：

1）项目监理机构在工程变更的质量、费用和工期方面取得建设单位授权后，总监理工程师应按施工合同规定与承包单位进行协商，经协商达成一致后，总监理工程师应将协商结果向建设单位通报，并由建设单位与承包单位在变更文件上签字；

2）在项目监理机构未能就工程变更的质量、费用和工期方面取得建设单位授权时，总监理工程师应协助建设单位和承包单位进行协商，并达成一致；

3）在建设单位和承包单位未能就工程变更的费用等方面达成协议时，项目监理机构应提出一个暂定的价格，作为临时支付工程进度款的依据。该项工程款最终结算时，应以建设单位和承包单位达成的协议为依据。

9. 在总监理工程师签发工程变更单之前，承包单位不得实施工程变更。

10. 未经总监理工程师审查同意而实施的工程变更，项目监理机构不得予以计量。

十七、费用索赔的处理

1. 依据

1）国家有关的法律、法规和工程项目所在地的地方法规；

2）本工程的施工合同文件；

3）国家、部门和地方有关的标准、规范和定额；

4）施工合同履行过程中与索赔事件有关的凭证。

2. 受理条件

1）索赔事件造成了承包单位直接经济损失；

2）索赔事件是由于非承包单位的责任发生的；

3）承包单位已按照施工合同规定的期限和程序提出费用索赔申请表，并附有索赔凭证材料。

3. 处理程序

1）承包单位在施工合同规定的期限内向项目监理机构提交对建设单位的费用索赔意向通知书；

2）总监理工程师指定专业监理工程师收集与索赔有关的资料；

3）承包单位在承包合同规定的期限内向项目监理机构提交对建设单位的费用索赔申请表；

4）总监理工程师初步审查费用索赔申请表，符合本规范第几条所规定的条件时予以受理；

5）总监理工程师进行费用索赔审查，并在初步确定一个额度后，与承包单位和建设单位进行协商；

6）总监理工程师应在施工合同规定的期限内签署费用索赔审批表，或在施工合同规定的期限内发出要求承包单位提交有关索赔报告的进一步详细资料的通知，待收到承包单位提交的详细资料后，按本条的第4）、5）、6）款的程序进行。

4. 当承包单位的费用索赔要求与工程延期要求相关联时，总监理工程师在作出费用索赔的批准决定时，应与工程延期的批准联系起来，综合作出费用索赔和工程延期的决定。

5. 由于承包单位的原因造成建设单位的额外损失，建设单位向承包单位提出费用索赔时，总监理工程师在审查索赔报告后，应公正地与建设单位和承包单位进行协商，并及时作出答复。

6. 由于承包单位的原因造成建设单位的额外损失，建设单位向承包单位提出费用索赔时，总监理工程师在审查索赔报告后，应公正地与建设单位和承包单位进行协商，并及时作出答复。

十八、工程延期及工程延误的处理

1. 当承包单位提出工程延期要求符合施工合同文件的规定条件时，项目监理机构应予以受理。

2. 当影响工期事件具有持续性时，项目监理机构可在收到承包单位提交的阶段性工程延期申请表并经过审查后，先由总监理工程师签署工程临时延期审批表并通报建设单位。当承包单位提交最终的工程延期申请表后，项目监理机构应复查工程延期及临时延期情况，并由总监理工程师签署工程最终延期审批表。

3. 项目监理机构在作出临时工程延期批准或最终的工程延期批准之前，均应与建设单位和承包单位进行协商。

4. 项目监理机构在审查工程延期时，应依下列情况确定批准工程延期的时间：

1）施工合同中有关工程延期的约定；

2）工期拖延和影响工期事件的事实和程度；

3）影响工期事件对工期影响的量化程度。

5. 当承包单位未能按照施工合同要求的工期竣工交付造成工期延误时，项目监理机构应按施工合同规定从承包单位应得款项中扣除误期损失赔偿费。

十九、合 同 争 议

1. 项目监理机构接到合同争议的调解要求后应进行以下工作：

1）及时了解合同争议的全部情况，包括进行调查和取证；

2）及时与合同争议的双方进行磋商；

3）在项目监理机构提出调解方案后，由总监理工程师进行争议调解；

4）当调解未能达成一致时，总监理工程师应在施工合同规定的期限内提出处理该合同争议的意见；

5）在争议调解过程中，除已达到了施工合同规定的暂停履行合同的条件之外，项目监理机构应要求施工合同的双方继续履行施工合同。

2. 在总监理工程师签发合同争议处理意见后，建设单位或承包单位在施工合同规定的期限内未对合同争议处理决定提出异议，在符合施工合同的前提下，此意见应成为最后的决定，双方必须执行。

3. 在合同争议的仲裁或诉讼过程中，项目监理机构接到仲裁机关或法院要求提供有关证据的通知后，应公正地向仲裁机关或法院提供与争议有关的证据。

二十、工程质量控制工作

1. 在施工过程中，当承包单位对已批准的施工组织设计进行调整、补充或变动时，应经专业监理工程师审查，并应由总监理工程师签认。

2. 专业监理工程师应要求承包单位报送重点部位、关键工序的施工工艺和确保工程质量的措施，审核同意后予以签认。

3. 当承包单位采用新材料、新工艺、新技术、新设备时，专业监理工程师应要求承包单位报送相应的施工工艺措施和证明材料，组织专题论证，经审定后予以签认。

4. 项目监理机构应对承包单位在施工过程中报送的施工测量放线成果进行复验和

确认。

5. 专业监理工程师应从以下五个方面对承包单位的试验室进行考核：

1）试验室的资质等级及其试验范围；

2）法定计量部门对试验设备出具的计量检定证明；

3）试验室的管理制度；

4）试验人员的资格证书；

5）本工程的试验项目及其要求。

6. 专业监理工程师应对承包单位报送的拟进场工程材料、构配件和设备的工程材料/构配件/设备报审表及其质量证明资料进行审核，并对进场的实物按照委托监理合同约定或有关工程质量管理文件规定的比例采用平行检验或见证取样方式进行抽检。

对未经监理人员验收或验收不合格的工程材料、构配件、设备，监理人员应拒绝签认，并应签发监理工程师通知单，书面通知承包单位限期将不合格的工程材料、构配件、设备撤出现场。

7. 项目监理机构应定期检查承包单位的直接影响工程质量的计量设备的技术状况。

8. 总监理工程师应安排监理人员对施工过程进行巡视和检查。对隐蔽工程的隐蔽过程、下道工序施工完成后难以检查的重点部位，专业监理工程师应安排监理员进行旁站。

9. 专业监理工程师应根据承包单位报送的隐蔽工程报验申请表和自检结果进行现场检查，符合要求予以签认。

对未经监理人员验收或验收不合格的工序，监理人员应拒绝签认，并要求承包单位严禁进行下一道工序的施工。

10. 专业监理工程师应对承包单位报送的分项工程质量验评资料进行审核，符合要求后予以签认；总监理工程师应组织监理人员对承包单位报送的分部工程和单位工程质量验评资料进行审核和现场检查，符合要求后予以签认。

11. 对施工过程中出现的质量缺陷，专业监理工程师应及时下达监理工程师通知，要求承包单位整改，并检查整改结果。

12. 监理人员发现施工存在重大质量隐患，可能造成质量事故或已经造成质量事故，应通过总监理工程师及时下达工程暂停令，要求承包单位停工整改。整改完毕并经监理人员复查，符合规定要求后，总监理工程师应及时签署工程复工报审表。总监理工程师下达工程暂停令和签署工程复工报审表，宜事先向建设单位报告。

13. 对需要返工处理或加固补强的质量事故，总监理工程师应责令承包单位报送质量事故调查报告和经设计单位等相关单位认可的处理方案，项目监理机构应对质量事故的处理过程和处理结果进行跟踪检查和验收。

总监理工程师应及时向建设单位及本监理单位提交有关质量事故的书面报告，并应将完整的质量事故处理记录整理归档。

二十一、工程造价控制工作

1. 项目监理机构应按下列程序进行工程计量和工程款支付工作

1）承包单位统计经专业监理工程师质量验收合格的工程量，按施工合同的约定填报工程量清单和工程款支付申请表。

2）专业监理工程师进行现场计量，按施工合同的约定审核工程量清单和工程款支付申请表，并报总监理工程师审定。

3）总监理工程师签署工程款支付证书，并报建设单位。

2. 项目监理机构应按下列程序进行竣工结算：

1）承包单位按施工合同规定填报竣工结算报表；

2）专业监理工程师审核承包单位报送的竣工结算报表；

3）总监理工程师审定竣工结算报表，与建设单位、承包单位协商一致后，签发竣工结算文件和最终的工程款支付证书报建设单位。

3. 项目监理机构应依据施工合同有关条款、施工图，对工程项目造价目标进行风险分析，并应制定防范性对策。

4. 总监理工程师应从造价、项目的功能要求、质量和工期等方面审查工程变更的方案，并宜在工程变更实施前与建设单位、承包单位协商确定工程变更的价款。

5. 项目监理机构应按施工合同约定的工程量计算规则和支付条款进行工程量计量和工程款支付。

6. 专业监理工程师应及时建立月完成工程量和工作量统计表，对实际完成量与计划完成量进行比较、分析，制定调整措施，并应在监理月报中向建设单位报告。

7. 专业监理工程师应及时收集、整理有关的施工和监理资料，为处理费用索赔提供证据。

8. 项目监理机构应及时按施工合同的有关规定进行竣工结算，并应对竣工结算的价款总额与建设单位和承包单位进行协商。

9. 未经监理人员质量验收合格的工程量，或不符合施工合同规定的工程量，监理人员应拒绝计量和该部分的工程款支付申请。

二十二、工程进度控制工作

1. 项目监理机构应按下列程序进行工程进度控制

1）总监理工程师审批承包单位报送的施工总进度计划；

2）总监理工程师审批承包单位编制的年、季、月度施工进度计划；

3）专业监理工程师对进度计划实施情况检查、分析；

4）当实际进度符合计划进度时，应要求承包单位编制下一期进度计划；当实际进度滞后于计划进度时，专业监理工程师应书面通知承包单位采取纠偏措施并监督实施。

2. 专业监理工程师应依据施工合同有关条款、施工图及经过批准的施工组织设计制定进度控制方案，对进度目标进行风险分析，制定防范性对策，经总监理工程师审定后报送建设单位。

3. 专业监理工程师应检查进度计划的实施，并记录实际进度及其相关情况，当发现实际进度滞后于计划进度时，应签发监理工程师通知单指令承包单位采取调整措施。当实际进度严重滞后于计划进度时应及时报总监理工程师，由总监理工程师与建设单位商定采取进一步措施。

4. 总监理工程师应在监理月报中向建设单位报告工程进度和所采取进度控制措施的执行情况，并提出合理预防由建设单位原因导致的工程延期及其相关费用索赔的建议。

二十三、竣工验收及质量保修期的工作

1. 总监理工程师应组织专业监理工程师，依据有关法律、法规、工程建设强制性标准、设计文件及施工合同，对承包单位报送的竣工资料进行审查，并对工程质量进行竣工预验收。对存在的问题，应及时要求承包单位整改。整改完毕由总监理工程师签署工程竣工报验单，并应在此基础上提出工程质量评估报告。工程质量评估报告应经总监理工程师和监理单位技术负责人审核签字。

2. 项目监理机构应参加由建设单位组织的竣工验收，并提供相关监理资料。对验收中提出的整改问题，项目监理机构应要求承包单位进行整改。工程质量符合要求，由总监理工程师会同参加验收的各方签署竣工验收报告。

3. 承担质量保修期监理工作时，监理单位应安排监理人员对建设单位提出的工程质量缺陷进行检查和记录，对承包单位进行修复的工程质量进行验收，合格后予以签认。

4. 监理人员应对工程质量缺陷原因进行调查分析并确定责任归属，对非承包单位原因造成的工程质量缺陷，监理人员应核实修复工程的费用和签署工程款支付证书，并报建设单位。

二十四、监 理 资 料

施工阶段的监理资料应包括下列内容：

1. 施工合同文件及委托监理合同；
2. 勘察设计文件；
3. 监理规划；
4. 监理实施细则；
5. 分包单位资格报审表；
6. 设计交底与图纸会审会议纪要；
7. 施工组织设计（方案）报审表；
8. 工程开工/复工报审表及工程暂停令；
9. 测量核验资料；
10. 工程进度计划；
11. 工程材料、构配件、设备的质量证明文件；
12. 检查试验资料；
13. 工程变更资料；
14. 隐蔽工程验收资料；
15. 工程计量单和工程款支付证书；
16. 监理工程师通知单；
17. 监理工作联系单；

18. 报验申请表；

19. 会议纪要；

20. 来往函件；

21. 监理日记；

22. 监理月报；

23. 质量缺陷与事故的处理文件；

24. 分部工程、单位工程等验收资料；

25. 索赔文件资料；

26. 竣工结算审核意见书；

27. 工程项目施工阶段质量评估报告等专题报告；

28. 监理工作总结。

二十五、监 理 月 报

施工阶段的监理月报应包括以下内容

1. 本月工程概况；

2. 本月工程形象进度；

3. 工程进度：

1）本月实际完成情况与计划进度比较；

2）对进度完成情况及采取措施效果的分析。

4. 工程质量

1）本月工程质量情况分析；

2）本月采取的工程质量措施及效果。

5. 工程计量与工程款支付

1）工程量审核情况；

2）工程款审批情况及月支付情况；

3）工程款支付情况分析；

4）本月采取的措施及效果。

6. 合同其他事项的处理情况

1）工程变更；

2）工程延期；

3）费用索赔。

7. 本月监理工作小结

1）对本月进度、质量、工程款支付等方面情况的综合评价；

2）本月监理工作情况；

3）有关本工程的意见和建议；

4）下月监理工作的重点。

8. 监理月报应由总监理工程师组织编制，签认后报建设单位和本监理单位。

二十六、监理合同中监理人的义务及权力

监理方义务

1. 向发包方报送委派的总监理工程师及其监理机构主要成员名单、监理规划，完成监理合同中约定的监理工程范围内的监理业务。项目监理机构不得从事所监理工程的施工和建筑材料、构配件以及建筑机械、设备的经营活动。

2. 监理方在履行本合同的义务期间，应运用合理的技能，为发包方提供与其监理机构水平相适应的咨询意见，认真、勤奋地工作。帮助发包方实现合同预定的目标，公正地维护各方的合法权益。

3. 监理方使用发包方提供的设施和物品属于发包方的财产。在监理工作完成或中止时，应将其设施和剩余的物品库存清单提交给发包方，并按合同约定的时间和方式移交此类设施和物品。

4. 在本合同期内或合同终止后，未征得有关方同意，不得泄露与本工程、本合同业务活动有关的保密资料。

5. 监理方不得转让监理业务。

6. 监理方不得承包工程，不得经营建筑材料、构配件和建筑机械、设备。

7. 监理方在监理过程中因过错造成重大经济损失的，应承担一定的经济责任和法律责任。

8. 监理方不得与所监理工程的建设单位、建筑业企业或建筑材料、建筑构配件和设备供应单位有其他利害关系。

9. 监理方与承包方串通，为承包方谋取非法利益，给发包方造成损失的，应当与承包方承担连带赔偿责任。

10. 工程监理人员必须严格遵守监理工作职业规范，公正、及时地处理监理事务，不得利用职权谋取不正当利益。

监理方权利

1. 发包方在委托的工程范围内，授予监理方以下监理权利：

（1）选择工程总设计单位和施工总承包单位的建议权。

（2）选择发包设计单位和施工分包单位的确认权与否定权。

（3）对工程建设有关事项包括工程规模、设计标准、规划设计、生产工艺设计和使用功能要求，向发包方的建议权。

（4）工程结构设计和其他专业设计中的技术问题，按照安全和优化的原则，自主向设计单位提出建议，并向发包方提出书面报告；如果由于拟提出的建议会提高工程造价，或延长工期，应当事先取得发包方的同意。

（5）工程施工组织设计和技术方案，按照保质量、保工期和降低成本的原则，自主向承建商提出建议，并向发包方提出书面报告；如果由于拟提出的建议会提高工程造价、延长工期，应当事先取得发包方的同意。

（6）工程建设有关的协作单位的组织协调的主持权，重要协调事项应当事先向发包方报告。

（7）报经发包方同意后，发布开工令、停工令、复工令。

（8）工程上使用的材料和施工质量的检验权。对于不符合设计要求及国家质量标准的材料设备，有权通知承建商停止使用；不符合规范和质量标准的工序、分项分部工程和不安全的施工作业，有权通知承建商停工整改、返工。承建商取得监理方复工令后才能复工。发布停、复工令应当事先向发包方报告，如在紧急情况下未能事先报告时，则应在24小时内向发包方作出书面报告。

（9）工程施工进度的检查、监督权，以及工程实际竣工日期提前或超过工程承包合同规定的竣工期限的签订权。

（10）在工程承包合同约定的工程价格范围内，工程款支付的审核和签认权，以及结算工程款的复核确认权与否定权，未经监理方签字确认，发包方不支付工程款。

2. 监理方在发包方授权下，可对任何第三方合同规定的义务提出变更。如果由此严重影响了工程费用，或质量、进度，则这种变更须经发包方事先批准。在紧急情况下未能事先报发包方批准时，监理方所作的变更也应尽快通知发包方。在监理过程中如发现承建商工作不力，监理方可提出调换有关人员的建议。

3. 在委托的工程范围内，发包方或第三方对对方的任何意见和要求（包括索赔要求），均必须首先向监理方提出，由监理方研究处置意见，再同双方协商确定。当发包方和第三方发生争议时，监理方应根据自己的职能，以独立的身份判断，公正地进行调解。当其双方的争议由政府建议行政主管部门或仲裁机关进行调解和仲裁时，应当提供作证的事实材料。

二十七、监理合同中发包方的权利及义务

发包方权利义务

1. 实施监理前，项目法人应当将委托的监理单位、监理的内容、总监理工程师姓名及所赋予的权限，书面通知被监理单位。

2. 发包方应该负责工程建设的所有外部关系的协调，为监理工作提供外部条件。

3. 发包方应当在双方约定的时间内免费向监方提供与工程有关的为监理方所需要的工程资料。

4. 发包方应当在约定的时间内就监理方书面提交并要求作出决定的一切事宜作出书面决定。

5. 发包方应当授权一名熟悉本工程情况能迅速作出决定的常驻代表，负责与监理方联系。更换常驻代表，要提前通知监理单位。

6. 发包方应当将授权监理单位的监理权限，监理机构主要成员的职能分工，及时书面通知已选定的第三方，并在与第三方签订的合同中予以明确。

7. 发包方应当为监理方提供如下协助：

（1）获取本工程使用的原材料、构配件、机械设备等生产厂家名录。

（2）提供与本工程有关的协作单位、配合单位的名录。

8. 发包方有选定工程总设计单位和总承包单位，以及与其订立合同的签订权。

9. 发包方有对工程规模、设计标准、规划设计、生产工艺设计和设计使用功能需求

的认定权，以及对工程设计变更的审批权。

10. 监理方调换总监理工程师必须经发包方同意。

11. 发包方有权要求监理方提交监理工作月度报告及监理业务范围内专项报告。

12. 发包方有权要求监理方更换不称职的监理人员，直到终止合同。

二十八、监理人责任及委托人的责任

监理方责任

1. 在监理方的责任期即监理合同有效期内，如果因工程建设进度的推迟或延误而超过约定期限，双方应进一步约定相应延长的合同期。

2. 监理方在责任期内，应当履行监理合同中约定的义务。如果因监理方过失而造成经济损失应当向发包方进行赔偿。累计赔偿总额不应超过监理酬金数（除去税金）。

3. 监理方对第三方违反合同规定的质量要求和完工（交图、交货）时限，不承担责任；因不可抗力导致监理合同不能全部或部分履行，监理方不承担责任。

4. 监理方向发包方提出赔偿要求不能成立时，监理方应当补偿由于该索赔所导致发包方的各种费用支出。

5. 监理方在责任期内如果失职，应当承担责任，赔偿损失的计算方法：赔偿金＝直接经济损失×酬金比率（扣除税金）。

发包方责任

1. 发包方应当履行监理合同约定的义务，如果违反则应当承担违约责任，赔偿给监理方造成的经济损失。

2. 发包方如果向监理方提出的赔偿要求不能成立，则应当补偿由该索赔所引起的监理方的各种费用支出。

二十九、施工合同中业主的工作及承包单位的工作

业主的工作

1. 办理土地征用、拆迁补偿、平整施工场地等工作，使施工场地具备施工条件，在开工后继续负责解决以上事项遗留问题；

2. 将施工所需水、电、电讯线路从施工场地外部接至专用条款约定地点，保证施工期间的需要；

3. 开通施工场地与城乡公共道路的通道，以及专用条款约定的施工场地内的主要道路，满足施工运输的需要，保证施工期间的畅通；

4. 向承包人提供施工场地的工程地质和地下管线资料，对资料的真实准确性负责；

5. 办理施工许可证及其他施工所需证件、批件和临时用地、停水、停电、中断道路交通、爆破作业等的申请批准手续（证明承包人自身资质的证件除外）；

6. 确定水准点与坐标控制点，以书面形式交给承包人，进行现场交验。

7. 组织承包人和设计单位进行图纸会审和设计交底；

8. 协调处理施工场地周围地下管线和邻近建筑物、构筑物（包括文物保护建筑）古

树名木的保护工作、承担有关费用。

承包单位的工作

1. 根据发包人委托，在其设计资质等级和业务允许的范围内，完成施工图设计或与工程配套的设计，经工程师确认后使用，发包人承担由此发生的费用；

2. 向工程师提供年、季、月度工程进度计划及相应进度统计报表；

3. 根据工程需要，提供和维修非夜间施工使用的照明、围栏设施，产负责安全保卫；

4. 按专用条款约定的数量和要求，向发包人提供施工场地办公和生活的房屋及设施，发包人承担由此发生的费用；

5. 遵守政府有关主管部门对施工场地交通、施工噪声以及环境保护和安全生产等的管理规定，按规定办理有关手续，并以书面形式通知发包人，发包人承担由此发生的费用，因承包人责任造成的罚款除外；

6. 已竣工工程未交付发包人之前，承包人按专用条款约定负责已完工程的保护工作，保护期间发生损坏，承包人自费予以修复；发包人要求承包人采取特殊措施保护的工程部位和相应的追加合同价款，双方在专用条款内约定；

7. 按专用条款约定做好施工场地地下管线和邻近建筑物、构筑物（包括文物保护建筑）古树名木的保护工作；

8. 保证施工场地清洁符合环境卫生管理的有关规定，交工前清理现场达到专用条款约定的要求，承担因自身原因违反有关规定造成的损失和罚款。

三十、工期延误的处理

工期延误的处理

因以下原因造成工期延误，经专业监理工程师审核，总监理工程师审批工期相应顺延：

（1）发包人未能按专用条款的约定提供图纸及开工条件；

（2）发包人未能按约定日期支付工程预付款、进度款，致使施工不能正常进行；

（3）工程师未按合同约定提供所需指令、批准等，致使施工不能正常进行；

（4）设计变更和工程量增加；

（5）一周内非承包人原因停水、停电、停气造成停工累计超过 8 小时；

（6）不可抗力；

（7）合同专用条款中约定或工程师同意工期顺延的其他情况。

三十一、工程质量检查与验收

1. 工程质量达不到约定标准的部分，监理工程师的要求拆除和重新施工，直到符合约定标准。因承包人原因达不到约定标准，由承包人承担拆除和重新施工的费用，工期不予顺延。

2. 监理工程师的检查检验不应影响施工正常进行。如影响施工正常进行，检查检验不合格时，影响正常施工的费用由承包人承担。除此之外影响正常施工的追加合同价款由发包人承担，相应顺延工期。

3. 因工程师指令失误或其他非承包人原因发生的追加合同价款，由发包人承担。

4. 工程具备隐蔽条件或达到专用条款约定的中间验收部位，承包人进行自检，并在隐蔽或中间验收前 48 小时以书面形式通知工程师验收。通知包括隐蔽和中间验收的内容、验收时间和地点。承包人准备验收记录，验收合格，工程师在验收记录上签字后，承包人可进行隐蔽和继续施工。验收不合格，承包人在工程师限定的时间内修改后重新验收。

5. 工程师不能按时进行验收，应在验收前 24 小时以书面形式向承包人提出延期要求，延期不能超过 48 小时。工程师未能按以上时间提出延期要求，不进行验收，承包人可自行组织验收，工程师应承认验收记录。

6. 经工程师验收，工程质量符合标准、规范和设计图纸等要求，验收 24 小时后，工程师不在验收记录上签字，视为工程师已经认可验收记录，承包人可进行隐蔽或继续施工。

7. 无论工程师是否进行验收，当其要求对已经隐蔽的工程重新检验时，承包人应按要求进行剥离或开孔，并在检验后重新覆盖或修复。检验合格，发包人承担由此发生的全部追加合同价款，赔偿承包人损失，并相应顺延工期。检验不合格，承包人承担发生的全部费用，工期不予顺延。

三十二、工程量的确认及工程款的支付

（一）工程量的确认

1. 承包人应按合同专用条款约定的时间，向监理工程师提交已完工程量的报告。监理工程师接到报告后 7 天内按设计图纸核实已完工程量（以下称计量），并在计量前 24h 通知承包人，承包人为计量提供便利条件并派人参加。承包人收到通知后不参加计量，计量结果有效，作为工程价款支付的依据。

2. 监理工程师收到承包人报告后 7 天内未进行计量，从第 8 天起，承包人报告中开列的工程量即视为被确认，作为工程价款支付的依据。监理工程师不按约定时间通知承包人，致使承包人未能参加计量，计量结果无效。

3. 对承包人超出设计图纸范围和因承包人原因造成返工的工程量，工程师不予计量。

（二）工程款（进度款）支付

1. 在确认计量结果后 14 天内，发包人应向承包人支付工程款（进度款）。按约定时间发包人应扣回的预付款，与工程款（进度款）同期结算。

2. 工程变更调整的合同价款及其他合同条款中约定的追加合同价款，应与工程款（进度款）同期调整支付。

3. 发包人超过约定的支付时间不支付工程款（进度款），承包人可向发包人发出要求付款的通知，发包人收到承包人通知后仍不能按要求付款，可与承包人协商签订延期付款协议，经承包人同意后可延期支付。协议应明确延期支付的时间和从计量结果确认后第15d 起应付款的贷款利息。

4. 发包人不按合同约定支付工程款（进度款），双方又未达成延期付款协议，导致施工无法进行，承包人可停止施工，由发包人承担违约责任。

三十三、施工合同中发包人供应材料设备

1. 实行发包人供应材料设备的，双方应当约定发包人供应材料设备的一览表，一览表包括发包人供应材料设备的品种、规格、型号、数量、单价、质量等级、提供时间和地点。

2. 发包人按一览表约定的内容提供材料设备，并向承包人提供产品合格证明，对其质量负责。发包人在所供材料设备到货前 24h，以书面形式通知承包人，由承包人派人与发包人共同清点。

3. 发包人供应的材料设备，承包人派人参加清点后由承包人妥善保管，发包人支付相应保管费用。因承包人原因发生丢失损坏，由承包人负责赔偿。

4. 发包人未通知承包人清点，承包人不负责材料设备的保管，丢失损坏由发包人负责。

5. 发包人供应的材料设备与一览表不符时，发包人承担有关责任。

（1）材料设备单价与一览表不符，由发包人承担所有价差；

（2）材料设备的品种、规格、型号、质量等级与一览表不符，承包人可拒绝接收保管，由发包人运出施工场地并重新采购；

（3）发包人供应的材料规格、型号与一览表不符，经发包人同意，承包人可代为调剂串换，由发包人承担相应费用；

（4）到货地点与一览表不符，由发包人负责运至一览表指定地点；

（5）供应数量少于一览表约定的数量时，由发包人补齐，多于一览表约定数量时，发包人负责将多出部分运出施工场地；

（6）到货时间早于一览表约定时间，由发包人承担因此发生的保管费用；到货时间迟于一览表约定的供应时间，发包人赔偿由此造成的承包人损失，造成工期延误的，相应顺延工期。

6. 发包人供应的材料设备使用前，由承包人负责检验或试验，不合格的不得使用，检验或试验费用由发包人承担。

三十四、施工合同中承包人采购材料设备

1. 承包人负责采购材料设备的，应按照合同专用条款约定及设计和有关标准要求采购，并提供产品合格证明，对材料设备质量负责。承包人在材料设备到货前 24 小时通知监理工程师清点。

2. 承包人采购的材料设备与设计标准要求不符时，承包人应按监理工程师要求的时间运出施工场地，重新采购符合要求的产品，承担由此发生的费用，由此延误的工期不予顺延。

3. 承包人采购的材料设备在使用前，承包人应按监理工程师的要求进行检验或试验，不合格的不得使用，检验或试验费用由承包人承担。

4. 工程师发现承包人采购并使用不符合设计和标准要求的材料设备时，应要求承包

人负责修复、拆除或重新采购，由承包人承担发生的费用，由此延误的工期不予顺延。

5. 承包人需要使用代用材料时，应经工程师认可后才能使用，由此增减的合同价款双方以书面形式议定。

6. 由承包人采购的材料设备，发包人不得指定生产厂或供应商。

三十五、施工合同里的工程变更程序及价款的处理

1. 施工中发包人需对原工程设计变更，应提前 14 天以书面形式向承包人发出变更通知。

2. 变更超过原设计标准或批准的建设规模时，发包人应报规划管理部门和其他有关部门重新审查批准，并由原设计单位提供变更的相应图纸和说明。

3. 承包人按照监理工程师发出的变更通知及有关要求，进行下列需要的变更：

(1) 更改工程有关部分的标高、基线、位置和尺寸；

(2) 增减合同中约定的工程量；

(3) 改变有关工程的施工时间和顺序；

(4) 其他有关工程变更需要的附加工作。

4. 因变更导致合同价款的增减及造成的承包人损失，由发包人承担，延误的工期相应顺延。

5. 施工中承包人不得对原工程设计进行变更。因承包人擅自变更设计发生的费用和由此导致发包人的直接损失，由承包人承担，延误的工期不予顺延。

6. 承包人在施工中提出的合理化建议涉及对设计图纸或施工组织设计的更改及对材料、设备的换用，须经监理工程师同意。

7. 未经同意擅自更改或换用时，承包人承担由此发生的费用，并赔偿发包人的有关损失，延误的工期不予顺延。

8. 变更合同价款按下列方法进行：

(1) 合同中已有适用于变更工程的价格，按合同已有的价格变更合同价款；

(2) 合同中只有类似于变更工程的价格，可以参照类似价格变更合同介款；

(3) 合同中没有适用或类似于变更工程的价格，由承包人提出适当的变更价格，经工程师确认后执行。

9. 承包人在双方确定变更后 14 天内不向工程师提出变更工程价款报告时，视为该项变更不涉及合同价款的变更。

10. 监理工程师应在收到变更工程价款报告之日起 14 天内予以确认，监理工程师无正当理由不确认时，自变更工程价款报告送达之日起 14 天后视为变更工程价款报告已被确认。

三十六、施工合同竣工验收的规定

1. 工程具备竣工验收条件，承包人按国家工程竣工验收有关规定，向发包人提供完整竣工资料及竣工验收报告。双方约定由承包人提供竣工图的，应当在合同专用条款内约定提供的日期和份数。

2. 发包人收到竣工验收报告后 28 天内组织有关单位验收，并在验收后 14 天内给予认可或提出修改意见。承包人按要求修改，并承担由自身原因造成修改的费用。

3. 发包人收到承包人送交的竣工验收报告后 28 天内不组织验收，或验收后 14 天内不提出修改意见，视为竣工验收报告已被认可。

4. 工程竣工验收通过，承包人送交竣工验收报告的日期为实际竣工日期。

5. 工程按发包人要求修改后通过竣工验收的，实际竣工日期为承包人修改后提请发包人验收的日期。

6. 发包人收到承包人竣工验收报告后 28 天内不组织验收，从第 29 天起承担工程保管及一切意外责任。

7. 中间交工工程的范围和竣工时间，双方在专用条款内约定。

8. 因特殊原因，发包人要求部分单位工程或工程部位甩项竣工的，双方另行签订甩项竣工协议，明确双方责任和工程价款的支付方法。

9. 工程未经竣工验收或竣工验收未通过的，发包人不得使用。发包人强行使用时，由此发生的质量问题及其他问题，由发包人承担责任。

三十七、发包人违约及承包人违约情况

1. 一方违约后，另一方要求违约方继续履行合同时，违约方承担上述违约责任后仍应继续履行合同。

发包人违约：

（1）发包人不按时支付工程预付款；

（2）发包人不按合同约定支付工程款，导致施工无法进行；

（3）发包人无正当理由不支付工程竣工结算价款；

（4）发包人不履行合同义务或不按合同约定履行义务的其他情况。

2. 发包人承担违约责任，赔偿因其违约给承包人造成的经济损失，顺延延误的工期。

承包人违约：

（1）因承包人原因不能按照协议书约定的竣工日期或工程师同意顺延的工期竣工；

（2）因承包人原因工程质量达不到协议书约定的质量标准；

（3）承包人承担违约责任，赔偿因其违约给发包人造成的损失。

三十八、索　赔　程　序

承包人的索赔

（1）索赔事件发生后 28 天内，向监理工程师发出索赔意向通知；

（2）发出索赔意向通知后 28 天内，向监理工程师提出延长工期和（或）补偿经济损失的索赔报告及有关资料；

（3）监理工程师在收到承包人送交的索赔报告和有关资料后，于 28 天内给予答复，或要求承包人进一步补充索赔理由和证据；

（4）监理工程师在收到承包人送交的索赔报告和有关资料后 28 天内未予答复或未对

承包人作进一步要求，视为该项索赔已经认可；

（5）当该索赔事件持续进行时，承包人应当阶段性向监理工程师发出索赔意向，在索赔事件终了后28天内，向工程师送交索赔的有关资料和最终索赔报告。

业主的反索赔：

承包人未能按合同约定履行自己的各项义务或发生错误，给发包人造成经济损失，按照索赔程序办理。

三十九、工程分包的规定

1. 承包人按合同专用条款的约定分包所承包的部分工程，并与分包单位签订分包合同。未经发包人同意，承包人不得将承包工程的任何部分分包。

2. 承包人不得将其承包的全部工程转包给他人，也不得将其承包的全部工程肢解以后以分包的名义分别转包给他人。

3. 工程分包不能解除承包人任何责任与义务。承包人应在分包场地派驻相应管理人员，保证本合同的履行。

4. 分包单位的任何违约行为或疏忽导致工程损害或给发包人造成其他损失，承包人承担连带责任。

5. 分包工程价款由承包人与分包单位结算。发包人未经承包人同意不得以任何形式向分包单位支付各种工程款项。

四十、不可抗力事件责任承担

（1）工程本身的损害、因工程损害导致第三人人员伤亡和财产损失以及运至施工场地用于施工的材料和待安装的设备的损害，由发包人承担；

（2）发包人、承包人的人员伤亡由其所在单位负责，并承担相应费用；

（3）承包人机械设备损坏及停工损失，由承包人承担；

（4）停工期间，承包人应监理工程师要求留在施工场地的必要的管理人员及保卫人员的费用由发包人承担；

（5）工程所需清理、修复费用，由发包人承担；

（6）延误的工期相应顺延；

（7）因合同一方迟延履行合同后发生不可抗力的，不能免除迟延履行方的相应责任。

四十一、建筑许可及承发包

1. 建筑工程开工前，建设单位应当按照国家有关规定向工程所在地县级以上人民政府建设行政主管部门申请领取施工许可证。

2. 申请领取施工许可证，应当具备下列条件：

1）已经办理该建筑工程用地批准手续；

2）在城市规划区的建筑工程，已经取得规划许可证；

3）需要拆迁的，其拆迁进度符合施工要求；

4）已经确定建筑施工企业；

5）有满足施工需要的施工图纸及技术资料；

6）有保证工程质量和安全的具体措施；

7）建设资金已经落实；

8）法律、行政法规规定的其他条件。

3. 发包单位和承包单位应当全面履行合同约定的义务。不按照合同约定履行义务的，依法承担违约责任。

4. 发包单位应当按照合同的约定，及时拨付工程款项。

5. 提倡对建筑工程实行总承包，禁止将建筑工程肢解发包。

6. 建筑工程的发包单位可以将建筑工程的勘察、设计、施工、设备采购一并发包给一个工程总承包单位，也可以将建筑工程勘察、设计、施工、设备采购的一项或者多项发包给一个工程总承包单位；但是，不得将应当由一个承包单位完成的建筑工程肢解成若干部分发包给几个承包单位。

7. 建筑工程总承包单位按照总承包合同的约定对建设单位负责；分包单位按照分包合同的约定对总承包单位负责。总承包单位和分包单位就分包工程对建设单位承担连带责任。

四十二、建筑法里监理的禁止行为与责任

1. 工程监理单位与被监理工程的承包单位以及建筑材料、建筑构配件和设备供应单位不得有隶属关系或者其他利害关系。

2. 工程监理单位不按照委托监理合同的约定履行监理义务，对应当监督检查的项目不检查或者不按照规定检查，给建设单位造成损失的，应当承担相应的赔偿责任。

3. 工程监理单位与承包单位串通，为承包单位谋取非法利益，给建设单位造成损失的，应当与承包单位承担连带赔偿责任。

4. 工程监理单位与建设单位或者建筑施工企业串通，弄虚作假、降低工程质量的，责令改正，处以罚款，降低资质等级或者吊销资质证书；有违法所得的，予以没收；造成损失的，承担连带赔偿责任；构成犯罪的，依法追究刑事责任。

四十三、建筑法有关安全及质量条款

1. 施工现场安全由建筑施工企业负责。实行施工总承包的，由总承包单位负责。分包单位向总承包单位负责，服从总承包单位对施工现场的安全生产管理。

2. 建筑施工企业应当建立健全劳动安全生产教育培训制度，加强对职工安全生产的教育培训；未经安全生产教育培训的人员，不得上岗作业。

3. 建筑施工企业和作业人员在施工过程中，应当遵守有关安全生产的法律、法规和建筑行业安全规章、规程，不得违章指挥或者违章作业。

4. 建设单位不得以任何理由，要求建筑设计单位或者建筑施工企业在工程设计或者施工作业中，违反法律、行政法规和建筑工程质量、安全标准，降低工程质量。

5. 建筑设计单位和建筑施工企业对建设单位违反前款规定提出的降低工程质量的要求，应当予以拒绝。

6. 建筑工程实行总承包的，工程质量由工程总承包单位负责，总承包单位将建筑工程分包给其他单位的，应当对分包工程的质量与分包单位承担连带责任。分包单位应当接受总承包单位的质量管理。

7. 建筑设计单位对设计文件选用的建筑材料、建筑构配件和设备，不得指定生产厂、供应商。

8. 建筑施工企业必须按照工程设计图纸和施工技术标准施工，不得偷工减料。工程设计的修改由原设计单位负责，建筑施工企业不得擅自修改工程设计。

9. 建筑施工企业必须按照工程设计要求、施工技术标准和合同的约定，对建筑材料、建筑构配件和设备进行检验，不合格的不得使用。

10. 建筑工程竣工经验收合格后，方可交付使用；未经验收或者验收不合格的，不得交付使用。

四十四、建设工程质量管理条例里对建设单位的罚则

1. 违反本条例规定，建设单位有下列行为之一的，责令改正，处 20 万元以上 50 万元以下的罚款：

1）迫使承包方以低于成本的价格竞标的；

2）任意压缩合理工期的；

3）明示或者暗示设计单位或者施工单位违反工程建设强制性标准，降低工程质量的；

4）施工图设计文件未经审查或者审查不合格，擅自施工的；

5）建设项目必须实行工程监理而未实行工程监理的；

6）未按照国家规定办理工程质量监督手续的；

7）明示或者暗示施工单位使用不合格的建筑材料、建筑构配件和设备的；

8）未按照国家规定将竣工验收报告、有关认可文件或者准许使用文件报送备案的。

2. 建设单位未取得施工许可证或者开工报告未经批准，擅自施工的，责令停止施工，限期改正，处工程合同价款百分之一以上百分之二以下的罚款。

3. 建设单位有下列行为之一的，责令改正，处工程合同价款百分之二以上百分之四以下的罚款；造成损失的，依法承担赔偿责任；

1）未组织竣工验收，擅自交付使用的；

2）验收不合格，擅自交付使用的；

3）对不合格的建设工程按照合格工程验收的。

4. 建设工程竣工验收后，建设单位未向建设行政主管部门或者其他有关部门移交建设项目档案的，责令改正，处 1 万元以上 10 万元以下的罚款。

四十五、建筑工程质量管理条例里对监理人员的有关罚则

1. 工程监理单位有下列行为之一的，责令改正，处 50 万元以上 100 万元以下的罚

款，降低资质等级或者吊销资质证书；有违法所得的，予以没收；造成损失的，承担连带赔偿责任：

1）与建设单位或者施工单位串通，弄虚作假、降低工程质量的；

2）将不合格的建设工程、建筑材料、建筑构配件和设备按照合格签字的。

2. 工程监理单位与被监理工程的施工承包单位以及建筑材料、建筑构配件和设备供应单位有隶属关系或者其他利害关系承担该项建设工程的监理业务的，责令改正，处5万元以上10万元以下的罚款，降低资质等级或者吊销资质证书；有违法所得的，予以没收。

3. 监理工程师等注册执业人员因过错造成质量事故的，责令停止执业1年；造成重大质量事故的，吊销执业资格证书，5年以内不予注册；情节特别恶劣的，终身不予注册。

4. 工程监理单位违反国家规定，降低工程质量标准，造成重大安全事故，构成犯罪的，对直接责任人员依法追究刑事责任。

5. 工程监理单位的工作人员因调动工作、退休等原因离开该单位后，被发现在该单位工作期间违反国家有关建设工程质量管理规定，造成重大工程质量事故的，仍应当依法追究法律责任。

四十六、刑法的相关规定

1. 建设单位、设计单位、施工单位、工程监理单位违反国家规定，降低工程质量标准，造成重大安全事故的，对直接责任人员，处五年以下有期徒刑或者拘役，并处罚金；后果特别严重的，处五年以上十年以下有期徒刑，并处罚金。

2. 建筑企业或者其他企业的职工，由于不服管理、违反规章制度，或者强令工人违章冒险作业，因而发生重大伤亡事故或者造成其他严重后果的，处三年以下有期徒刑或者拘役；情节特别恶劣的，处三年以上七年以下有期徒刑。

3. 建筑企业或者其他企业、事业单位的劳动安全设施不符合国家规定，经有关部门或者单位职工提出后，对事故隐患仍不采取措施，因而发生重大伤亡事故或者造成其他严重后果的，对直接责任人员，处三年以下有期徒刑或者拘役；情节特别恶劣的，处三年以上七年以下有期徒刑。

4. 违反消防管理法规，经消防监督机构通知采取改正措施而拒绝执行，造成严重后果的，对直接责任人员，处三年以下有期徒刑或者拘役；后果特别严重的，处三年以上七年以下有期徒刑。

四十七、建设、勘察、设计、其他单位的安全责任

建设工程安全生产管理条例规定

1. 建设单位应当向施工单位提供施工现场及毗邻区域内供水、排水、供电、供气、供热、通信、广播电视等地下管线资料，气象和水文观测资料，相邻建筑物和构筑物、地下工程的有关资料，并保证资料的真实、准确、完整。

2. 建设单位不得对勘察、设计、施工、工程监理等单位提出不符合建设工程安全生

产法律、法规和强制性标准规定的要求，不得压缩合同约定的工期。

3. 建设单位在编制工程概算时，应当确定建设工程安全作业环境及安全施工措施所需费用。

4. 建设单位不得明示或者暗示施工单位购买、租赁、使用不符合安全施工要求的安全防护用具、机械设备、施工机具及配件、消防设施和器材。

5. 勘察单位应当按照法律、法规和工程建设强制性标准进行勘察，提供的勘察文件应当真实、准确，满足建设工程安全生产的需要。

6. 设计单位应当按照法律、法规和工程建设强制性标准进行设计，防止因设计不合理导致安全生产事故的发生。

7. 设计单位应当考虑施工安全操作和防护的需要，对涉及施工安全的重点部位和环节在设计文件中注明，并对防范生产安全事故提出指导意见。

8. 采用新结构、新材料、新工艺的建设工程和特殊结构的建设工程，设计单位应当在设计中提出保障施工作业人员安全和预防安全生产事故的措施建议。

9. 为建设工程提供机械设备和配件的单位，应当按照安全施工的要求配备齐全有效的保险、限位等安全设施和装置。

10. 出租的机械设备和施工机具及配件，应当具有生产（制造）许可证、产品合格证。

11. 出租单位应当对出租的机械设备和施工机具及配件的安全性能进行检测，在签订租赁协议时，应当出具检测合格证明。

禁止出租检测不合格的机械设备和施工机具及配件。

12. 在施工现场安装、拆卸施工起重机械和整体提升脚手架、模板等自升式架设设施，必须由具有相应资质的单位承担。

13. 安装、拆卸施工起重机械和整体提升脚手架、模板等自升式架设设施，应当编制拆装方案、制定安全施工措施，并由专业技术人员现场监督。

14. 施工起重机械和整体提升脚手架、模板等自升式架设设施安装完毕后，安装单位应当自检，出具自检合格证明，并向施工单位进行安全使用说明，办理验收手续并签字。

15. 施工起重机械和整体提升脚手架、模板等自升式架设设施的使用达到国家规定的检验检测期限的，必须经具有专业资质的检验检测机构检测。经检测不合格的，不得继续使用。

16. 检验检测机构对检测合格的施工起重机械和整体提升脚手架、模板等自升式架设设施，应当出具安全合格证明文件，并对检测结果负责。

四十八、工程监理单位的安全及法律责任

1. 工程监理单位在实施监理过程中，发现存在安全事故隐患的，应当要求施工单位整改；情况严重的，应当要求施工单位暂时停止施工，并及时报告建设单位。施工单位拒不整改或者不停止施工的，工程监理单位应当及时向有关主管部门报告。

2. 工程监理单位和监理工程师应当按照法律、法规和工程建设强制性标准实施监理，并对建设工程安全生产承担监理责任。

3. 工程监理单位有下列行为之一的，责令限期改正；逾期未改正的，责令停业整顿，并处 10 万元以上 30 万元以下的罚款；情节严重的，降低资质等级，直至吊销资质证书；造成重大安全事故，构成犯罪的，对直接责任人员，依照刑法有关规定追究刑事责任；造成损失的，依法承担赔偿责任：

1）未对施工组织设计中的安全技术措施或者专项施工方案进行审查的；

2）发现安全事故隐患未及时要求施工单位整改或者暂时停止施工的；

3）施工单位拒不整改或者不停止施工，未及时向有关主管部门报告的；

4）未依照法律、法规和工程建设强制性标准实施监理的。

四十九、施工单位的安全责任

1. 施工单位主要负责人依法对本单位的安全生产工作全面负责。施工单位应当建立健全安全生产责任制度和安全生产教育培训制度，制定安全生产规章制度和操作规程，保证本单位安全生产条件所需资金的投入，对所承担的建设工程进行定期和专项安全检查，并做好安全检查记录。

2. 施工单位的项目负责人应当由取得相应执业资格的人员担任，对建设工程项目的安全施工负责，落实安全生产责任制度、安全生产规章制度和操作规程，确保安全生产费用的有效使用，并根据工程的特点组织制定安全施工措施，消除安全事故隐患，及时、如实报告生产安全事故。

3. 施工单位应当设立安全生产管理机构，配备专职安全生产管理人员。

专职安全生产管理人员负责对安全生产进行现场监督检查。发现安全事故隐患，应当及时向项目负责人和安全生产管理机构报告；对违章指挥、违章操作的，应当立即制止。

4. 建设工程实行施工总承包的，由总承包单位对施工现场的安全生产负总责。

总承包单位应当自行完成建设工程主体结构的施工。

5. 总承包单位依法将建设工程分包给其他单位的，分包合同中应当明确各自的安全生产方面的权利、义务。总承包单位和分包单位对分包工程的安全生产承担连带责任。

6. 分包单位应当服从总承包单位的安全生产管理，分包单位不服从管理导致生产安全事故的，由分包单位承担主要责任。

7. 垂直运输机械作业人员、安装拆卸工、爆破作业人员、起重信号工、登高架设作业人员等特种作业人员，必须按照国家有关规定经过专门的安全作业培训，并取得特种作业操作资格证书后，方可上岗作业。

8. 施工单位应当在施工组织设计中编制安全技术措施和施工现场临时用电方案，对下列达到一定规模的危险性较大的分部分项工程编制专项施工方案，并附具安全验算结果，经施工单位技术负责人、总监理工程师签字后实施，由专职安全生产管理人员进行现场监督：

1）基坑支护与降水工程；

2）土方开挖工程；

3）模板工程；

4）起重吊装工程；

5）脚手架工程；

6）拆除、爆破工程；

7）国务院建设行政主管部门或者其他有关部门规定的其他危险性较大的工程。

对前款所列工程中涉及深基坑、地下暗挖工程、高大模板工程的专项施工方案，施工单位还应当组织专家进行论证、审查。

9. 建设工程施工前，施工单位负责项目管理的技术人员应当对有关安全施工的技术要求向施工作业班组、作业人员作出详细说明，并由双方签字确认。

10. 施工单位应当在施工现场入口处、施工起重机械、临时用电设施、脚手架、出入通道口、楼梯口、电梯井口、孔洞口、桥梁口、隧道口、基坑边沿、爆破物及有害危险气体和液体存放处等危险部位，设置明显的安全警示标志。安全警示标志必须符合国家标准。

11. 施工单位应当根据不同施工阶段和周围环境及季节、气候的变化，在施工现场采取相应的安全施工措施。施工现场暂时停止施工的，施工单位应当做好现场防护，所需费用由责任方承担，或者按照合同约定执行。

12. 施工单位应当将施工现场的办公、生活区与作业区分开设置，并保持安全距离；办公、生活区的选址应当符合安全性要求。职工的膳食、饮水、休息场所等应当符合卫生标准。施工单位不得在尚未竣工的建筑物内设置员工集体宿舍。

13. 施工现场临时搭建的建筑物应当符合安全使用要求。施工现场使用的装配式活动房屋应当具有产品合格证。

14. 施工单位对因建设工程施工可能造成损害的毗邻建筑物、构筑物和地下管线等，应当采取专项防护措施。

15. 施工单位应当遵守有关环境保护法律、法规的规定，在施工现场采取措施，防止或者减少粉尘、废气、废水、固体废物、噪声、振动和施工照明对人和环境的危害和污染。

16. 在城市市区内的建设工程，施工单位应当对施工现场实行封闭围挡。

17. 施工单位应当在施工现场建立消防安全责任制度，确定消防安全责任人，制定用火、用电、使用易燃易爆材料等各项消防安全管理制度和操作规程，设置消防通道、消防水源，配备消防设施和灭火器材，并在施工现场入口处设置明显标志。

18. 施工单位应当向作业人员提供安全防护用具和安全防护服装，并书面告知危险岗位的操作规程和违章操作的危害。

19. 施工单位采购、租赁的安全防护用具、机械设备、施工机具及配件，应当具有生产（制造）许可证、产品合格证，并在进入施工现场前进行查验。

20. 施工现场的安全防护用具、机械设备、施工机具及配件必须由专人管理，定期进行检查、维修和保养，建立相应的资料档案，并按照国家有关规定及时报废。

21. 施工单位在使用施工起重机械和整体提升脚手架、模板等自升式架设设施前，应当组织有关单位进行验收，也可以委托具有相应资质的检验检测机构进行验收；使用承租的机械设备和施工机具及配件的，由施工总承包单位、分包单位、出租单位和安装单位共同进行验收。验收合格的方可使用。

22. 施工单位的主要负责人、项目负责人、专职安全生产管理人员应当经建设行政主管部门或者其他有关部门考核合格后方可任职。

23. 作业人员进入新的岗位或者新的施工现场前，应当接受安全生产教育培训。未经教育培训或者教育培训考核不合格的人员，不得上岗作业。

五十、施工旁站监理部位

监理人员在房屋建筑工程施工阶段监理中，对关键部位、关键工序的施工质量实施全过程现场跟班的监督部位：

1. 土方回填。
2. 混凝土灌注桩浇注。
3. 地下连续墙、土钉墙、后浇带及其他结构混凝土、防水混凝土浇筑。
4. 卷材防水层细部构造处理。
5. 钢结构安装。
6. 梁柱节点钢筋隐蔽过程。
7. 混凝土浇筑。
8. 预应力张拉。
9. 装配式结构安装。
10. 钢结构安装。
11. 网架结构安装。
12. 索膜安装。

五十一、旁站监理人员的主要职责是：

1. 检查施工企业现场质检人员到岗、特殊工种人员持证上岗以及施工机械、建筑材料准备情况；

2. 在现场跟班监督关键部位、关键工序的施工执行施工方案以及工程建设强制性标准情况；

3. 核查进场建筑材料、建筑构配件、设备和商品混凝土的质量检验报告等，并可在现场监督施工企业进行检验或者委托具有资格的第三方进行复验；

4. 做好旁站监理记录和监理日记，保存旁站监理原始资料。

五十二、旁站监理的有关规定

1. 旁站监理方案应当送建设单位和施工企业各一份，并抄送工程所在地的建设行政主管部门或其委托的工程质量监督机构。

2. 施工企业根据监理企业制定的旁站监理方案，在需要实施旁站监理的关键部位、关键工序进行施工前24h，应当书面通知监理企业派驻工地的项目监理机构。

3. 项目监理机构应当安排旁站监理人员按照旁站监理方案实施旁站监理。

4. 凡旁站监理人员和施工企业现场质检人员未在旁站监理记录上签字的，不得进行下一道工序施工。

5. 旁站监理人员实施旁站监理时，发现施工企业有违反工程建设强制性标准行为的，有权责令施工企业立即整改；发现其施工活动已经或者可能危及工程质量的，应当及时向监理工程师或者总监理工程师报告，由总监理工程师下达局部暂停施工指令或者采取其他应急措施。

6. 对于需要旁站监理的关键部位、关键工序施工，凡没有实施旁站监理或者没有旁站监理记录的，监理工程师或者总监理工程师不得在相应文件上签字。

五十三、工程监理企业的资质等级

（一）综合资质标准

1. 具有独立法人资格且注册资本不少于 600 万元。

2. 企业技术负责人应为注册监理工程师，并具有 15 年以上从事工程建设工作的经历或者具有工程类高级职称。

3. 具有 5 个以上工程类别的专业甲级工程监理资质。

4. 注册监理工程师不少于 60 人，注册造价工程师不少于 5 人，一级注册建造师、一级注册建筑师、一级注册结构工程师或者其他勘察设计注册工程师合计不少于 15 人次。

5. 企业具有完善的组织结构和质量管理体系，有健全的技术、档案等管理制度。

6. 企业具有必要的工程试验检测设备。

7. 申请工程监理资质之日前一年内工程监理企业不得有下列行为：

（1）与建设单位串通投标或者与其他工程监理企业串通投标，以行贿手段谋取中标；

（2）与建设单位或者施工单位串通弄虚作假、降低工程质量；

（3）将不合格的建设工程、建筑材料、建筑构配件和设备按照合格签字；

（4）超越本企业资质等级或以其他企业名义承揽监理业务；

（5）允许其他单位或个人以本企业的名义承揽工程；

（6）将承揽的监理业务转包；

（7）在监理过程中实施商业贿赂；

（8）涂改、伪造、出借、转让工程监理企业资质证书；

（9）其他违反法律法规的行为。

8. 申请工程监理资质之日前一年内没有因本企业监理责任造成重大质量事故。

9. 申请工程监理资质之日前一年内没有因本企业监理责任发生三级以上工程建设重大安全事故或者发生两起以上四级工程建设安全事故。

（二）专业资质标准

1. 甲级

（1）具有独立法人资格且注册资本不少于 300 万元。

（2）企业技术负责人应为注册监理工程师，并具有 15 年以上从事工程建设工作的经历或者具有工程类高级职称。

（3）注册监理工程师、注册造价工程师、一级注册建造师、一级注册建筑师、一级注册结构工程师或者其他勘察设计注册工程师合计不少于 25 人次；其中，相应专业注册监理工程师不少于 15，注册造价工程师不少于 2 人。

（4）企业近2年内独立监理过3个以上相应专业的二级工程项目，但是，具有甲级设计资质或一级及以上施工总承包资质的企业申请本专业工程类别甲级资质的除外。

（5）企业具有完善的组织结构和质量管理体系，有健全的技术、档案等管理制度。

（6）企业具有必要的工程试验检测设备。

（7）申请工程监理资质之日前一年内没有被禁止的行为。

（8）申请工程监理资质之日前一年内没有因本企业监理责任造成重大质量事故。

（9）申请工程监理资质之日前一年内没有因本企业监理责任发生三级以上工程建设重大安全事故或者发生两起以上四级工程建设安全事故。

2. 乙级

（1）具有独立法人资格且注册资本不少于100万元。

（2）企业技术负责人应为注册监理工程师，并具有10年以上从事工程建设工作的经历。

（3）注册监理工程师、注册造价工程师、一级注册建造师、一级注册建筑师、一级注册结构工程师或者其他勘察设计注册工程师合计不少于15人次。其中，相应专业注册监理工程师不少于10人，注册造价工程师不少于1人。

（4）有较完善的组织结构和质量管理体系，有技术、档案等管理制度。

（5）有必要的工程试验检测设备。

（6）申请工程监理资质之日前一年内没有本规定第十六条禁止的行为。

（7）申请工程监理资质之日前一年内没有因本企业监理责任造成重大质量事故。

（8）申请工程监理资质之日前一年内没有因本企业监理责任发生三级以上工程建设重大安全事故或者发生两起以上四级工程建设安全事故。

3. 丙级

（1）具有独立法人资格且注册资本不少于50万元。

（2）企业技术负责人应为注册监理工程师，并具有8年以上从事工程建设工作的经历。

（3）相应专业的注册监理工程师不少于5人。

（4）有必要的质量管理体系和规章制度。

（5）.有必要的工程试验检测设备。

（三）事务所资质标准

1. 取得合伙企业营业执照，具有书面合作协议书。

2. 合伙人中有3名以上注册监理工程师，合伙人均有5年以上从事建设工程监理的工作经历。

3. 有固定的工作场所。

4. 有必要的质量管理体系和规章制度。

5. 有必要的工程试验检测设备。

五十四、房屋建筑工程等级

一般公共建筑

1. 一级：28层以上；36m跨度以上（轻钢结构除外）；单项工程建筑面积3万 m²

以上。

2. 二级：14～28 层；24～36m 跨度（轻钢结构除外）；单项工程建筑面积 1 万～3 万 m^2。

3. 三级：14 层以下；24m 跨度以下（轻钢结构除外）；单项工程建筑面积 1 万 m^2 以下。

高耸构筑工程

1. 一级：高度 120m 以上。

2. 二级：高度 70～120m。

3. 三级：高度 70m 以下。

住宅小区

1. 一级：小区建筑面积 12 万 m^2 以上；单项工程 28 层以上。

2. 二级：建筑面积 6 万～12 万 m^2；单项工程 14～28 层。

3. 三级：建筑面积 6 万 m^2 以下；单项工程 14 层以下。

五十五、房屋建筑工程的最低保修期限

房屋建筑工程的最低保修期限为：

（1）地基基础工程和主体结构工程，为设计文件规定的该工程的合理使用年限；

（2）屋面防水工程、有防水要求的卫生间、房间和外墙面的防渗漏，为 5 年；

（3）供热与供冷系统，为 2 个采暖期、供冷期；

（4）电气管线、给排水管道、设备安装为 2 年；

（5）装修工程为 2 年。

其他项目的保修期限由建设单位和施工单位约定。

五十六、施工准备阶段安全监理的主要工作内容

1. 编制包括安全监理内容的项目监理规划，明确安全监理的范围、内容、工作程序和制度措施，以及人员配备计划和职责等。

2. 对中型及以上项目危险性较大的分部分项工程，监理单位应当编制监理实施细则。实施细则应当明确安全监理的方法、措施和控制要点，以及对施工单位安全技术措施的检查方案。

3. 审查施工单位编制的施工组织设计中的安全技术措施和危险性较大的分部分项工程安全专项施工方案是否符合工程建设强制性标准要求。审查的主要内容应当包括：

（1）施工单位编制的地下管线保护措施方案是否符合强制性标准要求；

（2）基坑支护与降水、土方开挖与边坡防护、模板、起重吊装、脚手架、拆除、爆破等分部分项工程的专项施工方案是否符合强制性标准要求；

（3）施工现场临时用电施工组织设计或者安全用电技术措施和电气防火措施是否符合强制性标准要求；

（4）冬期、雨期等季节性施工方案的制订是否符合强制性标准要求；

（5）施工总平面布置图是否符合安全生产的要求，办公、宿舍、食堂、道路等临时设施设置以及排水、防火措施是否符合强制性标准要求。

4. 检查施工单位在工程项目上的安全生产规章制度和安全监管机构的建立、健全及专职安全生产管理人员配备情况，督促施工单位检查各分包单位的安全生产规章制度的建立情况。

5. 审查施工单位资质和安全生产许可证是否合法有效。

6. 审查项目经理和专职安全生产管理人员是否具备合法资格，是否与投标文件相一致。

7. 审核特种作业人员的特种作业操作资格证书是否合法有效。

8. 审核施工单位应急救援预案和安全防护措施费用使用计划。

五十七、施工阶段安全监理的主要工作

1. 监督施工单位按照施工组织设计中的安全技术措施和专项施工方案组织施工，及时制止违规施工作业。

2. 定期巡视检查施工过程中的危险性较大工程作业情况。

3. 核查施工现场施工起重机械、整体提升脚手架、模板等自升式架设设施和安全设施的验收手续。

4. 检查施工现场各种安全标志和安全防护措施是否符合强制性标准要求，并检查安全生产费用的使用情况。

5. 督促施工单位进行安全自查工作，并对施工单位自查情况进行抽查，参加建设单位组织的安全生产专项检查。

五十八、建设工程安全监理的工作程序

（1）监理单位按照《建设工程监理规范》和相关行业监理规范要求，编制含有安全监理内容的监理规划和监理实施细则。

（2）在施工准备阶段，监理单位审查核验施工单位提交的有关技术文件及资料，并由项目总监在有关技术文件报审表上签署意见；审查未通过的，安全技术措施及专项施工方案不得实施。

（3）在施工阶段，监理单位应对施工现场安全生产情况进行巡视检查，对发现的各类安全事故隐患，应书面通知施工单位，并督促其立即整改；情况严重的，监理单位应及时下达工程暂停令，要求施工单位停工整改，并同时报告建设单位。安全事故隐患消除后，监理单位应检查整改结果，签署复查或复工意见。施工单位拒不整改或不停工整改的，监理单位应当及时向工程所在地建设主管部门或工程项目的行业主管部门报告，以电话形式报告的，应当有通话记录，并及时补充书面报告。检查、整改、复查、报告等情况应记载在监理日志、监理月报中。

监理单位应核查施工单位提交的施工起重机械、整体提升脚手架、模板等自升式架设设施和安全设施等验收记录，并由安全监理人员签收备案。

（4）工程竣工后，监理单位应将有关安全生产的技术文件、验收记录、监理规划、监理实施细则、监理月报、监理会议纪要及相关书面通知等按规定立卷归档。

五十九、建设工程安全生产的监理责任

（1）监理单位应对施工组织设计中的安全技术措施或专项施工方案进行审查，未进行审查的，监理单位应承担相应的法律责任。

（2）施工组织设计中的安全技术措施或专项施工方案未经监理单位审查签字认可，施工单位擅自施工的，监理单位应及时下达工程暂停令，并将情况及时书面报告建设单位。监理单位未及时下达工程暂停令并报告的，应承担相应的法律责任。

（3）监理单位在监理巡视检查过程中，发现存在安全事故隐患的，应按照有关规定及时下达书面指令要求施工单位进行整改或停止施工。

（4）监理单位发现安全事故隐患没有及时下达书面指令要求施工单位进行整改或停止施工的，应承担相应的法律责任。

（5）施工单位拒绝按照监理单位的要求进行整改或者停止施工的，监理单位应及时将情况向当地建设主管部门或工程项目的行业主管部门报告。监理单位没有及时报告，应承担相应的法律责任。

（6）监理单位未依照法律、法规和工程建设强制性标准实施监理的，应当承担相应的法律责任。

（7）监理单位履行了上述规定的职责，施工单位未执行监理指令继续施工或发生安全事故的，应依法追究监理单位以外的其他相关单位和人员的法律责任。

六十、对工程监理单位安全生产监督检查的主要内容

建设行政主管部门对工程监理单位安全生产监督检查的主要内容是：

1. 将安全生产管理内容纳入监理规划的情况，以及在监理规划和中型以上工程的监理细则中制定对施工单位安全技术措施的检查方面情况。

2. 审查施工企业资质和安全生产许可证、三类人员及特种作业人员取得考核合格证书和操作资格证书情况。

3. 审核施工企业安全生产保证体系、安全生产责任制、各项规章制度和安全监管机构建立及人员配备情况。

4. 审核施工企业应急救援预案和安全防护、文明施工措施费用使用计划情况。

5. 审核施工现场安全防护是否符合投标时承诺和《建筑施工现场环境与卫生标准》等标准要求情况。

6. 复查施工单位施工机械和各种设施的安全许可验收手续情况。

7. 审查施工组织设计中的安全技术措施或专项施工方案是否符合工程建设强制性标准情况。

8. 定期巡视检查危险性较大工程作业情况。

9. 下达隐患整改通知单，要求施工单位整改事故隐患情况或暂时停工情况；整改结

果复查情况；向建设单位报告督促施工单位整改情况；向工程所在地建设行政主管部门报告施工单位拒不整改或不停止施工情况。

六十一、监理单位节能应当履行以下质量责任和义务

1. 严格按照审查合格的设计文件和建筑节能标准的要求实施监理，针对工程的特点制定符合建筑节能要求的监理规划及监理实施细则。

2. 总监理工程师应当对建筑节能专项施工技术方案审查并签字认可。

3. 专业监理工程师应当对工程使用的墙体材料、保温材料、门窗部品、采暖空调系统、照明设备，以及涉及建筑节能功能的重要部位施工质量检查验收并签字认可。

4. 对易产生热桥和热工缺陷部位的施工，以及墙体、屋面等保温工程隐蔽前的施工，专业监理工程师应当采取旁站形式实施监理。

5. 应当在《工程质量评估报告》中明确建筑节能标准的实施情况。

六十二、业主的立项及建设用地资料

一、立项文件

1. 项目建议书；

2. 项目建议书审批意见；

3. 可行研究报告；

4. 可行性研究审批意见；

5. 地块建设条件论证申请报告；

6. 建设条件论证会议纪要；

7. 调查资料及项目评估材料；

8. 环境影响评价报告及批复；

9. 立项申请文件；

10. 立项批复文件；

11. 固定资产投资许可；

12. 房地产立项备案表。

二、建设用地资料

1. 建设用地呈报说明书；

2. 建设用地批准书；

3. 国有土地招标拍卖中标通知书；

4. 国有土地使用权出让合同；

5. 土地使用权证；

6. 建设项目规划设计控制文件（选址申请及选址规划意见书、控制文件等）；

7. 建设项目用地预审意见书；

8. 建设用地规划许可证；

9. 建设用地地形红线图；

10. 建设单位拆迁单位之间的拆迁安置意见、协议、方案；

11. 拆迁许可证；

12. 工程实测地形图；

13. 地下管线工程测绘图；

14. 地下管线测量报告或说明；

15. 地下管线调查测量成果表。

六十三、勘察设计资料及招投标、合同文件资料（业主资料）

勘察设计资料

1. 工程地质勘察报告；

2. 土地勘察定界资料；

3. 建设工程位置放线测量资料；

4. 建设工程场地内道路管线放验测量资料；

5. 规划设计任务书；

6. 规划设计方案；

7. 规划方案会议纪要；

8. 初步设计及概算；

9. 初步设计会审纪要；

10. 初步设计申请报告及批复；

11. 施工图设计文件及预算；

12. 结构计算书及计算软件；

13. 公安消防审核意见；

14. 工程人防审核意见；

15. 建设工程市政审核意见；

16. 建设工程园林审核意见；

17. 建设工程教育审核意见；

18. 建设工程车位审核意见；

19. 施工图设计文件审查意见；

20. 施工图设计审查合格证。

招投标、合同文件资料

1. 工程建设项目交易（招标）登记表；

2. 工程建设项目招标信息发布单（招标公告）；

3. 投标资格预审条件和办法；

4. 投标邀请书；

5. 招标委托代理合同；

6. 工程项目自信（代理）发布管理人员表；

7. 建设工程招标文件（勘察、设计、施工、监理）；

8. 建设工程投标文件（勘察、设计、施工、监理）；

9. 开标记录和评标报告；

10. 招标投标情况的书面报告；

11. 建设工程中标通知书（勘察、设计、施工、监理）；

12. 建设工程施工承包合同（土建、装修、安装）；

13. 建设工程承包分包合同；

14. 建设工程设计承包合同；

15. 建设工程勘察承包合同；

16. 建筑工程监理委托合同；

17. 总监任职法人委托书；

18. 建设工程承包补充合同。

六十四、开工条件资料（业主资料）

1. 建设项目年度计划；

2. 工程开工报告；

3. 建设工程规划许可证；

4. 建筑工程施工环保审核意见书；

5. 建筑施工防疫审核意见书；

6. 建筑工程项目安全审查意见书（涉外项目）；

7. 建筑工程资金到位情况审核意见书（资金证明）；

8. 建筑工程施工安全监督登记表；

9. 工程项目管理人员表；

10. 工程项目监理人员表；

11. 施工前期条件具备情况表；

12. 建设工程施工现场周边环境评估表；

13. 建筑工程质量监督登记表；

14. 人防工程人防专业质量登记表（有人防时）；

15. 工程项目审计证明（政府投资工程）；

16. 建筑工程施工许可证申请表、许可证；

17. 施工组织设计和专项施工方案；

18. 施工组织设计和安全保证措施（特殊工程）；

19. 施工图设计文件交底纪要。

六十五、监理日常管理资料

1. 项目监理组建报告；

2. 总监理工程师授权书；

3. 专业监理工程师授权书；

4. 总监理工程师更换通知；

5. 监理规划；

6. 监理细则；

7. 监理月报；

8. 监理工程师通知单；

9. 工程监理档案；

10. 工程监理档案移交目录；

11. 监理工程联系单；

12. 会议纪要；

13. 工程变更单；

14. 工程竣工移交证书；

15. 监理工作总结报告；

16. 质量评估报告。

六十六、监理质量、进度造价控制资料项目

监理质量控制资料项目

1. 工程暂停令；

2. 建立抽查记录表；

3. 不合格项目处置记录表；

4. 监理日记；

5. 旁站记录；

6. 平行检查记录；

7. 沉管灌注桩施工旁站监理记录；

8. 锤击静压桩施工旁站监理记录；

9. 钻孔灌注成孔旁站监理记录；

10. 钻孔灌注桩混凝土灌注旁站监理记录；

11. 混凝土强度平行检验监理记录；

12. 钢管承重支模系统平行检验监理记录；

13. 工程材料、构配件、设备报审台账；

14. 施工试验报审台账；

15. 工程验收汇总台账；

16. 工程质量评估报告；

17. 施工组织设计（方案）报审表；

18. 分包单位资格报审表（有分包时）；

19. 工程材料、构配件、单位资质报审表；

20. 试验单位资格报审表（见证或抽检检单位）；

21. 工程材料、构配件、设备报审表；

22. 主要施工机械设备报审表；

23. 施工测量放线报审表；

24. 检验批、分项、子分部（分部）工程质量评估报验表；

25. 建筑施工安全检查报验表；

26. 工程质量、安全问题（事故）报告（有事故时）；

27. 工程质量、安全问题（事故）技术处理方案报审表（有事故时）；

28. 监理工程师通知回复单；

29. 工程竣工报验表；

30. 通用报验申请表。

进度造价控制资料项目

1. 工程款支付证书；

2. 费用索赔审批表；

3. 工程临时延期审批表；

4. 工程最终延期审批表；

5. 工程开工报审表；

6. 工程临时、最终延期审批表；

7. 工程复工报审表；

8. 施工进度计划报审表；

9. 工程变更、洽谈费用报审表；

10. 费用索赔申请表；

11. 工程款支付申请表。

六十七、施工技术管理资料

1. 工程概况；

2. 施工现场质量管理记录；

3. 施工组织设计及施工方案；

4. 技术交底记录；

5. 图纸会审记录；

6. 设计变更通知单；

7. 工程洽商记录；

8. 企业资质证书及项目经理、技术负责人，主要操作人员岗位证书；

9. 建筑取样送检记录；

10. 施工日志；

11. 工程质量安全问题（事故）记录；

12. 工程质量、安全问题（事故）技术处理方案；

13. 施工总结；

14. 工程定位测量记录；

15. 基槽验线记录；

16. 楼层平面放线记录；

17. 工程沉降测量观察记录；

18. 工序质量检查表（施工检查记录）；

19. 隐蔽工程验收记录；

20. 交接检记录；

21. 预验收记录；

22. 楼层标高操测记录；

23. 建筑物标高、垂直度（全高）测量记录；

24. 施工组织设计（方案）报审表；

25. 分包单位资格报审表（有分包单位时）；

26. 工程材料、构配件、设备报审表；

27. 主要施工机械设备报审表；

28. 施工测量放线报验表；

29. 施工测量放线报验表；

30. 检验、分项、子分部（分部）工程质量报验表；

31. 建筑施工安全检查报验表；

32. 工程质量、安全问题（事故）报告（有事故时）；

33. 工程质量、安全问题（事故）技术处理方案报审表（有事故时）；

34. 监理工程师回复单；

35. 工程竣工报验表；

36. 通用报验申请表；

37. 工程开工报审表；

38. 工程临时、最终延期申请表；

39. 工程复工报审表；

40. 施工进度计划报审表；

41. 工程变更、洽商费用报审表；

42. 费用索赔申请表；

43. 工程款支付申请表；

44. 单位工程（工程项目）竣工报告。

六十八、施工现场监理工作要求（一）

1. 监理机构及人员

(1) 现场有效的监理单位营业执照及资质证书；

(2) 监理合同；

(3) 监理人员岗位证书及安全考核证书等复印件；

(4) 项目监理机构组建报告（包括专业配置、岗位资格证书等）；

(5) 总监、总代、专业监理工程师授权书齐全及数量满足相关规定；

(6) 现场人证相符，监理人员调动有变更手续。

2. 现场挂牌

(1) 有项目监理项目情况标牌；

（2）有监理单位名称标牌；

（3）有监理单位人员岗位职责牌。

3. 监理规划、细则

（1）编制人员资格、签章，编审时间符合要求。（监理规划开工前，监理细则分部开工前）

（2）监理规划的主要内容齐全，并于现场实际对应。

（3）个专业监理细则（桩基、土建、安装、节能、旁站、制度等），旁站监理方案齐全并具有针对性，并与实际进度同步。

4. 施工前期相关手续

（1）施工图审查合格证书并加盖审图章；

（2）质检、安检登记备案；

（3）施工许可证；

（4）开工报告签署意见符合要求；

（5）有施工现场质量管理检查记录；

（6）有消防、节能审核意见书。

5. 总（分）包单位审查

（1）施工总（分）包单位营业执照、资质证书、安全许可证书并有效期内，总、分包单位施工合同在监理部备案；

（2）总（分）包单位安全生产协议书在监理部备案；

（3）检测单位资质、计量认证证书在在监理部备案；

（4）主要供货单位资格报审齐全；

（5）商品混凝土厂家及实验室资质、供货合同及备案表报审；

（6）混凝土试块标养协议（如不标养，要设置标养间）。

6. 施工专项方案审核

（1）施工单位编审程序、时间、编审人资格、签章符合要求。（项目技术负责人组织编制，项目经理审核，总工审批）；

（2）监理实行两级审批程序，专监审核，总监审批。并附审批意见；

（3）施工组织设计及各专项方案内容真实可行，组织专家论证的有专家意见，并进行了重新编制意见。

7. 施工人员审核

（1）施工管理人员资格证书，人员更换审批文件，中标通知书及施工组织设计报审对比报审；

（2）三类人员安全考核证书报审齐全并有效；

（3）特殊工种人员操作证书报审。

8. 施工机械、设备报审

（1）塔吊、井架、施工电梯及其他机械产权备案、安拆告知、检测验收、使用登记手续齐全。有维修保养合同及半月一次维修保养记录；

（2）桩基有备案证明，各类钢筋加工机械、搅拌机、桩基等施工机械按规定报审；

（3）测量仪器进行了标定，有效的标定证书要齐全。

六十九、施工现场监理工作要求（二）

1. 原材料、构配件审核

（1）有复试要求（钢材、水泥、砌块、防水卷材等）按两次报验。并且审批意见及审批日期正确。（进场及复试后的时间）

（2）其他（石、安装材料、设备等）原材料按规定的时间报审。

（3）淡化海砂检测，验收相关规定抽检送样验收。

（4）水泥、钢筋的检测、验收符合相关验收的规定。（水泥抽样送检，钢筋抽样送检）

（5）商品混凝土合格证书报审，现场三方交接检，坍落度抽查。28天报审。

（6）进场原材料建立台账。

2. 各类验收

（1）隐蔽验收、混凝土浇捣申请、技术复核、测量放线及安装工程报验监理验收符合有关规定，资料齐全；

（2）检验批、分项、分部监理验收（包括安装）资料真实齐全；

（3）验收记录与实际进度一致，齐全完整，监理验收审批意见写得规范。签字的资格符合要求。（总监分部工程，专业监理工程师分项及检验批，原始记录监理员）；

（4）验收台账真实，与实际相符。

3. 监理检查

（1）对承重支模架、同强度回弹进行平行检验并填写相应记录；

（2）对原材料、施工试件进行平行检验；

（3）监理抽查记录，不合格项填写处置记录，监理抽查满足现场控制要求。

4. 施工试验、检验及检测

（1）砂浆、混凝土级配单，混凝土及砂浆试块检测（不合格项处理资料）报审手续齐全及时；

（2）钢筋焊接、机械连接等试验报审及时齐全；

（3）功能性检测（桩基检测、结构实体检测等）报审齐全及时；

（4）各类试验资料建立台账，及时齐全。

5. 旁站监理

（1）按规定进行质量、安全方案进行旁站，并且与实际记录对应，及时填写了旁站记录。签章齐全完整；

（2）旁站监理记录与混凝土申请单、检验批、商品混凝土交货验收记录、混凝土施工记录、监理日记等资料内容反应一致。

6. 安全生产监理

（1）安全监理规划及各专项安全监理细则齐全有效盖章。并有针对性；

（2）安全施工方案符合有关规定；

（3）文明安全设施、安全防护用品报审符合有关规定；

（4）安全文明施工专项费用的报审、监管符合有关规定；

（5）监理安全检查及验收、安全问题的整改符合有关规定；

（6）安全资料有单独组卷且内容完整。

7. 进度、投资控制

（1）有进度计划及方案和日常控制措施；

（2）有总进度计划及阶段（每月每周）进度报审并签署监理意见；

（3）对现场签证进行有效控制；

（4）有进度款支付报审，并签署监理审批意见。

8. 监理日记、月报

（1）监理日记填写及时、内容真实、齐全（包括总监巡视记录，安装监理工作内容，安全监理工作情况等）；

（2）监理月报齐全及时完整，并反映安全生产监理工作内容。

七十、施工现场监理工作要求（三）

1. 会议纪要及监理评估报告、及总结

（1）第一次工地会议纪要、施工监理交底会议纪要、工地例会纪要、专题会议纪要及时齐全，第一次工地例会纪要编写符合监理规范的规定，各类会议纪要编写分发手续齐全及时；

（2）各阶段性（桩基、基础、主体、节能等）监理评估报告、总结齐全，内容完整真实。

2. 监理工作指令

（1）监理通知书及回复单，工程停工令及复工申请及签发符合有关规定，并有效闭合；

（2）图纸会审符合有关规定，设计联系单并总监签署后转发。

3. 公司对项目部的检查

（1）检查频率每月不少于一次；

（2）检查内容书面并有闭合资料。

4. 问题整改落实

（1）建设主管部门及各相关单位检查落实逐条复查如实签署意见；

（2）不合格项和各类问题处理均需闭合。

5. 监理单位配备检测设备

配备必要的检测设备及相关的图集、规范等。

6. 监理内业管理

（1）建立考勤制度，归档资料清晰有序；

（2）往来文件有签收（发文）记录。

7. 对重大事项的反应、处置

（1）对建设单位、各总（分）包施工单位违反建筑法律、法规和地方性文件的行为及时做出反应，并有书面记录；

（2）对主管部门的专项整治及活动及时做出反应，有相关文件及专项检查记录、会议纪要等。

8. 施工现场安全

(1) 起重机械，塔吊指挥、司索到位，人证相符；

(2) 临时用电设施及其使用规范；

(3) 三宝、四口、临边防护到位；

(4) 承重架、脚手架按方案内容搭设，连墙件设置，立杆接长方式符合规范及方案要求；

(5) 消防设施按工程实施阶段配备了必要的消防设施；

(6) 警示标志按规定设置必要的警示标志；

(7) 重要的危险源（如深基坑）。

9. 文明施工

(1) 施工围挡；

(2) 进出门道路及场地保洁；

(3) 门卫制度；

(4) 生活区管理；

(5) 材料堆放及其标识牌。

七十一、监理工程师的疏忽或失职行为

1. 监理工程师应向业主、承包商或通过业主向设计单位及其有关各方提出自己专业建议。如果监理工程师没有履行上述应尽的职责，没有按照合同的约定在必要时为业主提供符合其专业水准的咨询意见，给业主造成损失的。

2. 监理工程师对该检查验收的不检查验收活不按照规定检查验收，该要求承包返工的未要求返工，或者将不合格的工程按照合格进行验收，或者该及时进行检查验收而未及时进行检查验收，影响了承包商的正常施工，从而造成业主不应有的损失的。

3. 该审批的不审批活盲目审批，对进度款支付申请、签证、价格调整等定夺不准，从而造成业主损失的。

4. 该巡视的未巡视、该旁站的未进行旁站，对本应该发现的问题未能及时发现，从而造成业主损失的。

5. 不按规定签发指令和签发错误的指令，如不按照规定签发开工、停工、复工、变更等有关指令，从而造成业主损失的。

七十二、现场监理上墙的有关资料

各个监理公司不同，上墙资料宜不同。

1. 现场管理制度职责牌

(1) 执业准则，质量目标，安全目标，进度目标，造价目标。

(2) 监理工程师职业道德守则。

(3) 监理项目不职责。

(4) 总监理工程师职责。

（5）总监理工程师代表岗位职责。

（6）专业监理工程师岗位职责。

（7）监理员岗位职责。

（8）工程计量流程。

（9）施工阶段进度控制工作流程。

（10）工程材料控制流程。

（11）隐蔽验收工作流程。

2. 监理情况一览牌

（1）监理情况一览牌挂在施工单位主大门侧。

（2）牌内监理组织机构应于监理合同、监理规划相对应。不符合人员有调整通知单。

3. 晴雨表

（1）监理办公室张贴晴雨表，按晴天雨天不同颜色要求填写。

（2）晴雨表内容记录应与监理日记中记录相一致。

（3）每天记录，不准延迟。

4. 施工现场总平面布置图

根据工程的进展情况进行及时的更新

（1）审核施工单位报审的施工现场总平面布置图，总监审批后上墙。

（2）材料堆场布置合理，塔吊、临时水、临时电符合安全满足工程要求。

（3）平面图有施工单位盖章。

5. 施工总进度计划

（1）总进度计划（宜采用网络图）与月进度计划表均应上墙，便于实际进度和计划进度对比。网络图可以用前锋线进行检查。

（2）有施工单位盖章。

（3）总进度计划有总监审批，盖项目监理部章。

（4）月进度计划施工单位应月底上报下月计划，专业监理工程师签认，盖项目部章。

（5）实际进度情况应用不同颜色的笔与计划相对照。

6. 投资控制表

（1）实际投资拨款情况应用不同颜色的笔与施工合同计划拨款相对照。

（2）合同计划线型用横道线型，不应采用折线。

（3）在付款点标注付款数额。

7. 考勤卡

（1）总监及全体项目人员名单列在考勤卡中。

（2）由总监指定现场专人考勤，或采用打卡机，由本人亲自指纹打卡。

（3）总监及安装监理人员到位情况，全体项目人员应如实记录，并反映在监理日记中。

七十三、现场监理必须做到

1. 现场办公室布置整洁，资料柜安放有序，资料盒整齐，上墙资料安排合理。

2. 上班时间服饰整洁，严禁穿拖鞋、赤膊、穿背心，并佩戴工作牌。

3. 安全帽上岗时要佩戴，进入现场必须戴好安全帽，系好帽扣，并佩戴上岗证。

4. 按照岗位职责行使自己的权利和义务。

七十四、要求业主开工前提供的资料要求

1. 建筑工程规划许可证及规划总平面布置图。可为复印件，要求业主盖章。

2. 建筑工程施工许可证及开工审查表。可为复印件，要求业主盖章。

3. 工程质量监督手续。可为复印件，要求业主盖章。

4. 工程地质勘查报告。勘察单位单位签字盖章正式报告。

5. 消防、雷检、白蚁、人防批准文件或有关协议。消防、雷检审核意见书，白蚁防治协议，可为复印件，要求业主盖章。

6. 施工现场周边环境安全评估表。尽量为原件，可为复印件，要求业主盖章。

7. 施工招标文件、施工中标文件书、施工承包合同。若有业主指定分包，则要求施工单位提供分包合同，可为复印件，要求业主盖章。

8. 施工预算书。可为复印件，要求业主盖章。

9. 有审图章的全套施工图纸。

七十五、施工阶段项目监理部资料填写整理要求（一）

1. 监理公司资质证书、营业执照，要求上墙，盖公司章。

2. 监理合同复印件，监理合同应明确监理机构人员，若有监理人员动态变动或与实际不符情况，则应有监理人员调动单，并报建设单位审批同意。

3. 监理人员授权书。

（1）总监、总监代表应有公司总经理授权书并盖公司章，报建设单位。

（2）各专业监理工程师、监理员由监理机构总监授权盖项目部工程章报建设单位。

（3）监理人员调动应有相应的监理调整单。

（4）附上人员上岗证及职称证书复印件。

4. 监理规划

（1）在第一次工地会议前编制审批完成并报送建设单位，在第一次工地例会会议上对主要内容进行介绍。

（2）工程概况应明确无误，与设计总说明相对应。

（3）监理机构人员应要与人员授权书相对应。

（4）由总监理工程师组织编制，公司技术负责人审批。

5. 监理细则

（1）对中型及以上或专业性较强的工程项目，必须编制监理细则。细则可以根据施工进展情况分项分专业分别编制。

（2）应结合工程项目的专业特点，在相应工程开工前编制。

（3）工程概况应明确无误，参照设计说明及施工组织设计编制。

（4）总监理工程师组织各专业人员负责编制。

（5）编写人签字为各专业监理工程师，由总监审批，盖项目部工程章。

6. 监理月报

（1）按地方有关要求文本填写。

（2）由总监组织监理人员进行编制。

（3）由总监理工程师组织审核签认。

（4）盖项目部工程章。

（5）必须在约定的时间送至建设单位和公司备案。有些地方质量监督站要求上报及时按要求上报。

7. 监理日记

（1）年、月、日及当天气温温度。

（2）当天木工、钢筋工、泥工等工种的施工内容，施工部位，数量和进度，劳动力人数，塔吊、物料提升机、焊接、混凝土浇捣等机械使用情况，工程质量情况，监理人员检查发现时发现的问题。

（3）存在问题及监理人员处理检查时发现的问题，问题闭合要有记录。

（4）上级指示执行情况总监、甲方及质量监督站、上级主管部门检查情况。

（5）承包商提问及答复施工单位关于施工方面的向我监理方提出的质量、进度、工程量、安全方面问题，我监理方式如何答复的。

（6）监理例会、工程协调会、紧急会、有会议签到单的会议，监理姓名和动态包括总监人数，安全方面的有关问题。

七十六、施工阶段项目监理部资料填写整理要求（二）

1. 施工旁站监理方案

（1）是否涵盖所有应旁站工程。

（2）旁站方案是否有针对性、明确性。

（3）旁站人员是否分配合理，旁站人员是否按该方案在工程中确实实施。

（4）专业监理工程师编写，总监理工程师签字确认，盖项目部章。

（5）旁站方案应发放给施工单位，并做好发放记录。

2. 监理例会

（1）应按监理规划、细则规定的时间定期召开，必要时可另行组织专题会议。

（2）由项目监理机构负责起草、打印会议纪要，应有签到，并经各方审核会签。

（3）内容：检查上次例会落实情况，分项未完事项原因，分析进度计划完成情况。提出下一阶段进度目标及其落实措施。分析工程项目质量状况，针对存在的质量问题提出改进措施。分析安全问题原因，提出整改措施。检查工程量核定及工程款支付情况。解决需要协调的有关事项。其他有关事宜。

（4）总监理工程师或专业监理工程师应根据需要及时组织专题会议，解决施工过程中各种专项问题。

（5）在监理日记中应记录。

3. 第一次工地例会

（1）在工程开工前召开。

（2）由建设单位主持，会议纪要由监理机构起草，并经与会各方代表会签。

（3）内容：各单位介绍驻场的组织机构、人员及其分工。建设单位对总监理工程师授权，介绍工程开工情况。承包单位介绍施工准备情况。建设单位和总监对施工准备情况提出意见和要求。总监介绍监理规划的主要内容的针对性要求。确定各方在施工过程中参加工地例会的主要人员。

（4）在监理日记中记录。

4. 监理工程师通知单及回复

（1）监理工程师函应由专业监理工程师或总监签发，并盖项目部章。

（2）签收人应为施工单位的与函件内容相对应的五大员或项目经理、技术负责人，并施工单位盖章。

（3）内容书写应规范，有明确性、目的性、条理性。如果质量问题等应有问题照片。

（4）回复应及时完成，对回复的真实性，监理机构应进行复查，并在回复中签认。

（5）函件及回复应在监理日记中记录。

5. 见证取样和送检委托书

（1）送样人员应有见证取样和送样委托书，并有送样员资格证书。

（2）委托人员应有送样章及送样人员签名。

七十七、施工阶段项目监理部资料填写整理要求（三）

1. 旁站监理日记

（1）房屋建筑的关键部位、关键工序必须实行旁站监理。

基础方面：土方回填，混凝土灌注桩浇筑，地下连续墙、土钉墙、后浇带及其他结构混凝土、防水混凝土浇筑，卷材防水层细部构造处理，钢结构安装。主体方面：梁柱结点钢筋隐蔽工程，混凝土浇筑，预应力张拉，装配式结构安装，钢结构安装，网架结构安装，索摸安装等。

（2）与监理日记应相对应，由总监理工程师安排专业监理工程师或监理员进行旁站工作。

（3）应在上道工序验收合格后方可发生。

（4）施工情况应记录：混凝土试验室配合比和水灰比。所旁站部位（工序）的施工作业内容、时间。主要施工人员人数、所用机械、材料和完成的工程数量、施工缝留置部位等。（以混凝土浇捣为例）

（5）监理情况应记录：混凝土抽查配合比和水灰比。旁站人员对施工作业情况的监督检查，主要内容包括：承包单位现场质量人员到岗情况、特殊工种人员持证上岗以及施工机械、建筑材料准备情况。现场跟班监督关键部位、关键工序的施工执行施工方案以及工程建设强制性标准情况。核查进场建筑材料、建筑构配件、设备和商品混凝土的质量检验报告等（混凝土浇捣举例）。

（6）发现问题应由旁站监理人员及时记录，记录应条理清楚，注明问题发现的时间、部位、发现人及该问题是如何发生的等全部动态记录。

（7）处理问题应与上览发现的问题一一对应，就发现的问题我监理旁站人员是何人处理的、如何处理的，处理后的效果如何，是否汇报专业监理工程师或总监及他们的处理意见等应详细记录。

（8）施工单位当日值班质量员签字，并注明日期。项目监理机构也必须旁站监理人员签字，注明日期。

2. 平行检查记录

（1）监理机构必须有平行检查记录，可以认为是原始检查记录，由监理员提供实测准确数据，并在实测平行检查记录中签认。

（2）应与检验批表格中的一般允许偏差项目中的监理数据相一致，不准漏项或数据不符等情况。

（3）专业监理工程师应对该平行检查记录中的数据进行审查，若有不符合规范的，应带领监理员进行重新检查，以确定其真实性。若有不合格发生，则相应的检验批验收不合格。

3. 材料试块抽查

（1）监理机构必须进行材料试块抽查，由见证取样员担任材料试块抽查工作，应有相应的抽查记录。

（2）除正常地进行复试外，监理机构还应对质量有所怀疑的材料进行抽检，抽查一经发现不合格，监理机构可以勒令该材料退场处理，为区别正常送样，送样单上应注明"监抽"。

（3）除正常规定的试块监督留置外，监理旁站人员还可以额外进行试块抽查留置，该试块应与其他试块具有同等效力，应进行试压，计算在内，为区别正常送样，该试块送样单上应注明"监抽"，监理机构应做相应的记录。

七十八、施工阶段项目监理部资料填写整理要求（四）

1. 混凝土浇灌申请书

（1）应在相应的部位或工序验收合格，并在签署验收报验报审表后签发，在混凝土捣令签发后，方可发生混凝土旁站记录，混凝土浇捣令编号应与混凝土旁站监理记录一一对应。

（2）应写上混凝土配比单编号、混凝土强度等级、实验室配合比和水灰比及其他在混凝土浇捣中应注意的事宜。

（3）由专业监理工程师签发，盖项目监理机构章。

（4）签收人应为施工单位的质量员或项目经理、技术负责人，并施工单位盖章。

（5）书写应规范正确。

2. 工程变更单

（1）应包括工程变更的详细内容，变更的依据。对工程造价及工期的影响程度。对工程项目功能、安全影响分析及必要的图示。

（2）承包单位签字仅表示"一致意见"的签认和工程变更的收到。

3.工程款支付证书

与付款有关的资料，如已完成合格工程的工程量、工程量清单、价款计算及其他项目监理审查记录等。

4.工程临时延期审批表

总监理工程师同意或不同意工程临时延期的理由和依据。

5.工程最终延期审批表

总监理工程师同意或不同意工程最终延期的理由和依据。

6.验收记录汇总表

(1) 对监理机构所参加的所有验收进行记录并汇总，包括部位、工序的验收，砖砌体工程验收及其混凝土成形质量验收，工程材料验收都应分门别类的进行登记汇总。

(2) 由各专业监理工程进行验收，总监指定专门的监理人员对验收记录进行记录汇总。

(3) 验收结果应为"合格"（适用于部位、工序及砖砌、混凝土成形验收）活"准许进场使用"（适用于材料验收）。

(4) 监理验收人员应为验收记录表上签认的专业监理工程师和监理员，总监理工程师参加验收也可列为监理验收人员。

7.通知、指令、函件及其他资料记录汇总表。

(1) 可作为文件收发记录使用，主要为第三方（业主、设计、施工及上级主管部门）文件的收取及转发。

(2) 主要需记录汇总的资料类别有：会议纪要、工程变更单、技术联系单、混凝土浇捣令、报告、监理函件、工程停工令、复工令、监理月报的发放及其他需要记录的资料。

(3) 由总监指定专门的监理人员对验收记录进行记录汇总。

(4) 签发人应为专业监理工程师或总监，发出对象应为收文对象亲笔签收。

七十九、施工阶段项目监理部资料填写整理要求（五）

1.工程进度计划控制

(1) 每月填写，实际进度与计划进度进行对比。

(2) 当进度滞后，写明原因，分析原因。

2.进场材料质量情况

(1) 写明材料名称、生产厂家、规格型号、拟用部位、数量、日期。

(2) 质量和预控情况：出厂合格证、复试报告编号、结论、见证人等。

3.钢筋原材料力学试验及焊接试验报告

填写内容：规格型号、生产厂家、拟用部位、数量、试验编号、试验结论、见证人等。

4.旁站监理记录汇总

应与监理日记、混凝土浇捣申请表、检验批等相对应起来。

5.混凝土物理性能试验

填写内容：结构部位、制作日期、配合比、试验编号、强度等。

6. 工程暂停令

（1）出现以下情况监理机构宜向业主报告后发布工程暂停令：业主要求暂时停止施工，且工程需要暂时停止施工。为了保证工程质量而需要进行停工处理。施工出现了安全隐患，总监理工程师认为有必要停止以消除隐患。发生了必须暂时停工的紧急事件。施工承包商未经允许擅自施工或拒绝接受项目监理机构的管理。其他违反规范标准及规程的野蛮施工行为。

（2）工程暂停令应为总监理工程师发布，盖项目部章，内容明确原因，开始暂停施工的时间及部位（工序）和要求做好的整改工作及注意事项，还应注明限期整改的日期。

（3）应由施工单位项目经理在文件收发记录中签收，并注明日期。

7. 监理工作总结及质量评估报告

（1）应有桩基、基础、主体、施工阶段的监理报告及各种问题处理报告。

（2）阶段性监理报告或监理评估报告。可按以下内容填写：工程概况，监理组织机构、人员，监理合同履行情况，监理成效，施工过程中出现的问题及其处理问题情况和建议，最终评价。

（3）阶段性监理报告或评估报告，由总监理工程师组织监理人员编写，由总监进行签认，盖公司章。

（4）主体中间验收监理报告还应有监理机构的实测数据（包括梁柱实测尺寸、保护层厚度）和混凝土强度汇总数据。

（5）由总监理工程师组织专业监理工程师人员编写，并由公司技术负责人审核，盖公司工程专用章。

（6）对施工过程中出现的问题及其处理情况和建议应详细书写，一一列出，我监理部是如何发现处理的，施工单位整改情况如何。

（7）安装方面的监理情况也包括在内。

以上监理资料可为公司检查要求，宜为项目部总监对现场项目部的检查要求。以宁波地区甬统表为主汇总的有关资料整理归类。

八十、做好总监理工程师的一点感想

做监理有十多个年头了，做总监也有八九年的时间，监理过许多过工地。随着监理制度的不断完善，感觉自己的监理水平也在不断地提高。最近几年，我管理的几个工地能够按照国家的法律法规、监理规范、验收规范、施工合同、施工图纸程序监理，在此，把自己的工作思路加以总结。

一、注重项目部的管理

在慈溪慈园工地，因为新手比较多，大多是大中专毕业生，刚到现场，没有实际工作经验，没有监理经验，因此，作为一个总监，对其在技术上以及工作上的指导很重要。一个好的团队，要靠总监带出来。

在刚开始打桩时，公司里的人是分批次进驻工地的，因此每个人来了我都对其进行技术交底，然后由专业监理现场带一周到半个月，然后，再对其进行控制点的检查。几个回合下来，新手大都会了解桩基工程的控制要点。

在每个分项开工之前，我都对项目部有一个明确的书面交底，这样使项目部的每位成员，对分部、分项、检验批以及安全要求上从方案到施工流程以及复试项目等有一个清晰的概念，做到了条理清晰。并对每个人的工作职责按照监理规范的要求做以明确的分工，各司其职。

平时对专业监理以及监理员注重业务以及程序上的辅导控制。

在项目部例会，指明下一部的工作要点，解决项目部内部的问题。监理的资料控制上均要求建立统计台账，使得资料查找方便。

二、规范程序

慈园项目，在开工之初，我就针对分部工程，以及分项工程进行了监理针对性的交底。不是泛泛的依据书本，而是根据过去的经验、现场实际以及监理规范的程序要求进行交底。业主、施工单位、监理全部人员参加交底会，从程序上规范各方的建设行为。

针对现场的问题，召开专题会，具体解决工地的针对性问题。譬如我管理的时代广场工地，就专门的开针对性的质量会议，安全会议，设计答疑专题会议等主要规范各方主体的程序以及解决工地的具体实际问题。而总的思路，都是以总监的思路为主导。这就要求总监对国家的一系列程序了如指掌，思路清晰，用自己的工作清晰的条理影响整个工地，有理有据地统领现场的各方操作的行为按国家程序去管理。

三、利用现代化的信息管理手段

在慈园项目监理过程中，在工程开工桩基施工中期就开始采取了用影像资料管理工地，具体的就是要求施工单位利用相机拍摄工地的进度、质量、索赔原始凭证、协调的问题、安全文明施工等照片，每周在监理例会中汇报。而监理也是由每位现场的专业监理及监理员在每日的巡查中检查工地的进度、质量、安全文明施工、索赔等照片，做到以照片的事实说话，有理有据进行监理，并且用照片规范监理自身的程序。每周的监理例会中既有问题照片，同时有监理现场工作过程的照片，对现场进行了有效的控制。

这个办法我又推广到下一个工地，时代广场，并有了具体的改善，把监理旁站的一个完成的抽查过程均用照片做记录；对原材料的各种检验，隐蔽工程的检查验收，试块的抽查等监理应该具体做到的，用照片反映问题，用照片说话，抽查到30％。

两个工地利用PPT影像管理，均起到了很好的效果。业主对监理的工作都比较满意。

在时代广场工地，为了更好地服务于业主，我采取了用QQ群的管理办法。业主的项目部人员、监理项目人员、施工单位的项目管理人员均加入群中，做到了过程控制。

要求进度上，监理及施工单位上传前一天完成的工程量；质量上，现场监理现场发现的问题，第一时间上传到群中，施工单位根据监理的问题及时整改，有些达成一致的意见均可以通过QQ群解决。而监理旁站等抽查的照片，也可在QQ群中反映出来。业主及时了解监理的工作情况，施工单位的一些问题通过照片、现场质量员及有关领导及时地了解，及时进行控制整改。

感觉用PPT及群的管理办法比较切实可行，而且管理效果显著。

而推行这两种办法，确是需要具有一定的魄力才能够进行。否则，都会流于形式，起不到应有的作用。问题不反映，而到现场却是问题很多，那QQ群和PPT做了也是白做，感觉关键是要敢于反映问题。这两个工地，具体执行的都比较好，监理内部通过项目部例会及平常有效的沟通协调制定制度后均能够有效的执行下去。业主也比较满意，对监理的工作得到了很大的肯定。

四、分工明确注重下属的执行力

现场工地的检验批、分项工程验收记录，按国家的验收规范都是由专业监理具体执行的，那么了解专业监理的具体水平很重要，让监理员具体的起到监理规范规定的应有的作用就至关重要。

我采取的办法是来一个询问一个。他的学历、工作经历、证书，问一些他工地的问题。所谓先了解一下自己的手下实际水平，这样能做到有的放矢。加上平时的观察，掌握他们的水平及时的进行调整，采取相应的手段。

慈溪慈园工地以及余姚时代广场我均做了具体的分工与交底，写监理日记、写旁站记录、写平行检查记录、让手下明白各自的职责；在例会里把监理的职责分解到每个人，把监理各自的职责让其下属各自的理解，在程序上和制度上规范各自的行为。

资料上，对各自承担的分工进行有效的交底，明确各自应该完成的工作，并且，有针对性地组织项目部的专业监理进行自检资料。平时注重专业监理对监理员的指导，发挥他们的积极性。

五、按要求及程序组织例会

总监组织工地例会，其掌握会议的程度对管理工地的成败起着很重要的作用。工地例会要反映工地的问题，同时要有预控点。并要全面地反映工地安全、质量、进度、投资，协调等问题。而总监及时地拨正工地的各种不规范行为以及协调各种问题并按照建设程序施工很重要。要求总监既要有理有据，又要施工单位信服并且能够有效的执行，这个确实是个技巧的问题，这要求总监的综合素质要高，思路条理要清晰，并且魄力也很重要。而对监理内部专业监理及监理员的执行力要求也尤为重要。

对监理提出的问题，在慈园工地都有有效的追踪，上次例会提出的，下次例会施工单位有针对监理问题整改的闭合照片，监理也有施工单位整改好后的照片，各种试验照片均反映工地的实际操作情况。而对总是不整改的问题，对施工单位进行罚款等手段。

六、有效的利用监理通知单及巡查单

为了能够针对具体的问题进行有效的控制，并且监理内部全员管理安全及质量，我采取了巡查单的形式。巡查单是对现场的问题一个问题一张照片，这样发的巡查单并不局限于总监及专监。现场的各种问题，监理员有权发巡查单，譬如工地的安全及质量问题，监理员在巡视检查中发现了问题，征得总监或专业监理的同意就可以下发巡查单，巡查单附上问题的照片，写明整改要求。几个巡查单施工单位不整改，由总监或专业监理下发通知单。而施工单位对通知单置之不理的，则严格按照施工合同进行有效的罚款或停工处理。开出罚款通知单，施工单位的被罚款项上交业主。这个在慈溪慈园项目部得到了很好的效果。

七、注重预检及周检

在每个分项工程完工之前，我采用了组织施工单位、建设单位以及项目监理部的预检工作。这样把问题提前消灭掉，做到了心中有数，而不是把问题留到最后，这样，施工单位可以根据业主及监理提的要求进行整改。而不把问题留在竣工验收的时候。

每周结合平时的巡查，填写周检记录。项目经理、建设单位项目负责人签字，这样把问题提前消灭在每周中。在慈园及时代广场工地，我每个月组织建设单位、施工单位、监理工程师一次大的安全检查，并且采取打分评比的办法，分值在 QQ 群里公布及上到会议室的墙上，这样各个标段互相参观和学习起到了比学赶帮的效果。

八、有效的控制联系单

要求施工单位对报验的联系单必须附原始凭证，譬如照片，现场业主、监理、施工员签字的原始凭证。并且在联系单中要求专监分清原因，划分开责任，而不是一句单单情况属实或请业主决定之类的话，而证据充分的签字给业主，让业主可以有所依据的进行分清责任。要求施工单位无论是费用索赔还是工期索赔，都要有理有据，充分有索赔的原始凭证做依据，否则不予签认，从程序上规范施工及业主的程序。

九、注重团队的协作

平时注意观察手下的工作动态、思想情况、工作表现、掌握工地的能力。并且通过个别谈话和会议的形式达成共识，要求团队的协同作战，避免权力过于集中，而导致工地无法控制。经验表明，通过交底，让手下了解自己的工作职责，有效的控制手段，PPT、QQ 群，及时的检查等管理手段，都起到了很好的效果。

第二章 质 量 检 查

一、建筑工程施工质量验收要求

1. 建筑工程质量应符合验收规范和相关专业验收规范的规定。
2. 建筑工程施工应符合工程勘察、设计文件的要求。
3. 参加工程施工质量验收的各方人员应具备规定的资格。
4. 工程质量的验收均应在施工单位自行检查评定的基础上进行。
5. 隐蔽工程在隐蔽前应由施工单位通知有关单位进行验收，并应形成验收文件。
6. 涉及结构安全的试块、试件以及有关材料，应按规定进行见证取样检测。
7. 检验批的质量应按主控项目和一般项目验收。
8. 对涉及结构安全和使用功能的重要分部工程应进行抽样检测。
9. 承担见证取样检测及有关结构安全检测的单位应具有相应资质。
10. 工程的观感质量应由验收人员通过现场检查，并应共同确认。

二、检验批、分项工程、分部工程、单位工程验收要求

建筑工程质量验收应划分为单位（子单位）工程、分部（子分部）工程、分项工程和检验批。

1. 检验批合格质量应符合下列规定：
(1) 主控项目和一般项目的质量经抽样检验合格。
(2) 具有完整的施工操作依据、质量检查记录。
2. 分项工程质量验收合格应符合下列规定
(1) 分部工程所含的检验批均应符合合格质量的规定。
(2) 分项工程所含的检验批的质量验收记录应完整。
3. 分部（子分部）工程质量验收合格应符合下列规定
(1) 分部（子分部）工程所含工程的质量均应验收合格。
(2) 质量控制资料应完整。
(3) 地基与基础、主体结构和设备安装等分部工程有关安全及使用功能的检验和抽样检测结果应符合有关规定。
(4) 观感质量验收应符合要求。
4. 单位（子单位）工程质量验收合格应符合下列规定：
(1) 单位（子单位）工程所含分部（子分部）工程的质量均应验收合格。
(2) 质量控制资料应完整。
(3) 单位（子单位）工程所含分部工程有关安全和使用功能的检测资料应完整。

（4）主要功能项目的抽查结果应符合相关专业质量验收规范的规定。

（5）观感质量验收应符合要求。

三、建筑工程质量不符合要求时的处理程序

（1）经返工重做或更换器具、设备的检验批，应重新进行验收。

（2）经有资质的检测单位检测鉴定能够达到设计要求的检验批，应予以验收。

（3）经有资质的检测单位检测鉴定达不到设计要求、但经原设计单位核算认可能够满足结构安全和使用功能的检验批，可予以验收。

（4）经返修或加固处理的分项、分部工程，虽然改变外形尺寸但仍能满足安全使用要求可按技术处理方案和协商文件进行验收。

（5）通过返修或加固处理仍不能满足安全使用要求的分部工程、单位（子单位）工程，严禁验收。

四、建筑工程质量验收程序和组织

1. 检验批及分项工程应由监理工程师（建设单位项目技术负责人）组织施工单位项目专业质量（技术）负责人等进行验收。

2. 分部工程应由总监理工程师（建设单位项目负责人）组织施工单位项目负责人和技术、质量负责人等进行验收。

3. 地基与基础、主体结构分部工程的勘察、设计单位工程项目负责人和施工单位技术、质量部门负责人也应参加相关分部工程验收。

4. 单位工程完工后，施工单位应自行组织有关人员进行检查评定，并向建设单位提交工程验收报告。

5. 建设单位收到工程验收报告后，应由建设单位（项目）负责人组织施工（含分包单位）、设计、监理等单位（项目）负责人进行单位（子单位）工程验收。

6. 单位工程有分包单位施工时，分包单位对所承包的工程项目应按本标准规定的程序检查评定，总包单位应派人参加。分包工程完成后，应将工程有关资料交总包单位。

7. 当参加验收各方对工程质量验收意见不一致时，可请当地建设行政主管部门或工程质量监督机构协调处理。

8. 单位工程质量验收合格后，建设单位应在规定时间内将工程竣工验收报告和有关文件，报建设行政管理部门备案。

五、开工前总监对施工现场质量管理检查内容

1. 现场质量管理制度。

2. 质量责任制。

3. 主要专业工种操作上岗证书。

4. 分包方资质与对分包单位的管理制度。

5. 施工图审查情况。

6. 地质勘察资料。

7. 施工组织设计、施工方案及审批。

8. 施工技术标准。

9. 工程质量检验制度。

10. 搅拌站及计量设置。

11. 现场材料、设备存放与管理。

六、竣工验收前总监对资料的核查

建筑与结构

1. 图纸会审。

2. 设计变更、洽商记录。

3. 工程定位测量、放线记录。

4. 原材料出厂合格证书。

5. 进场检（试）验报告。

6. 施工试验报告。

7. 见证检测报告。

8. 隐蔽工程验收表。

9. 施工记录。

10. 预制构件、预拌混凝土合格证。

11. 地基、基础、主体结构检验及抽样检测资料。

12. 分项、分部工程质量验收记录。

13. 工程质量事故及事故调查处理资料。

14. 新材料、新工艺施工记录。

给排水与采暖

1. 图纸会审、设计变更、洽商记录。

2. 材料、配件出厂合格证书及进场检（试）验报告。

3. 管道、设备强度试验、严密性试验记录。

4. 隐蔽工程验收表。

5. 系统清洗、灌水、通水、通球试验记录。

6. 施工记录。

7. 分项、分部工程质量验收记录。

建筑电气

1. 图纸会审、设计变更、洽商记录。

2. 材料、设备出厂合格证书及进场检（试）验报告。

3. 设备调试记录。

4. 接地、绝缘电阻测试记录。

5. 隐蔽工程验收表。

6. 施工记录。

7. 分项、分部工程质量验收记录。

通风与空调

1. 图纸会审、设计变更、洽商记录。

2. 材料、设备出厂合格证书及进场检（试）验报告。

3. 制冷、空调、水管道强度试验、严密性试验记录。

4. 隐蔽工程验收表。

5. 制冷设备运行调试记录。

6. 施工记录。

7. 分项、分部工程质量验收记录。

电梯

1. 土建布置图纸会审、设计变更、洽商记录。

2. 设备出厂合格证书及开箱检验记录。

3. 隐蔽工程验收表。

4. 施工记录。

5. 接地、绝缘电阻测试记录。

6. 负荷试验、安全装置检查记录。

7. 负荷试验、安全装置检查记录。

8. 分项、分项工程质量验收记录。

建筑智能化

1. 图纸会审、设计变更、洽商记录、竣工图及设计说明。

2. 材料、设备出厂合格证书及进场检（试）验报告。

3. 隐蔽工程验收表。

4. 系统功能测定及设备调试记录。

5. 系统技术、操作和维护手册。

6. 系统管理、操作人员培训记录。

7. 系统检测报告。

8. 分项、分部工程质量验收报告。

七、总监对安全和功能检验资料核查及主要功能抽查检查内容

建筑与结构

1. 屋面淋水试验记录。

2. 地下室防水效果检查记录。

3. 有防水要求的地面蓄水试验记录。

4. 建筑物垂直度、标高、全高测量记录。

5. 抽气（风）道检查记录。

6. 幕墙及外窗气密性、水密性、耐风压检测报告。

7. 建筑物沉降观测测量记录。

8. 节能、保温测试记录。

9. 室内环境检测报告。

给排水采暖

1. 给水管道通水试验记录。

2. 暖气管道、散热器压力试验记录。

3. 卫生器具满水试验记录。

4. 消防管道、燃气管道压力试验记录。

5. 排水干管通球试验记录。

电气

1. 照明全负荷试验记录。

2. 大型灯具牢固性试验记录。

3. 避雷接地电阻测试记录。

4. 线路、插座、开关接地检验记录。

通风与空调

1. 通风、空调系统试运行记录。

2. 风量、温度测试记录。

3. 洁净室洁净度测试记录。

4. 制冷机组试运行调试记录。

电梯

1. 电梯运行记录。

2. 电梯安全装置检测报告。

智能建筑

1. 系统试运行记录。

2. 系统电源及接地检测报告。

八、监理应该掌握建筑物地基的基本要求

1. 地基基础工程施工前，必须具备完备的地质勘察资料及工程附近管线、建筑物、构筑物和其他公共设施的构造情况，必要时应作施工勘察和调查以确保工程质量及临近建筑的安全。

2. 施工单位必须具备相应专业资质，并应建立完善的质量管理体系和质量检验制度。

3. 从事地基基础工程检测及见证试验的单位，必须具备省级以上（含省、自治区、直辖市）建设行政主管部门颁发的资质证书和计量行政主管部门颁发的计量认证合格证书。

4 施工过程中出现异常情况时，应停止施工，由监理或建设单位组织勘察、设计、施工等有关单位共同分析情况，解决问题，消除质量隐患，并应形成文件资料。

5. 业主应该提供给监理的资料：

（1）岩土工程勘察资料。

（2）邻近建筑物和地下设施类型、分布及结构质量情况。

（3）工程设计图纸、设计要求及需达到的标准、检验手段。

6. 砂、石子、水泥、钢材、石灰、粉煤灰等原材料的质量、检验项目、批量和检验方法，应符合国家现行标准的规定。

7. 地基施工结束，宜在一个间歇期后，进行质量验收，间歇期由设计确定。

8. 地基加固工程，应在正式施工前进行试验段施工，论证设定的施工参数及加固效果。为验证加固效果所进行的载荷试验，其施加载荷应不低于设计载荷的 2 倍。

9. 对灰土地基、砂和砂石地基、土工合成材料地基、粉煤灰地基、强夯地基、注浆地基、预压地基，其竣工后的结果（地基强度或承载力）必须达到设计要求的标准。检验数量，每单位工程不应少于 3 点，1000m² 以上工程，每 100m² 至少应有 1 点，3000m² 以上工程，每 300m² 至少应有 1 点。每一独立基础下至少应有 1 点，基槽每 20 延米应有 1 点。

10. 对水泥土搅拌桩复合地基、高压喷射注浆桩复合地基、砂桩地基、振冲桩复合地基、土和灰土挤密桩复合地基、水泥粉煤灰碎石桩复合地基及夯实水泥土桩复合地基，其承载力检验，数量为总数的 0.5%～1%，但不应小于 3 处。有单桩强度检验要求时，数量为总数的 0.5%～1%，但不应少于 3 根。

11. 复合地基中的水泥土搅拌桩、高压喷射注浆桩、振冲桩、土和灰土挤密桩、水泥粉煤灰碎石桩及夯实水泥土桩至少应抽查 20%。

九、高压喷射注浆地基检查的要求

1. 施工前应检查水泥、外掺剂等的质量，桩位、压力表、流量表的精度和灵敏度，高压喷射设备的性能等。

2. 施工中应检查施工参数（压力、水泥浆量、提升速度、旋转速度等）及施工程序。

3. 施工结束后，应检验桩体强度、平均直径、桩身中心位置、桩体质量及承载力等。桩体质量及承载力检验应在施工结束后 28d 进行。

4. 高压喷射注浆地基质量检验标准

主控项目：

（1）水泥及外掺剂质量：应符合出厂要求，查产品合格证书或抽样送检。

（2）水泥用量：符合设计要求，查看流量表及水泥浆水灰比。

（3）桩体强度或完整性检验：符合设计要求。

（4）地基承载力：符合设计要求。

一般项目：

（1）钻孔位置：≤50mm，用钢尺量。

（2）钻孔垂直度：≤1.5%，经纬仪测钻杆或实测。

（3）孔深：±200mm，用钢尺量。

（4）注浆压力：按设定参数指标，查看压力表。

（5）桩体搭接：＞200mm，用钢尺量。

（6）桩体直径：≤50mm，开挖后用钢尺量。

（7）桩身中心允许偏差：≤0.2D，开挖后桩顶下 500mm 处用钢尺量，D 为桩径。

十、水泥土搅拌桩地基检查的基本要求

1. 施工前应检查水泥及外掺剂的质量、桩位、搅拌机工作性能及各种计量设备完好程度（主要是水泥浆流量计及其他计量装置）。

2. 施工中应检查机头提升速度、水泥浆或水泥注入量、搅拌桩的长度及标高。

3. 施工结束后，应检查桩体强度、桩体直径及地基承载力。

4. 进行强度检验时，对承重水泥土搅拌桩应取 90d 后的试件；对支护水泥土搅拌桩应取 28d 后的试件。

5. 水泥土搅拌桩地基质量检验标准

主控项目：

（1）水泥及外渗剂质量：符合设计要求，查产品合格证书或抽样送检。

（2）水泥用量：符合参数指标，查看流量计。

（3）桩体强度：符合设计要求。

（4）地基承载力：符合设计要求。

一般项目：

（1）机头提升速度：≤0.5m/min，量机头上升距离及时间。

（2）桩底标高：±200mm，测机头深度。

（3）桩顶标高：+200−50mm，水准仪（最上部 500mm 不计入）

（4）桩位偏差：<50mm，用钢尺量。

（5）桩径：<0.04D，用钢尺量，D 为桩径。

（6）垂直度：≤1.5%，经纬仪量测。

（7）搭接：>200mm，用钢尺量。

十一、桩基础控制要求（一）

1. 桩位的放样允许偏差如下：

群桩　20mm；

单排桩　10mm。

2. 桩基工程的桩位验收

（1）当桩顶设计标高与施工场地标高相同时，或桩基施工结束后，有可能对桩位进行检查时，桩基工程的验收应在施工结束后进行。

（2）当桩顶设计标高低于施工场地标高，送桩后无法对桩位进行检查时，对打入桩可在每根桩桩顶沉至场地标高时，进行中间验收，待全部桩施工结束，承台或底板开挖到设计标高后，再做最终验收。对灌注桩可对护筒位置做中间验收。

3. 打（压）入桩（预制混凝土方桩、先张法预应力管桩、钢桩）的桩位偏差。

（1）盖有基础梁的桩：垂直基础梁的中心线，100+0.01H 沿基础梁的中心线，150+0.01H（H 为施工现场地面标高与桩顶设计标高的距离。）

（2）桩数为 1～3 根桩基中的桩：100mm。

（3）桩数为 4～16 根桩基中的桩：1/2 桩径或边长。

（4）桩数大于 16 根桩基中的桩：

最外边的桩：1/3 桩径或边长。

中间桩：1/2 桩径或边长。

4. 斜桩倾斜度的偏差不得大于倾斜角正切值的 15%（倾斜角系桩的纵向中心线与铅垂线间夹角）。

5. 预制桩（钢桩）桩位的允许偏差（mm）

（1）盖有基础梁的桩：

垂直基础梁的中心线 $100+0.01H$。

沿基础梁的中心线 $150+0.01H$。

（2）桩数为 1～3 根桩基中的桩 100mm。

（3）桩数为 4～16 根桩基中的桩 1/2 桩径或边长。

（4）桩数大于 16 根桩基中的桩：

最外边的桩 1/3 桩径或边长。

中间桩 1/2 桩径或边长。

6. 灌注桩的桩位偏差。

泥浆护壁钻孔桩：

（1）$D \leqslant 1000$mm，1～3 根、单排桩基垂直于中心线方向和群桩基础的边桩，$D/6$，且不大于 100。条形桩基沿中心线方向和群桩基础的中间桩，$D/4$，且不大于 150。

（2）$D > 1000$mm，1～3 根、单排桩基垂直于中心线方向和群桩基础的边桩，$100+0.01H$，条形桩基沿中心线方向和群桩基础的中间桩，$150+0.01H$。

7. 工程桩应进行承载力检验。对于地基基础设计等级为甲级或地质条件复杂，成桩质量可靠性低的灌注桩，应采用静载荷试验的方法进行检验，检验桩数不应少于总数的 1%，且不应少于 2 根，当总桩数少于 50 根时，不应少于 2 根。

8. 桩身质量应进行检验。对设计等级为甲级或地质条件复杂，成检质量可靠性低的灌注桩，抽检数量不应少于总数的 30%，且不应少于 20 根；其他桩基工作的抽检数量不应少于总数的 20%，且不应少于 10 根；对混凝土预制桩及地下水位以上且终孔后经过检验的灌注桩，检验数量不应少于总桩数的 10%，且不得少于 10 根。每个柱子承台下不得少于 1 根。

十二、桩基础控制要求（二）

静力压桩

1. 静力压桩包括锚杆静压桩及其他各种非冲击力沉桩。

2. 施工前应对成品桩（锚杆静压成品桩一般均由工厂制造，运至现场堆放）做外观及强度检验，接桩用焊条或半成品硫磺胶泥应有产品合格证书，或送有关部门检验，压桩用压力表、锚杆规格及质量也应进行检查。硫磺胶泥半成品应第 100kg 做一组试件（3 件）。

3. 压桩过程中应检查压力、桩垂直度、接桩间歇时间、桩的连接质量及压入深度。重要工程应对电焊接桩的接头做 10% 的探伤检查。对承受压力的结构应加强观测。

4. 接桩电焊结束后停歇时间＞1.0min。

5. 硫磺胶泥接桩：胶泥浇注时间＜2min，浇注后停歇时间。

6. 压桩压力（设计有要求时）±5%。

7. 接桩时上下节平面偏差，＜10mm。

8. 接桩时节点弯曲矢高＜1/1000/mm。

9. 桩顶标高，±50mm。

先张法预应力管桩

1. 施工前应检查进入现场的成品桩，接桩用电焊条等产品质量。

2. 施工过程中应检查桩的贯入情况、桩顶完整状况、电焊接桩质量、桩体垂直度、电焊后的停歇时间。重要工程应对电焊接头做 10% 的焊缝探伤检查。

3. 施工结束后，应做承载力检验及桩体质量检验。

4. 电焊结束后停歇时间＞1.0min。

5. 停锤标准，设计要求。

混凝土灌注桩

1. 施工前应对水泥、砂、石子（如现场搅拌）、钢材等原材料进行检查，对施工组织设计中制定的施工顺序、监测手段（包括仪器、方法）也应检查。

2. 施工中应对成孔、清渣、放置钢筋笼、灌注混凝土等进行全过程检查，人工挖孔桩尚应复验孔底持力层土（岩）性。嵌岩桩必须有桩端持力层的岩性报告。

3. 施工结束后，应检查混凝土强度，并应做桩体质量及承载力的检验。

4. 桩位，基坑开挖前量护筒，开挖后量桩中心。

5. 孔深偏差＋300mm，只深不浅，用重锤测，或测钻杆、套管长度，嵌岩桩应确保进入设计要求的嵌岩深度。

6. 桩体质量检验，钻芯取样，大直径嵌岩桩应钻至尖下 50cm。

7. 垂直度，测套管或钻杆，或用超声波探设，干施工时吊垂球。

8. 桩径，井径仪或超声波检测，干施工时用钢尺量，人工挖孔桩不包括内衬厚度。

9. 泥浆比重（黏土或砂性土中）1.15～1.20，用比重计测，清孔后在距孔底 50cm 处取样。

10. 泥浆面标高，高于地下水位 0.5～1.0m。

11. 沉渣厚度：端承桩≤50mm，摩擦桩≤150mm，用沉渣仪或重锤测量。

12. 混凝土坍落度：水下灌注 160～220mm，干施工 70～100mm，坍落度仪检测。

13. 混凝土充盈系数＞1，检查每根桩的实际灌注量。

14. 桩顶标高：＋30～50cm，水准仪检测，需扣除桩顶浮浆层及劣质桩体。

十三、建筑基坑监测项目及监测要求

1. 支护结构水平位移。

2. 周围建筑物、地下管线变形。

3. 地下水位。

4. 桩、墙内力。

5. 锚杆拉力。

6. 支撑轴力。

7. 立柱变形。

8. 土体分层竖向位移。

9. 支护结构界面上侧向压力。

监测标准根据当地经验确定。

监测要求：

1. 基坑开挖前必须做出系统监测方案。

包括监测项目、监测方法及精度要求、监测点的布置、观测周期、监测时间、工序管理和记录制度、报警值标准及信息反馈系统。

2. 应以获得定量数据的专门仪器测量或专用测试元件监测为主，以现场目测检查为辅。

3. 观测点的布置应满足监测要求。

一般从基坑边缘向外两倍开挖深度范围内的建构筑物均为监测对象，三倍坑身范围内的重要建构筑物应列入监测范围。

十四、基 坑 工 程 要 求

1. 基坑（槽）、管沟开挖前，应根据支护结构形式、挖深、地质条件、施工方法、周围环境、工期、气候和地面载荷等资料制定施工方案、环境保护措施、监测方案，经审批后方可施工。

2. 土方工程施工前，应对降水、排水措施进行设计，系统应经检查和试运转，一切正常时方可开始施工。

3. 土方开挖的顺序、方法必须与设计工况相一致，并遵循"开槽支撑，先撑后挖，分层开挖，严禁超挖"的原则。

4. 基坑（槽）、管沟的挖土应分层进行。在施工过程中基坑（槽）、管沟边堆置土方不应超过设计荷载，挖方时不应碰撞或损伤支护结构、降水设施。

5. 基坑（槽）、管沟土方施工中应对支护结构、周围环境进行观察和监测，如出现异常情况应及时处理，待恢复正常后方可继续施工。

6. 基坑（槽）、管沟开挖至设计标高后，应对坑底进行保护，经验槽合格后，方可进行垫层施工。对特大型基坑，宜分区分块挖至设计标高，分区分块及时浇筑垫层。必要时，可加强垫层。

7. 基坑（槽）、管沟土方工程验收必须确保支护结构安全和周围环境安全为前提。当设计有指标时，以设计要求为依据。

十五、泥浆护壁成孔灌注桩容易产生的质量问题及其预防措施

塌孔——在成孔过程中或成孔后，孔壁塌落，造成钢筋笼放不到底，柱底部形成很厚的泥夹层，影响桩基承载力。

主要原因：

1. 泥浆相对密度不够，泥浆质量达不到要求，起不到可靠的护壁作用。

2. 孔内水头高度不够活孔内出现承压水。

3. 护桶埋置太浅，下端孔坍塌。

4. 在松散砂层中钻进时，进尺速度太快或停在一处空转时间太长，转速太快。

5. 冲基（抓）锥或抽渣筒倾倒，撞击孔壁。

预防措施：

1. 根据不同土层及钻进工艺，选配泥浆。

2. 泥浆护壁施工应符合有关规定。

3. 如地下水位变化过大，应采取升高护筒，增大水头。

桩孔倾斜——成孔后，出现较大垂直偏差。

主要原因：

1. 钻孔中遇到较大孤石或探头石。

2. 在有倾斜度的软硬地层交界处、岩石倾斜处，或在粒径大小悬殊的砂卵石层中钻进，钻头所受阻力不匀。

3. 扩孔较大，钻头偏离方向。

4. 钻机底座未放置水平或产生不均匀下陷。

预防措施：

1. 安装钻机要放置水平，且经常检查校正。

2. 必须在钻机上增添导向架，控制钻杆上的提引水龙头，使其沿导向架向下钻进。

3. 在有倾斜的软硬地层钻进时，应控制钻杆进尺，低速钻进，或回填片、卵石，冲平后再钻进。

缩孔——孔径小于设计孔径

主要原因：

1. 塑性土膨胀或砂层孔径松弛，造成缩孔。

2. 在流、软塑地层钻进过快，造成缩孔。

预防措施：

1. 上下反复扫孔，以扩大孔径。

2. 根据地层情况，钻进中适时调整泥浆质量。

断桩——成孔后，桩身中部没有混凝土，夹有泥土，混凝土拉裂。

主要原因：

1. 混凝土坍落度太小，骨料太大或未及时提导管及管位置倾斜等，使管堵塞，形成桩身混凝土中断。

2. 导管提出混凝土面。

3. 导管提升时挂住钢筋笼。

4. 混凝土灌注时间过长，超过混凝土的终凝时间。

预防措施：

1. 混凝土坍落度应严格按设计或规范要求控制。

2. 边灌注混凝土边拔导管，做到连续作业。浇筑时随时掌握导管埋入深度，避免导管埋入过深或导管脱离混凝土面。

3. 当混凝土灌注时间超过 6h，宜加入缓凝剂。

十六、总监应该审核的桩基础资料

1. 原材料的质量合格证和质量鉴定文件。（钢筋，水泥，商品混凝土质量保证资料）。

2. 半成品如预制桩、钢桩、钢筋笼等产品合格证书。

3. 施工记录及隐蔽工程验收文件。

4. 检测试验及见证取样文件（静载试验，大应变如果有，小应变。）

5. 桩偏位记录及设计意见。

6. 设计变更单签字完整。

7. 现场发现的问题已经处理完成（比如断桩，老河道，发现的地下基础等）。

8. 混凝土试块全部合格及监理抽样的试块全部合格。（混凝土试件强度评定不合格或对试件的代表性有怀疑时，应采用钻芯取样，检测结果符合设计要求可按合格验收。）

9. 钢筋焊接试验全部合格。（不合格双倍复试，复试不合格不允许使用）

十七、嵌岩桩的承载特性

（作为总监应该了解的知识）

1. 嵌岩桩的荷载传递和破坏特性主要与长径比、覆盖土层性质与厚度、嵌岩段的岩性、嵌岩深度及成桩工艺等有关。

2. 嵌岩桩的承载力一般由上覆土层提供的侧摩阻力与嵌岩段侧阻力及端阻力组成，除非桩的长径比很小、桩端置于新鲜或微风化基岩、清底良好，否则上覆土层侧摩阻力一般都能够得到发挥。因此，对于具有一定厚度的非软土上覆土，忽略上覆土的侧摩阻将使承载力取值偏低，从而导致浪费甚至不合理设计，如桩距过密，桩径加大，嵌岩深度加深，扩底等。

3. 对于长径比 L/d （15～20）的泥浆护壁钻冲孔嵌岩桩，无论嵌岩入风化岩还是完整的基岩中，其荷载传递具有摩擦型桩的特性，一般桩端阻力所占比例不超过 20%。当 L/d 大于 40 且覆土为非软弱土层时，嵌岩桩的端成作用较小，桩端嵌入中微风化活新鲜岩不会明显改变桩的承载性状。因此，凡是嵌岩桩必入中微风化层，当强风化层很厚仍将桩端嵌入中微风化层的设计，只会导致经济上的浪费，工期的拖延及增加施工难度，而承载力所增无几。

4. 对于短而粗、清底良好的嵌岩桩（墩）L/d 小于 5，端阻力才先于覆土层的侧阻力发挥，且端阻力起主要作用，其承载特性属于端承桩。当基岩为硬质岩时，由于桩身混凝土强度与岩石抗压强度相当，因此，一味采用扩大头，只会造成浪费及增加施工难度与工期。

5. 嵌岩段的荷载传递特性是荷载首先通侧阻力传递于嵌岩段侧壁，在产生一定剪切变形后（一般相对位移小于 2～4mm），一部分荷载才传递至桩底。由于嵌岩段的单位侧阻力比土层高很多，因而端阻力所占比例较低，当嵌岩深度超过 5 倍桩径时，传递至桩端的应力已较小。因此，一味追求嵌岩深度将是徒劳无益的。

6. 尽管嵌岩桩在一般情况下属于摩擦型桩，但由于桩端以下低压缩土层，其变形较小，群桩基础沉降不受群桩效应的影响增大，且沉降稳定快。

十八、建筑图识图基础知识

（作为监理人员应该了解的基础知识）

1. 总平面图的阅读

（1）悉图例、比例这是阅读总平面图应具备的基本知识。

（2）了解工程性质及周围环境工程性质建筑物的用途。

（3）查看标高、地形从标高和地形图可以知道建造房屋前建筑区域的原始地貌。

（4）查找定位依据确定建筑物的位置是总平面图的主要作用。

（5）道路与绿化道路与绿化是主体工程的配套工程。

2. 平面图的阅读

1）阅读底层平面图的方法

（1）查阅建筑物的朝向、形状、主要房间的布置及相互关系。

（2）复合建筑物各部位的尺寸。

（3）查阅建筑墙体（柱）采用的建筑材料，查阅要结合设计说明阅读。可能编排在设计总说明中，也可能编排在结构设计说明中。

（4）查阅各部位的标高。查阅标高时主要查阅房间、卫生间、楼梯间和室外地面标高。

（5）核对门窗尺寸及堂数。核对的方法是检查图中实际需要与门窗表中的数量是否一致。

（6）查阅附属设施的平面位置。如卫生间的洗涤槽、厕所间的蹲位和小便槽的平面位置等。

（7）查阅文字说明，查阅对施工及材料的要求。对与这个问题要结合建筑设计说明阅读。

2）阅读其他各层平面图的注意事项

（1）查明各房间的布置是否和底层平面图一样。若是沿街建筑房间布置将会有很大的变化。

（2）查明墙身厚度是否同底层平面图一样。

（3）门窗是否同底层平面图一样。在民用建筑中层外墙窗一般还要增加安全措施，如窗栅。

（4）采用的建筑材料是否同底层平面图一样。在建筑中，房屋的高度不同，对建筑材料的质量要求也不一样。

3）阅读屋顶平面图的要点

（1）屋顶的排水方向、排水坡度及排水分区。

（2）结合有关详图阅读，弄清分割缝、女儿墙泛水、高出屋面的防水、泛水做法。

3. 立面图的阅读

（1）对应平面图阅读，查阅立面图与平面图的关系，这样才能建立起立体感，加深对平面图、立面图的理解。

（2）了解建筑物的外部形状。

（3）查阅建筑各部位的标高及相应的尺寸。

（4）查阅建筑物各细部的装修做法。如门廊，窗台、窗檐、雨棚、勒脚等。

（5）其他。结合相关的图纸，查阅外墙面、门窗。玻璃等的施工要求。

4. 外墙身阅读方法和步骤

（1）掌握墙身剖面图所表示的范围。

（2）掌握图中的分层表示方法，

（3）掌握构建与墙体的关系。楼板与墙体的关系一般有靠墙和压墙两种。

（4）结合建筑设计说明或材料做法阅读，掌握细部的构造做法。

注意事项：①在±0、00或防潮以下的墙为基础，施工做法应以基础图为准。在±0、00或防潮层以上的墙，施工做法以建筑图纸为准，并注意连接关系及防潮层的做法。

②地面、楼面、屋面、散水、勒脚、女儿墙，天沟等细部做法结合建筑设计说明或材料做法阅读。

③ 注意建筑标高和结构标高的区别。

5. 楼梯详图的阅读方法与步骤

（1）查明轴线编号，了解楼梯在建筑中的平面位置和上下方向。

（2）查明楼梯各部位的尺寸。包括楼梯间的大小、楼梯段的大小、踏面的宽度、休息平台的平面尺寸等。

（3）按照平面图上的标注的剖切位置及投射方向，结合剖面图阅读楼梯各部位的高度。包括地面、休息平台、楼面的标高及踢面、楼梯间门窗洞口、栏杆、扶手的高度等。

（4）弄清栏杆（板）、扶手所用的建筑材料及连接做法。

（5）结合建筑设计说明，查明踏步（楼梯间地面）、栏杆、扶手的装修方法。内容包括踏步的具体做法、栏杆、扶手（金属、木材等）及其油漆颜色和涂刷工艺等。

6. 木门窗的主要内容

（1）立面图。

（2）节点详图。

（3）五金表。

（4）文字说明

结构施工图的识图。

1. 结构设计说明

（1）主要设计依据。阐述上级机关（政府）的批文，国家有关的标准、规范等。

（2）自然条件及使用要求。即地质勘探资料，地震设防裂度，风雪荷载以及从使用方面对结构的特殊要求。

（3）施工要求。

（4）对材料的质量要求。

2. 结构布置平面图

（1）基础平面布置图及基础详图。

（2）楼面结构平面布置图及节点详图。

（3）舞台顶结构平面布置图及节点详图。

3. 构件详图

（1）梁板柱等构件详图。

（2）楼梯结构详图。

（3）其他构件详图。

4. 基础图的阅读

（1）查明基础墙的平面布置与建筑施工图中的首层平面图是否一致。

（2）结合基础平面布置图和基础详图阅读，明确墙体与轴线的位置关系，是对称轴线还是偏轴线，若是偏轴线，则注意哪边宽，哪边窄，尺寸是多大。

（3）在基础详图中查明各部位的尺寸及主要部位的标高。

（4）查明管沟的位置、大小及具体做法。

（5）查明所用的各种材料及对材料的要求。

5. 预制装配式楼结构平面布置图的主要内容

（1）轴线。

（2）墙、柱。

（3）梁及梁垫。当梁搁置在砖墙或砖柱上时，为了避免墙或柱被压坏，需要设置一个钢筋混凝土梁垫。

（4）预制楼板。

（5）过梁及雨篷。

（6）圈梁。读图方法及步骤

① 弄清各种文字、字母和符号的含义。要弄清各种符号的含义，首先要了解常用构件代号，结合图和文字说明进行阅读。

②弄清各种构件的空间位置。如楼层在第几层，哪个房间布置几个品种构件，各个品种构件的数量是多少等。

③平面布置图结合构件统计表阅读，弄清该建筑中各种构件的数量、采用图集及详图的位置。

④弄清各种构件的相互连接关系和构造做法。为了加强预制装配式楼盖的整体性，提高抗震能力，需要在预制板缝内放置钢筋，用 C20 细石混凝土灌板缝。

⑤阅读文字说明，弄清设计意图和施工要求。文字说明有放在结构布置图中，有的放在结构设计说明中。

6. 现浇整体楼盖识图方法

（1）查明构件的断面尺寸、外部形状和使用部位。

（2）结合图标明各种钢筋的形状、数量及梁、板中的位置。

（3）校对图表中所需要的数量是否一致。

（4）从说明中了解钢筋的级别、混凝土强度等级及施工、构件要求。

（5）明确预埋铁件、预留孔洞的位置。

7. 室内给水排水平面图和系统图的识读读图顺序

（1）浏览平面图：先看底层平面图，再看楼层平面图。先看给水引入管、排水排出管，再顾及其他。

（2）对照平面图，阅读系统图。先找平面图、系统图编号，然后再读图。顺水流方向、按系统分组，交叉反复阅读平面图和系统图。

（3）阅读给水系统图时，通常从引入管开始，依次按引入管—水平干管—立管—支管—配水器具的顺序阅读。

（4）阅读排水系统图时，则依次按卫生间器具、地漏及其他污水口—连接管—水平支管—检查井的顺序进行阅读。

（5）读图要点

①对平面图：明确给水引入管和排水管的数量、位置，明确用水和排水的房间的名称、位置、数量、地（楼）面标高等情况。

②对系统图：明确各种给水引入管和排水排出管的位置、规格、标高，明确给水系统和排水系统的各组给水排水工程的空间位置及其走向，从而想像出建筑物整体给水排水工程的空间状况。

十九、混凝土结构检验批的质量验收内容

1. 对原材料、构配件和器具等产品的进场复验，应按进场的批次和产品的抽样检验方案执行。

2. 对混凝土强度、预制构件结构性能等，应按国家现行标准和规范规定的抽样方案执行。

3. 采用计数检验的项目，应按抽查总点数的合格点率进行检查。

4. 资料检查，包括原材料、构配件和器具等的产品合格证（中文质量合格证明文件、规格、型号及性能检测报告等）及进场复验报告、施工过程中重要工序的自检和交接检记录、抽样检验报告、见证检测报告、隐蔽工程验收记录等。

5. 主控项目的质量经抽样检验合格。

6. 一般项目的质量经抽样检验合格；当采用计数检验时，除有专门要求外，一般项目的合格点率达到80％及以上，且不得有严重缺陷。

7. 具有完整的施工操作依据和质量验收记录。

二十、模 板 工 程 验 收

1. 模板及其支架应根据工程结构形式、荷载大小、地基土类别、施工设备和材料供应等条件进行设计。施工单位出具模板施工方案。专业监理工程师审核，总监审批。

2. 在浇筑混凝土之前，应对模板工程进行验收。由专业监理工程师验收，总监根据工程的实际情况应该进行抽样检查。专家论证的应该由总监亲自检查验收，并且施工单位技术负责人与质量负责人应该参加。

3. 混凝土浇筑过程中监理员应该进行旁站。按照旁站方案去执行。

4. 模板及其支架拆除的顺序及安全措施应按施工技术方案执行。

5. 安装现浇结构的上层模板及其支架时，下层楼板应具有承受上层荷载的承载能力，

或加设支架；上、下层支架的立柱应对准，并铺设垫板。

6. 在涂刷模板隔离剂时，不得沾污钢筋和混凝土接触处。

7. 模板的接缝不应漏浆；在浇筑混凝土前，木模板应浇水湿润，但模板内不应有积水。

8. 模板与混凝土的接触面应清理干净并涂刷隔离剂，但不得采用影响结构性能或妨碍装修工程施工的隔离剂。

9. 浇筑混凝土前，模板内的杂物应清理干净。

10. 用作模板的地坪、胎模等应平整光洁，不得产生影响构件质量的下沉、裂缝、起砂或起鼓。对跨度不小于 4m 的现浇钢筋混凝土梁、板，其模板应按设计要求起拱；当设计无具体要求时，起拱高度宜为跨度的 1/1000～3/1000。

11. 固定在模板上的预埋件、预留孔和预留洞均不得遗漏，且应安装牢固，其偏差应符合规范要求。

12. 底模及其支架拆除时的混凝土强度应符合设计要求；当设计无具体要求时，混凝土强度应符合规范要求。

(1) 板大于＞2m 或≤8m 时，应大于等于达到设计的混凝土立方体抗压强度标准值的≥75 ％。

(2) 板大于＞8m，应达到设计的混凝土立方体抗压强度标准值的百分率≥100％。

(3) 梁、拱、壳小于≤8m，应达到设计强度标准值的≥75％。大于＞8m，应达到设计强度标准值的≥100％。

(4) 悬臂构件达到设计的混凝土立方体抗压强度标准值的百分率≥100％。

13. 拆模参考值可以做同条件的养护试块，或现场回弹值作为参考值，以及根据气候情况综合判断。

14. 后浇带模板的拆除和支顶应按施工技术方案执行。也即监理应该要求施工单位有后浇带的拆除方案。

二十一、钢 筋 验 收

检验批及分项工程均有专监组织验收，这些作为专业监理工程师在钢筋检查中应该注意控制的几点。

1. 当钢筋的品种、级别或规格需作变更时，应办理设计变更文件。

2. 纵向受力钢筋的品种、规格、数量、位置等。

3. 钢筋的连接方式、接头位置、接头数量、接头面积百分率等。

4. 箍筋、横向钢筋的品种、规格、数量、间距等。

5. 预埋件的规格、数量、位置等。

6. 钢筋进场时抽取试件做力学性能检验。检查产品合格证、出厂检验报告和进场复验报告。

7. 钢筋应平直、无损伤、表面不得有裂纹、油污、颗粒状或片状老锈。

8. HPB235 级、HPB300 级钢筋末端应作 180°弯钩，其弯弧内直径不应小于钢筋直径的 2.5 倍，弯钩的弯后平直部分长度不应小于钢筋直径的 3 倍。

9. 当设计要求钢筋末端需做 135°弯钩时，HRB335 级、HRB400 级钢筋的弯弧内直径不应小于钢筋直径的 4 倍，弯钩的弯后平直部分长度应符合设计要求。

10. 钢筋做不大于 90°的弯折时，弯折处的弯弧内直径不应小于钢筋直径的 5 倍。

11. 钢筋的接头宜设置在受力较小处。同一纵向受力钢筋不宜设置两个或两个以上接头。接头末端至钢筋弯起点的距离不应小于钢筋直径的 10 倍。

12. 当受力钢筋采用机械连接接头或焊接接头时，设置在同一构件内的接头宜相互错开。

纵向受力钢筋机械连接接头及焊接接头连接区段的长度为 35d（d 为纵向受力钢筋的较大直径）且不小于 500mm，凡接头中点位于该连接区段长度内的接头均属于同一连接区段。同一连接区段内，纵向受力钢筋机械连接及焊接的接头面积在百分率为该区段内有接头的纵向受力钢筋截面面积与全部纵向受力钢筋截面面积的比值。

13. 同一连接区段内纵向受力钢筋的接头面积百分率：

（1）在受拉区不宜大于 50%。

（2）接头不宜设置在有抗震设防要求的框架梁端、柱端的箍筋加密区；当无法避开时，对等强度高质量机械连接接头，不应大于 50%。

（3）直接承受动力荷载的结构构件中，不宜采用焊接接头；当采用机械连接接头时，不应大于 50%。

14. 同一构件中相邻纵向受力钢筋的绑扎搭接接头宜相互错开。绑扎搭接接头中钢筋的横向净距不应小于钢筋直径，且不应小于 25mm。钢筋绑扎搭接接头连接区段的长度为 1.3L（L 为搭接长度），凡搭接接头中点位于该连接区段长度内的搭接接头均属于同一连接区段。

15. 同一连接区段内，纵向受拉钢筋搭接接头面积百分率

（1）对梁类、板类及墙类构件，不宜大于 25%。

（2）对柱类构件，不宜大于 50%。

（3）当工程中确有必要增大接头面积百分率时，对梁类构件，不应大于 50%；对其他构件，可根据实际情况放宽。

16. 在梁、柱类构件的纵向受力钢筋搭接长度范围内

（1）箍筋直径不应小于搭接钢筋较大直径的 0.25 倍。

（2）受拉搭接区段的箍筋间距不应大于搭接钢筋较小直径的 5 倍，且不应大于 100mm。

（3）受压搭接区段的箍筋间距不应大于搭接钢筋较小直径的 10 倍，且不应大于 200mm。

（4）当柱中纵向受力钢筋直径大于 25mm 时，应在搭接接头两个端面外 100mm 范围内各设置两个箍筋，其间距宜为 50mm。

17. 允许偏差（mm）：

（1）绑扎钢筋网长、宽±10，钢尺检查。

（2）网眼尺寸±20，钢尺量连续三次，取最大值。

（3）绑扎钢筋骨架长±10，钢尺检查。宽、高±5，钢尺检查。

（4）受力钢筋间距±10，钢尺量两端、中间各一点，排距±5，取最大值。

（5）保护层厚度：基础±10，钢尺检查；柱、梁±5，钢尺检查；板、墙、壳±3，钢尺检查。

（6）绑扎箍筋、横向钢筋间距±20，钢尺量连接三档，取最大值。

（7）钢筋弯起点位置20，钢尺检查。

（8）预埋件中心线位置5，钢尺检查。

（9）水平高差＋3，0；钢尺和塞尺检查。

二十二、混凝土检查

1. 水泥进场时应对其品种、级别、包装或散装仓号、出厂日期等进行检查，并应对其强度、安定性及其他必要的性能指标进行复验。

2. 商品混凝土进场应该检查质量保证文件，试验报告，复试报告，配比单等。

混凝土取样与试件留置

（1）每拌制100盘且不超过100mm³的同配合比的混凝土，取样不得少于一次；

（2）每工作班拌制的同一配合比的混凝土不足100盘时，取样不得少于一次；

（3）当一次连续浇筑超过100m³时，同一配合比的混凝土每200m³取样不得少于一次；

（4）每一楼层、同一配合比的混凝土，取样不得少于一次；

（5）每次取样应至少留置一组标准养护试件，同条件养护试件的留置组数应根据实际需要确定。

3. 对有抗渗要求的混凝土结构，其混凝土试件应在浇筑地点随机取样。同一工程、同一配合比的混凝土，取样不应少于一次，留置组数可根据实际需要确定。

4. 混凝土运输、浇筑及间歇的全部时间不应超过混凝土的初凝时间。同一施工段的混凝土应连续浇筑，并应在底层混凝土初凝之前将上一层混凝土浇筑完毕。

5. 当底层混凝土初凝后浇筑上一层混凝土时，应按施工技术方案中对施工缝的要求进行处理。凿毛或有插筋根据方案检查，施工方案应该对施工缝的留设有所体现。

6. 后浇带的留置位置应按设计要求和施工技术方案确定。后浇带混凝土浇筑应按施工技术方案进行。监理应该要求施工单位上报后浇带施工技术方案，并按此检查验收。

7. 混凝土浇筑完毕后，应按施工技术方案及时采取有效的养护措施，并应符合下列规定：

（1）应在浇筑完毕后的12h以内对混凝土加以覆盖并保湿养护；

（2）混凝土浇水养护的时间：对采用硅酸盐水泥、普通硅酸盐水泥或矿渣硅酸盐水泥拌制的混凝土，不得少于7d；对掺用缓凝型外加剂或有抗渗要求的混凝土，不得少于14d；

（3）浇水次数应能保持混凝土处于湿润状态；混凝土养护用水应与拌制用水相同；

（4）采用塑料布覆盖养护的混凝土，其敞露的全部表面应覆盖严密，并应保持塑料布内有凝结水；

（5）混凝土强度达到1.2N/mm²前，不得在其上踩踏或安装模板及支架；

（6）当日平均气温低于5℃时，不得浇水；

（7）当采用其他品种水泥时，混凝土的养护时间应根据所采用水泥的技术性能确定；

（8）混凝土表面不便浇水或使用塑料布时，宜涂刷养护剂；

（9）对大体积混凝土的养护，应根据气候条件按施工技术方案采取控温措施。

8．大体积混凝土施工应有技术方案，监理应要求施工单位报审。

二十三、混凝土的严重缺陷

1．构件内钢筋未被混凝土包裹而外露，纵向受力钢筋有露筋。

2．混凝土表面缺少水泥砂浆而形成石子外露，构件主要受力部位有蜂窝。

3．混凝土中孔穴深度和长度均超过保护层厚度，构件主要受力部位有孔洞。

4．混凝土中夹有杂物且深度超过保护层厚度，构件主要受力部位有夹渣。

5．混凝土中局部不密实，构件主要受力部位有疏松。

6．缝隙从混凝土表面延伸至混凝土内部，构件主要受力部位有影响结构性能或使用功能的裂缝。

7．构件连接处混凝土缺陷及连接钢筋、连接件松动，构件连接部位有影响结构传力性能的缺陷。

8．缺棱掉角、棱角不直、翘曲不平、凸肋等，清水混凝土构件有影响使用功能或装饰效果的外形缺陷。

9．构件表面麻面、掉皮、起砂、沾污等，具有重要装饰效果的清水混凝土构件有外表缺陷。

对已经出现的严重缺陷，应由施工单位提出技术处理方案，并经监理（建设）单位认可后进行处理。对经处理的部位，应重新检查验收。

二十四、混凝土观感检查

1．现浇结构的外观质量不应有严重缺陷。

对已经出现的严重缺陷，应由施工单位提出技术处理方案，并经监理（建设）单位认可后进行处理。对经处理的部位，应重新检查验收。

2．现浇结构的外观质量不宜有一般缺陷。

对已经出现的一般缺陷，应由施工单位按技术处理方案进行处理，并重新检查验收。

3．对超过尺寸允许偏差且影响结构性能和安装、使用功能的部位，应由施工单位提出技术处理方案，并经监理（建设）单位认可后进行处理。对经处理的部位，应重新检查验收。

4．尺寸偏差

（1）轴线（mm）

基础：±15；

独立基础：±10；

墙、柱、梁：±8；

剪力墙：±5。

（2）垂直度

层高≤5m：偏差为8mm，经纬仪或吊线、钢尺检查。

层高＞5m：偏差为10mm，经纬仪或吊线、钢尺检查。

全高（H）：$H/1000$ 且≤30mm 经纬仪、钢尺检查。

（3）标高

层高：±10mm 水准仪或拉线、钢尺检查。

全高：±30mm。

（4）截面尺寸：+8，-5，钢尺检查。

（5）电梯井

井筒长、宽对定位中心线+25mm 钢尺检查。

井筒全高（H）垂直度：$H/1000$ 且≤30mm 经纬仪、钢尺检查。

（6）表面平整度：8mm，2m 靠尺和塞尺检查。

（7）预埋设施中心线位置

预埋件：10mm 钢尺检查；

预埋螺栓：5mm；

预埋管：5mm。

（8）预留洞中心线位置：15mm，钢尺检查。

二十五、结构实体检验

1. 结构实体检验应在监理工程师（建设单位项目专业技术负责人）见证下，由施工项目技术负责人组织实施。承担结构实体检验的试验室应具有相应的资质。

2. 结构实体检验的内容应包括混凝土强度、钢筋保护层厚度以及工程合同约定的项目。

3. 同条件养护试件的留置方式和取样数量，应符合下列要求：

（1）同条件养护试件所对应的结构构件或结构部位，应由监理（建设）、施工等各方共同选定；

（2）对混凝土结构工程中的各混凝土强度等级，均应留置同条件养护试件；

（3）同一强度等级的同条件养护试件，其留置的数量应根据混凝土工程量和重要性确定，不宜少于10组，且不应少于3组；

（4）同条件养护试件拆模后，应放置在靠近相应结构构件或结构部位的适当位置，并应采取相同的养护方法。

4. 回弹法检测混凝土强度。

5. 钢筋保护层厚度检验的结构部位和构件数量，应符合下列要求：

（1）钢筋保护层厚度检验的结构部位，应由监理（建设）、施工等各方根据结构构件的重要性共同选定；

（2）对梁类、板类构件，应各抽取构件数量的2%且不少于5个构件进行检验；当有悬挑构件时，抽取的构件中悬挑梁类、板类构件所占比例均不宜小于50%。

6. 钢筋保护层厚度检验时，纵向受力钢筋保护层厚度的允许偏差，对梁类构件为 $+10mm$，$-7mm$；对板类构件为 $+8mm$，$-5mm$。

7. 结构实体钢筋保护层厚度验收合格应符合下列规定：

(1) 当全部钢筋保护层厚度检验的合格点率为 90% 及以上时，钢筋保护层厚度的检验结果应判为合格；

(2) 当全部钢筋保护层厚度检验的合格点率小于 90% 但不小于 80% 时，可再抽取相同数量的构件进行检验；当按两次抽样总数和计算的合格点率为 90% 及以上时，钢筋保护层厚度的检验结果仍应判为合格；

(3) 每次抽样检验结果中不合格点的最大偏差均不应大于允许偏差的 1.5 倍。

二十六、总监应该审核的混凝土结构子分部工程资料

1. 设计变更文件；

2. 原材料出厂合格证和进场复验报告；（钢筋，水泥，外加剂）

3. 钢筋接头的试验报告；（电渣压力焊，搭接焊，套筒连接等）

4. 混凝土工程施工记录；

5. 混凝土试件的性能试验报告；（抗渗，抗压等）

6. 装配式结构预制构件的合格证和安装验收记录；

7. 预应力筋用锚具、连接器的合格证和进场复验报告；

8. 预应力筋安装、张拉及灌浆记录；

9. 隐蔽工程验收记录；（问题已经全部处理）

10. 分项工程验收记录；

11. 混凝土结构实体检验记录；（保护层，强度检验）

12. 工程的重大质量问题的处理方案和验收记录；（有设计、监理、业主、施工四方的意见）

13. 严重缺陷和一般缺陷已经整改完成记录；

14. 总监已经组织了预验收并有会议纪要且施工单位进行了整改并且有记录；

15. 分项及检验批已经专监验收全部合格且签字；

16. 施工单位报验监理的技术资料已经全部报验完成且签字完成。

当混凝土结构施工质量不符合要求时，应按下列规定进行处理：

(1) 经返工、返修或更换构件、部件的检验批，应重新进行验收；

(2) 经有资质的检测单位检测鉴定达到设计要求的检验批应予以验收；

(3) 经有资质的检测单位检测鉴定达不到设计要求，但经原设计单位核算并确认仍可满足结构安全和使用功能的检验批，可予以验收；

(4) 经返修或加固处理能够满足结构安全使用要求的分项工期，可根据技术处理方案和协商文件进行验收。

二十七、砖砌体的检查控制要点

1. 砌体工程所用的材料应有产品的合格证书、产品性能检测报告。块材、水泥、钢筋、外加剂等尚应有材料主要性能的进场复验报告。严禁使用国家明令淘汰的材料。

2. 基底标高不同时，应从低处砌起，并应由高处向低处搭砌。当设计无要求时，搭接长度不应小于基础扩大部分的高度。

3. 砌体的转角处和交接处应同时砌筑。当不能同时砌筑时，应按规定留槎、接槎。

4. 在墙上留置临时施工洞口，其侧边离交接处墙面不应小于500mm，洞口净宽度不应超过1m。

5. 抗震设防烈度为9度的地区建筑物的临时施工洞口位置，应会同设计单位确定。

临时施工洞口应做好补砌。施工脚手眼补砌时，灰缝应填满砂浆，不得用干砖填塞。

6. 不得在下列墙体或部位设置脚手眼：

(1) 120mm厚墙、料石清水墙和独立柱；

(2) 过梁上与过梁成60°的三角形范围及过梁净跨度1/2的高度范围内；

(3) 宽度小于1m的窗间墙；

(4) 砌体门窗洞口两侧200mm（石砌体为300m）和转角处450mm（石砌体为600mm）范围内；

(5) 梁或梁垫下及其左右500mm范围内；

(6) 设计不允许设置脚手眼的部位。

7. 设计要求的洞口、管道、沟槽应于砌筑时正确留出或预埋，未经设计同意，不得打凿墙体和在墙体上开凿水平沟槽。宽度超过300mm的洞口上部，应设置过梁。

8. 砌体施工质量控制等级应分为三级：

A级：制度健全，并严格执行；非施工方质量监督人员经常到现场，或现场设有常驻代表；施工方有在岗专业技术管理人员，人员齐全，并持证上岗；试块按规定制作，强度满足验收规定，离散性小。机械拌合；配合比计量控制严格。中级工以上，其中高级工不少于30％。

B级：制度基本健全，并能执行；非施工方质量监督人员间断地到现场进行质量控制；施工方有在岗专业技术管理人员，并持证上岗；试块按规定制作，强度满足验收规定，离散性较小；机械拌合；配合比计量控制一般，高、中级工不少于70％。

C级：有制度；非施工方质量监督人员很少作现场质量控制；施工方有在岗专业技术管理人员，试块强度满足验收规定离散性大，机械或人工拌合；配合比计量控制较差，初级工以上。

9. 水泥进场使用前，应分批对其强度、安定性进行复验。检验批应以同一生产厂家、同一编号为一批。当在使用中对水泥质量有怀疑或水泥出厂超过三个月（快硬硅酸盐水泥超过一个月）时，应复查试验，并按其结果使用。

不同品种的水泥，不得混合使用。

10. 砌筑砂浆应通过试配确定配合比。当砌筑砂浆的组成材料有变更时，其配合比应重新确定。

11. 凡在砂浆中掺入有机塑化剂、早强剂、缓凝剂、防冻剂等，应经检验和试配符合要求后，方可使用。有机塑化剂应有砌体强度的型式检验报告。

12. 砌筑砂浆应采用机械搅拌，自投料完算起，搅拌时间应符合下列规定：

（1）水泥砂浆和水泥混合砂浆不得少于 2min；

（2）水泥粉煤灰砂浆和掺用外加剂的砂浆不得少于 3min；

（3）掺用有机塑化剂的砂浆，应为 3～5min。

13. 砂浆应随拌随用，水泥砂浆和水泥混合砂浆应分别在 3h 和 4h 内使用完毕；当施工期间最高气温超过 30℃时，应分别在拌成后 2h 和 3h 内使用完毕。

14. 同一验收批砂浆试块抗压强度平均值必须大于或等于设计强度等级所对应的立方体抗压强度；同一验收批砂浆试块抗压强度的最小一组平均值必须大于或等于设计强度等级所对应的立方体抗压强度的 0.75 倍。

15. 当施工中或验收时出现下列情况，可采用现场检验方法对砂浆和砌体强度进行原位检测或取样检测，并判定其强度：

（1）砂浆试块缺乏代表性或试块数量不足；

（2）对砂浆试块的试验结果有怀疑或有争议；

（3）砂浆试块的试验结果，不能满足设计要求。

16. 砌筑砖砌体时，砖应提前 1～2d 浇水湿润。

17. 砌砖工程当采用铺浆法砌筑时，铺浆长度不得超过 750mm；施工期间气温超过 30℃时，铺浆长度不得超过 500mm。

18. 240mm 厚承重墙的每层墙的最上一皮砖，砖砌体的阶台水平面上及挑出层，应整砖丁砌。

19. 多孔砖的孔洞应垂直于受压面砌筑。

20. 竖向灰缝不得出现透明缝、瞎缝和假缝。

21. 抽检数量：每一生产厂家的砖到现场后，按烧结砖 15 万块、多孔砖 5 万块、灰砂砖及粉煤灰砖 10 万块各为一验收批，抽检数量为 1 组。

22. 砌体水平灰缝的砂浆饱满度不得小于 80%。

23. 砖砌体的转角处和交接处应同时砌筑，严禁无可靠措施的内外墙分砌施工。对不能同时砌筑而又必须留置的临时间断处应砌成斜槎，斜槎水平投影长度不应小于高度的 2/3。

24. 非抗震设防及抗震设防烈度为 6 度、7 度地区的临时间断处，当不能留斜槎时，除转角处外，可留直槎，但直槎必须做成凸槎。留直槎处应加设拉结钢筋，拉结钢筋的数量为每增加 120mm 墙厚放置 1Φ6 拉结钢筋（120mm 厚墙放置 2Φ6 拉结钢筋），间距沿墙高不应超过 500mm；埋入长度从留槎处算起每边均不应小于 500mm，对抗震设防烈度 6 度、7 度的地区，不应小于 1000mm；末端应有 90°弯钩。

25. 砖砌体组砌方法应正确，上、下错缝，内外搭砌，砖柱不得采用包心砌法。

26. 砖砌体的灰缝应横平竖直，厚薄均匀。水平灰缝厚度宜为 10mm，但不应小于 8mm，也不应大于 12mm。

二十八、填充墙砌体控制要点

1. 蒸压加气混凝土砌块、轻骨料混凝土小型空心砌块砌筑时，其产品龄期应超过 28d。

填充墙砌体砌筑前块材应提前 2d 浇水湿润。蒸压加气混凝土砌块砌筑时，应向砌筑面适量浇水。

2. 用轻骨料混凝土小型空心砌块或蒸压加气混凝土砌块砌筑墙体时，墙底部应砌烧结普通砖或多孔砖，或普通混凝土小型空心砌块，或现浇混凝土坎台等，其高度不宜小于 200mm。

3. 蒸压加气混凝土砌块砌体和轻骨料混凝土小型空心砌块砌体不应与其他块材混砌。

抽检数量：在检验批中抽检 20%，且不应少于 5 处。

4. 填充墙砌体留置的拉结钢筋或网片的位置应与块体皮数相符合。拉结钢筋或网片应置于灰缝中，埋置长度应符合设计要求，竖向位置偏差不应超过一皮高度。

5. 填充墙砌筑时应错缝搭砌，蒸压加气混凝土砌块搭砌长度不应小于砌块长度的 1/3；轻骨料混凝土小型空心砌块搭砌长度不应小于 90mm；竖向通缝不应大于 2 皮。

6. 空心砖、轻骨料混凝土小型空心砌块的砌体灰缝应为 8～12mm。蒸压加气混凝土砌块砌体的水平灰缝厚度及竖向灰缝宽度分别宜为 15mm 和 20mm。

7. 填充墙砌至接近梁、板底时，应留一定空隙，待填充墙砌筑完并应至少间隔 7d 后，再将其补砌挤紧。

二十九、屋面工程控制要点（一）

（1）屋面工程施工前，施工单位应进行图纸会审，并应编制屋面工程施工方案或技术措施。并经总监审核签认。

（2）屋面工程施工时，应建立各道工序的自检、交接检和专职人员检查的"三检"制度，并有完整的检查记录。每道工序完成，应经监理单位（或建设单位）检查验收，合格后方可进行下道工序的施工。

（3）屋面工程的防水层应由经资质审查合格的防水专业队伍进行施工。作业人员应持有当地区级建设行政主管部门颁发的上岗证。

（4）屋面工程所采用的防水、保温隔热材料应有产品合格证书和性能检测报告，材料的品种、规格、性能等应符合现行国家产品标准和设计要求。材料进场后应按规范要求复验，不合格的材料，不得在屋面工程中使用。

（5）伸出屋面的管道、设备或预埋件等，应在防水层施工前安设完毕。屋面防水层完工后，不得在其上凿孔打洞或重物冲击。

（6）屋面工程完工后，应按规范的有关规定对细部构造、接缝、保护层等进行外观检验，并应进行淋水或蓄水检验。

（7）屋面的保温层和防水层严禁在雨天、雪天和五级风及其以上时施工。低于规范规定的气温不得施工。

（8）卷材防水屋面工程：

1）平层面采用结构找坡不应小于3％，采用材料找坡宜为2％；采用结构找坡不应小于3％，采用材料找坡宜为2％；天沟、檐沟纵向找坡不应小于1％，沟底水落差不得超过200mm。

2）基层—突出屋面结构（女儿墙、山墙、天窗壁、变形缝、烟囱等）的交接处和基层的转角处，找平层均应做成圆弧，圆弧半径应符合规范要求。内部排水的水落口周围，找平层应做成略低的凹坑。

3）找平层宜设分格缝，并嵌填密封材料。分格缝应留设在板端缝处，其纵横缝的最大间距：水泥砂浆或细石混凝土找平层，不宜大于6m；沥青砂浆找平层，不宜大于4m。

4）找平层的材料质量及配合比，必须符合设计要求。

检验方法：检查出厂合格证、质量检验报告和计量措施。

屋面（含天沟、檐沟）找平层的排水坡度，必须符合设计要求。

检验方法：用水平仪（水平尺）、拉线和尺量检查。

5）水泥砂浆、细石混凝土找平层应平整、压光，不得有酥松、起砂、起皮现象；沥青砂浆找平层不得有拌合不匀、蜂窝现象。

6）找平层表面平整度的允许偏差为5mm。

7）保温层应干燥，封闭式保温层的含水率应相当于该材料在当地自然风干状态下的平衡含水率。

8）保温层的铺设应符合下列要求：

①松散保温材料：分层铺设，压实适当，平整，找坡正确。

②板状保温材料：紧贴（靠）基层，铺平垫拼缝严密，找坡正确。

③整体现浇保温层：拌合均匀，分层铺设应压实适当，表面平整，找坡正确。

9）保温层厚度的允许偏差：松散保温材料体现浇保温层为＋10％，－5％；板状保温材料5％；且不得大于4mm。

10）在坡度大于25％的屋面上采用卷材材料做防水层时，应采取固定措施，固定点应密封严密。

11）铺设屋面隔汽层和防水层前，基层必须干净，干燥。干燥程度的简易检验方法是将1m² 卷材平坦地干铺在找平层上，静置3～4h后掀开检查，找平层覆盖部位与卷材上未见水印即可铺设。

12）卷材铺贴方向应符合下列规定：

1）屋面坡度小于3％时，卷材宜平行屋脊铺贴。

2）屋面坡度在3％～15％时，卷材可平行或垂直屋脊铺贴。

3）屋面坡度大于15％或屋面受震动时，沥青防水卷材应垂直屋脊铺贴，高聚物改性沥青防水卷材和合成高分子防水卷材可平行或垂直屋脊铺贴。

4）上下层卷材不得相互垂直铺贴。

13）天沟、檐沟、檐口、泛水和立面卷材收头的端部应裁齐，塞入预留凹槽内，用金属压条钉压固定，最大钉距不应大于900mm，并用密封材料嵌填封严。

14）卷材防水层完工并经验收合格后，应做好成品保护。保护层的施工应符合下列规定：

①绿豆砂应清洁、预热、铺撒均匀，并使其与沥青玛琋脂粘结牢固，不得残留未粘结的绿豆砂。

②云母或蛭石保护层不得有粉料，撒铺应均匀，不得露底，多余的云母或蛭石应清除。

③水泥砂浆保护层的表面应抹平压光，并设表面分格缝，分格面积宜为 $1m^2$。

④块体材料保护层应留设分格缝，分格面积不宜大于 $100m^2$，分格缝宽度不宜小于 20mm。

⑤细石混凝土保护层，混凝土应密实，表面抹平压光，并留设分格缝，分格面积不大于 $36m^2$。

⑥浅色涂料保护层应与卷材粘结牢固，厚薄均匀，不得漏涂。

⑦水泥砂浆、块材或细石混凝土保护层与防水层之间应设置隔离层。

⑧刚性保护层与女儿墙、山墙之间应预留宽度为 30mm 的缝隙，并用密封材料嵌填严密。

15）卷材防水层的搭接缝应粘（焊）结牢固，密封严密，不得有皱折、翘边和鼓泡等缺陷；防水层的收头应与基层粘结并固定牢固，缝口封严，不得翘边。

（9）涂膜防水屋面

1）防水涂膜施工应符合下列规定：

①涂膜应根据防水涂料的品种分层分遍涂布，不得一次涂成。

②应待先涂的涂层干燥成膜后，方可涂后一遍涂料。

③需铺设胎体增强材料时，屋面坡度小于15％时可平行屋脊铺设，屋面坡度大于15％时应垂直屋脊铺设。

④胎体长边搭接宽度不应小于50mm，短边搭接宽度不应小于70mm。

⑤采用 M 层胎体增强材料时，上下层不得相互垂直铺设，搭接缝应错开，其间距不应小于幅宽的 1/3。

2）天沟、檐沟、檐口、泛水和立面涂膜防水层的收头，应用防水涂料多遍涂刷或用密封材料封严。

3）防水涂料和胎体增强材料必须符合设计要求。

检验方法：检查出厂合格证、质量检验报告和现场抽样复验报告。

4）涂膜防水层在天沟、檐沟、檐口、水落日、泛水、变形缝和伸出屋面管道的防水构造，必须符合设计要求。

三十、屋面工程控制要点（二）

1. 刚性防水屋面

（1）细石混凝土防水层的分格缝，应设在屋面板的支承端、屋面转折处、防水层与突出屋面结构的交接处，其纵横间距不宜大于 6m。分格缝内应嵌填密封材料。

（2）细石混凝土防水层的厚度不应小于 40mm，并应配置双向钢筋网片。钢筋网片在分格缝处应断开，其保护层厚度不应小于 10mm。

（3）细石混凝土防水层与立墙及突出屋面结构等交接处，均应做柔性密封处理；细石混凝土防水层与基层间宜设置隔离层。

（4）细石混凝土的原材料及配合比必须符合设计要求。

检验方法：检查出厂合格证、质量检验报告、计量措施和现场抽样复验报告。

（5）细石混凝土防水层表面平整度的允许偏差为 5mm。

（6）密封防水处理连接部位的基层，应涂刷与密封材料相配套的基层处理剂。

（7）接缝处的密封材料底部应填放背衬材料，外露的密封材料上应设置保护层，其宽度不应小于 200mm。

（8）密封防水接缝宽度的允许偏差为±10％，接缝深度为宽度的 0.5～0.7 倍。

2. 瓦屋面

（1）平瓦屋面与立墙及突出屋面结构等交接处，均应做泛水处理。天沟、檐沟的防水层，应采用合成高分子防水卷材、高聚物改性沥青防水卷材、沥青防水卷材、金属板材或塑料板材等材料铺设。

（2）平瓦屋面的有关尺寸应符合下列要求：

1）脊瓦在两坡面瓦上的搭盖宽度，每边不小于 40mm。

2）瓦伸入天沟、檐沟的长度为 50～70mm。

3）天沟、檐沟的防水层伸入瓦内宽度不小于 150mm。

4）瓦头挑出封檐板的长度为 50～70mm。

5）突出屋面的墙或烟囱的侧面瓦伸入泛水宽度不小于 50mm。

3. 细部构造

（1）卷材或涂膜防水层在天沟、檐沟与屋面交接处、泛水、阴阳角等部位，应增加材或涂膜附加层。

（2）天沟、檐沟的防水构造应符合下列要求：

1）沟内附加层在天沟、檐沟与屋面交接处宜空铺，空铺的宽度不应小于 200mm。

2）卷材防水层应由沟底翻上至沟外檐顶部，卷材收头应用水泥钉固定，并用密封材料封严。

3）涂膜收头应用防水涂料多遍涂刷或用密封材料封严。

4）在天沟、檐沟与细石混凝土防水层的交接处，应留凹槽并用密封材料嵌填严密。

（3）檐口的防水构造应符合下列要求：

1）铺贴檐口 800mm 范围内的卷材应采取满粘法。

2）卷材收头应压入凹槽，采用金属压条钉压，并用密封材料封口。

3）涂膜收头应用防水涂料多遍涂刷或用密封材料封严。

4）檐口下端应抹出鹰嘴和滴水槽。

（4）女儿墙泛水的防水构造应符合下列要求：

1）铺贴泛水处的卷材应采取满粘法。

2）砖墙上的卷材收头可直接铺压在女儿墙压顶下，压顶应做防水处理；也可压入砖墙凹槽内固定密封，凹槽距屋面找平层不应小于 250mm，凹槽上部的墙体应做防水处理。

3）涂膜防水层应直接涂刷至女儿墙的压顶下，收头处理应用防水涂料多遍涂刷封严，压顶应做防水处理。

4）混凝土墙上的卷材收头应采用金属压条钉压，并用密封材料封严。

（5）水落口的防水构造应符合下列要求：

1）水落口杯上口的标高应设置在沟底的最低处。

2）防水层贴入水落口杯内不应小于50mm。

3）水落口周围直径500mm范围内的坡度不应小于5％，并采用防水涂料或密封材料涂封，其厚度不应小于2mm。

4）水落口杯与基层接触处应留宽20mm、深20mm凹槽，并嵌填密封材料。

（6）变形缝的防水构造应符合下列要求：

1）变形缝的泛水高度不应小于250mm。

2）防水层应铺贴到变形缝两侧砌体的上部。

3）变形缝内应填充聚苯乙烯泡沫塑料，上部填放衬垫材料，并用卷材封盖。

4）变形缝顶部应加扣混凝土或金属盖板，混凝土盖板的接缝应用密封材料嵌填。

（7）伸出屋面管道的防水构造应符合下列要求：

1）管道根部直径500mm范围内，找平层应抹出高度不小于30mm的圆台。

2）管道周围与找平层或细石混凝土防水层之间，应预留20mm×20mm的凹槽，并用密封材料嵌填严密。

3）管道根部四周应增设附加层，宽度和高度均不应小于300mm。

4）管道上的防水层收头处应用金属箍紧固，并用密封材料封严。

三十一、屋面工程分部工程验收资料审核

1. 设计图纸及会审记录、设计变更通知单和材料代用核定单符合要求。

2. 施工方法、技术措施、质量保证措施齐全。

3. 施工操作要求及注意事项交底齐全。

4. 出厂合格证、质量检验报告和试验报告齐全。

5. 分项工程质量验收记录、隐蔽工程验收记录、施工检验记录、淋水或蓄水检验记录齐全。

6. 逐日施工情况有记录。

7. 抽样质量检验及观察检查符合要求。

8. 事故处理报告、技术总结处理完成。

9. 屋面工程隐蔽验收记录应包括以下主要内容：

1）卷材、涂膜防水层的基层。

2）密封防水处理部位。

3）天沟、檐沟、泛水和变形缝等细部做法。

4）卷材、涂膜防水层的搭接宽度和附加层。

5）刚性保护层与卷材、涂膜防水层之间设置的隔离层。

10. 屋面工程质量应符合下列要求：

1）防水层不得有渗漏或积水现象。

2）使用的材料应符合设计要求和质量标准的规定。

3）找平层表面应平整，不得有酥松、起砂、起皮现象。

4）保温层的厚度、含水率和表观密度应符合设计要求。

5）天沟、檐沟、泛水和变形缝等构造，应符合设计要求。

6）卷材铺贴方法和搭接顺序应符合设计要求，搭接宽度正确，接缝严密，不得有皱折、鼓泡和翘边现象。

7）涂膜防水层的厚度应符合设计要求，涂层无裂纹、皱折、流淌、鼓泡和露胎体现象。

8）刚性防水层表面应平整、压光，不起砂，不起皮，不开裂。分格缝应平直，位置正确。

9）嵌缝密封材料应与两侧基层粘牢，密封部位光滑、平直，不得有开裂、鼓泡、下榻现象。

10）平瓦屋面的基层应平整、牢固，瓦片排列整齐、平直，搭接合理，接缝严密，不得有残缺瓦片。

11.检查屋面有无渗漏、积水和排水系统是否畅通，应在雨后或持续淋水 2h 后进行。有可能作蓄水检验的屋面，其蓄水时间不应少于 24h。

三十二、装饰装修工程质量控制要点（一）

1.装饰装修分部工程分为十大子分部：

（1）抹灰工程

（2）门窗工程

（3）吊顶工程

（4）轻质隔墙工程

（5）饰面板（砖）工程

（6）幕墙工程

（7）涂饰工程

（8）裱糊与软包工程

（9）细部工程

（10）建筑地面工程

2.所有材料进场时应对品种、规格、外观和尺寸进行验收。材料包装应完好，应有产品合格证书、中文说明书及相关性能的检测报告；进口产品应按规定进行商品检验。

3.进场后需要进行复验的材料种类及项目应符合规范的规定。同一厂家生产的同一品种、同一类型的进场材料应至少抽取一组样品进行复验，当合同另有约定时应按合同执行。

4.当国家规定或合同约定应对材料进行见证检测时，或对材料的质量发生争议时，应进行见证检测。

5.承担建筑装饰装修材料检测的单位应具备相应的资质，并应建立质量管理体系。

6.建筑装饰装修工程所使用的材料应按设计要求进行防火、防腐和防虫处理。

7.承担建筑装饰装修工程施工的单位应具备相应的资质，并应建立质量管理体系。施工单位应编制施工组织设计并应经过审查批准。施工单位应按有关的施工工艺标准或经审定的施工技术方案施工，并应对施工全过程实行质量控制。

8. 建筑装饰装修工程施工中，严禁违反设计文件擅自改动建筑主体、承重结构或主要使用功能；严禁未经设计确认和有关部门批准擅自拆改水、暖、电、燃气、通信等配套设施。

9. 承担建筑装饰装修工程施工的人员应有相应岗位的资格证书。

10. 施工单位应遵守有关施工安全、劳动保护、防火和防毒的法律法规，应建立相应的管理制度，并应配备必要的设备、器具和标识。

11. 建筑装饰装修工程应在基体或基层的质量验收合格后施工。对既有建筑进行装饰装修前，应对基层进行处理并达到规范的要求。

12. 建筑装饰装修工程施工前应有主要材料的样板或做样板间（件），并应经有关各方确认。

13. 建筑装饰装修工程的电器安装应符合设计要求和国家现行标准的规定。严禁不经穿管直接埋设电线。

14. 室内外装饰装修工程施工的环境条件应满足施工工艺的要求。施工环境温度不应低于5℃。当必须在低于5℃气温下施工时，应采取保证工程质量的有效措施。

15. 建筑装饰装修工程施工过程中应做好半成品、成品的保护，防止污染和损坏。

三十三、装饰装修工程质量控制要点（二）

抹灰工程：

1. 抹灰工程验收时应检查下列文件和记录：

1）抹灰工程的施工图、设计说明及其他设计文件。

2）材料的产品合格证书、性能检测报告、进场验收记录和复验报告。

3）隐蔽工程验收记录。

4）施工记录。

2. 抹灰工程应对水泥的凝结时间和安定性进行复验。

3. 抹灰工程应对下列隐蔽工程项目进行验收：

1）抹灰总厚度大于或等于35mm时的加强措施。

2）不同材料基体交接处的加强措施。

4. 各分项工程的检验批应按下列规定划分：

1）相同材料、工艺和施工条件的室外抹灰工程每500～1000m² 应划分为一个检验批，不足500m² 也应划分为一个检验批。

2）相同材料、工艺和施工条件的室内抹灰工程每50个自然间（大面积房间和走廊按抹灰面积30m² 为一间）应划分为一个检验批，不足50间也应划分为一个检验批。

5. 外墙抹灰工程施工前应先安装钢木门窗框、护栏等，并应将墙上的施工孔洞堵塞密实。

6. 室内墙面、柱面和门洞口的阳角做法应符合设计要求。设计无要求时，应采用1：2水泥砂浆做暗护角，其高度不应低于2m，每侧宽度不应小于50mm。

7. 当要求抹灰层具有防水、防潮功能时，应采用防水砂浆。

8. 各种砂浆抹灰层，在凝结前应防止快干、水冲、撞击、振动和受冻，在凝结后应采取措施防止玷污和损坏。水泥砂浆抹灰层应在湿润条件下养护。

9. 一般抹灰工程应分层进行。当抹灰总厚度大于或等于 35mm 时，应采取加强措施。不同材料基体交接处表面的抹灰，应采取防止开裂的加强措施，当采用加强网时，加强网与各基体的搭接宽度不应小于 100mm。

10. 一般抹灰工程的表面质量应符合下列规定：

1）普通抹灰表面应光滑、洁净、接槎平整，分格缝应清晰。

2）高级抹灰表面应光滑、洁净、颜色均匀、无抹纹，分格缝和灰线应清晰美观。

11. 护角、孔洞、槽、盒周围的抹灰表面应整齐、光滑；管道后面的抹灰表面应平整。

12. 抹灰分格缝的设置应符合设计要求，宽度和深度应均匀，表面应光滑，棱角应整齐。

13. 有排水要求的部位应做滴水线（槽）。滴水线（槽）应整齐顺直，滴水线应内高外低，滴水槽的宽度和深度均不应小于 10mm。

14. 普通抹灰允许偏差（mm）：

立面垂直度：4；

表面平整度：4；

分格条（缝）直线度：4；

墙裙、勒脚上口直线度：4；

普通抹灰阴角方正可不检查。

高级抹灰允许偏差（mm）：

立面垂直度：3；

表面平整度：3；

分格条（缝）直线度：3；

墙裙、勒脚上口直线度：3；

普通抹灰阴角方正可不检查。

顶棚抹灰面平整度可不检查，但应平顺。

三十四、装饰装修工程质量控制要点（三）

门窗工程

1. 门窗工程验收时应检查下列文件和记录：

1）门窗工程的施工图、设计说明及其他设计文件。

2）材料的产品合格证书、性能检测报告、进场验收记录和复验报告。

3）特种门及其附件的生产许可文件。

4）隐蔽工程验收记录。

5）施工记录。

2. 门窗工程应对下列材料及其性能指标进行复验：

1）人造木板的甲醛含量。

2）建筑外墙金属窗、塑料窗的抗风压性能、空气渗透性能和雨水渗漏性能。

3. 门窗工程应对下列隐蔽工程项目进行验收：

1）预埋件和锚固件。

2）隐蔽部位的防腐、填嵌处理。

4. 各分项工程的检验批应按下列规定划分：

1）同一品种、类型和规格的木门窗、金属门窗、塑料门窗及门窗玻璃每 100 樘应划分为一个检验批，不足 100 樘也应划分为一个检验批。

2）同一品种、类型和规格的特种门每 50 樘应划分为一个检验批，不足 50 樘也应划分为一个检验批。

5. 门窗安装前，应对门窗洞口尺寸进行检验。

6. 金属门窗和塑料门窗安装应采用预留洞口的方法施工，不得采用边安装边砌口或先安装后砌口的方法施工。

7. 木门窗与砖石砌体、混凝土或抹灰层接触处应进行防腐处理并应设置防潮层；埋入砌体或混凝土中的木砖应进行防腐处理。

8. 建筑外门窗的安装必须牢固。在砌体上安装门窗严禁用射钉固定。

9. 金属门窗的品种、类型、规格、尺寸、性能、开启方向、安装位置、连接方式及铝合金门窗的型材壁厚应符合设计要求。金属门窗的防腐处理及填嵌、密封处理应符合设计要求。

10. 金属门窗框和副框的安装必须牢固。预埋件的数量、位置、埋设方式、与框的连接方式必须符合设计要求。

11. 金属门窗扇必须安装牢固，并应开关灵活、关闭严密，无倒翘。推拉门窗扇必须有防脱落措施。

12. 铝合金门窗推拉门窗扇开关力应不大于 100N。

检验方法：用弹簧秤检查。

13. 金属门窗框与墙体之间的缝隙应填嵌饱满，并采用密封胶密封。密封胶表面应光滑、顺直，无裂纹。

14. 防火门、防盗门、自动门、全玻门、旋转门、金属卷帘门等特种门安装工程：特种门的质量和各项性能应符合设计要求。

检验方法：检查生产许可证、产品合格证书和性能检测报告。

15. 玻璃的品种、规格、尺寸、色彩、图案和涂膜朝向应符合设计要求。单块玻璃大于 1.5m² 时应使用安全玻璃。

16. 带密封条的玻璃压条，其密封条必须与玻璃全部贴紧，压条与型材之间应无明显缝隙，压条接缝应不大于 0.5mm。

17. 单面镀膜玻璃的镀膜层及磨砂玻璃的磨砂面应朝向室内。中空玻璃的单面镀膜玻璃应在最外层，镀膜层应朝向室内。

三十五、装饰装修工程质量控制要点（四）

吊顶工程

1. 吊顶工程验收时应检查下列文件和记录：

1）吊顶工程的施工图、设计说明及其他设计文件。

2）材料的产品合格证书、性能检测报告、进场验收记录和复验报告。

3）隐蔽工程验收记录。

4）施工记录。

2. 吊顶工程应对人造木板的甲醛含量进行复验。

3. 吊顶工程应对下列隐蔽工程项目进行验收：

1）吊顶内管道、设备的安装及水管试压。

2）木龙骨防火、防腐处理。

3）预埋件或拉结筋。

4）吊杆安装。

5）龙骨安装。

6）填充材料的设置。

4. 各分项工程的检验批应按下列规定划分：

同一品种的吊顶工程每 50 间（大面积房间和走廊按吊顶面积 30m² 为一间）应划分为一个检验批，不足 50 间也应划分为一个检验批。

5. 吊顶工程的木吊杆、木龙骨和木饰面板必须进行防火处理，并应符合有关设计防火规范的规定。

6. 吊顶工程中的预埋件、钢筋吊杆和型钢吊杆应进行防锈处理。

7. 安装饰面板前应完成吊顶内管道和设备的调试及验收。

8. 吊杆距主龙骨端部距离不得大于 300mm，当大于 300mm 时，应增加吊杆。当吊杆长度大于 1.5m 时，应设置反支撑。当吊杆与设备相遇时，应调整并增设吊杆。

9. 重型灯具、电扇及其他重型设备严禁安装在吊顶工程的龙骨上。

10. 暗龙骨金属吊杆、龙骨应经过表面防腐处理；木吊杆、龙骨应进行防腐、防火处理。

11. 暗龙骨石膏板的接缝应按其施工工艺标准进行板缝防裂处理。安装双层石膏板时，面层板与基层板的接缝应错开，并不得在同一根龙骨上接缝。

12. 暗龙骨饰面材料表面应洁净、色泽一致，不得有翘曲、裂缝及缺损。压条应平直、宽窄一致。

13. 暗龙骨饰面板上的灯具、烟感器、喷淋头、风口算子等设备的位置应合理、美观，与饰面板的交接应吻合、严密。

14. 暗龙骨金属吊杆、龙骨的接缝应均匀一致，角缝应吻合，表面应平整，无翘曲、锤印。木质吊杆、龙骨应顺直，无劈裂、变形。

15. 明龙骨饰面材料与龙骨的搭接宽度应大于龙骨受力面宽度的 2/3。

16. 明龙骨吊杆、龙骨的材质、规格、安装间距及连接方式应符合设计要求。金属吊杆、龙骨应进行表面防腐处理；木龙骨应进行防腐、防火处理。

17. 明龙骨饰面材料表面应洁净、色泽一致，不得有翘曲、裂缝及缺损。饰面板与明龙骨的搭接应平整、吻合，压条应平直、宽窄一致。

18. 饰面板上的灯具、烟感器、喷淋头、风口算子等设备的位置应合理、美观，与饰面板的交接应吻合、严密。

19. 金属龙骨的接缝应平整、吻合、颜色一致，不得有划伤、擦伤等表面缺陷。木质龙骨应平整、顺直，无劈裂。

三十六、装饰装修工程质量控制要点（五）

轻质隔墙工程

轻质隔墙包括：板材隔墙、骨架隔墙、活动隔墙、玻璃隔墙等。

1. 轻质隔墙工程验收时应检查下列文件和记录：

（1）轻质隔墙工程的施工图、设计说明及其他设计文件。

（2）材料的产品合格证书、性能检测报告、进场验收记录和复验报告。

（3）隐蔽工程验收记录。

（4）施工记录。

2. 轻质隔墙工程应对下列隐蔽工程项目进行验收：

（1）骨架隔墙中设备管线的安装及水管试压。

（2）木龙骨防火、防腐处理。

（3）预埋件或拉结筋。

（4）龙骨安装。

（5）填充材料的设置。

3. 各分项工程的检验批应按下列规定划分：

同一品种的轻质隔墙工程每 50 间（大面积房间和走廊按轻质隔墙的墙面 30m² 为一间）应划分为一个检验批，不足 50 间也应划分为一个检验批。

4. 轻质隔墙与顶棚和其他墙体的交接处应采取防开裂措施。

5. 隔墙板材的品种、规格、性能、颜色应符合设计要求。有隔声、隔热、阻燃、防潮等特殊要求的工程，板材应有相应性能等级的检测报告。

检验方法：观察；检查产品合格证书、进场验收记录和性能检测报告。

饰面板（砖）工程

1. 饰面板（砖）工程验收时应检查下列文件和记录：

（1）饰面板（砖）工程的施工图、设计说明及其他设计文件。

（2）材料的产品合格证书、性能检测报告、进场验收记录和复验报告。

（3）后置埋件的现场拉拔检测报告。

（4）外墙饰面砖样板件的粘结强度检测报告。

（5）隐蔽工程验收记录。

（6）施工记录。

2. 饰面板（砖）工程应对下列材料及其性能指标进行复验：

（1）室内用花岗石的放射性。

（2）粘贴用水泥的凝结时间、安定性和抗压强度。

（3）外墙陶瓷面砖的吸水率。

（4）寒冷地区外墙陶瓷面砖的抗冻性。

3. 饰面板（砖）工程应对下列隐蔽工程项目进行验收：

（1）预埋件（或后置埋件）。

（2）连接节点。

（3）防水层。

4. 各分项工程的检验批应按下列规定划分：

（1）相同材料、工艺和施工条件的室内饰面板（砖）工程每 50 间（大面积房间和走廊按施工面积 30m² 为一间）应划分为一个检验批，不足 50 间也应划分为一个检验批。

（2）相同材料、工艺和施工条件的室外饰面板（砖）工程每 500～1000m² 应划分为一个检验批，不足 500m² 也应划分为一个检验批。

5. 外墙饰面砖粘贴前和施工过程中，均应在相同基层上做样板件，并对样板件的饰面砖粘结强度进行检验。

6. 采用湿作业法施工的饰面板工程，石材应进行防碱背涂处理。

7. 饰面板与基体之间的灌注材料应饱满、密实。满粘法施工的饰面砖工程应无空鼓、裂缝。

8. 有排水要求的部位应做滴水线（槽）。滴水线（槽）应顺直，流水坡向应正确，坡度应符合设计要求。

9. 允许偏差（mm）

1）外墙面砖

（1）立面垂直度：3；

（2）表面平整度：4；

（3）阴阳角方正：3；

（4）接缝直线度：3；

（5）接缝高低差：1；

（6）接缝宽度：1。

2）内墙面砖

（1）立面垂直度：2；

（2）表面平整度：3；

（3）阴阳角方正：3；

（4）接缝直线度：2；

（5）接缝高低差：0.5；

（6）接缝宽度：1。

三十七、装饰装修工程质量控制要点（六）

幕墙工程

1. 幕墙工程验收时应检查下列文件和记录：

（1）幕墙工程的施工图、结构计算书、设计说明及其他设计文件。

（2）建筑设计单位对幕墙工程设计的确认文件。

（3）幕墙工程所用各种材料、五金配件、构件及组件的产品合格证书、性能检测报告、进场验收记录和复验报告。

（4）幕墙工程所用硅酮结构胶的认定证书和抽查合格证明；进口硅酮结构胶的商检证；国家指定检测机构出具的硅酮结构胶相容性和剥离粘结性试验报告；石材用密封胶的耐污染性试验报告。

（5）后置埋件的现场拉拔强度检测报告。

（6）幕墙的抗风压性能、空气渗透性能、雨水渗漏性能及平面变形性能检测报告。

（7）打胶、养护环境的温度、湿度记录；双组分硅酮结构胶的混匀性试验记录及拉断试验记录。

（8）防雷装置测试记录。

（9）隐蔽工程验收记录。

（10）幕墙构件和组件的加工制作记录；幕墙安装施工记录。

2. 幕墙工程应对下列材料及其性能指标进行复验：

（1）铝塑复合板的剥离强度。

（2）石材的弯曲强度；寒冷地区石材的耐冻融性；室内用花岗石的放射性。

（3）玻璃幕墙用结构胶的邵氏硬度、标准条件拉伸粘结强度、相容性试验；石材用结构胶的粘结强度；石材用密封胶的污染性。

3. 幕墙工程应对下列隐蔽工程项目进行验收：

（1）预埋件（或后置埋件）。

（2）构件的连接节点。

（3）变形缝及墙面转角处的构造节点。

（4）幕墙防雷装置。

（5）幕墙防火构造。

4. 各分项工程的检验批应按下列规定划分：

（1）相同设计、材料、工艺和施工条件的幕墙工程每 $500\sim1000m^2$ 应划分为一个检验批，不足 $500m^2$ 也应划分为一个检验批。

（2）同一单位工程的不连续的幕墙工程应单独划分检验批。

（3）对于异型或有特殊要求的幕墙，检验批的划分应根据幕墙的结构、工艺特点及幕墙工程规模，由监理单位（或建设单位）和施工单位协商确定。

5. 幕墙及其连接件应具有足够的承载力、刚度和相对于主体结构的位移能力。幕墙构架立柱的连接金属角码与其他连接件应采用螺栓连接，并应有防松动措施。

6. 隐框、半隐框幕墙所采用的结构粘结材料必须是中性硅酮结构密封胶，硅酮结构密封胶必须在有效期内使用。

7. 立柱和横梁等主要受力构件，其截面受力部分的壁厚应经计算确定，且铝合金型材壁厚不应小于 3.0mm，钢型材壁厚不应小于 3.5mm。

8. 硅酮结构密封胶应打注饱满，并应在温度 15℃～30℃、相对湿度 50%以上、洁净的室内进行；不得在现场墙上打注。

9. 幕墙的防火应满足规范要求且：

（1）应根据防火材料的耐火极限决定防火层的厚度和宽度，并应在楼板处形成防火带。

（2）防火层应采取隔离措施。防火层的衬板应采用经防腐处理且厚度不小于 1.5mm

的钢板，不得采用铝板。

（3）防火层的密封材料应采用防火密封胶。

（4）防火层与玻璃不应直接接触，一块玻璃不应跨两个防火分区。

10. 单元幕墙连接处和吊挂处的铝合金型材的壁厚应通过计算确定，并不得小于 5.0mm。

11. 幕墙的金属框架与主体结构应通过预埋件连接，预埋件应在主体结构混凝土施工时埋入，预埋件的位置应准确。当没有条件采用预埋件连接时，应采用其他可靠的连接措施，并应通过试验确定其承载力。

12. 立柱应采用螺栓与角码连接，螺栓直径应经过计算，并不应小于 10mm。不同金属材料接触时应采用绝缘垫片分隔。

13. 玻璃幕墙使用的玻璃应符合下列规定：

（1）幕墙应使用安全玻璃，玻璃的品种、规格、颜色、光学性能及安装方向应符合设计要求。

（2）幕墙玻璃的厚度不应小于 6.0mm。全玻幕墙肋玻璃的厚度不应小于 12mm。

（3）幕墙的中空玻璃应采用双道密封。明框幕墙的中空玻璃应采用聚硫密封胶及丁基密封胶；隐框和半隐框幕墙的中空玻璃应采用硅酮结构密封胶及丁基密封胶；镀膜面应在中空玻璃的第 2 或第 3 面上。

（4）幕墙的夹层玻璃应采用聚乙烯醇缩丁醛（PVB）胶片干法加工合成的夹层玻璃。点支承玻璃幕墙夹层玻璃的夹层胶片（PVB）厚度不应小于 0.76mm。

（5）钢化玻璃表面不得有损伤；8.0mm 以下的钢化玻璃应进行引爆处理。

（6）所有幕墙玻璃均应进行边缘处理。

14. 隐框或半隐框玻璃幕墙，每块玻璃下端应设置两个铝合金或不锈钢托条，其长度不应小于 100mm，厚度不应小于 2mm，托条外端应低于玻璃外表面 2mm。

15. 明框玻璃幕墙的玻璃安装应符合下列规定：

（1）玻璃槽口与玻璃的配合尺寸应符合设计要求和技术标准的规定。

（2）玻璃与构件不得直接接触，玻璃四周与构件凹槽底部应保持一定的空隙，每块玻璃下部应至少放置两块宽度与槽口宽度相同、长度不小于 100mm 的弹性定位垫块；玻璃两边嵌入量及空隙应符合设计要求。

（3）玻璃四周橡胶条的材质、型号应符合设计要求，镶嵌应平整，橡胶条长度应比边框内槽长 1.5%～2.0%，橡胶条在转角处应斜面断开，并应用粘结剂粘结牢固后嵌入槽内。

16. 玻璃幕墙的防雷装置必须与主体结构的防雷装置可靠连接。

17. 石材幕墙工程所用材料的品种、规格、性能和等级，应符合设计要求及国家现行产品标准和工程技术规范的规定。石材的弯曲强度不应小于 8.0MPa；吸水率应小于 0.8%。石材幕墙的铝合金挂件厚度不应小于 4.0mm，不锈钢挂件厚度不应小于 3.0mm。

18. 石材幕墙的防雷装置必须与主体结构防雷装置可靠连接。

19. 石材幕墙的板缝注胶应饱满、密实、连续、均匀、无气泡，板缝宽度和厚度应符合设计要求和技术标准的规定。

20. 石材幕墙应无渗漏。（检验方法：在易渗漏部位进行淋水检查。）

21. 石材幕墙表面应平整、洁净，无污染、缺损和裂痕。颜色和花纹应协调一致，无明显色差，无明显修痕。

22. 石材幕墙的压条应平直、洁净、接口严密、安装牢固。

23. 石材接缝应横平竖直、宽窄均匀；阴阳角石板压向应正确，板边合缝应顺直；凸凹线出墙厚度应一致，上下口应平直；石材面板上洞口、槽边应套割吻合，边缘应整齐。

24. 石材幕墙的密封胶缝应横平竖直、深浅一致、宽窄均匀、光滑顺直。

25. 石材幕墙上的滴水线、流水坡向应正确、顺直。

三十八、装饰装修工程质量控制要点（七）

涂饰工程

1. 涂饰工程验收时应检查下列文件和记录：

（1）涂饰工程的施工图、设计说明及其他设计文件。

（2）材料的产品合格证书、性能检测报告和进场验收记录。

（3）施工记录。

2. 各分项工程的检验批应按下列规定划分：

（1）室外涂饰工程每一栋楼的同类涂料涂饰的墙面每 $500\sim1000m^2$ 应划分为一个检验批，不足 $500m^2$ 也应划分为一个检验批。

（2）室内涂饰工程同类涂料涂饰的墙面每 50 间（大面积房间和走廊按涂饰面积 $30m^2$ 为一间）应划分为一个检验批，不足 50 间也应划分为一个检验批。

3. 涂饰工程的基层处理应符合下列要求：

（1）新建筑物的混凝土或抹灰基层在涂饰涂料前应涂刷抗碱封闭底漆。

（2）旧墙面在涂饰涂料前应清除疏松的旧装修层，并涂刷界面剂。

（3）混凝土或抹灰基层涂刷溶剂型涂料时，含水率不得大于 8%；涂刷乳液型涂料时，含水率不得大于 10%。木材基层的含水率不得大于 12%。

（4）基层腻子应平整、坚实、牢固，无粉化、起皮和裂缝；内墙腻子的粘结强度应符合规范的规定。

（5）厨房、卫生间墙面必须使用耐水腻子。

4. 水性涂料涂饰工程施工的环境温度应在 5~35℃之间。

裱糊与软包

1. 裱糊与软包工程验收时应检查下列文件和记录：

（1）裱糊与软包工程的施工图、设计说明及其他设计文件。

（2）饰面材料的样板及确认文件。

（3）材料的产品合格证书、性能检测报告、进场验收记录和复验报告。

（4）施工记录。

2. 各分项工程的检验批应按下列规定划分：

同一品种的裱糊或软包工程每 50 间（大面积房间和走廊按施工面积 $30m^2$ 为一间）应划分为一个检验批，不足 50 间也应划分为一个检验批。

3. 裱糊前，基层处理质量应达到下列要求：

（1）新建筑物的混凝土或抹灰基层墙面在刮腻子前应涂刷抗碱封闭底漆。

（2）旧墙面在裱糊前应清除疏松的旧装修层，并涂刷界面剂。

（3）混凝土或抹灰基层含水率不得大于 8 ％；木材基层的含水率不得大于 12 ％。

（4）基层腻子应平整、坚实、牢固，无粉化、起皮和裂缝；腻子的粘结强度应符合规定。

（5）基层表面平整度、立面垂直度及阴阳角方正应达到本规范第 4.2.11 条高级抹灰的要求。

（6）基层表面颜色应一致。

（7）裱糊前应用封闭底胶涂刷基层。

4. 裱糊后各幅拼接应横平竖直，拼接处花纹、图案应吻合，不离缝，不搭接，不显拼缝。

5. 裱糊后的壁纸、墙布表面应平整，色泽应一致，不得有波纹起伏、气泡、裂缝、皱折及斑污，斜视时应无胶痕。

6. 复合压花壁纸的压痕及发泡壁纸的发泡层应无损坏。

7. 壁纸、墙布与各种装饰线、设备线盒应交接严密。

8. 壁纸、墙布边缘应平直整齐，不得有纸毛、飞刺。

9. 壁纸、墙布阴角处搭接应顺光，阳角处应无接缝。

10. 软包面料、内衬材料及边框的材质、颜色、图案、燃烧性能等级和木材的含水率应符合设计要求及国家现行标准的有关规定。

检验方法：观察；检查产品合格证书、进场验收记录和性能检测报告。

11. 单块软包面料不应有接缝，四周应绷压严密。

12. 软包工程表面应平整、洁净，无凹凸不平及皱折；图案应清晰、无色差，整体应协调美观。

13. 软包边框应平整、顺直、接缝吻合。

14. 清漆涂饰木制边框的颜色、木纹应协调一致。

三十九、装饰装修工程质量控制要点（八）

细部工程

1. 细部工程包括：

（1）橱柜制作与安装。

（2）窗帘盒、窗台板、散热器罩制作与安装。

（3）门窗套制作与安装。

（4）护栏和扶手制作与安装。

（5）花饰制作与安装。

2. 细部工程验收时应检查下列文件和记录：

（1）施工图、设计说明及其他设计文件。

（2）材料的产品合格证书、性能检测报告、进场验收记录和复验报告。

（3）隐蔽工程验收记录。

（4）施工记录。

3. 细部工程应对人造木板的甲醛含量进行复验。

4. 细部工程应对下列部位进行隐蔽工程验收：

(1) 预埋件（或后置埋件）。

(2) 护栏与预埋件的连接节点。

5. 各分项工程的检验批应按下列规定划分：

(1) 同类制品每 50 间（处）应划分为一个检验批，不足 50 间（处）也应划分为一个检验批。

(2) 每部楼梯应划分为一个检验批。

6. 橱柜制作与安装所用材料的材质和规格、木材的燃烧性能等级和含水率、花岗石的放射性及人造木板的甲醛含量应符合设计要求及国家现行标准的有关规定。

检验方法：观察；检查产品合格证书、进场验收记录、性能检测报告和复验报告。

7. 橱柜的抽屉和柜门应开关灵活、回位正确。

8. 橱柜表面应平整、洁净、色泽一致，不得有裂缝、翘曲及损坏。

橱柜裁口应顺直、拼缝应严密。

9. 窗帘盒、窗台板和散热器罩制作与安装所使用材料的材质和规格、木材的燃烧性能等级和含水率、花岗石的放射性及人造木板的甲醛含量应符合设计要求及国家现行标准的有关规定。

检验方法：观察；检查产品合格证书、进场验收记录、性能检测报告和复验报告。

10. 窗帘盒、窗台板和散热器罩表面应平整、洁净、线条顺直、接缝严密、色泽一致，不得有裂缝、翘曲及损坏。

11. 门窗套制作与安装所使用材料的材质、规格、花纹和颜色、木材的燃烧性能等级和含水率、花岗石的放射性及人造木板的甲醛含量应符合设计要求及国家现行标准的有关规定。

检验方法：观察；检查产品合格证书、进场验收记录、性能检测报告和复验报告。

12. 门窗套表面应平整、洁净、线条顺直、接缝严密、色泽一致，不得有裂缝、翘曲及损坏。

13. 护栏和扶手制作与安装所使用材料的材质、规格、数量和木材、塑料的燃烧性能等级应符合设计要求。

检验方法：观察；检查产品合格证书、进场验收记录和性能检测报告。

14. 护栏玻璃应使用公称厚度不小于 12mm 的钢化玻璃或钢化夹层玻璃。当护栏一侧距楼地面高度为 5m 及以上时，应使用钢化夹层玻璃。

四十、装饰装修工程安全功能检测及复试项目

安全功能检测

1. 门窗工程

(1) 建筑外墙金属窗的抗风压性能、空气渗透性能和雨水渗漏性能。

(2) 建筑外墙塑料窗的抗风压性能、空气渗透性能和雨水渗漏性能。

2. 饰面板（砖）工程

（1）饰面板后置埋件的现场拉拔强度。

（2）饰面砖样板件的粘结强度

3. 幕墙工程

（1）硅酮结构胶的相容性试验

（2）幕墙后置埋件的现场拉拔强度

（3）幕墙的抗风压性能、空气渗透性能、雨水渗漏性能及平面变形性能。

复试项目

1. 室内环境空气检测。

2. 水泥的凝结时间、安定性和抗压强度。

3. 沙子。

4. 人造木板甲醛含量。

5. 室内花岗岩的放射性。

6. 铝塑复合板的剥离强度。

7. 石材的弯曲强度；寒冷地区石材的耐冻融性；室内用花岗石的放射性。

8. 玻璃幕墙用结构胶的邵氏硬度、标准条件拉伸粘结强度、相容性试验。

9. 石材用结构胶的粘结强度；石材用密封胶的污染性。

10. 石材的弯曲强度；吸水率。

四十一、给水排水及采暖控制要点

1. 建筑给水、排水及采暖工程施工现场应具有必要的施工技术标准、健全的质量管理体系和工程质量检测制度，实现施工全过程质量控制。

2. 建筑给水、排水及采暖工程的施工应按照批准的工程设计文件和施工技术标准进行施工。修改设计应有设计单位出具的设计变更通知单。

3. 建筑给水、排水及采暖工程的施工应编制施工组织设计或施工方案，经批准后方可实施。施工单位报专监审核，总监审批。

4. 建筑给水、排水及采暖工程所使用的主要材料、成品半成品、配件、器具和设备必须具有中文质量合格证明文件，规格、型号及性能检测报告应符合国家技术标准或设计要求。进场时应做检查验收，并经监理工程师核查确认。

5. 所有材料进场时应对品种、规格、外观等进行验收。包装应完好，表面无划痕及外力冲击破损。

6. 主要器具和设备必须有完整的安装使用说明书。在运输、保管和施工过程中，应采取有效措施防止损坏或腐蚀。

7. 阀门安装前，应作强度和严密性试验。试验应在每批（同牌号、同型号、同规格）数量中抽查10%，且不少于一个。对于安装在主干管上起切断作用的闭路阀门，应逐个作强度和严密性试验。

8. 阀门的强度和严密性试验，应符合以下规定：阀门的强度试验压力为公称压力的1.5倍；严密性试验压力为公称压力的1.1倍；试验压力在试验持续时间内保持不变，且壳体填料及阀瓣密封面无渗漏。

9. 管道上使用冲压弯头时，所使用的冲压弯头外径应与管外径相同。

10. 建筑给水、排水及采暖工程与相关专业之间，应进行交接质量检验，并形成记录。

11. 隐蔽工程应隐蔽前经验收各方检验合格后，才能隐蔽，并形成记录。

12. 地下室或地下构筑物外墙有管道穿过的，应采取防水措施。对有严格防水要求的建筑物，必须采用柔性防水套管。

13. 管道穿过结构伸缩缝、抗震缝及沉降缝敷设时，应根据情况采取下列保护措施：

（1）在墙体两侧采取柔性连接。

（2）在管道或保温层外皮上、下部留有不小于 150mm 的净空。

（3）在穿墙处做成方形补偿器，水平安装。

14. 明装管道成排安装时，直线部分应互相平行。曲线部分：当管道水平或垂直并行时，应与直线部分保持等距；管道水平上下并行时，弯管部分的曲率半径应一致。

15. 管道支、吊、托架的安装，应符合下列规定：

（1）位置正确，埋设应平整牢固。

（2）固定支架与管道接触应紧密，固定应牢靠。

（3）滑动支架应灵活，滑托与滑槽两侧间应留有 3～5mm 的间隙，纵向移动量应符合设计要求。

（4）无热伸长管道的吊架、吊杆应垂直安装。

（5）有热伸长管道的吊架、吊杆应向热膨胀的反方向偏移。

（6）固定在建筑结构上的管道支、吊架不得影响结构的安全。

16. 钢管水平安装的支、吊架间距不应大于规范的规定。

17. 采暖、给水及热水供应系统的塑料管及复合管垂直或水平安装的支架间距应符合规范的规定。采用金属制作的管道支架，应在管道与支架间加衬非金属垫或套管。

18. 铜管垂直水平安装的支架间距应符合规范的规定。

19. 采暖，给水及热水供应系统的金属管道立管管卡安装应符合下列规定：

（1）楼层高度小于或等于 5m，每层必须安装 1 个。

（2）楼层高度大于 5m，每层不得少于 2 个。

（3）管卡安装高度，距地面应为 1.5～1.8m，2 个以上管卡应匀称安装，同一房间管卡应安装在同一高度上。

20. 管道及管道支墩（座），严禁铺设在冻土和未经处理的松土上。

21. 管道穿过墙壁和楼板，应设置金属或塑料套管。安装在楼板内的套管，其顶部高出装饰地面 20mm；安装在卫生间及厨房内的套管，其顶部应高出装饰地面 50mm，底部应与楼板底面相平；安装在墙壁内的套管其两端与饰面相平。穿过楼板的套管与管道之间缝隙宜用阻燃密实材料填实，且端面应光滑。管道的接口不得设在套管内。

22. 弯制钢管，弯曲半径应符合下列规定：

（1）热弯：应不小于管道外径的 3.5 倍。

（2）冷弯：应不小于管道外径的 4 倍。

（3）焊接弯头：应不小于管道外径的 1.5 倍。

（4）冲压弯头：应不小于管道外径。

管道接口应符合下列规定：

（1）管道采用粘接接口，管端插入承口的深度不得小于规范的规定。

（2）熔接连接管道的结合面应有一均匀的熔接圈，不得出现局部熔瘤或熔接圈凸凹不匀现象。

（3）采用橡胶圈接口的管道，允许沿曲线敷设，每个接口的最大偏转角不得超过2℃。

（4）法兰连接时衬垫不得凸入管内，其外边缘接近螺栓孔为宜。不得安放双垫或偏垫。

（5）连接法兰的螺栓，直径和长度应符合标准，拧紧后，突出螺母的长度不应大于螺杆直径的1/2。

（6）螺栓连接管道安装后的管螺纹根部应有2～3扣的外露螺纹，多余的麻丝应清理干净并做防腐处理。

（7）承插口采用水泥捻口时，油麻必须清洁、填塞密实，水泥应捻入并密实饱满，其接口面凹入承口边缘的深度不得大于2mm。

（8）卡箍（套）式连接两管口端应平整、无缝隙，沟槽应均匀，卡紧螺栓后管道应平直，卡箍（套）安装方向应一致。

23．各种承压管道系统和设备应做水压试验，非承压管道系统和设备应做灌水试验。

四十二、室内给水系统质量控制点

1．管径小于或等于100mm的镀锌钢管应采用螺纹连接，套丝扣时破坏的镀锌层表面外采用法兰或卡套式专用管件连接，镀锌钢管与法兰的焊接处应二次镀锌。

2．给水塑料管和复合管可以采用橡胶圈接口、粘接接口、热熔连接、专用管件的连接应使用专用管件连接，不得在塑料管上套丝。

3．给水铸铁连接可采用水泥捻口或橡胶圈接口方式进行连接。

4．铜管连接可采用专用接头或焊接，当管径小于22mm时宜采用插或套管焊接，承口应迎介质流向安装；当管径大于或等于22mm时宜采用对口焊接。

5．给水立管和装有3个或3个以上配水点的支管始端，均应安装可拆卸的连接件。

6．冷、热水管道同时安装应符合下列规定：

（1）上、下平行安装时热水管就在冷水管上方。

（2）垂直平行安装时热水管应在冷水管左侧。

7．室内给水管道的水压试验必须符合设计要求。当设计未注明时，各种材质的给水管道系统试验压力均为工作压力的1.5倍，但不得小于0.6MPa。检验方法：金属及复合管给水管道在试验压力下观测10min，压力降不应大于0.02MPa，然后降到工作压力进行检查，应不渗不漏；塑料管给水系统应在试验压力下稳压1h，压力降不得超过0.05MPa，然后在工作压力的1.15倍状态下稳压2h，压力降不宜超过0.03MPa，同时检查各连接处不得渗漏。

8．给水系统交付使用前必须进行通水试验并做好记录。

检查方法：观察和开启阀门、水嘴等放水。

9. 生产给水系统管道在交付使用前必须冲洗和消毒，并经有关部门取样检验。

10. 室内直埋给水管道（塑料管道和复合管道除外）应做防腐处理。埋地管道防腐层标材质和结构应符合设计要求。

11. 给水引入管与排水排出管的水平净距不得小于 1m。室内给水与排水管道平行敷设时，两管间的最小水平净距不得小于 0.5m；交叉铺设时，垂直净距不得小于 0.15m。给水管应铺在排水管上面，若给水管必须铺在排水管下面时，给水管应加套管，其长度不得小于排水管管道径的 3 倍。

12. 管道及管件焊接的焊缝表面质量应符合下列要求：

(1) 焊缝外形尺寸应符合图纸和工艺文件的规定，焊缝高度不得低于母材表面，焊缝与母材应圆滑。

(2) 焊缝及热影响区表面应无裂纹、未熔合、未焊透、夹渣、弧坑和气孔等缺陷。

13. 安装螺翼式水表，表前与阀应有不小于 8 倍水表接口直径的直线管段。表外壳距墙表面净距为 10～30mm；水表进水口中心标高按设计要求，允许偏差为 ±10mm。

14. 室内消火栓系统安装完成后应取屋顶层（或水箱间内）试验消火栓和首层取两处消火栓做试射试验，达到设计要求为合格。

15. 安装消火栓水龙带，水龙带与水枪和快速接头绑扎好后，应根据箱内构造将水龙带挂放在箱内的挂钉、托盘或支架上。

16. 箱式消火栓的安装应符合下列规定：

(1) 栓口应朝外，并不应安装在门轴侧。

(2) 栓口中心距地面为 1.1m，允许偏差 ±20mm。

(3) 阀门中心距箱侧面料 140mm，距箱后内表面为 100mm，允许偏差 ±5mm。

(4) 消火栓箱体安装的垂直度允许偏差为 3mm。

17. 水箱溢流管和泄放和应设置在排水地点附近但不得与排水管直接连接。

四十三、室内排水系统质量控制点

1. 隐蔽或埋地的排水管道在隐蔽前必须做灌水试验，其灌水高度应不低于底层卫生器具的上边缘或底层地面高度。

检验方法：满水 15min 水面下降后，再灌满观察 5min，液面不降，管道及接口无渗漏为合格。

2. 生活污水铸铁管道及生活污水塑料管道的坡度必须符合设计或规范规定。

3. 排水塑料管必须按设计要求及位置装设伸缩节。如设计无要求时，伸缩节间距不得大于 4m。

高层建筑中明设排水塑料管道应按设计要求设置阻火圈或防火套管。

4. 排水主立管及水平干管管道均应做通球试验，通球球径不小于排水管道管径的 2/3，通球率必须达到 100%。

5. 在生活污水管道上设置的检查口或清扫口，当设计无要求时应符合下列规定：

(1) 在立管上应每隔一层设置一个检查口，但在最底层和有卫生器具的最高层必须设置。如为两层建筑时，可仅在底层设置立管检查口；如有乙字弯管时，则在该层乙字弯管的上部设置检查口。检查口中心高度距操作地面一般为1m，允许偏差±20mm；检查口的朝向应便于检修。暗装立管，在检查口处应安装检修门。

（2）在连接2个及2个以上大便器或3个及3个以上卫生器具的污水横管上应设置清扫口。当污水管在楼板下悬吊敷设时，可将清扫口设在上一层楼地面上，污水管起点的清扫口与管道相垂直的墙面距离不得小于200mm；若污水管起点设置堵头代替清扫口时，与墙面距离不得小于400mm。

（3）在转角小于135°的污水横管上，应设置检查口或清扫口。

（4）污水横管的直线管段，应按设计要求的距离设置检查口或清扫口。

6. 埋在地下或地板下的排水管道的检查口，应设在检查井内。井底表面标高与检查口的法兰相平，井底表面应有5%坡度，坡向检查口。

7. 金属排水管道上的吊钩或卡箍应固定在承重结构上。固定件间距：横管不大于2m；立管不大于3m。楼层高度小于或等于4m，立管可安装1个固定件。立管底部的弯管处应设支墩或采取固定措施。

8. 排水塑料管道支、吊架间距应符合规范规定。

9. 排水通气管不得与风道或烟道连接，且应符合下列规定：

（1）通气管应高出屋面300mm，但必须大于最大积雪厚度。

（2）在通气管出口4m以内有门、窗时，通气管应高出门、窗顶600mm或引向无门、窗一侧。

（3）在经常有人停留的平屋顶上，通气管应高出屋面2m，并应根据防雷要求设置防雷装置。

（4）屋顶有隔热层从隔热层板面算起。

10. 安装未经消毒处理的医院含菌污水管道，不得与其他排水管道直接连接。

11. 饮食业工艺设备引出的排水管及饮用水水箱的溢流管，不得与污水道直接连接，并应留出不小于100mm的隔断空间。

12. 通向室外的排水检查井的排水管，穿过墙壁或基础必须下返时，应采用45°三通和45°弯头连接，并应在垂直管段顶部设置清扫口。

13. 由室内通向室外排水检查井的排水管，井内引入管应高于排出管或两管顶相平，并不小于90°的水流转角，如跌落差大于300mm可不受角度限制。

14. 用于室内排水的室内管道、水平管道与立管的连接，应采用45°三通或45°四通和90°斜三通或90°斜四通。立管与排出管端部的连接，应采用两个45°弯头或曲率半径不小于4倍管径的90°弯头。

15. 安装在室内的雨水管道安装后应做灌水试验，灌水高度必须到每根立管上部的雨水斗。

16. 雨水管道如采用塑料管，其伸缩节安装应符合设计地求。

17. 悬吊式雨水管道的敷设坡度不得小于5‰；埋地雨水管道的最小坡度，应符合规范规定。

18. 雨水斗管的连接应固定在屋面承重结构上。雨水斗边屋面连处应严密不漏。连接管管径当设计无要求时，不得小于100mm。

四十四、卫生器具安装质量控制点

1. 卫生器具的安装应采用预埋螺栓或膨胀螺栓安装固定。
2. 卫生器具安装高度如设计无要求是，应符合规范的 规定。
3. 卫生器具给水配件的安装高度，如设计无要求时，应符合规范的规定。
4. 排水栓和地漏的安装应平正、牢固，低于排水表面，周边无渗漏。地漏水封高度不得小于 50mm。
5. 卫生器具交工前应做满水和通水试验。
6. 有饰面的浴盆，应留有通向浴盆排水口的检修门。
7. 小便槽冲洗管，应采用镀锌钢管或硬质资料管。冲洗孔应斜向下方安装，冲洗水流向同墙面成 45°。镀锌钢管钻孔后应进行二次镀锌。
8. 卫生器具的支、托架必须防腐良好，安装平整、牢固，与器具接触紧密、平稳。
9. 与排水横管连接的各卫生器具的受水口和立管均应采取妥善可靠的固定措施；管道与楼板的接合部位应采取牢固可靠的防渗、防漏措施。
10. 连接卫生器具的排水管径和最小坡度，如设计无要求时，应符合规范的规定。

四十五、给排水及采暖工程的检验和检测应包括的主要内容

1. 承压管道系统和设备及阀门水压试验。
2. 排水管道灌水、通球及通水试验。
3. 雨水管道灌水级通水试验。
4. 给水管道通水试验及冲洗、消毒检测。
5. 卫生器具通水试验，具而溢流功能的器具满水试验。
6. 地漏及地面清扫口排水试验。
7. 消火栓系统测试。
8. 采暖系统冲洗及测试。
9. 安全阀信报警联动系统动作测试。
10. 锅炉 48h 负荷试运行。

四十六、给排水及工程质量验收文件

1. 开工报告。
2. 图纸会审记录、设计变更及洽商记录。
3. 施工组织设计或施工方案。
4. 主要材料、成品、半成品、配件、器具和设备出厂合格证及进场验收单。
5. 隐蔽中间试验记录。
6. 设备试运转记录。
7. 安全、卫生和使用功能检验和检测记录。

8. 检验批、分项、子分部、分部工程质量验收记录。

9. 竣工图。

给排水及采暖子分部：

1. 室内给水系统：给水管道及配件安装、室内消火栓系统安装、给水设备安装、管道防腐、绝热。

2. 室内排水系统：排水管道及配件安装、雨水管道及配件安装。

3. 室内热水供应系统：管道及配件安装、辅助设备安装、防腐、绝热。

4. 卫生器具安装：卫生器具安装、卫生器具给水配件安装、卫生器具排水管道安装。

5. 室内采暖系统：管道及配件安装、辅助设备及散热器安装、金属辐射板安装、低温热水地板辐射采暖系统安装、系统水压试验及调试、防腐、绝热。

6. 室外水系统：给水管道安装、消防水泵接合器及室外消火栓安装、管沟及井室。

7. 室外给水管网：排水管道安装、排水管沟与井池。

8. 室外供热管网：管道及配件安装、系统水压试验及调试、防腐、绝热。

9. 建筑中水系统及游泳池系统：建筑中水系统管道及辅助设备安装、游泳池水系统安装。

四十七、通风与空调质量控制点（一）

1. 承担通风与空调工程项目的施工企业，应具有相应工程施工承包的资质等级及相应质量管理体系。

2. 施工企业承担通风与空调工程施工图纸深化设计及施工时，还必须具有相应的设计资质及其质量管理体系，并应取得原设计单位的书面同意或签字认可。

3. 通风与空调工程所使用的主要原材料、成品、半成品和设备的进场，必须对其进行验收。验收应经监理工程师认可，并应形成相应的质量记录。

4. 通风与空调工程的施工应按规定的程序进行，并与土建及其他专业工种互相配合；与通风与空调系统有关的土建工程施工完毕后，应由建设或总承包、监理、设计及施工单位共同会检。会检的组织宜由建设、监理或总承包单位负责。

5. 通风与空调工程中的隐蔽工程，在隐蔽前必须经监理人员验收及认可签证。

6. 通风与空调工程中从事管道焊接施工的焊工，必须具备操作资格证书和相应类别管道焊接的考核合格证书。

7. 通风与空调工程竣工的系统调试，应在建设和监理单位的共同参与下进行，施工企业应具有专业检测人员和符合有关标准规定的测试仪器。

8. 通风管道规格的验收，风管以外径或外边长为准，风道以内径或内边长为准。

9. 镀锌钢板及各类含有复合保护层的钢板，应采用咬口连接或铆接，不得采用影响其保护层防腐性能的焊接连接方法。

10. 防火风管的本体、框架与固定材料、密封垫料必须为不燃材料，其耐火等级应符合设计的规定。

11. 复合材料风管的覆面材料必须为不燃材料，内部的绝热材料应为不燃或难燃 B1 级，且对人体无害的材料。

12. 风管必须通过工艺性的检测或验证，其强度和严密性要求应符合设计或下列规定：

(1) 风管的强度应能满足在 1.5 倍工作压力下接缝处无开裂；

(2) 矩形风管的允许漏风量满足规范的规定。

(3) 低压\中压圆形金属风管\复合材料风管以及采用非法兰形式的非金属风管的允许漏风量，应为矩形风管规定值的 50%。

(4) 砖、混凝土风道的允许漏风量不应大于矩形低压系统风管规定值的 1.5 倍；

(5) 排烟、除尘、低温送风系统按中压系统风管的规定，1～5 级净化空调系统按高压系统风管的规定。

(6) 检查方法：检查产品合格证明文件和测试报告，或进行风管强度和漏风量测试。

13. 金属风管的连接应符合下列规定：

(1) 风管板材拼接的咬口缝应错开，不得有十字形拼接缝。

(2) 中、低压系统风管法兰的螺栓及铆钉孔的孔距不得大于 150mm；高压系统风管不得大于 100mm。矩形风管法兰的四角部位应没有螺孔。

14. 非金属（硬聚氯乙烯、有机、无机玻璃钢）风管的连接还应符合下列规定：

(1) 法兰的规格应分别符合规范的规定，其螺栓孔的间距不得大于 120mm；矩形风管法兰的四角处，应设有螺孔。

(2) 采用套管连接时，套管厚度不得小于风管板材厚度。

15. 复合材料风管采用法兰连接时，法兰与风管板材的连接应可靠，其绝热层不得外露，不得采用降低板材强度和绝热性能的连接方法。

16. 金属风管的加固应符合下列规定：

(1) 圆形风曾（不包括螺旋风管）直径大于等于 800mm，且其管段长度大于 1250mm 或总表面积大于 $4m^3$ 均应采取如同措施。

(2) 矩形风管边长大于 630mm、保温风管边长大于 800mm，管段长度大于 1250mm 或低压风管单边平面积大于 $1.2m^2$、中、高压风管大于 $1.0m^2$，均应采取加固措施。

(3) 硬聚氯乙烯风管的直径或边长大于 500mm 时，其风管与法兰的连接处应设加强板，且间距不得大于 450mm。

(4) 有机及无机玻璃钢风管的加固，应为本体材料成防腐性能相同的材料，并与风管成一整体。

17. 净化空调系统风管还应符合下列规定：

(1) 矩形风管边长小于或等于 900mm 时，底面板不应有拼接缝；大于 900mm 时，不应有横向拼接缝。

(2) 风管所用的螺栓、螺母、垫圈和铆钉均应采用与管材性能相匹配、不会产生电化学腐蚀的材料，或采取镀锌或其他防腐措施，并不得采用抽芯铆钉。

(3) 不应在风管内设加固筋及加固筋，风管无法兰连接不得使用 S 形插条、直角形插条及立联合角形插条等形式。

(4) 空气洁净度等级为 1～5 级的净化空调系统风管不得采用按和式喷口。

(5) 风管的清洗不得用对人体和材质有危害的清洁剂。

（6）镀锌钢板风管不得有镀锌展严重损坏的现象，如表层大面积白花、锌层粉化等。

18. 金属风管的制作应符合下列规定：

（1）圆形弯管的弯曲角度及圆形三通、四通支管与总管夹角的制作们差不应大 3°。

（2）风管与配件的咬口缝应紧密、宽度应一致；折角应平直，圆弧应均匀；两端面平行。风管无明显扭曲与翘角；表面应平整，凹凸不大于 10mm。

（3）风管外征或外边长的允许偏差：当小于或等于 300mm 时，为 2mm；当大于 300mm 时，为 3mm。管口平面度的允许偏差为 2mm，矩形风管两条对角线长度之差不应大于 3mm；圆形法兰任意正交两直径之差不应大于 2mm。

（4）焊接风管的焊缝应平整，不应有裂缝、凸瘤、穿透的夹渣、气孔及其他缺陷等，焊接后板材的变形应矫正，并将焊渣及飞溅物清除干净。

19. 金属法兰连接风管的制作的规定：

（1）风管法兰的焊缝应熔合良好、饱满，无假焊和孔洞；法兰平面应的允许们差为 2mm，同一批量加工的相同规格法兰的螺孔排列应一致，并具有互换性。

（2）风管与法兰采用钢接连接时，铆接应牢固、不应有脱铆和漏铆现象；翻边应平整、紧贴法兰．其宽度应一致，且不应小于 6mm；咬缝与四角处不应有开裂与孔洞。

（3）风管与法兰采用焊接连接时，风管端面不得高于法兰接口平面。除尘系统的风管，宜采用内侧满焊、外侧间断焊形式，风管端面距法兰接口平面不应小于 5mm。

当风管与法兰采用点焊固定连接时，焊点应融合良好，间距不应大于 100mm；法兰与冈管应紧贴，不应有穿透的缝隙或孔洞。

（4）当不锈钢板或铝板风管的法兰采用碳素钢时，应符合规范的规定，并应根据设计要求做防腐处理；铆钉应采用与风管材质相同或不产生电化学腐蚀的材料。

20. 无法兰连接风管的制作还应符合下列规定：

（1）无法兰连接风管的接口及连接件，应符合规范的要求。

（2）薄钢板法兰矩形风管的接口及附件，其尺寸应准确，形状应规则，接口处应严密；薄钢板法兰的折边（或法兰条）应平直，弯曲度不应大于 5/1000；弹性插条或弹簧夹应与薄钢板法兰相匹配；角件与风管薄钢板法兰四角接口的固定应稳固、紧贴，场面应平整、相连处不应有缝隙大于 2mm 的连续穿透缝。

（3）采用 C、S 形插条连接的矩形风管，其边长不应大于 630mm，插条与风管加工插口的宽度应匹配同一致，其允许们差为 2mm；连接应平整、严密，插条两端压倒长度不应小于 20mm。

（4）采用立咬口、包边立咬口连接的矩形风管，其立筋的高度应大于成等于同规格风管的角钢法兰宽度。同一规格风管的立咬口、包过立吹口的高度应一致，折角应倾角、直线度允许偏差为 5/1000；喷口连接铆钉的间距不应大于 150mm，间隔应均匀；立咬口四角连接处的铆固，应紧密、无孔洞。

21. 风管的加固应符合下列规定：

（1）风管的加固可采用楞筋、立筋、角钢（内、外加固）、扁钢、加固筋和管内支撑等形式。

（2）楞筋或楞线的加固，排列应规则，间隔应均匀，板面不应有明显的变形。

（3）角钢、加固筋的加固，应排列整齐、均匀对称，其高度应小于或等于风管的法兰宽度。角钢、加固筋与风管的铆接应牢固、间隔应均匀，不应大于 220mm；两相交处应连接成一体。

（4）管内支撑与风管的固定应牢固，各支撑之间或与风管的边沿或法兰的间距均匀，不应大于 950mm。

（5）中压和高压系统风管的管段，其长度大于 1250mm 时，还应有加固握补强。高压系统金属风管的单咬口缝，还应有防止咬口缝胀裂的加固或补强措施。

四十八、通风与空调质量控制点（二）

1. 风管系统安装后，必须进行严密性检验，合格后方能交付下道工序。风管系统严密性检验以主、于管为主。在加工工艺得到保证的前提下，低压风管系统可采用漏光法检测。

2. 在风管穿过需要封闭的防水、防爆的墙体或楼板时，应设预埋管或防护套管，其钢板厚度不应小于 1.6mm。观管与防护套管之间，应用不燃且对人体无危害的柔性材料封墙。

3. 风管安装必须符合下列规定：

（1）风管内严禁其他管线穿越。

（2）输送含有易燃、易爆气体或安装在易燃、易爆环境的风管系统应有良好的接地，通过生活区或其他辅助生产房间时必须严密，并不得设置接口。

（3）室外立管的固定拉索 严禁在避雷针或避雷网上。

4. 风管部件安装必须符合下列规定：

（1）各类风管部件及操作机构的安装，应能保证其正常的使用功能，并便于操作。

（2）斜插板风阀的安装，阀板必须为向上拉启，水平安装时，阀板还应为顺气流方向插入。

（3）止回风阀、自动排气活门的安装方向应正确。

（4）风管安装前，应清除内、外来物，并做好清洁和保护工作。

（5）风管安装的位置、标高、走向；应符合设计要求. 现场风管接口的配置，不得缩小其有效截面。

（6）连接法兰的螺栓皮均匀拧紧、其螺母宜在同一侧。

（7）风管接口的连接应严密、牢固。风管法兰的垫片材质应符合系统功能的要求，厚度不应小于 3mm。垫片不应凸入管，亦不宜突出法兰外。

（8）柔性短管的安装，应松紧适度，无明显扭曲。

（9）可伸缩性金属或非金属款风管的长度不宜超过 2m，并不应有死湾或塌凹。

（10）现管与砖、混凝土风道的连接接口，应顺着气流方向插入，并应采取密封措施。风管穿出屋面处应设有防雨装置。

（11）不锈钢板、铝板风管与碳素钢支架的接触处，应有隔绝或防腐绝缘措施。

5. 防水阀、排烟阀（口）的安装、位置应正确。防火分区隔墙两侧的防火阀，距墙表面不应大于 200mm。

6. 风管系统的严密性检验，应符合下列规定：

（1）低压系统风管的严密性检验应采用抽检，抽检率为5％，且不得少于1个系统。在加工工艺得到保证的前提下，采用漏光法检测。检测不合格时，应按规定的抽检率做漏风量测试。

（2）中压系统风管的严密性检验，应在漏光法检测合格后，对系统漏风量测试进行抽格，抽检率为20％，且不得少于1个系统。

（3）高压系统风管的严密性检验，为全数进行漏风量测试。

系统风管严密性检验的被抽检系统，应全数合格，则视为通过，如有不合格时，则应再加倍抽检，直至全数合格。

（4）净化空调系统风管的严密性检验，1～5级的系统按高压系统风管的规定执行；6～9级的系统按本规范的规定执行。

7. 手动密闭门安装，阀门上标志的箭头方向必须与受冲击波方向一致。

8. 风管的连接应平直、不扭曲。明装风管水平安装，水平度的允许偏差为3/1000，总偏差不应大于20mm。明装风管垂直安装，会垂直度的允许偏差为2/1000，总偏差不应大于20mm。暗装风管的位置，应正确、无明显偏差。除尘系统的风管，宜垂直或倾余敷设，与水平夹角宜大于或等于45°，小坡度和水平管应尽量短。

对含有凝结水或其他液体的风管，坡度应符合设计要求，并在最低处设排液装置。

9. 风管支、吊架的安装应符合下列规定：

（1）风管水平安装，直径或长边尺寸小于等于400mm，间距不应大于4m；大于400mm，不应大于3m。螺旋风管的支、吊架间距可分别延长至5m和3.75m；对于薄钢板法兰的风管，其支、吊架间距不应大于3m。

（2）风管垂直安装，间距不应大于4m，单根直管至少应有2个固定点。

（3）风管支、吊架直接按国标图集与规范选用强度和刚度相适应的形式和规格。对于直径或边长大于2500mm的超宽、超重等特殊风管的支、吊架应按设计规定选用。

（4）支、吊架不宜设置在风口、阀门、检查门及自控机构处，高风口或插接管的距离不宜小于200mm。

（5）当水平悬吊的主、干风管长度超过20m时，应设置防止摆动的固定点，每个系统不应少于1个。

（6）吊架的螺孔应采用机械加工，吊杆应平直，螺纹完整、光洁。安装后各副支用架的受力应均匀，无明显变形。风管或空调设备使用的可调隔振支、吊架的拉伸或压缩量应按设计的要求进行调整。

（7）抱箍支架，折角应平直，抱箍应紧贴并箍紧风管。安装在支架上的圆形风管应设托座和抱箍，其圆弧应均匀，且与风管外径相一致。

四十九、通风与空调工程的竣工验收

1. 包括下列文件及记录：

（1）图纸会审记录、设计变更通知书和竣工图；

（2）主要材料、设备、成品、半成品和仪表的出厂合格证明及进场检（试）验报告；

（3）隐蔽工程检查验收记录；

（4）工程设备、风管系统、管道系统安装及检验记录；

（5）管道试验记录；

（6）设备单机试运转记录；

（7）系统无生产负荷联合试运转与调试记录；

（8）分部（子分部）工程质量验收记录；

（9）观感质量综合检查记录；

（10）安全和功能检验资料的核查记录。

2. 观感质量检查应包括以下项目：

（1）风管表面应平整、无损坏；接管合理，风管的连接以及风管与设备或调节装置的连接，无明显缺陷；

（2）风口表面应平整，颜色一致，安装位置正确，风口可调节部件应能正常动作；

（3）各类调节装置的制作和安装应正确牢固，调节灵活，操作方便、防火及排烟阀等关闭严密，动作可靠；

（4）制冷及水管系统的管道、阀门及仪表安装位置正确，系统无渗漏；

（5）风管、部件及管道的支、吊架形式、位置及间距应符合规范要求；

（6）风管、管道的软性接管位置应符合设计要求，接管正确、牢固，自然无强扭；

（7）通风机、制冷机、水泵、风机盘营机组的安装应正确牢固；

（8）组合式空气调节机组外表平整光滑、接缝严密、组装顺序正确，喷水室外表面无渗漏；

（9）除尘器、积尘室安装应牢固、接口严密；

（10）消声器安装方向正确，外表面应平整无损坏；

（11）风管、部件、管道及支架的油漆附着牢固，漆膜厚度均匀，油漆颜色与标志符合设计要求；

（12）绝热层的材质、厚度应符合设计要求；表面平整、无断裂和脱落；室外防潮层或保护壳应须水搭接、无渗漏。

3. 净化空调系统的观感质量检查还应包括下列项目：

（1）空调机组、风机、净化空调机组、风机过滤器单元和空气吹淋室等的安装应量应正确、固定牢固、连接严密，其偏差应符合规范有关条文的规定；

（2）高效过滤器与风管、负管与设备的连接处应有可靠密封；

（3）净化空调机组、静压箱、风管及送回风口清洁、无积尘；

（4）装配式洁净室的内墙面、吊顶和地面应光滑、平整、色泽均匀、不起灰尘，地板静电值应低于设计规定；

（5）送回风口、各类末端装置以及各类管道等与洁净室内表面的连接处密封处理应可靠、严密。

4. 通风、除尘系统综合效能试验可包括下列项目：

（1）室内空气中含尘浓度或有害气体浓度与排放浓度的测定；

（2）吸气罩罩口气流特性的测定；

（3）除尘器阻力和除尘效率的测定；

（4）空气油烟、酸雾过滤装置净化效率的测定。

5. 空调系统综合效能试验可包括下列项目：

（1）送回风口空气状态参数的测定与调整；

（2）空气调节机组性能参数的测定与调整；

（3）室内噪声的测定；

（4）室内空气温度和相对湿度的测定与调整；

（5）对气流有特殊要求的空调区域做气流速度的测定。

6. 恒温恒湿空调系统除应包括空调系统综合效的试验项目外，尚可增加下列项目：

（1）室内静压的测定和调整；

（2）空调机组各功能段性能的测定和调整；

（3）室内温度、相对湿度场的测定和调整；

（4）室内气流的测定。

7. 净化空调系统除应包括恒温恒湿空调系统综合效能试验项目外，尚可增加下列项目：

（1）生产负荷状态下室内空气洁净度等级的测定；

（2）室内浮游菌和沉降菌的测定；

（3）室内自净时间的测定；

（4）空气洁净度高于 5 级的洁净室，除应进行净化空调系统综合效的试验项目外，尚应增加设备泄漏控制、防止污染扩散等特定项目的测定；

（5）洁净度等级高于等于 5 级的洁净室，可进行单向气流流线平行度的检测，在工作区内气流流向偏离规定方向的角度不大于 15°。

五十、建筑电气工程质量控制点（一）

1. 安装电工、焊工、起重吊装工和电气调试人员等，按有关要求持证上岗。

2. 安装和调试用各类计量器具，应检定合格，使用时在有效期内。

3. 承载力建筑钢结构构件上，不得采用熔焊连接固定电气线路、设备和器具的支架、螺栓等部件；且严禁热加工开孔。

4. 电气设备上计量仪表和与电气保护有关的仪表应检定合格，当投入试运行时，应在有效期内。

5. 接地（PE）或接零（PEN）支线必须单独与接地（PE）或接零（PEN）干线相连接，不得串联连接。

6. 变压器、箱式变电所、高压电器及电瓷制品应符合下列规定：

（1）查验合格证和随带技术文件，变压器有出厂试验记录；

（2）外观检查：有铭牌，附件齐全，绝缘件无缺损、裂纹，充油部分不渗漏，充气高压设备气压指示正常，涂层完整。

7. 高低压成套配电柜、蓄电池柜、不间断电源柜、控制柜（屏、台）及动力、照明配电箱（盘）应符合下列规定：

（1）查验合格证和随带技术文件，实行生产许可证和安全认证制度的产品，有许可证编号和安全认证标志。不间断电源柜有出厂试验记录；

（2）外观检查：有铭牌，柜内元器件无损坏丢失、接线无脱落脱焊，蓄电池柜内电池壳体无碎裂、漏液，充油、充气设备无泄漏，涂层完整，无明显碰撞凹陷。

8. 电动机、电加热器、电动执行机构和低压开关设备等应符合下列规定：

（1）查验合格证和随带技术文件，实行生产许可证和安全认证制度的产品，有许可证编号和安全认证标志；

（2）外观检查：有铭牌，附件齐全，电气接线端子完好，设备器件无缺损，涂层完整。

9. 照明灯具及联合会应符合下列规定：

（1）查验合格证，新型气体放电灯具有随带技术文件；

（2）外观检查：灯具涂层完整，无损伤，附件齐全。防爆灯具铭牌上有防爆标志和防爆合格证号，普通灯具有安全认证标志。

（3）对成套灯具的绝缘电阻、内部接线等性能进行现场抽样检测。灯具的绝缘电阻值不小于 $2M\Omega$，内部接线为铜芯绝缘电线，芯线截面积不小于 $0.2mm^2$，橡胶或聚氯乙烯（PVC）绝缘电线的绝缘层厚度不小于 $0.6mm$。对游泳池和类似场所灯具（水下灯及防水灯具）的密闭和绝缘性能有异议时，按批抽样送有资质的试验室检测。

10. 进口电气设备、器具和材料进场验收，除符合本规范规定外，尚应提供商检证明和中文的质量合格证明文件、规格、型号、性能检测报告以及中文的安装、使用、维修和试验要求等技术文件。

11. 开关、插座、接线盒和风扇及其附件应符合下列规定：

（1）查验合格证，防爆产品有防爆标志和防爆合格证号，实行安全认证制度的产品有安全认证标志；

（2）外观检查：开关、插座的面板及接线盒盒体完整、无碎裂、零件齐全，风扇无损坏，涂层完整，调速器等附件适配；

（3）对开关、插座的电气和机械性能进行现场抽样检测。检测规定如下：

① 不同极性带电部件间的电气间隙和爬电距离不小于 $3mm$；

② 绝缘电阻值不小于 $5M\Omega$；

③ 用自攻锁紧螺钉或自切螺钉安装的，螺钉与软塑固定件旋合长度不小于 $8mm$，软塑固定件在经受 10 次拧紧退出试验后，无松动或掉渣，螺钉及螺纹无损坏现象；

④ 金属间相旋合的螺钉螺母，拧紧后完全退出，反复 5 次仍能正常使用。

（4）对开关、插座、接线盒及其面板等塑料绝缘材料阻燃性能有异议时，按批抽样送有资质的试验室检测。

12. 电线、电缆应符合下列规定：

（1）按批查验合格证，合格证有生产许可证编号，按《额定电压 450/750V 及以下聚氯乙烯绝缘电缆》GB5023.1～5023.7 标准生产的产品有安全认证标志；

（2）外观检查：包装完好，抽检的电线绝缘层完整无损，厚度均匀。电缆无压扁、扭曲，铠装不松卷。耐热、阻燃的电线、电缆外护层有明显标识和制造厂标；

（3）按制造标准，现场抽样检测绝缘层厚度和圆形线芯的直径；线芯直径误差不大于标称直径的 1%；常用的 BV 型绝缘电线的绝缘层厚度不小于规范的规定；

（4）对电线、电缆绝缘性能、导电性能和阻燃性能有异议时，按批抽样送有资的试验室检测。

13. 导管应符合下列规定：

（1）按批查验合格证；

（2）外观检查：钢导管无压扁、内壁光滑。非镀锌钢导管无严重锈蚀，按制造标准油漆出厂的油漆完整；镀锌钢导管镀层覆盖完整、表面无锈斑；绝缘导管及配件不碎裂、表面有阻燃标记和制造厂标；

（3）按制造标准现场抽样检测导管的管径、壁厚及均匀度。对绝缘导管及配件的阻燃性能有异议时，按批抽样送有资质的试验室检测。

14. 型钢和电焊条应符合下列规定：

（1）按批查验合格证和材质证明书；有异议时，按批抽样送有资质的试验室检测；

（2）外观检查：型钢表面无严重锈蚀，无过度扭曲、弯折变形；电焊条包装完整，拆包抽检，焊条尾部无锈斑。

15. 镀锌制品（支架、横担、接地极、避雷用型钢等）和外线金具应符合下列规定：

（1）按批查验合格证或镀锌厂出具的镀锌质量证明书；

（2）外观检查：镀锌层覆盖完整、表面无锈斑，金具配件齐全，无砂眼；

（3）对镀锌质量有异议时，按批抽样送有资质的试验室检测。

16. 电缆桥架、线槽应符合下列规定：

（1）查验合格证；

（2）外观检查：部件齐全，表面光滑、不变形；钢制桥架涂层完整，无锈蚀；玻璃钢制桥架色泽均匀，无破损碎裂；铝合金桥架涂层完整，无扭曲变形，不压扁，表面不划伤。

17. 封闭母线、插接母线应符合下列规定：

（1）查验合格证和随带安装技术文件；

（2）外观检查：防潮密封良好，各段编号标志清晰，附件齐全，外壳不变形，母线螺栓搭接面平整、镀层覆盖完整、无起皮和麻面；插接母线上的静触头无缺损、表面光滑、镀层完整。

18. 裸母线、裸导线应符合下列规定：

（1）查验合格证；

（2）外观检查：包装完好，裸母线平直，表面无明显划痕，测量厚度和宽度符合制造标准；裸导线表面无明显损伤，不松股、扭折和断股（线），测量线径符合制造标准。

19. 电缆头部件及接线端子应符合下列规定：

（1）查验合格证；

（2）外观检查：部件齐全，表面无裂纹和气孔，随带的袋装涂料或填料不泄漏。

五十一、建筑电气工程质量控制点（二）

1. 金属电缆桥架及其支架和引入或引出的金属电缆导管必须接地（PE）或接零（PEN）可靠，且必须符合下列规定：

（1）金属电缆桥架及其支架全长不少于2处与接地（PE）或接零（PEN）干线相连接；

（2）非镀锌电缆桥架间连接板的两端跨接铜芯接地线，接地线最小允许截面积不小于4mm²；

（3）镀锌电缆桥架间连接板的两端不跨接接地线，但连接板两端不少于2个有防松螺帽或防松垫圈的连接固定螺栓。

2. 电缆敷设严禁有绞拧、铠装压扁、护层断裂和表面严重划伤等缺陷。

3. 电缆桥架安装应符合下列规定：

（1）直线段钢制电缆桥架长度超过30m、铝合金或玻璃钢制电缆桥架长度超过15m设有伸缩节；电缆桥架跨越建筑物变形缝处设置补偿装置；

（2）电缆桥架转弯处的弯曲半径，不小于桥架内电缆最小允许弯曲半径，电缆最小允许弯曲半径按规范执行。

（3）当设计无要求时，电缆桥架水平安装的支架间距为1.5～3m；垂直安装的支架间距不大于2m；

（4）桥架与支架间螺栓、桥架连接板螺栓固定紧固无遗漏，螺母位于桥架外侧；当铝合金桥架与钢支架固定时，有相互间绝缘的防电化腐蚀措施；

（5）电缆桥架敷设在易燃易爆气体管道和热力管道的下方，当设计无要求时，与管道的最小净距，符合规范的规定；

（6）敷设在竖井内和穿越不同防火区的桥架，按设计要求位置，有防火隔堵措施；

（7）支架与预埋件焊接固定时，焊缝饱满；膨胀螺栓固定时，选用螺栓适配，连接紧固，防松零件齐全。

4. 桥架内电缆敷设应符合下列规定：

（1）大于45°倾斜敷设的电缆每隔2m处设固定点；

（2）电缆出入电缆沟、竖井、建筑物、柜（盘）、台处以及管子管口处等做密封处理；

（3）电缆敷设排列整齐，水平敷设的电缆，首尾两端、转弯两侧及每隔5～10m处设固定点；敷设于垂直桥架内的电缆固定点间距，不大于表规范的规定。

5. 电缆的首端、末端和分支处应设标志牌。

6. 电缆沟内金属电缆支架、电缆导管必须接地（PE）或接零（PEN）可靠。

7. 金属的导管和线槽必须接地（PE）或接零（PEN）可靠，并符合下列规定：

（1）镀锌的钢导管、可挠性导管和金属线槽不得熔焊跨接接地线，以专用接地跨接的两卡间边线为铜芯软导线，截面积不小于4mm²；

（2）当非镀锌钢导管采用螺纹连接时，连接处的两端焊跨接接地线；当镀锌钢导管采用螺纹连接时，连接处的两端用专用接地卡固定跨接接地线；

（3）金属线槽不作设备的接地导体，当设计无要求时，金属线槽全长不少于2处与接地（PE）或接零（PEN）干线连接；

（4）非镀锌金属线槽间连接板的两端跨接铜芯接地线，镀锌线槽间连接板的两端不跨接接地线，但连接板两端不少于2个有防松螺帽或防松垫圈的连接固定螺栓。

8. 金属导管严禁对口熔焊连接；镀锌和壁厚小于等于2mm的钢导管不得套管熔焊连接。

9. 防爆导管不应采用倒扣连接；当连接有困难时，应采用防爆活接头，其接合面应严密。

10. 当绝缘导管在砌体上剔槽埋设时，应采用强度等级不小于 M10 的水泥砂浆抹面保护，保护层厚度大于 15mm。

11. 三相或单相的交流单芯电缆，不得单独穿于钢导管内。

12. 不同回路、不同电压等级和交流与直流的电线，不应穿于同一导管内；同一交流回路的电线应穿于同一金属导管内，且管内电线不得有接头。

13. 爆炸危险环境照明线路的电线和电缆额定电压不得低于 750V，且电线必须穿于钢导管内。

14. 灯具的固定应符合下列规定：

（1）灯具重量大于 3kg 时，固定在螺栓或预埋吊钩上；

（2）软线吊灯，灯具重量在 0.5kg 及以下时，采用软电线自身吊装；大于 0.5kg 的灯具采用吊链，且软电线编叉在吊链内，使电线不受力；

（3）灯具固定牢固可靠，不使用木楔。每个灯具固定用螺钉或螺栓不少于 2 个；当绝缘台直径在 75mm 及以下时，采用 1 个螺钉或螺栓固定。

15. 花灯吊钩圆钢直径不应小于灯具挂销直径，且不应小于 6mm。大型花灯的固定及悬吊装置，应按灯具重量的 2 倍做过载试验。

16. 钢管做灯杆时，钢管内径不应小于 10mm，钢管厚度不应小于 1.5mm。

17. 固定灯具带电部件的绝缘材料以及提供防触电保护的绝缘材料，应耐燃烧和防明火。

18. 当设计无要求时，灯具的安装高度和使用电压等级应符合下列规定：

（1）一般敞开式灯具，灯头对地面距离不小于下列数值（采用安全电压时除外）：

1）室外：2.5m（室外墙上安装）；

2）厂房：2.5m；

3）室内：2m；

4）软吊线带升降器的灯具在吊线展开后：0.8m。

（2）危险性较大及特殊危险场所，当灯具距地面高度小于 2.4m 时，使用额定电压为 36V 及以下的照明灯具，或有专用保护措施。

19. 当灯具距地面高度小于 2.4m 时，灯具的可接近裸露导体必须接地（PE）或接零（PEN）可靠，并应有专用接地螺栓，且有标识。

20. 插座接线应符合下列规定：

（1）单相两孔插座，面对插座的右孔或上孔与相线连接，左孔或下孔与零线连接；单相三孔插座，面对插座的右孔与相线连接，左孔与零线连接；

（2）单相三孔、三相四孔及三相五孔插座的接地（PE）或接零（PEN）线接在上孔。插座的接地端子不与零线端子连接。同一场所的三相插座，接线的相序一致；

（3）接地（PE）或接零（PEN）线在插座间不串联连接。

21. 特殊情况下插座安装应符合下列规定：

（1）当接插有触电危险家用电器的电源时，采用能断开电源的带开关插座，开关断开相线；

（2）潮湿场所采用密封型并带保护地线触头的保护型插座，安装高度不低于 1.5m。

22. 照明开关安装应符合下列规定：

（1）同一建筑物、构筑物的开关采用同一系列的产品，开关的通断位置一致，操作灵活、接触可靠；

（2）相线经开关控制；民用住宅无软线引至床边的床头开关。

23. 吊扇安装应符合下列规定：

（1）吊扇挂钩安装牢固，吊扇挂钩的直径不小于吊扇挂销直径，且不小于 8mm；有防振橡胶垫；挂销的防松零件齐全、可靠；

（2）吊扇扇叶距地高度不小于 2.5m；

（3）吊扇组装不改变扇叶角度，扇叶固定螺栓防松零件齐全；

（4）吊杆间、吊杆与电机间螺栓连接，啮合长度不小于 20mm，且防松零件齐全紧固；

（5）吊扇接线正确，当运转时扇叶无明显颤动和异常声响。

24. 壁扇安装应符合下列规定：

（1）壁扇底座采用尼龙塞或膨胀螺栓固定；尼龙塞或膨胀螺栓的数量不少于 2 个，且直径不小于 8mm。固定牢固可靠。

（2）壁扇防护罩扣紧，固定可靠，当运转时扇叶和防护罩无明显颤动和异常声响。

25. 照明系统通电，灯具回路控制应与照明配电箱及回路的标识一致；开关与灯具控制顺序相对应，风扇的转向及调速开关应正常。

26. 公用建筑照明系统通电连续试运行时间应为 24h，民用住宅照明系统通电连续试运行时间应为 8h。所有照明灯具均应开启，且每 2h 记录运行状态 1 次，连续试运行时间内无故障。

27. 人工接地装置或利用建筑物基础钢筋的接地装置必须在地面以上按设计要求位置设测试点。

28. 测试接地装置的接地电阻值必须符合设计要求。

29. 防雷接地的人工接地装置的接地干线埋设，经人行通道处理地深度不应小于 1m，且应采取均压措施或在其上方铺设卵石或沥青地面。

30. 接地模板顶面埋深不应小于 0.6m，接地模块间距不应小于模块长度的 3～5 倍。接地模块埋设基坑，一般为模块外形尺寸的 1.2～1.4 倍，且在开挖深度内详细记录地层情况。

31. 接地模块应垂直或水平就位，不应倾斜设置，保持与原土层接触良好。

32. 暗敷在建筑物抹灰层内的引下线应有卡钉分段固定；明敷的引下线应平直、无急弯，与支架焊接处，油漆防腐，且无遗漏。

33. 变压器室、高低压开关室内的接地干线应有不少于 2 处与接地装置引出干线连接。

34. 当利用金属构件、金属管道做接地线时，应在构件或管道与接地干线间焊接金属跨接线。

35. 建筑物顶部的避雷针、避雷带等必须与顶部外露的其他金属物体连成一个整体的电气通路，且与避雷引下线连接可靠。

36. 建筑物等电位联结干线应从与接地装置有不少于 2 处直接连接的接地干线或总等电位箱引出，等电位联结干线或局部等电位箱间的连接形成环形网路，环形网路应就近与等电位联结干线或局部等电位箱连接。支线间不应串联连接。

五十二、电气工程分部验收

1. 建筑电气工程施工图设计文件和图纸会审记录及洽商记录。

2. 主要设备、器具、材料的合格证和进场验收记录。

3. 隐蔽工程记录。

4. 电气设备交接试验记录。

5. 接地电阻、绝缘电阻测试记录。

6. 空载试运行和负荷试运行记录。

7. 建筑照明通电试运行记录。

8. 工序交接合格等施工安装记录。

9. 分项工程质量验收记录和分部（子分部）质量验收记录应正确，责任单位和责任人的签章齐全。

10. 检查建筑电气分部（子分部）工程所含分项工程的质量验收记录应无遗漏缺项。

11. 建筑电气分部（子分部）工程实物质量的抽检部位如下，且抽检结果应符合规范规定。

（1）大型公用建筑的变配电室，技术层的动力工程，供电干线的竖井，建筑顶部的防雷工程，重要的或大面积活动场所的照明工程，以及 5％ 自然间的建筑电气动力、照明工程。

（2）一般民用建筑的配电室和 5％ 自然间的建筑电气照明工程，以及建筑顶部的防雷工程。

（3）室外电气工程以变配电室为主，且抽检各类灯具的 5％。

12. 核查各类技术资料应齐全，且符合工序要求，有可追溯性；各责任人均应签章确认。

13. 检验方法应符合下列规定：

（1）电气设备、电缆和继电保护系统的调整试验结果，查阅试验记录或试验时旁站；

（2）空载试运行和负荷试运行结果，查阅试运行记录或试运行时旁站；

（3）绝缘电阻、接地电阻和接地（PE）或接零（PEN）导通状态及插座接线正确性的测试结果，查阅测试记录或测试时旁站用用适配仪表进行抽测；

（4）漏电保护装置动作数据值，查阅测试记录或用适配仪表进行抽测；

（5）负荷试运行时大电流节点温升测量用红外线遥测温度仪抽测或查阅负荷试运行记录；

（6）螺栓紧固程度用适配工具做拧动试验；有最终拧紧力矩要求的螺栓用扭力扳手抽测；

（7）需吊芯、抽芯检查的变压器和大型电动机、吊芯、抽芯时旁站或查阅吊芯、抽芯记录；

（8）需做动作试验的电气装置，高压部分不应带电试验，低压部分无负荷试验；

（9）水平度用铁水平尺测量，垂直度用线锤吊线尺量，盘面平整度拉线尺量，各种距离的尺寸用塞尺、游标卡尺、钢尺、塔尺或采用其他仪器仪表等测量；

（10）外观质量情况目测检查；

（11）设备规格型号、标志及接线，对照工程设计图纸及其变更文件检查。

五十三、建筑节能分项工程验收内容

1. 墙体节能工程主要验收：主体结构基层；保温材料；饰面层等。

2. 幕墙节能工程主要验收：主体结构基层；隔热材料；保温材料；隔汽层；幕墙玻璃；单元式幕墙板块；通风换气系统；遮阳设施；冷凝水收集排放系统等。

3. 门窗节能工程主要验收：门、窗、玻璃、遮阳设施等。

4. 屋面节能工程主要验收：基层、保温隔热层、保护层、防水层、面层等。

5. 地面节能工程主要验收：基层、保温隔热层、保护层、面层等。

6. 采暖节能工程主要验收：系统制式、散热器、阀门与仪表、热力入口装置、保温材料、调试等。

7. 通风与空气调节节能工程主要验收：系统制式、通风与空气调节设备、阀门与仪表、绝热材料、调试等。

8. 空调与采暖系统的冷热源和附属设备及其管网节能工程主要验收：系统制式、冷热源设备；辅助设备；管网；阀门与仪表；绝热、保温材料；调试等。

9. 配电与照明节能工程节能工程主要验收：低压配电电源；照明光源、灯具；附属装置；控制功能；调试等。

10. 监测与控制主要验收：冷、热源系统的监测控制系统；空调水系统的监测控制系统；通风与空调系统的监测控制系统；监测与计量装置；供配电的监测控制系统；照明自动控制系统；综合控制系统等。

五十四、墙体节能工程的隐蔽工程验收

现场监理工程师应对墙体节能工程对下列部位或内容进行隐蔽工程验收，并应有详细的文字记录和必要的图像资料：

1. 保温层附着的基层及其表面处理。

2. 保温板粘结或固定。

3. 锚固件。

4. 增强网铺设。

5. 墙体热桥部位处理。

6. 预置保温板或预制保温墙板的板缝及构造节点。

7. 现场喷涂或浇注有机类保温材料的界面。

8. 被封闭的保温材料的厚度。

9. 保温隔热砌块填充墙体。

五十五、墙体节能控制

1. 用于墙体节能工程的材料、构件和部品等，其品种、规格、尺寸和性能应符合设计要求和相关标准的规定。

2. 墙体节能工程使用的保温隔热材料，其导热系数、密度、抗压强度或压缩强度、燃烧性能应符合设计要求。

3. 墙体节能工程采用的保温材料和粘结材料等，进场时应对其下列性能进行复验，复验应为见证取样送检：

(1) 保温板材的导热系数、密度、抗压强度或压缩强度。

(2) 粘结材料的粘结强度。

(3) 增强网的力学性能、抗腐蚀性能。

4. 严寒和寒冷地区外保温使用的粘结材料，其冻融试验结果应符合该地区最低气温环境的使用要求。

5. 墙体节能工程施工前应按照设计和施工方案的要求对基层进行处理，处理后的基层应符合保温层施工方案的要求。

6. 墙体节能工程各层构造做法应符合设计要求，并应按照经过审批的施工方案施工。

7. 墙体节能工程的施工，应符合下列规定：

(1) 保温隔热材料的厚度必须符合设计要求。

(2) 保温板材与基层及各构造层之间的粘结或连接必须牢固。粘结强度和连接方式应符合设计要求。保温板材与基层的粘结强度应做现场拉拔试验。

(3) 浆料保温层应分层施工。当外墙采用浆料做外保温时，保温层与基层之间及各层之间的粘结必须牢固，不应脱层、空鼓和开裂。

(4) 当墙体节能工程的保温层采用预埋或后置锚固件固定时，其锚固件数量、位置、锚固深度和拉拔力应符合设计要求。后置锚固件应进行锚固力现场拉拔试验。

8. 外墙采用预置保温板现场浇筑混凝土墙体时，保温材料的验收应符合本规范第4.2.2条的规定；保温板的安装应位置正确、接缝严密，保温板在浇筑混凝土过程中不得移位、变形，保温板表面应采取界面处理措施，与混凝土粘结应牢固。

9. 当外墙采用保温浆料做保温层时，应在施工中制作同条件试件，检测其导热系数、干密度和压缩强度。保温浆料的同条件试件应实行见证取样送检。

10. 墙体节能工程各类饰面层的基层及面层施工，应符合设计和《建筑装饰装修工程质量验收规范》GB 50210 的要求，并应符合下列规定：

(1) 饰面层施工的基层应无脱层、空鼓和裂缝，基层应平整、干净，含水率应符合饰面层施工的要求。

(2) 外墙外保温工程不宜采用粘贴饰面砖做饰面层。当采用时，必须保证保温层与饰面砖的安全性与耐久性。饰面砖应做粘结强度拉拔试验，试验结果应符合设计和有关标准的规定。

(3) 外墙外保温工程的饰面层不应渗漏。当外墙外保温工程的饰面层采用饰面板开缝安装时，保温层表面应具有防水功能或采取其他相应的防水措施。

（4）外墙外保温层及饰面层与其他部位交接的收口处，应采取密封措施。

11. 采用保温砌块砌筑的墙体，应采用具有保温功能的砂浆砌筑。砌筑砂浆的强度等级应符合设计要求。砌体的水平灰缝饱满度不应低于90%，竖直灰缝饱满度不应低于80%。

12. 采用预制保温墙板现场安装的墙体，应符合下列规定：

（1）保温墙板应有型式检验报告，型式检验报告中应包含安装性能的检验。

（2）保温墙板的结构性能、热工性能及与主体结构的连接方法应符合设计要求，与主体结构连接必须牢固。

（3）保温墙板的板缝、构造节点及嵌缝做法应符合设计要求。

（4）保温墙板板缝不得渗漏。

13. 当设计要求在墙体内设置隔汽层时，隔气层的位置、使用的材料及构造做法应符合设计要求和相关标准的规定。隔气层应完整、严密，穿透隔气层处应采取密封措施。隔汽层冷凝水排水构造应符合设计要求。

14. 外墙和毗邻不采暖空间墙体上的门窗洞口四周墙侧面，凸窗四周墙侧面或地面，应按设计要求采取隔断热桥或节能保温措施。

15. 进场节能保温材料与构件的外观和包装应完整无破损，符合设计要求和产品标准的规定。

16. 当采用加强网作防止开裂的加强措施时，玻纤网格布的铺贴和搭接应符合设计和施工方案的要求。砂浆抹压应严实，不得空鼓，加强网不得皱褶、外露。

17. 施工产生的墙体缺陷，如穿墙套管、脚手眼、孔洞等，应按照施工方案采取隔断热桥措施，不得影响墙体热工性能。

18. 墙体保温板材接缝方法应符合施工工艺要求。保温板拼缝应平整严密。

19. 墙体采用保温浆料时，保温浆料层宜连续施工；保温浆料厚度应均匀、接茬应平顺密实。

20. 墙体上容易碰撞的阳角、门窗洞口及不同材料基体的交接处等特殊部位，其保温层应采取防止开裂和破损的加强措施。

21. 采用现场喷涂或模板浇注有机类保温材料做外保温时，有机类保温材料应达到陈化时间后方可进行下道工序施工。

五十六、幕墙节能工程隐蔽验收

专业监理工程师幕墙节能工程施工中应进行隐蔽工程验收，并应有详细的文字记录和必要的图像资料：

1. 被封闭的保温材料厚度和保温材料的固定。

2. 幕墙周边与墙体的接缝处保温材料的填充。

3. 构造缝、沉降缝。

4. 隔气层。

5. 热桥部位、断热节点。

6. 单元式幕墙板块间的接缝构造。

7. 凝结水收集和排放构造。

8. 幕墙的通风换气装置。

五十七、幕墙节能工程控制内容

项目监理部平时应幕墙节能工程主要控制以下内容：

1. 用于幕墙节能工程的材料、构件等，其品种、规格应符合设计要求和相关标准的规定。

2. 幕墙节能工程使用的保温材料，去导热系数、密度、燃烧性能应符合设计要求。幕墙玻璃的传热系数、遮阳系数、可见光透射比、中空玻璃露点应符合设计要求。

3. 幕墙节能工程使用的材料、构件等进场时，应对其下列性能进行复验，复验应为见证取样送检：

（1）保温材料：导热系数、密度。

（2）幕墙玻璃：可见光透射比、传热系数、遮阳系数、中空玻璃露点。

（3）隔热型材：拉伸强度、抗剪强度。

4. 幕墙的气密性能应符合设计规定的等级要求。当幕墙面积大于 $3000m^2$ 或建筑外墙面积 50％时，应现场抽取材料和配件，在检测试验室安装制作试件进行气密性能检测，检测结果应符合设计规定的等级要求。

密封条应镶嵌牢固、位置正确、对接严密。单元幕墙板块之间的密封应符合设计要求。开启扇应关闭严密。

5. 幕墙工程使用的保温材料厚度应符合设计要求，其厚度应符合设计要求，安装牢固，且不得松脱。

6. 遮阳设施的安装位置应满足设计要求。遮阳设施的安装应牢固。

7. 幕墙工程热桥部位的隔断热桥措施应符合设计要求，断热节点的连接应牢固。

8. 幕墙隔汽层应完整、严密、位置正确，穿透隔气层处的节点构造应采取密封措施。

9. 镀（贴）膜玻璃的安装方向、位置应正确。中空玻璃应采用双道密封。中空玻璃的均压管应密封处理。

10. 单元式幕墙板块组装应符合下列要求：

（1）密封条：规格正确，长度无负偏差，接缝的搭接符合设计要求。

（2）保温材料：固定牢固，厚度符合设计要求。

（3）隔汽层：密封完整、严密。

（4）冷凝水排水系统通畅，无渗漏。

11. 幕墙与周边墙体间的接缝处应采用弹性闭孔材料填充饱满，并应采用耐候胶密封胶密封。

12. 伸缩缝、沉降缝、抗震缝的保温或密封做法应符合设计要求。

13. 活动遮阳设施的调节机构应灵活，并应能调节到位。

五十八、门窗节能工程控制

1. 建筑外门窗的品种、规格应符合设计要求和相关标准的规定。

2. 建筑外窗的气密性、保温性能、中空玻璃露点、玻璃遮阳系数和可见光透射比应符合设计要求。

3. 建筑外窗进入施工现场时，应按地区类别对其下列性能进行复验，复验应见证取样送检。

(1) 严寒、寒冷地区：气密性、传热系数和中空玻璃露点。

(2) 夏热冬冷地区：气密性、传热系数，玻璃遮阳系数、可见光透射比、中空玻璃露点。

(3) 夏热冬暖地区：气密性、玻璃遮阳系数、可见光透射比、中空玻璃露点。

4. 建筑门窗采用的玻璃品种应符合设计要求。中空玻璃应采用双道密封。

5. 金属外门窗隔断热桥措施应符合设计要求和产品标准的规定，金属副框的隔断热桥措施应与门窗框的隔断热桥措施相当。

6. 严寒、寒冷、夏热冬冷地区的建筑外窗，应对气密性做现场实体检验，检测结果应满足设计要求。

7. 外门窗框或副框与洞口之间的缝隙应采用弹性闭孔材料填充饱满，并使用密封胶密封；外门窗框与副框之间的缝隙应使用密封胶密封。

8. 严寒、寒冷地区的外门安装，应按照设计要求采取保温、密封等节能措施。

9. 外窗的遮阳设施的性能、尺寸应符合设计要求和产品标准；遮阳设施安装应位置正确、牢固，满足安全和使用功能要求。

10. 特种门的性能应符合设计和产品标准要求，特种门安装中的节能措施，应符合设计要求。

11. 天窗安装的位置、坡度应正确，封闭严密，嵌缝处不得渗漏。

12. 门窗扇密封条和玻璃镶嵌的密封条，其物理性能应符合相关标准规定。密封条安装位置正确，镶嵌牢固，不得脱槽，接头处不得开裂。关闭门窗时密封条接触严密。

13. 门窗镀（贴）膜玻璃的安装方向应正确，中空玻璃的均压管应密封处理。

14. 外窗遮阳设施调节应灵活、能调节到位。

五十九、屋面保温隔热工程隐蔽验收内容

项目监理部对屋面保温隔热工程应对下列部位进行隐蔽工程验收，并应有隐蔽工程验收记录和图像资料：

1. 基层。

2. 保温层的敷设方式、厚度；板材缝隙填充质量。

3. 屋面热桥部位。

4. 隔气层。

六十、屋面节能工程的控制

1. 用于屋面节能工程的保温隔热材料，其品种、规格应符合设计要求和相关标准的规定。

2. 屋面节能工程使用的保温隔热材料，其导热系数、密度、抗压强度或压缩强度、燃烧性能应符合设计要求。

3. 屋面节能工程使用的保温隔热材料，进场时应对其导热系数、密度、抗压强度或压缩强度、燃烧性能进行复验，复验为见证取样送检：

（1）板材、块材及现浇等保温材料的导热系数、密度、压缩（10%）强度。

（2）松散保温材料的导热系数、干密度。

4. 屋面保温隔热层的敷设方式、厚度、缝隙填充质量及屋面热桥部位的保温隔热做法，必须符合设计要求和有关标准的规定。

5. 屋面的通风隔热架空层，其架空高度、安装方式、通风口位置及尺寸应符合设计及有关标准要求。架空层内不得有杂物。架空面层应完整，不得有断裂和露筋等缺陷。

6. 采光屋面的传热系数、遮阳系数、可见光透射比、气密性应符合设计要求。节点的构造做法应符合设计要求和相关标准的要求。采光屋面的可开启部分应按相关规范第6章的要求验收。

7. 采光屋面的安装应牢固、坡度正确，密封严密，嵌缝处不得渗漏。

8. 屋面的隔汽层的位置应符合设计要求，隔气层应完整、严密。

9. 屋面保温隔热层应按施工方案施工，并应符合下列规定：

（1）松散材料应分层敷设、按要求压实、表面平整、坡向正确；

（2）现场喷、浇、抹等工艺施工的保温层，其配合比应计量准确、搅拌均匀、分层连续施工，表面平整，坡向正确。

（3）板材应粘贴牢固、缝隙严密、平整。

10. 金属板保温夹芯屋面应铺装牢固、接口严密、表面洁净、坡向正确。

11. 坡屋面、内架空屋面当采用敷设于屋面内的保温材料做保温层时，保温隔热层应有防潮措施，其表面应有保护层，保护层的做法应符合设计要求。

六十一、地面节能工程隐蔽验收

项目监理部对地面节能工程应对下列部位进行隐蔽工程验收，并应有详细的文字记录和必要的图像资料：

1. 基层。

2. 被封闭的保温材料的厚度。

3. 保温材料粘结。

4. 隔断热桥部位。

六十二、地面节能工程控制

1. 用于地面节能工程的保温材料,其品种、规格应符合设计要求和相关标准的规定。

2. 地面节能工程的保温材料,其导热系数、密度、抗压强度或压缩强度、燃烧性能应符合设计要求。

3. 地面节能工程采用的保温材料,进场时应对导热系数、密度、抗压强度或压缩强度、燃烧性能进行复验,复验应为见证取样送检:

4. 地面节能工程施工前,应对基层进行处理,使其达到设计和施工方案要求。

5. 建筑地面保温层、隔热层、保护层等各层的设置和构造做法以及保温层的厚度应符合设计要求。并应施工方案进行施工。

6. 地面节能工程的施工质量应符合下列规定:

(1) 保温板与基层之间、各构造层之间的粘结应牢固,缝隙应严密。

(2) 保温浆料层应分层施工。

(3) 穿越地面直接接触室外空气的各种金属管道应按设计要求,采取隔断热桥的保温绝热措施。

7. 有防水要求的地面,其节能保温做法不得影响地面排水坡度,保温层面层不得渗漏。

8. 严寒、寒冷地区的建筑首层直接与土壤接触的地面、采暖地下室与土壤接触的外墙、毗邻不采暖空间的地面以及底面直接接触室外空气的地面应按设计要求采取隔热保温措施。

9. 保温层的表面防潮层、保护层应符合设计要求。

10. 采用地面辐射供暖工程的地面,其地面节能做法应符合设计要求,并应符合《地面辐射供暖技术规程》JGJ 142 的规定。

六十三、围护结构现场实体检验

1. 围护结构节能保温做法和建筑外窗气密性的现场实体检验,其抽样数量可以在合同中约定,但合同中约定的抽样数量不应低于节能验收规范的要求。合同未规定按节能验收规范执行。

2. 围护结构节能保温做法的现场实体检测可在监理(建设)人员见证下由施工单位实施,也可在监理(建设)人员见证下取样,委托有资质的见证检测单位实施。

3. 建筑外窗气密性的现场实体检验。应在监理(建设)人员见证下抽样,委托有资质的见证检测单位实施。

4. 当围护结构节能保温做法或建筑外窗气密性现场实体检验出现不符合设计要求和标准规定的情况时,应委托有资质的检测单位扩大一倍数量抽样,对不符合要求的项目或参数再次检验。仍然不符合要求时应给出"不符合设计要求"的结论。

5. 对于不符合设计要求的围护结构节能保温做法应查找原因,对因此造成的对建筑节能的影响程度进行计算或评估,采取技术措施予以弥补或消除后重新进行检测,合格后方可通过验收。

6. 对于不符合设计要求和标准规定的建筑外窗气密性，应查找原因进行修理，使其达到要求后重新进行检测，合格后方可通过验收。

六十四、系统节能效果检验

1. 采暖、通风与空调、配电与照明和监测与控制工程在保修期内应进行系统节能效果检验，该检验应由建设单位委托具有相应资质的第三方检测单位进行。

2. 采暖、通风与空调、配电与照明和监测与控制系统节能效果检验的主要项目：

(1) 采暖房间温度。

(2) 供热系统室外管网的水力平衡度。

(3) 供热系统的补水率。

(4) 室外管网的热输送效率。

(5) 集中采暖系统热水循环水泵的耗电输热比。

(6) 各风口的风量。

(7) 通风与空调系统的总风量。

(8) 风机单位风量耗电量。

(9) 各空调机组的水流量。

(10) 冷水机组的性能系数。

(11) 空调冷热水、冷却水系统的总流量。

(12) 空调冷热水系统的输送能效比。

(13) 平均照度与照明功率密度。

六十五、建筑节能分部工程质量验收

1. 建筑节能分部工程的质量验收，应在检验批、分项、子分部工程全部验收合格的基础上，通过外窗气密性现场检测、围护结构节能做法实体检验、系统功能检验和无生产负荷系统联合试运转与调试，确认节能分部工程质量达到设计要求和节能验收规范规定的合格水平。

2. 建筑节能工程验收的程序和组织应符合《建筑工程施工质量验收统一标准》GB 50300 的规定，并符合下列要求：

(1) 节能工程的检验批验收和隐蔽工程验收应由监理工程师主持，施工方相关专业的质量员与施工员参加。

(2) 节能工程分项工程验收应由监理工程师主持，施工方项目技术负责人和相关专业的质量员、施工员参加；必要时可邀请设计代表参加。

(3) 节能工程分部（子分部）工程验收应由总监理工程师（建设单位项目负责人）主持，施工方项目经理、项目技术负责人和相关专业的质量员、施工员参加；施工单位的质量或技术负责人应参加；主要节能材料、设备或成套技术的提供方应参加；设计单位节能设计人员应参加。

（4）建筑节能工程的验收资料应列入建筑工程验收资料中。

3. 建筑节能工程的分部（子分部）工程质量验收，其合格质量应符合下列规定：
在节能检验批及分项工程检查合格的基础上进行。

（1）分部工程所含的子分部工程、子分部工程所含的分项工程均应合格。

（2）施工技术资料基本齐全，并符合本规范的要求。

（3）严寒、寒冷地区的建筑外窗气密性检测结果符合要求。

（4）围护结构节能做法经实体检验符合要求。

（5）建筑设备工程安装调试完成后，系统功能检验结果符合要求。

六十六、监理在建筑节能工程验收时应核查的资料

1. 设计文件、图纸会审记录、设计变更和洽商。

2. 主要材料、设备、构件和产品的质量证明文件、进场检验记录、进场核查记录、进场复验报告、见证试验报告。

3. 隐蔽工程验收记录和相关图像资料。

4. 分项工程质量验收记录；必要时应核查检验批验收记录。

5. 建筑围护结构节能做法现场检验记录。

6. 外窗气密性现场检测报告。

7. 风管及系统严密性检验记录。

8. 现场组装的组合式空调机组的漏风量测试记录。

9. 设备单机试运转及调试记录。

10. 系统无生产负荷联合试运转及调试记录。

11. 系统节能效果检验报告。

12. 其他对工程质量有影响的重要技术资料。

六十七、建筑节能工程进场材料和设备的复验项目

项目监理部应要求施工单位进行的复试项目：

1. 墙体

（1）保温板材的导热系数、材料密度。

（2）保温浆料的导热系数。

（3）粘结材料的粘结强度。

（4）增强网的力学性能、抗腐蚀性能。

（5）其他保温材料的热工性能。

2. 幕墙

（1）保温材料：导热系数、密度、防火性能。

（2）幕墙玻璃：可见光透射比、传热系数、遮阳系数、中空玻璃露点。

（3）隔热型材：拉伸、抗剪强度。

3. 门窗

（1）严寒、寒冷地区：外窗气密性、传热系数和中空玻璃露点。

（2）夏热冬冷地区：外窗气密性、传热系数，玻璃遮阳系数、可见光透射比、中空玻璃露点。

（3）夏热冬暖地区：外窗气密性，玻璃遮阳系数、可见光透射比、中空玻璃露点。

4. 屋面

（1）板材、块材及现浇等保温材料的导热系数、密度、压缩（10%）强度、阻燃性；

（2）松散保温材料的导热系数、干密度和防火性能。

5. 地面

（1）板材、块材及现浇等保温材料的导热系数、密度、压缩（10%）强度、防火性能。

（2）松散保温材料的导热系数、干密度和防火性能。

6. 采暖

（1）散热器的单位散热量、传热系数、金属热强度。

（2）保温材料的导热系数、密度、吸水率、厚度。

7. 通风与空调

（1）风机盘管机组的制冷量、制热量、风量、风压及功率。

（2）绝热材料的导热系数、材料密度、吸水率、厚度。

8. 空调与采暖系统冷、热源和辅助设备及其管网

绝热材料的导热系数、密度、吸水率、厚度。

9. 配电与照明

（1）低压配电电缆截面、电阻值。

（2）照明光源。

（3）灯具。

（4）附属装置。

六十八、围护结构钻芯法检验节能做法

1. 对屋面节能做法检验时，事先应确认钻芯后屋面防水层功能能够可靠修复，并应事先制订屋面钻芯后的修复方案。

2. 钻芯法检验外墙节能做法应在外墙、屋面施工完工后、节能分部工程验收前进行。

3. 钻芯法检验围护结构节能做法的取样部位和数量，应遵守下列规定：

（1）取样部位应由监理（建设）与施工双方共同确定，不得在外墙、屋面施工前预先确定。

（2）取样位置应选取节能做法有代表性的外墙、屋面上相对隐蔽的部位，并宜兼顾不同朝向和楼层；取样位置必须确保安全，且应方便操作。

（3）外墙取样数量为一个单位工程每种节能保温做法至少取3个芯样。取样部位宜均匀分布，不宜在同一个房间外墙上取2个或2个以上芯样。

（4）屋面取样数量为每个单位工程的屋面至少抽查3个芯样。取样部位宜均匀分布。

4. 钻芯法检验围护结构节能做法应在监理（建设）人员见证下实施。

5. 钻芯法检验围护结构节能做法可采用空心钻头，从保温层一侧钻取直径 70mm 的芯样。钻取芯样深度为钻透保温层到达结构层或基层表面，必要时也可钻透墙体。

当外墙或屋面的表层坚硬不易钻透时，也可局部剔除坚硬的面层后钻取芯样。但钻取芯样后应恢复原有的表面装饰层。

6. 实施钻芯法检验围护结构节能做法的单位应出具检验报告。

7. 当取样检验结果不符合设计要求时，应委托具备检测资质的见证检测单位增加一倍数量再次取样检验。仍不符合设计要求时应判定围护结构节能做法不符合设计要求。此时应根据检验结果委托原设计单位或其他有资质的单位重新验算房屋的热工性能，提出技术处理方案。

8. 外墙取样部位的修补，可采用聚苯板或其他保温材料制成的圆柱形塞填充并用建筑密封胶密封。屋面取样部位的修补应按照修补方案进行。修补后宜在取样部位挂贴注有"围护结构节能做法检验点"的标志牌。

第三章 安 全 监 理

一、总监理工程师施工安全监理工作的主要职责

1. 确定项目监理机构施工安全监理人员的分工和相应工作职责，督促检查施工安全监理责任的履行。

2. 组织分析识别和评价工程项目的危险源，策划项目施工安全监理方案，组织编制项目施工安全监理 规划。

3. 审查专业分包和劳务分包的企业资质。

4. 审定施工承包单位提交的专项施工方案和施工组织设计的安全技术措施，并签署意见。

5. 审批施工安全监理细则。

6. 主持施工安全监理会议。

7. 协调工程现场重大施工安全事项，协助调查重大生产安全事故。

8. 审核签发施工安全监理通知单、暂停施工令和各类施工安全监理核验表，组织编制并签发上报施工安全监理月报、专题报告。

9. 组织施工安全监理人员学习有关施工安全监理政策文件和技术业务。

二、安全监理工程师的主要职责

1. 编写施工安全监理细则，负责具体实施建设工程项目的施工安全监理工作。

2. 协助业主考察工程投标单位安全资质，并提出意见，协助签订安全生产协议书并监督实施。

3. 协助总监理工程师审查分包单位资质，并提出意见，核查特种施工作业人员的资格证件。

4. 督促施工承包单位建立、健全施工现场安全生产组织保证体系和安全生产责任制。

5. 审查施工承包单位提交的施工组织设计的安全技术措施及专项施工方案，向总监提出报告，并督促施工承包单位实施。

6. 督促施工承包单位做好分部分项工程的安全交底，包括对分包单位的安全技术交底工作。

7. 核查施工安全设施和施工机械的验收工作，签署核查意见。

8. 定期评估施工现场安全生产情况，并向总监提交报告。

9. 指导施工安全监理员实施现场安全巡视检查等日常施工安全监理工作。

10. 负责施工安全监理资料的收集、汇总及整理。

三、施工安全监理员的主要职责

1. 在总监理工程师的领导和专业监理工程师的指导下具体实施现场施工安全监理工作。

2. 监督施工承包单位落实施工现场安全设施和施工机械安全管理的自检工作。

3. 做好施工现场日常的安全巡视检查，对易发事故的高危作业工序进行现场跟踪监督，监督施工承包单位遵照强制性施工安全技术标准组织施工。发现安全隐患，应及时通知施工承包单位进行整改，当严重险情制止无效时，应按规定迅速报告。

4. 检查进场的安全防护材料、用品的产品合格证明资料、检测报告和其他有关资料。

5. 参加施工现场安全生产检查。

6. 做好有关现场安全生产检查记录和施工安全监理日记。

四、施工安全监理的常用工作制度

1. 首次施工安全监理交底会议制度。

2. 施工安全监理例会制度。

3. 专项方案报审制度。

4. 危险源交底监控制度。

5. 施工安全监理巡视制度。

6. 施工现场安全检查制度。

7. 施工安全设施、施工机械验收核查制度。

8. 施工安全监理报告制度。

五、在施工前单独编制安全专项施工方案危险性较大的分项工程

1. 基坑支护与降水：

（1）开挖深度大于等于 5m 的基坑（槽）采用支护结构；

（2）基坑深度小于等于 5m，但地质条件和周围环境复杂、地下水位在坑底以上的工程；

（3）采用井点降水工艺的工程。

2. 土方开挖：开挖深度超过 5m（含 5m）的基坑、槽。

3. 模板工程：

（1）各类工具式模板工程，包括滑模、爬模、大模板等；

（2）水平混凝土构件模板支撑系统及特殊结构模板工程。

4. 起重吊装工程

5. 脚手架工程

（1）高度超过 24m 的落地式钢管脚手架；

（2）附着式升降脚手架，包括整体提升与分片式提升；

（3）悬挑式脚手架；

（4）门型脚手架；

（5）挂脚手架；

（6）吊篮脚手架；

（7）卸料平台。

6. 拆除、爆破工程：采用人工、机械拆除或爆破拆除的工程。

7. 其他危险性较大的工程

（1）建筑幕墙的安装施工；

（2）预应力结构张拉施工；

（3）隧道工程施工；

（4）桥梁工程施工（含架桥）；

（5）特种设备施工；

（6）网架和索膜结构施工；

（7）6m 以上的边坡施工；

（8）大江、大河的导流、截流施工；

（9）港口工程、航道工程；

（10）采用新技术、新工艺、新材料，可能影响建设工程质量安全，已经行政许可，尚无技术标准的施工。

六、建筑施工企业应当组织专家组进行论证审查的工程

1. 深基坑工程

开挖深度超过 5m（含 5m）或地下室三层以上（含三层），或深度虽未超过 5m（含 5m），但地质条件和周围环境及地下管线极其复杂的工程。

2. 地下暗挖工程

地下暗挖及遇有溶洞、暗河、瓦斯、岩爆、涌泥、断层等地质复杂的隧道工程。

3. 高大模板工程

水平混凝土构件模板支撑系统高度超过 8m，或跨度超过 18m，施工总荷载大于 $10kN/m^2$，或集中线荷载大于 $15kN/m$ 的模板支撑系统。

4. 30m 及以上高空作业的工程

5. 大江、大河中深水作业的工程

6. 城市房屋拆除爆破和其他土石大爆破工程

七、建设行政主管部门对工程监理单位安全生产监督检查的主要内容

1. 将安全生产管理内容纳入监理规划的情况，以及在监理规划和中型以上工程的监理细则中制定对施工单位安全技术措施的检查方面情况。

2. 审查施工企业资质和安全生产许可证、三类人员及特种作业人员取得考核合格证书和操作资格证书情况。

3. 审核施工企业安全生产保证体系、安全生产责任制、各项规章制度和安全监管机构建立及人员配备情况。

4. 审核施工企业应急救援预案和安全防护、文明施工措施费用使用计划情况。

5. 审核施工现场安全防护是否符合投标时承诺和《建筑施工现场环境与卫生标准》等标准要求情况。

6. 复查施工单位施工机械和各种设施的安全许可验收手续情况。

7. 审查施工组织设计中的安全技术措施或专项施工方案是否符合工程建设强制性标准情况。

8. 定期巡视检查危险性较大工程作业情况。

9. 下达隐患整改通知单，要求施工单位整改事故隐患情况或暂时停工情况。

10. 整改结果复查情况。

11. 向建设单位报告督促施工单位整改情况。

12. 向工程所在地建设行政主管部门报告施工单位拒不整改或不停止施工情况。

八、建设行政主管部门对施工现场的安全生产监督管理内容

1. 在颁发项目施工许可证前，建设单位或建设单位委托的监理单位，应当审查施工企业和现场各项安全生产条件是否符合开工要求，并将审查结果报送工程所在地建设行政主管部门。

审查的主要内容是：

(1) 施工企业和工程项目安全生产责任体系、制度、机构建立情况，安全监管人员配备情况。

(2) 各项安全施工措施与项目施工特点结合情况。

(3) 现场文明施工、安全防护和临时设施等情况。

2. 建设行政主管部门对审查结果进行复查。必要时，到工程项目施工现场进行抽查。

3. 工程项目各项基本建设手续办理情况、有关责任主体和人员的资质和执业资格情况。

4. 施工、监理单位等各方主体按本导则相关内容要求履行安全生产监管职责情况。

5. 施工现场实体防护情况，施工单位执行安全生产法律、法规和标准、规范情况。

6. 施工现场文明施工情况。

7. 建设行政主管部门接到群众有关建筑工程安全生产的投诉或监理单位等的报告时，应到施工现场调查了解有关情况，并作出相应处理。

8. 建设行政主管部门对施工现场实施监督检查时，应当有两名以上监督执法人员参加，并出示有效的执法证件。

九、建设工程安全监理的主要工作内容

1. 施工准备阶段安全监理的主要工作内容

(1) 监理单位应编制包括安全监理内容的项目监理规划，明确安全监理的范围、内

容、工作程序和制度措施，以及人员配备计划和职责等。

（2）对中型及以上项目和规定的危险性较大的分部分项工程，监理单位应当编制监理实施细则。实施细则应当明确安全监理的方法、措施和控制要点，以及对施工单位安全技术措施的检查方案。

（3）审查施工单位编制的施工组织设计中的安全技术措施和危险性较大的分部分项工程安全专项施工方案是否符合工程建设强制性标准要求。审查的主要内容应当包括：

1）施工单位编制的地下管线保护措施方案是否符合强制性标准要求；

2）基坑支护与降水、土方开挖与边坡防护、模板、起重吊装、脚手架、拆除、爆破等分部分项工程的专项施工方案是否符合强制性标准要求；

3）施工现场临时用电施工组织设计或者安全用电技术措施和电气防火措施是否符合强制性标准要求；

4）冬期、雨期等季节性施工方案的制定是否符合强制性标准要求；

5）施工总平面布置图是否符合安全生产的要求，办公、宿舍、食堂、道路等临时设施设置以及排水、防火措施是否符合强制性标准要求。

（4）检查施工单位在工程项目上的安全生产规章制度和安全监管机构的建立、健全及专职安全生产管理人员配备情况，督促施工单位检查各分包单位的安全生产规章制度的建立情况。

（5）审查施工单位资质和安全生产许可证是否合法有效。

（6）审查项目经理和专职安全生产管理人员是否具备合法资格，是否与投标文件相一致。

（7）审核特种作业人员的特种作业操作资格证书是否合法有效。

（8）审核施工单位应急救援预案和安全防护措施费用使用计划。

2. 施工阶段安全监理的主要工作内容

（1）监督施工单位按照施工组织设计中的安全技术措施和专项施工方案组织施工，及时制止违规施工作业。

（2）定期巡视检查施工过程中的危险性较大工程作业情况。

（3）核查施工现场施工起重机械、整体提升脚手架、模板等自升式架设设施和安全设施的验收手续。

（4）检查施工现场各种安全标志和安全防护措施是否符合强制性标准要求，并检查安全生产费用的使用情况。

（5）督促施工单位进行安全自查工作，并对施工单位自查情况进行抽查，参加建设单位组织的安全生产专项检查。

十、建设工程安全监理的工作程序

（1）监理单位按照《建设工程监理规范》和相关行业监理规范要求，编制含有安全监理内容的监理规划和监理实施细则。

（2）在施工准备阶段，监理单位审查核验施工单位提交的有关技术文件及资料，并由项目总监在有关技术文件报审表上签署意见；审查未通过的，安全技术措施及专项施工方案不得实施。

（3）在施工阶段，监理单位应对施工现场安全生产情况进行巡视检查，对发现的各类安全事故隐患及时排查。

1）应书面通知施工单位，并督促其立即整改。

2）情况严重的，监理单位应及时下达工程暂停令，要求施工单位停工整改，并同时报告建设单位。

3）安全事故隐患消除后，监理单位应检查整改结果，签署复查或复工意见。

4）施工单位拒不整改或不停工整改的，监理单位应当及时向工程所在地建设主管部门或工程项目的行业主管部门报告。

5）以电话形式报告的，应当有通话记录，并及时补充书面报告。

6）检查、整改、复查、报告等情况应记载在监理日志、监理月报中。

7）监理单位应核查施工单位提交的施工起重机械、整体提升脚手架、模板等自升式架设设施和安全设施等验收记录，并由安全监理人员签收备案。

（4）工程竣工后，监理单位应将有关安全生产的技术文件、验收记录、监理规划、监理实施细则、监理月报、监理会议纪要及相关书面通知等按规定立卷归档。

十一、建设工程安全生产的监理责任

（1）监理单位应对施工组织设计中的安全技术措施或专项施工方案进行审查，未进行审查的，监理单位应承担规定的法律责任。

施工组织设计中的安全技术措施或专项施工方案未经监理单位审查签字认可，施工单位擅自施工的，监理单位应及时下达工程暂停令，并将情况及时书面报告建设单位。监理单位未及时下达工程暂停令并报告的，应承担规定的法律责任。

（2）监理单位在监理巡视检查过程中，发现存在安全事故隐患的，应按照有关规定及时下达书面指令要求施工单位进行整改或停止施工。监理单位发现安全事故隐患没有及时下达书面指令要求施工单位进行整改或停止施工的，应承担规定的法律责任。

（3）施工单位拒绝按照监理单位的要求进行整改或者停止施工的，监理单位应及时将情况向当地建设主管部门或工程项目的行业主管部门报告。监理单位没有及时报告，应承担规定的法律责任。

（4）监理单位未依照法律、法规和工程建设强制性标准实施监理的，应当承担规定的法律责任。

（5）监理单位履行了上述规定的职责，施工单位未执行监理指令继续施工或发生安全事故的，应依法追究监理单位以外的其他相关单位和人员的法律责任。

十二、安全生产监理责任的主要工作

（1）健全监理单位安全监理责任制。

1）监理单位法定代表人应对本企业监理工程项目的安全监理全面负责。

2）总监理工程师要对工程项目的安全监理负责，并根据工程项目特点，明确监理人员的安全监理职责。

(2) 完善监理单位安全生产管理制度。

1) 在健全审查核验制度、检查验收制度和督促整改制度基础上，完善工地例会制度及资料归档制度。

2) 定期召开工地例会，针对薄弱环节，提出整改意见，并督促落实。

3) 指定专人负责监理内业资料的整理、分类及立卷归档。

(3) 建立监理人员安全生产教育培训制度。

监理单位的总监理工程师和安全监理人员需经安全生产教育培训后方可上岗，其教育培训情况记入个人继续教育档案。

十三、起重机械安全监督管理监理单位应当履行的安全职责

(1) 审核建筑起重机械特种设备制造许可证、产品合格证、制造监督检验证明、备案证明等文件；

(2) 审核建筑起重机械安装单位、使用单位的资质证书、安全生产许可证和特种作业人员的特种作业操作资格证书；

(3) 审核建筑起重机械安装及拆卸工程专项施工方案；

(4) 监督安装单位执行建筑起重机械安装、拆卸工程专项施工方案情况；

(5) 监督检查建筑起重机械的使用情况；

(6) 发现存在生产安全事故隐患的，应当要求安装单位、使用单位限期整改，对安装单位、使用单位拒不整改的，及时向建设单位报告。

监理单位未履行起重机械安全监理职责由县级以上地方人民政府建设主管部门责令限期改正，予以警告，并处以5000元以上3万元以下罚款。

十四、对起重安装单位的有关要求

1. 安装单位应当履行下列安全职责：

1) 按照安全技术标准及建筑起重机械性能要求，编制建筑起重机械安装、拆卸工程专项施工方案，并由本单位技术负责人签字；

2) 按照安全技术标准及安装使用说明书等检查建筑起重机械及现场施工条件；

3) 组织安全施工技术交底并签字确认；

4) 制定建筑起重机械安装、拆卸工程生产安全事故应急救援预案；

5) 将建筑起重机械安装、拆卸工程专项施工方案，安装、拆卸人员名单，安装、拆卸时间等材料报施工总承包单位和监理单位审核后，告知工程所在地县级以上地方人民政府建设主管部门。

2. 安装单位应当按照建筑起重机械安装、拆卸工程专项施工方案及安全操作规程组织安装、拆卸作业。

3. 安装单位的专业技术人员、专职安全生产管理人员应当进行现场监督，技术负责人应当定期巡查。

4. 建筑起重机械安装完毕后，安装单位应当按照安全技术标准及安装使用说明书的有关要求对建筑起重机械进行自检、调试和试运转。自检合格的，应当出具自检合格证明，并向使用单位进行安全使用说明。

5. 安装单位应当建立建筑起重机械安装、拆卸工程档案。

建筑起重机械安装、拆卸工程档案应当包括以下资料：

（1）安装、拆卸合同及安全协议书；

（2）安装、拆卸工程专项施工方案；

（3）安全施工技术交底的有关资料；

（4）安装工程验收资料；

（5）安装、拆卸工程生产安全事故应急救援预案。

十五、对起重机械使用单位的有关要求

1. 建筑起重机械安装完毕后，使用单位应当组织出租、安装、监理等有关单位进行验收，或者委托具有相应资质的检验检测机构进行验收。建筑起重机械经验收合格后方可投入使用，未经验收或者验收不合格的不得使用。

实行施工总承包的，由施工总承包单位组织验收。

2. 建筑起重机械在验收前应当经有相应资质的检验检测机构监督检验合格。

检验检测机构和检验检测人员对检验检测结果、鉴定结论依法承担法律责任。

3. 使用单位应当自建筑起重机械安装验收合格之日起 30 日内，将建筑起重机械安装验收资料、建筑起重机械安全管理制度、特种作业人员名单等，向工程所在地县级以上地方人民政府建设主管部门办理建筑起重机械使用登记。登记标志置于或者附着于该设备的显著位置。

4. 使用单位应当履行下列安全职责：

（1）根据不同施工阶段、周围环境以及季节、气候的变化，对建筑起重机械采取相应的安全防护措施；

（2）制定建筑起重机械生产安全事故应急救援预案；

（3）在建筑起重机械活动范围内设置明显的安全警示标志，对集中作业区做好安全防护；

（4）设置相应的设备管理机构或者配备专职的设备管理人员；

（5）指定专职设备管理人员、专职安全生产管理人员进行现场监督检查；

（6）建筑起重机械出现故障或者发生异常情况的，立即停止使用，消除故障和事故隐患后，方可重新投入使用。

5. 使用单位应当对在用的建筑起重机械及其安全保护装置、吊具、索具等进行经常性和定期的检查、维护和保养，并做好记录。

6. 使用单位在建筑起重机械租期结束后，应当将定期检查、维护和保养记录移交出租单位。

7. 建筑起重机械租赁合同对建筑起重机械的检查、维护、保养另有约定的，从其约定。

8. 建筑起重机械在使用过程中需要附着的，使用单位应当委托原安装单位或者具有相应资质的安装单位按照专项施工方案实施，并按规定组织验收。验收合格后方可投入使用。

9. 建筑起重机械在使用过程中需要顶升的，使用单位委托原安装单位或者具有相应资质的安装单位按照专项施工方案实施后，即可投入使用。

10. 禁止擅自在建筑起重机械上安装非原制造厂制造的标准节和附着装置。

11. 施工总承包单位应当履行下列安全职责：

（1）向安装单位提供拟安装设备位置的基础施工资料，确保建筑起重机械进场安装、拆卸所需的施工条件；

（2）审核建筑起重机械的特种设备制造许可证、产品合格证、制造监督检验证明、备案证明等文件；

（3）审核安装单位及使用单位的资质证书、安全生产许可证和特种作业人员的特种作业操作资格证书；

（4）审核安装单位制定的建筑起重机械安装、拆卸工程专项施工方案和生产安全事故应急救援预案；

（5）审核使用单位制定的建筑起重机械生产安全事故应急救援预案；

（6）指定专职安全生产管理人员监督检查建筑起重机械安装、拆卸、使用情况；

（7）施工现场有多台塔式起重机作业时，应当组织制定并实施防止塔式起重机相互碰撞的安全措施。

12. 依法发包给两个及两个以上施工单位的工程，不同施工单位在同一施工现场使用多台塔式起重机作业时，建设单位应当协调组织制定防止塔式起重机相互碰撞的安全措施。

13. 安装单位、使用单位拒不整改生产安全事故隐患的，建设单位接到监理单位报告后，应当责令安装单位、使用单位立即停工整改。

十六、特种作业人员的有关规定

1. 建筑施工特种作业包括：
（1）建筑电工；
（2）建筑架子工；
（3）建筑起重信号司索工；
（4）建筑起重机械司机；
（5）建筑起重机械安装拆卸工；
（6）高处作业吊篮安装拆卸工；
（7）经省级以上人民政府建设主管部门认定的其他特种作业。

2. 建筑施工特种作业人员必须经建设主管部门考核合格，取得建筑施工特种作业人员操作资格证书，方可上岗从事相应作业。

3. 用人单位应当履行下列职责：
（1）与持有效资格证书的特种作业人员订立劳动合同；

（2）制定并落实本单位特种作业安全操作规程和有关安全管理制度；

（3）书面告知特种作业人员违章操作的危害；

（4）向特种作业人员提供齐全、合格的安全防护用品和安全的作业条件；

（5）按规定组织特种作业人员参加年度安全教育培训或者继续教育，培训时间不少于 24h；

（6）建立本单位特种作业人员管理档案；

（7）查处特种作业人员违章行为并记录在档；

（8）法律法规及有关规定明确的其他职责。

4. 资格证书有效期为两年。有效期满需要延期的，建筑施工特种作业人员应当于期满前 3 个月内向原考核发证机关申请办理延期复核手续。延期复核合格的，资格证书有效期延期 2 年。

十七、施工项目配备专职安全生产管理人员要求

1. 总承包单位配备项目专职安全生产管理人员应当满足下列要求：

（1）建筑工程、装修工程按照建筑面积配备：

1）1 万平方米以下的工程不少于 1 人；

2）1 万～5 万平方米的工程不少于 2 人；

3）5 万平方米及以上的工程不少于 3 人，且按专业配备专职安全生产管理人员。

（2）土木工程、线路管道、设备安装工程按照工程合同价配备：

1）5000 万元以下的工程不少于 1 人；

2）5000 万～1 亿元的工程不少于 2 人；

3）1 亿元及以上的工程不少于 3 人，且按专业配备专职安全生产管理人员。

2. 分包单位配备项目专职安全生产管理人员应当满足下列要求：

（1）专业承包单位应当配置至少 1 人，并根据所承担的分部分项工程的工程量和施工危险程度增加。

（2）劳务分包单位施工人员在 50 人以下的，应当配备 1 名专职安全生产管理人员；50～200 人的，应当配备 2 名专职安全生产管理人员；200 人及以上的，应当配备 3 名及以上专职安全生产管理人员，并根据所承担的分部分项工程施工危险实际情况增加，不得少于工程施工人员总人数的 5‰。

3. 施工作业班组可以设置兼职安全巡查员，对本班组的作业场所进行安全监督检查。建筑施工企业应当定期对兼职安全巡查员进行安全教育培训。

十八、塔式起重机使用年限

（宁波地区规定）

使用年限超过以下标准的建筑起重机械如需继续使用，每年还应提供由具备特种设备型式试验资质的检验检测机构出具的性能试验和结构应力测试合格报告。

（1）塔式起重机整机年限应符合以下规定：

1）400kN·m 以下（不含 400kN·m）的，使用年限不应超过 6 年；

2）400～630kN·m（不含 630kN·m）的，使用年限不应超过 10 年；

3）630～1250kN·m（不含 1250kN·m）的，使用年限不应超过 12 年；

4）1250kN·m（含 1250kN·m）以上的，使用年限不应超过 15 年。

（2）施工升降机（包括人货施工升降机和货用施工升降机）整机使用年限应符合以下规定：

1）SS 型施工升降机使用年限不应超过 5 年；

2）SC 型施工升降机使用年限不应超过 8 年

十九、总监应审核起重机械安装（拆卸）资料

（宁波地区规定）

从事建筑起重机械安装、拆卸活动的单位办理建筑起重机械安装（拆卸）告知手续前，应当将以下资料报送施工总承包单位、监理单位审核：

（1）宁波市建筑起重机械安装（拆卸）告知表；

（2）宁波市建筑起重机械产权备案（登记）证明；

（3）安装单位资质证书、安全生产许可证副本；

（4）安装单位拟派驻现场的特种作业人员证书；

（5）建筑起重机械安装（拆卸）工程专项施工方案；

（6）安装单位与使用单位签订的安装（拆卸）合同及安装单位与施工总承包单位签订的安全协议书；

（7）安装单位负责建筑起重机械安装（拆卸）工程现场专职安全生产管理人员、专业技术人员名单；

（8）建筑起重机械安装（拆卸）工程生产安全事故应急救援预案；

（9）辅助建筑起重机械资料及其特种作业人员证书；

（10）施工总承包单位、监理单位要求的其他资料。

施工总承包单位、监理单位应当在收到安装单位提交齐全有效的资料之日起 2 个工作日内审核完毕并签署意见，同时将有关资料复印件存档备查。

二十、宁波安全监理有关规定

1. 监理企业应当建立健全安全生产监理责任制。监理企业的法定代表人对本企业所有监理工程项目的安全监理工作全面负责；项目监理部的项目总监理工程师对所承担的具体工程项目的安全监理工作负总责；项目监理人员应在总监理工程师的领导下，按照职责分工，对各自承担的安全监理工作负责。

2. 监理企业应建立健全教育培训制度、审查核验制度、检查验收制度、督促整改制度、工地例会制度及资料归档制度等各项安全生产监理制度，并认真落实。

3. 监理企业应当成立安全监理机构，配备专职安全监理人员，督促项目监理部落实安全生产监理责任；项目监理部应根据工程实际配备一名以上安全监理人员；监理企业安

全分管负责人、项目总监理工程师和安全监理人员需经过安全生产教育培训，具备相应的安全监理能力后方可上岗，其培训教育情况记入个人继续教育档案。

4. 安全监理规划应经项目总监理工程师签字，监理企业技术负责人审批，并报建设单位。

5. 对中型及以上项目和含有危险性较大分部分项工程的项目，应当编制安全监理实施细则，明确安全监理的具体措施、控制要点以及对施工企业安全技术措施落实情况的检查方案。

6. 对人工井桩开挖、管道土方人工开挖、建筑起重机械装拆、大型结构或设备吊装、悬挑或附着升降式脚手架搭拆等高危作业以及下列分部分项工程应单独编制监理实施细则，并明确安全监理的措施：

（1）开挖深度超过 4m 的基坑（槽），或深度未超过 4m 但地质情况和周围环境较复杂的基坑（槽）；

（2）高度超过 8m、跨度超过 18m、施工总荷载大于 $10kN/m^2$ 或集中线荷载大于 $15kN/m$ 的模板支撑系统；

（3）岩质边坡超过 30m，土质边坡超过 15m 的边坡工程；

（4）地下暗挖工程；

（5）土石大爆破工程；

（6）其他施工工艺复杂、危险性较大的工程。

监理实施细则应由专业监理工程师编制，总监理工程师批准。

7. 应对施工企业报送的施工组织设计中的安全技术措施和危险性较大的分部分项工程安全专项施工方案是否符合工程建设强制性标准要求进行审核，并在规定的时间内提出审查意见，符合要求的由总监理工程师签字认可。审查的主要内容应当包括：

（1）施工企业编制的地下管线保护措施方案是否符合强制性标准要求；

（2）基坑支护与降水、土方开挖与边坡防护、模板、起重吊装、脚手架、拆除、爆破等分部分项工程的专项施工方案是否符合强制性标准要求；

（3）施工现场临时用电施工组织设计或者安全用电技术措施和电气防火措施是否符合强制性标准要求；

（4）冬期、雨期等季节性施工方案的制定是否符合强制性标准要求；

（5）施工总平面布置图是否符合安全生产的要求，办公、宿舍、食堂、道路等临时设施设置以及排水、防火措施是否符合强制性标准要求。

8. 检查施工企业在工程项目上的安全生产规章制度、安全管理机构和岗位责任制的建立健全及专职安全生产管理人员配备情况，督促施工企业检查各分包单位的安全生产规章制度的建立情况。

9. 审查施工总承包企业、专业分包和劳务分包企业的资质及安全生产许可证是否合法有效，督促总分包企业明确并落实安全生产方面的责任。

10. 审查项目经理和专职安全生产管理人员是否具备合法资格、是否与投标文件相一致。

11. 审核建筑起重机械安装拆卸工、建筑起重机械司机、建筑起重信号司索工、建筑架子工、建筑电工、高处作业吊篮安装拆卸工和金属焊割工等工种的特种作业操作资格证书是否合法有效。

12. 审核施工企业是否针对施工现场实际，制定应急救援预案、建立应急救援体系及安全防护措施费用使用计划。

13. 核查施工企业拟投入施工使用的施工机械、钢管及扣件、配电设备、安全防护用品等各种设施器具的质量证明文件并签署意见，未经安全监理人员认可的不得进场使用。

14. 施工过程中安全监理的主要工作：

（1）监督施工企业按照施工组织设计中的安全技术措施和专项施工方案组织施工，及时制止违规施工作业。

（2）应对施工现场安全生产情况进行巡视检查，每天不少于一次。发现各类违规施工和存在安全隐患的，应书面通知施工企业，督促其立即整改，并检查整改结果，签署复查意见。

对于存在严重安全隐患的，应立即签发工程暂停令，要求施工企业停工整改，并同时报告建设单位，隐患消除后，应检查整改结果，签署复查或复工意见。

施工企业拒不整改或不停工整改的，监理企业应当及时向工程所在地建设主管部门或建筑安全监督机构报告，以电话形式报告的，应当有通话记录，并及时补充书面报告。检查、整改、复查、报告等情况应记载在监理日志、监理月报中。

（3）核查施工现场建筑施工机械和安全设施的验收手续，并签署意见。对未按照规定进行检测检验、验收、备案以及定期检查和维护保养的，应当下达暂停使用指令，责令施工企业整改，并报告建设单位，施工企业拒不整改的应当及时报告工程所在地建设行政主管部门或建筑安全监督机构。

（4）对下列危险性较大工程实施旁站监理：

1）建筑起重机械基础工程和装拆工程；

2）大型结构或设备吊装工程；

3）土石大爆破工程；

4）附着升降脚手架装拆工程和升降工程；

5）法律法规规定的其他工程。

（5）督促施工企业进行安全自查工作，参加建设单位组织的安全生产专项检查，并对施工企业自查情况进行抽查，项目总监理工程师每周应当与项目经理共同组织不少于一次的安全检查。

（6）检查施工现场各种安全标志和安全防护措施是否符合强制性标准要求，并检查安全生产费用的使用情况。

15. 监理企业应当建立严格的安全监理资料管理制度，规范资料管理，按以下要求建立和收集安全监理全过程资料：

（1）安全监理资料必须真实、完整，能够反映监理企业及监理人员依法履行安全监理职责的全貌。在实施安全监理过程中，应当以文字材料作为传递、反馈、记录各类信息的凭证。主要资料：专项安全施工方案（安全技术措施）审查、验收资料；安全隐患整改通知单及整改验收单；安全检查、复查记录；施工机械、安全设施审查验收资料等。

（2）监理人员应在监理日记中记录当天施工现场安全生产和安全监理工作情况，记录发现和处理的安全问题。总监理工程师应定期审阅并签署意见。

（3）监理月报应包含安全监理内容，对当月施工现场的安全施工状况和安全监理工作做出评述，报建设单位。必要时，应当报工程所在地建设行政主管部门或建筑安全监督机构。

（4）提倡使用音像资料记录施工现场安全生产重要情况和施工安全隐患，并摘要载入安全监理月报。

（5）工程竣工后，监理企业应将有关安全生产的技术文件、验收记录、监理规划、监理实施细则、监理月报、监理会议纪要及相关书面通知等按规定立卷归档。

二十一、总监应该掌握的建筑施工检查评分标准

建筑施工安全检查主要内容应包括：

1. 安全管理；

2. 文明施工；

3. 脚手架；

4. 基坑支护与模板工程；

5. "三宝"及"四口"防护；

6. 施工用电；

7. 物料提升机与外用电梯；

8. 塔吊；

9. 起重吊装；

10. 施工机具。

建筑施工安全检查评分，应以汇总表的总得分及保证项目达标与否，作为对一个施工现场安全生产情况的评价依据，分为优良、合格、不合格三个等级。

（1）优良

保证项目分值均应达到规定得分标准，汇总表得分值应在 80 分及其以上；

（2）合格

1）保证项目分值均应达到规定得分标准，汇总表得分值应在 70 分及其以上；

2）有一分表未得分，但汇总表得分值必须在 75 分及其以上；

3）当起重吊装检查评分表或施工机具检查评分表未得分，但汇总表得分值在 80 分及其以上。

（3）不合格

1）汇总表得分值不足 70 分；

2）有一分表未得分，且汇总表得分在 75 分以下；

3）当起重吊装检查评分表或施工机具检查评分表未得分，且汇总表得分值在 80 分以下。

二十二、监理的日常安全管理检查

总监可以日常组织专业监理工程师施工单位以及建设单位有关安全负责人，依据安全检查标准进行检查评分，检查结果及时下达监理整改通知单并通知建设单位。

1. 安全生产责任

（1）未建立安全责任制的；

（2）各级各部门未执行责任制的；

（3）经济承包中无安全生产指标的；

（4）未制定各工种安全技术操作规程的；

（5）未按规定配备专（兼）职安全员的；

（6）管理人员责任制考核不合格的。

2. 目标管理

（1）未制定安全管理目标（伤亡控制指标和安全达标、文明施工目标）的；

（2）未进行安全责任目标分解的；

（3）无责任目标考核规定的；

（4）考核办法未落实或落实不好的。

3. 施工组织设计

（1）施工组织设计中无安全措施；

（2）施工组织设计未经审批；

（3）专业性较强的项目，未单独编制专项安全施工组织设计；

（4）安全措施不全面；

（5）安全措施无针对性；

（6）安全措施未落实。

4. 分部（分项）工程安全技术交底

（1）无书面安全技术交底；

（2）交底针对性不强；

（3）交底不全面；

（4）交底未履行签字手续。

5. 安全检查

（1）无定期安全检查制度；

（2）安全检查无记录；

（3）检查出事故隐患整改做不到定人、定时间、定措施；

（4）对重大事故隐患整改通知书所列项目未如期完成。

6. 安全教育

（1）无安全教育制度；

（2）新入厂工人未进行三级安全教育；

（3）无具体安全教育内容；

（4）变换工种时未进行安全教育；

（5）每有一人不懂本工种安全技术操作规程；

（6）施工管理人员未按规定进行年度培训的；

（7）专职安全员未按规定进行年度培训考核或考核不合格的。

7. 班前安全活动

（1）未建立班前安全活动制度；

（2）班前安全活动无记录。

8. 特种作业持证上岗

(1) 一人未经培训从事特种作业；

(2) 一人未持操作证上岗。

9. 工伤事故处理；

(1) 工伤事故未按规定报告；

(2) 工伤事故未按事故调查分析规定处理；

(3) 未建立工伤事故档案。

10. 安全标志

(1) 无现场安全标志布置总平面图；

(2) 现场未按安全标志总平面图设置安全标志的。

二十三、监理日常文明施工检查

以下检查结果要发监理整改通知单；

1. 现场围挡

(1) 在市区主要路段的工地周围未设置高于 2.5m 的围挡；

(2) 一般路段的工地周围未设置高于 1.8m 的围挡；

(3) 围挡材料不坚固、不稳定、不整洁、不美观；

(4) 围挡没有沿工地四周连续设置的。

2. 封闭管理

(1) 施工现场进出口无大门的；

(2) 无门卫和无门卫制度的；

(3) 进入施工现场不佩戴工作卡的；

(4) 门头未设置企业标志的；

3. 施工场地

(1) 工地地面未做硬化处理的；

(2) 道路不畅通的；

(3) 无排水设施，排水不通畅的；

(4) 无防止泥浆、污水、废水外流或堵塞下水道和排水河道措施的；

(5) 工地有积水的；

(6) 工地未设置吸烟处、随意吸烟的；

(7) 温暖季节无绿化布置的。

4. 材料堆放

(1) 建筑材料、构件、料具不按总平面布局堆放的；

(2) 料堆未挂名称、品种、规格等标牌的；

(3) 堆放不整齐的；

(4) 建筑垃圾堆放不整齐、未标出名称、品种的；

(5) 易燃易爆物品未分类存放的。

5. 现场住宿

（1）在建工程兼作住宿的；

（2）施工作业区与办公、生活区不能明显划分的；

（3）宿舍无保暖和防煤气中毒措施的；

（4）宿舍无消暑和防蚊虫叮咬措施的；

（5）无床铺、生活用品放置不整齐的；

（6）宿舍周围环境不卫生、不安全的。

6. 现场防火

（1）无消防措施、制度或无灭火器材的；

（2）灭火器材配置不合理的；

（3）无消防水源（高层建筑）或不能满足消防要求的；

（4）无动火审批手续和动火监护的。

7. 治安综合治理

（1）生活区未给工人设置学习和娱乐场所的；

（2）未建立治安保卫制度的、责任未分解到人的；

（3）治安防范措施不利，常发生失盗事件的。

8. 施工现场标牌

（1）大门口处挂的五牌一图内容不全；

（2）标牌不规范、不整齐的；

（3）无安全标语；

（4）无宣传栏、读报栏、黑板报等。

9. 生活设施

（1）厕所不符合卫生要求；

（2）无厕所，随地大小便；

（3）食堂不符合卫生要求；

（4）无卫生责任制；

（5）不能保证供应卫生饮水的；

（6）无淋浴室或淋浴室不符合要求；

（7）生活垃圾未及时清理，未装容器，无专人管理的。

10. 保健急救

（1）无保健医药箱的；

（2）无急救措施和急救器材的；

（3）无经培训的急救人员；

（4）未开展卫生防病宣传教育的。

11. 社会服务

（1）无防粉尘、防噪声措施；

（2）夜间未经许可施工的；

（3）现场焚烧有毒、有害物质的；

（4）未建立施工不扰民措施的。

二十四、监理日常落地式外脚手架检查

总监日常组织专业监理工程师进行检查，下发整改通知单，并报建设单位。

1. 施工方案

(1) 脚手架无施工方案的；

(2) 脚手架高度超过规范规定无设计计算书或未经审批的；

(3) 施工方案，不能指导施工的；

2. 立杆基础

(1) 每 10 延长米立杆基础不平、不实、不符合方案设计要求的；

(2) 每 10 延长米立杆缺少底座、垫木的；

(3) 每 10 延长米无扫地杆的；

(4) 每 10 延长米脚手架立杆不埋地或无扫地杆的；

(5) 每 10 延长米无排水措施的。

3. 架体与建筑结构拉结

(1) 脚手架高度在 7m 以上，架体与建筑结构拉结，按规定要求每少一处的；

(2) 拉结不坚固的。

4. 杆件间距与剪刀撑

(1) 每 10 延长米立杆、大横杆、小横杆间距超过规定要求的每一处；

(2) 不按规定设置剪刀撑的每一处；

(3) 剪刀撑未沿脚手架高度连续设置或角度不符合要求的。

5. 脚手板与防护栏杆

(1) 脚手板不满铺；

(2) 脚手板材质不符合要求；

(3) 每有一处探头板；

(4) 脚手架外侧未设置密目式安全网的，或网间不严密；

(5) 施工层不设 1.2m 高防护栏杆和挡脚板。

6. 交底与验收

(1) 脚手架搭设前无交底；

(2) 脚手架搭设完毕未办理验收手续；

(3) 无量化的验收内容。

7. 小横杆设置

(1) 不按立杆与大横杆交点处设置小横杆的每有一处；

(2) 小横杆只固定一端的每有一处；

(3) 单排架子小横杆插入墙内小于 24cm 的每有一处。

8. 杆件搭接

(1) 木立杆、大横杆每一处搭接小于 1.5m；

(2) 钢管立杆采用搭接的每一处。

9. 架体内封闭

（1）施工层以下每隔 10m 未用平网或其他措施封闭的；

（2）施工层脚手架内立杆与建筑物之间未进行封闭的。

10. 脚手架材质

（1）木杆直径、材质不合要求的；

（2）钢管弯曲、锈蚀严重的；

（3）送检不符合要求的。

11. 通道

（1）架体不设上下通道；

（2）通道设置不符合要求的。

12. 卸料平台

（1）卸料平台未经设计计算；

（2）卸料台搭设不符合设计要求；

（3）卸料平台支撑系统与脚手架联结的；

（4）卸料平台无限定荷载标牌的。

二十五、监理对悬挑式脚手架的日常检查

总监日常组织专业监理工程师进行检查，发现以下问题应该及时下发监理整改通知单，并报建设单位。

1. 施工方案

（1）脚手架无施工方案和设计计算书或未经上级审批的；

（2）施工方案中搭设方法不具体的。

2. 悬挑梁及架体稳定

（1）外挑杆件与建筑结构连接不牢固的每有一处；

（2）悬挑梁安装不符合设计要求的每有一处；

（3）立杆底部固定不牢的每有一处；

（4）架体未按规定与建筑结构拉结的每有一处。

3. 脚手板

（1）脚手板铺设不严、不牢；

（2）脚手板材质不符合要求；

（3）每有一处探头板。

4. 荷载

（1）脚手架荷载超过规定；

（2）施工荷载堆放不均匀每有一处。

5. 交底与验收

（1）脚手架搭设不符合方案要求；

（2）每段脚手架搭设后，无验收资料；

（3）无交底记录。

6. 杆件间距

（1）每 10 延长米立杆间距超过规定；

（2）大横杆间距超过规定。

7. 架体防护

（1）施工层外侧未设置 1.2m 高防护栏杆和未设 18cm 高的踏脚板；

（2）脚手架外侧不挂密目式安全网或网间不严密。

8. 层间防护

（1）作业层下无平网或其他措施防护的；

（2）防护不严密。

9. 脚手架材质

杆件直径、型钢规格及材质不符合要求。

二十六、监理对吊篮脚手架的日常检查

总监日常组织专业监理工程师进行检查，发现以下问题应该及时下发监理整改通知单，并报建设单位。

1. 施工方案

（1）无施工方案、无设计计算书或未经上级审批；

（2）施工方案不具体、指导性差。

2. 制作组装

（1）挑梁锚固或配重等抗倾覆装置不合格；

（2）吊篮组装不符合设计要求；

（3）电动（手扳）葫芦使用非合格产品；

（4）吊篮使用前未经荷载试验。

3. 安全装置

（1）升降葫芦无保险卡或失效的；

（2）升降吊篮无保险绳或失效的；

（3）无吊钩保险的；

（4）作业人员未系安全带或安全带挂在吊篮升降用的钢丝绳上。

4. 脚手板

（1）脚手板铺设不满、不牢；

（2）脚手板材质不合要求；

（3）每有一处探头板。

5. 升降操作

（1）操作升降的人员不固定和未经培训；

（2）升降作业时有其他人员在吊篮内停留；

（3）两片吊篮连在一起同时升降无同步装置或虽有但达不到同步的。

6. 交底与验收

（1）每次提升后未经验收上人作业的；

（2）提升及作业未经交底的。

7. 防护

(1) 吊篮外侧防护不符合要求的；

(2) 外侧立网封闭不整齐的；

(3) 单片吊篮升降两端头无防护的。

8. 防护顶板

(1) 多层作业无防护顶板的；

(2) 防护顶板设置不符合要求。

9. 架体稳定

(1) 作业时吊篮未与建筑结构拉牢；

(2) 吊篮钢丝绳斜拉或吊篮离墙空隙过大。

10. 荷载

(1) 施工荷载超过设计规定的；

(2) 荷载堆放不均匀的。

二十七、监理对基坑支护日常安全检查

总监日常组织专业监理工程师进行检查，发现以下问题应该及时下发监理整改通知单，并报建设单位。

1. 施工方案

(1) 基础施工无支护方案的；

(2) 施工方案针对性差不能指导施工的；

(3) 基坑深度超过 5m 无专项支护设计的；

(4) 支护设计及方案未经上级审批的。

2. 临边防护

(1) 深度超过 2m 的基坑施工无临边防护措施的；

(2) 临边及其他防护不符合要求的。

3. 坑壁支护

(1) 坑槽开挖设置安全边坡不符合安全要求的；

(2) 特殊支护的做法不符合设计方案的；

(3) 支护设施已产生局部变形又未采取措施调整的。

4. 排水措施

(1) 基坑施工未设置有效排水措施的；

(2) 深基施工采用坑外降水，无防止临近建筑危险沉降措施的。

5. 坑边荷载

(1) 积土、料具堆放距槽边距离小于设计规定的；

(2) 机械设备施工与槽边距离不符合要求，又无措施的。

6. 上下通道

(1) 人员上下无专用通道的；

(2) 设置的通道不符合要求的。

7. 土方开挖

(1) 施工机械进场未经验收的；

(2) 挖土机作业时，有人员进入挖土机作业半径内的；

(3) 挖土机作业位置不牢，不安全的；

(4) 司机无证作业的；

(5) 未按规定程序挖土或超挖的。

8. 基坑支护变形监测

(1) 未按规定进行基坑支护变形监测的；

(2) 未按规定对毗邻建筑物和重要管线和道路进行沉降观测的。

9. 作业环境

(1) 基坑内作业人员无安全立足点的；

(2) 垂直作业上下无隔离防护措施的；

(3) 光线不足未设置足够照明的。

二十八、监理对模板工程日常安全检查

总监日常组织专业监理工程师进行检查，发现以下问题应该及时下发监理整改通知单，并报建设单位。

1. 施工方案

(1) 模板工程无施工方案或施工方案未经审批的；

(2) 未根据混凝土输送方法制定有针对性安全措施的。

2. 支撑系统

(1) 现浇混凝土模板的支撑系统无设计计算的；

(2) 支撑系统不符合设计要求的。

3. 立柱稳定

(1) 支撑模板的立柱材料不符合要求的；

(2) 立柱底部无垫板或用砖垫高的；

(3) 不按规定设置纵横向支撑的；

(4) 立柱间距不符合规定的。

4. 施工荷载

(1) 模板上施工荷载超过规定的；

(2) 模板上堆料不均匀的。

5. 模板存放

(1) 大模板存放无防倾倒措施的；

(2) 各种模板存放不整齐、过高等不符合安全要求的。

6. 支拆模板

(1) 2m 以上高处作业无可靠立足点的；

(2) 拆除区域未设置警戒线且无监护人的；

(3) 留有未拆除的悬空模板的。

7. 模板验收

(1) 模板拆除前未经拆模申请批准的;

(2) 模板工程无验收手续的;

(3) 验收单无量化验收内容的;

(4) 支拆模板未进行安全技术交底的。

8. 混凝土强度

(1) 模板拆除前无混凝土强度报告的;

(2) 混凝土强度未达规定提前拆模的。

9. 运输道路

(1) 在模板上运输混凝土无走道垫板的;

(2) 走道垫板不稳不牢的。

10. 作业环境

(1) 作业面孔洞及临边无防护措施的;

(2) 垂直作业上下无隔离防护措施的。

二十九、监理对"三宝"、"四口"的防护检查

总监日常组织专业监理工程师进行检查,发现以下问题应该及时下发监理整改通知单,并报建设单位。

1. 安全帽

(1) 有一人不戴安全帽的;

(2) 安全帽不符合标准的每发现一顶;

(3) 不按规定佩戴安全帽的有一人。

2. 安全网

(1) 在建工程外侧未用密目安全网封闭的;

(2) 安全网规格、材质不符合要求的;

(3) 安全网未取得建筑安全监督管理部门准用证的。

3. 安全带

(1) 每有一个未系安全带的;

(2) 有一个安全带系挂不符合要求的;

(3) 安全带不符合标准,每一发现一条。

4. 楼梯口、电梯井口防护

(1) 每一处无防护措施的;

(2) 每一处防护措施不符合要求或不严密的;

(3) 防护设施未形成定型化、工具化的;

(4) 电梯井内每隔两层(不大于10m)少一道平网的。

5. 预留洞口、坑井防护

(1) 每一处无防护措施;

(2) 防护设施未形成定型化、工具化的;

（3）每一处防护措施不符合要求的或不严密的。

6. 通道口防护

（1）每一处无防护棚；

（2）每一处防护不严；

（3）每一处防护棚不牢固、材质不符合要求的。

7. 阳台、楼板、屋面等临边防护

（1）每一处临边无防护的；

（2）每一处临边防护不严、不符合要求的。

三十、监理对施工用电检查

总监日常组织专业监理工程师进行检查，发现以下问题应该及时下发监理整改通知单，并报建设单位。

1. 外电防护

（1）小于安全距离又无防护措施的；

（2）防护措施不符合要求、封闭不严密的。

2. 接地与接零保护系统

（1）工作接地与重复接地不符合要求的；

（2）未采用 TN-S 系统的；

（3）专用保护零线设置不符合要求的；

（4）保护零线与工作零线混接的。

3. 配电箱开关箱

（1）不符合"三级配电两级保护"要求的；

（2）开关箱（末级）无漏电保护或保护器失灵；

（3）漏电保护装置参数不匹配，每发现一处；

（4）电箱内无隔离开关每一处；

（5）违反"一机、一闸、一漏、一箱"的每一处；

（6）安装位置不当、周围杂物多等不便操作的每一处；

（7）闸具损坏、闸具不符合要求的每一处；

（8）配电箱内多路配电无标记的每一处；

（9）电箱下引出线混乱每一处；

（10）电箱无门、无锁、无防雨措施的每一处。

4. 现场照明

（1）照明专用回路无漏电保护；

（2）灯具金属外壳未作接零保护的每一处；

（3）室内线路及灯具安装高度低于 2.4 m 未使用安全电压供电的；

（4）潮湿作业未使用 36V 以下安全电压的；

（5）使用 36V 安全电压照明线路混乱和接头处未使用绝缘布包扎；

（6）手持照明灯未使用 36V 及以下电源供电。

5. 配电线路

(1) 电线老化、破皮未包扎的每一处;

(2) 线路过道无保护的每一处;

(3) 电杆、横担不符合要求的;

(4) 架空线路不符合要求的;

(5) 未使用五芯线(电缆)的;

(6) 使用四芯缆外加一根线替代五芯电缆的;

(7) 电缆架设或埋设不符合要求的。

6. 电器装置

(1) 闸具、熔断器参数与设备容量不匹配、安装不合要求的每一处;

(2) 用其他金属丝代替熔丝的。

7. 变配电装置

不符合安全规定的

8. 用电档案

(1) 无专项用电施工组织的;

(2) 无地极阻值摇测记录的;

(3) 无电工巡视维修记录或填写不真实的;

(4) 档案乱、内容不全、无专人管理的。

三十一、监理对外用电梯(人货两用电梯)的检查

总监日常组织专业监理工程师进行检查,发现以下问题应该及时下发监理整改通知单,并报建设单位。

1. 安全装置

(1) 吊笼安全装置未经试验或不灵敏的;

(2) 门连锁装置不起作用的。

2. 安全防护

(1) 地面吊笼出入口无防护棚的;

(2) 防护棚材质搭设不符合要求的;

(3) 每层卸料口无防护门的;

(4) 有防护门不使用的;

(5) 卸料台口搭设不符合要求。

3. 司机

(1) 司机无证上岗作业的;

(2) 每班作业前不按规定试车;

(3) 不按规定交接班或无交接记录的。

4. 荷载

(1) 超过规定承载人数无控制措施的,扣 10 分;

(2) 超过规定重量无控制措施的,扣 10 分;

（3）未加配重载人的。

5. 安装与拆卸

（1）未制定安装拆卸方案的；

（2）拆装队伍没有取得资格证书的。

6. 安装验收

（1）电梯安装后无验收或拆装无交底的；

（2）验收单上无量化验收内容。

7. 架体稳定

（1）架体垂直度超过说明书规定的；

（2）架体与建筑结构附着不符合要求的；

（3）架体附着装置与脚手架连接的。

8. 联络信号

（1）无联络信号；

（2）信号不准确的。

9. 电气安全

（1）电气安装不符合要求的；

（2）电气控制无漏电保护装置的。

10. 避雷

（1）在避雷保护范围外无避雷装置的；

（2）避雷装置不符合要求的。

三十二、监理对物料提升机（龙门架、井字架）的检查

总监日常组织专业监理工程师进行检查，发现以下问题应该及时下发监理整改通知单，并报建设单位。

1. 架体制作

（1）无设计计算书或未经上级审批；

（2）架体制作不符合设计要求和规范要求的；

（3）使用厂家生产的产品，无建筑安全监督管理部门准用证的。

2. 限位保险装置

（1）吊篮无停靠装置的；

（2）停靠装置未形成定型化的；

（3）无超高限位装置的；

（4）使用摩擦式卷扬机超高限位采用断电方式的；

（5）高架提升机无下极限限位器、缓冲器或无超载限制器的每一项。

3. 缆风绳

（1）架高 20m 以下时设一组，20～30m 设两组；

（2）缆风绳不使用钢丝绳的；

（3）钢丝绳直径小于 9.3mm 或角度不符合 45°～60°的；

（4）地锚不符合要求的。

4. 与建筑结构连接

（1）连墙杆的位置不符合规范要求的；

（2）连墙杆连接不牢的；

（3）连墙杆与脚手架连接的；

（4）连墙杆材质或连接做法不符合要求的。

5. 钢丝绳

（1）钢丝绳磨损已超过报废标准的；

（2）钢丝绳锈蚀、缺油的；

（3）绳卡不符合规定的；

（4）钢丝绳无过路保护的；

（5）钢丝绳拖地。

6. 楼层卸料平台防护

（1）卸料平台两侧无防护栏杆或防护不严的；

（2）平台脚手板搭设不严、不牢的；

（3）平台无防护门或不起作用的每一处；

（4）防护门未形成定型化、工具化的；

（5）地面进料口无防护棚或不符合要求的。

7. 吊篮

（1）吊篮无安全门的；

（2）安全门未形成定型化、工具化的；

（3）高架提升机不用吊笼的；

（4）违章乘坐吊篮上下的；

（5）吊篮提升使用单根钢丝绳的。

8. 安装验收

（1）无验收手续和责任人签字的；

（2）验收单无量化验收内容的。

9. 架体

（1）架体安装拆除无施工方案的；

（2）架体基础不符合要求的；

（3）架体垂直偏差超过规定的；

（4）架体与吊篮间隙超过规定；

（5）架体外侧无立网防护或防护不严的；

（6）摇臂扒杆未经设计的或安装不符合要求或无保险绳的；

（7）井字架开口处未加固的。

10. 传动系统

（1）卷扬机地锚不牢固；

（2）卷筒钢丝绳缠绕不整齐；

（3）第一个导向滑轮距离小于 15 倍卷筒宽度的；

（4）滑轮翼缘破损或与架体柔性连接；

（5）卷筒上无防止钢丝绳滑脱保险装置；

（6）滑轮与钢丝绳不匹配的。

11. 联络信号

（1）无联络信号的；

（2）信号方式不合理、不准确。

12. 卷扬机操作棚

（1）卷扬机无操作棚的；

（2）操作棚不符合要求的。

13. 避雷

（1）防雷保护范围以外无避雷装置的；

（2）避雷装置不符合要求的。

三十三、监理对塔吊的检查

总监日常组织专业监理工程师进行检查，发现以下问题应该及时下发监理整改通知单，并报建设单位。

1. 力矩限制器

（1）无力矩限制器；

（2）力矩限制器不灵敏。

2. 限位器

（1）无超高、变幅、行走限位的每项；

（2）限位器不灵敏的每项。

3. 保险装置

（1）吊钩无保险装置；

（2）卷扬机滚筒无保险装置；

（3）上人爬梯无护圈或护圈不符合要求。

4. 附墙装置与夹轨钳

（1）塔吊高度超过规定不安装附墙装置的；

（2）附墙装置安装不符合说明书要求的；

（3）有夹轨钳不用每一处。

5. 安装与拆卸

（1）未制定安装拆卸方案的；

（2）作业队伍没有取得资格证的。

6. 塔吊指挥

（1）司机无证上岗；

（2）指挥无证上岗；

（3）高塔指挥不使用旗语或对讲机的。

7. 路基与轨道

（1）路基不坚实、不平整、无排水措施；

（2）枕木铺设不符合要求；

（3）道钉与接头螺栓数量不足；

（4）轨距偏差超过规定的；

（5）轨道无极限位置阻挡器；

（6）高塔基础不符合设计要求。

8. 电气安全

（1）行走塔吊无卷线器或失灵；

（2）塔吊与驾空线路小于安全距离又无防护措施；

（3）防护措施不符合要求；

（4）道轨无接地、接零或接地、接零不符合要求。

9. 多塔作业

（1）两台以上塔吊作业、无防碰撞措施；

（2）措施不可靠。

10. 安装验收

（1）安装完毕无验收资料或无责任人签字的；

（2）验收单上无量化验收内容。

三十四、监理对起重吊装安全检查

总监日常组织专业监理工程师进行检查，发现以下问题应该及时下发监理整改通知单，并报建设单位。

1. 施工方案

起重吊装作业无方案

作业方案未经上级审批或方案针对性不强

2. 起重机

（1）起重机无超高和力矩限制器；

（2）吊钩无保险装置；

（3）起重机未取得准用证；

（4）起重机安装后未经验收。

3. 起重机扒杆

（1）起重扒杆无设计计算书或未经审批；

（2）扒杆组装不符合设计要求；

（3）扒杆使用前未经试吊。

4. 钢丝绳与地锚

（1）起重钢丝绳磨损、断丝超标的；

（2）滑轮不符合规定的，缆风绳安全系数小于 3.5 倍的；

（3）地锚埋设不符合设计要求。

5. 吊点

(1) 不符合设计规定位置的；

(2) 索具使用不合理、绳径倍数不够的。

6. 司机、指挥

(1) 司机无证上岗的，非本机型司机操作的；

(2) 指挥无证上岗的；

(3) 高处作业无信号传递的。

7. 地耐力

(1) 起重机作业路面地耐力不符合说明书要求的；

(2) 地面铺垫措施达不到要求的。

8. 起重作业

(1) 被吊物体重量不明就吊装的；

(2) 有超载作业情况的；

(3) 每次作业前未经试吊检查的。

9. 高处作业

(1) 结构吊装未设置防坠落措施的；

(2) 作业人员不系安全带或安全带无牢靠悬挂点的，人员上下无专设爬梯、斜道的。

10. 作业平台

(1) 起重吊装人员作业无可靠立足点的；

(2) 作业平台临边防护不符合规定的；

(3) 作业平台脚手板不满铺的。

11. 构件堆放

(1) 楼板堆放超过 1.6m 高度的；

(2) 其他物件堆放高度不符合规定的；

(3) 大型构件堆放无稳定措施的。

12. 警戒

(1) 起重吊装作业区无警戒标志；

(2) 未设专人警戒。

13. 操作工

起重工、电焊工无安全操作证上岗的。

三十五、监理对施工机具的检查

总监日常组织专业监理工程师进行检查，发现以下问题应该及时下发监理整改通知单，并报建设单位。

1. 平刨

(1) 平刨安装后无验收合格手续；

(2) 无护手安全装置；

(3) 传动部位无防护罩；

(4) 未做保护接零、无漏点保护器的；

（5）无人操作时未切断电源的；

（6）平刨和圆盘踞合用一台电机的多功能木工机具的。

2．圆盘踞

（1）电锯安装后无验收合格手续；

（2）无锯盘护罩、分料器、防护挡板安全装置和传动部位无防护每缺一的；

（3）未做保护接零、无漏电保护器的；

（4）无人操作时未切断电源的。

3．手持电动工具

（1）Ⅰ类手持电动工具无保护接零的；

（2）使用Ⅰ类手持电动工具不按规定穿戴绝缘用品的；

（3）使用手持电动工具随意接长电源线或更换插头的。

4．钢筋机械

（1）机械安装后无验收合格手续的；

（2）未做保护接零、无漏电保护器的；

（3）钢筋冷拉作业区及对焊作业区无防护措施的；

（4）传动部位无防护的。

5．电焊机

（1）电焊机安装后无验收合格手续的；

（2）未做保护接零、无漏电保护器的；

（3）无二次空载降压保护器或无触电保护器的；

（4）一次线长度超过规定或不穿管保护的，电源不使用自动开关的；

（5）焊把线接头超过 3 处或绝缘老化的；

（6）电焊机无防雨罩的。

6．搅拌机

（1）搅拌机安装后无验收合格手续的；

（2）未做保护接零、无漏电保护器的；

（3）离合器、制动器、钢丝绳达不到要求的；

（4）操作手柄无保险装置的；

（5）搅拌机无防雨棚和作业台不安全的；

（6）料斗无保险挂钩或挂钩不使用的；

（7）传动部位无防护罩的；

（8）作业平台不平稳的。

7．气瓶

（1）各种气瓶无标准色标的；

（2）气瓶间距小于 5m、距明火小于 10m 又无隔离措施的；

（3）乙炔瓶使用或存放时平放的；

（4）气瓶存放不符合要求的；

（5）气瓶无防震圈和防护帽的。

8．翻斗车

(1) 翻斗车未取得准用证的；

(2) 翻斗车制动装置不灵敏的；

(3) 无证司机驾车的；

(4) 行车载人或违章行车的每发现一次。

9. 潜水泵

(1) 未做保护接零、无漏电保护器的；

(2) 保护装置不灵敏、使用不合理的。

10. 打桩机械

(1) 打桩机未取得准用证和安装后无验收合格手续的；

(2) 打桩机无超高限位装置的；

(3) 打桩机行走路线的地耐力不符合说明书要求的；

(4) 打桩机作业无方案的；

(5) 打桩机操作违反操作规程的。

三十六、安全管理保证项目的检查规定

1. 安全生产责任制

(1) 工程项目部应建立以项目经理为第一责任人的各级管理人员安全生产责任制；

(2) 安全生产责任制应经责任人签字确认；

(3) 工程项目部应有各工种安全技术操作规程；

(4) 工程项目部应按规定配备专职安全员；

(5) 对实行经济承包的工程项目，承包合同中应有安全生产考核指标；

(6) 工程项目部应制定安全生产资金保障制度；

(7) 按安全生产资金保障制度，应编制安全资金使用计划，并应按计划实施；

(8) 工程项目部应制定以伤亡事故控制、现场安全达标、文明施工为主要内容的安全生产管理目标；

(9) 按安全生产管理目标和项目管理人员的安全生产责任制，应进行安全生产责任目标分解；

(10) 应建立对安全生产责任制和责任目标的考核制度；

(11) 按考核制度，应对项目管理人员定期进行考核。

2. 施工组织设计及专项施工方案

(1) 工程项目部在施工前应编制施工组织设计，施工组织设计应针对工程特点、施工工艺制定安全技术措施；

(2) 危险性较大的分部分项工程应按规定编制专项施工安全方案，专项施工方案应有针对性，并按有关规定进行设计计算；

(3) 超过一定规模危险性较大的分部分项工程，施工单位应组织专家对专项施工方案进行论证；

(4) 施工组织设计、安全专项施工方案，应由有关部门审核，施工单位技术负责人、监理单位项目总监批准；

（5）工程项目部应按施工组织设计、专项施工方案组织实施。

3. 安全技术交底

（1）施工负责人在分派生产任务时，应对相关管理人员、施工作业人员进行书面安全技术交底；

（2）安全技术交底应按施工工序、施工部位、施工栋号分部分项进行；

（3）安全技术交底应结合施工作业场所状况、特点、工序，对危险因素、施工方案、规范标准、操作规程和应急措施进行交底；

（4）安全技术交底应由交底人、被交底人、专职安全员进行签字确认。

4. 安全检查

（1）工程项目部应建立安全检查制度；

（2）安全检查应由项目负责人组织，专职安全员及相关专业人员参加，定期进行并填写检查记录；

（3）对检查中发现的事故隐患应下达隐患整改通知单，定人、定时间、定措施进行整改。重大事故隐患整改后，应由相关部门组织复查。

5. 安全教育

（1）工程项目部应建立安全教育培训制度；

（2）当施工人员入场时，工程项目部应组织进行以国家安全法律法规、企业安全制度、施工现场安全管理规定及各工种安全技术操作规程为主要内容的三级安全教育培训和考核；

（3）当施工人员变换工种或采用新技术、新工艺、新设备、新材料施工时，应进行安全教育培训；

（4）施工管理人员、专职安全员每年度应进行安全教育培训和考核。

6. 应急救援

（1）工程项目部应针对工程特点，进行重大危险源的辨识。应制定防触电、防坍塌、防高处坠落、防起重及机械伤害、防火灾、防物体打击等主要内容的专项应急救援预案，并对施工现场易发生重大安全事故的部位、环节进行监控；

（2）施工现场应建立应急救援组织，培训、配备应急救援人员，定期组织员工进行应急救援演练；

（3）按应急救援预案要求，应配备应急救援器材和设备。

三十七、安全管理一般项目的检查规定

1. 分包单位安全管理

（1）总包单位应对承揽分包工程的分包单位进行资质、安全生产许可证和相关人员安全生产资格的审查；

（2）当总包单位与分包单位签订分包合同时，应签订安全生产协议书，明确双方的安全责任；

（3）分包单位应按规定建立安全机构，配备专职安全员。

2. 持证上岗

（1）从事建筑施工的项目经理、专职安全员和特种作业人员，必须经行业主管部门培训考核合格，取得相应资格证书，方可上岗作业；

（2）项目经理、专职安全员和特种作业人员应持证上岗。

3. 生产安全事故处理

（1）当施工现场发生生产安全事故时，施工单位应按规定及时报告；

（2）施工单位应按规定对生产安全事故进行调查分析，制定防范措施；

（3）应依法为施工作业人员办理保险。

4. 安全标志

（1）施工现场入口处及主要施工区域、危险部位应设置相应的安全警示标志牌；

（2）施工现场应绘制安全标志布置图；

（3）应根据工程部位和现场设施的变化，调整安全标志牌设置；

（4）施工现场应设置重大危险源公示牌。

三十八、文明施工保证项目的检查规定

1. 现场围挡

（1）市区主要路段的工地应设置高度不小于 2.5m 的封闭围挡；

（2）一般路段的工地应设置高度不小于 1.8m 的封闭围挡；

（3）围挡应坚固、稳定、整洁、美观。

2. 封闭管理

（1）施工现场进出口应设置大门，并应设置门卫值班室；

（2）应建立门卫职守管理制度，并应配备门卫职守人员；

（3）施工人员进入施工现场应佩戴工作卡；

（4）施工现场出入口应标有企业名称或标识，并应设置车辆冲洗设施。

3. 施工场地

（1）施工现场的主要道路及材料加工区地面应进行硬化处理；

（2）施工现场道路应畅通，路面应平整坚实；

（3）施工现场应有防止扬尘措施；

（4）施工现场应设置排水设施，且排水通畅无积水；

（5）施工现场应有防止泥浆、污水、废水污染环境的措施；

（6）施工现场应设置专门的吸烟处，严禁随意吸烟；

（7）温暖季节应有绿化布置。

4. 材料管理

（1）建筑材料、构件、料具应按总平面布局进行码放；

（2）材料应码放整齐，并应标明名称、规格等；

（3）施工现场材料码放应采取防火、防锈蚀、防雨等措施；

（4）建筑物内施工垃圾的清运，应采用器具或管道运输，严禁随意抛掷；

（5）易燃易爆物品应分类储藏在专用库房内，并应制定防火措施。

5. 现场办公与住宿

(1) 施工作业、材料存放区与办公、生活区应划分清晰，并应采取相应的隔离措施；

(2) 在施工程、伙房、库房不得兼做宿舍；

(3) 宿舍、办公用房的防火等级应符合规范要求；

(4) 宿舍应设置可开启式窗户，床铺不得超过 2 层，通道宽度不应小于 0.9m；

(5) 宿舍内住宿人员人均面积不应小于 $2.5m^2$，且不得超过 16 人；

(6) 冬季宿舍内应有采暖和防一氧化碳中毒措施；

(7) 夏季宿舍内应有防暑降温和防蚊蝇措施；

(8) 生活用品应摆放整齐，环境卫生应良好。

6. 现场防火

(1) 施工现场应建立消防安全管理制度、制定消防措施；

(2) 施工现场临时用房和作业场所的防火设计应符合规范要求；

(3) 施工现场应设置消防通道、消防水源，并应符合规范要求；

(4) 施工现场灭火器材应保证可靠有效，布局配置应符合规范要求；

(5) 明火作业应履行动火审批手续，配备动火监护人员。

三十九、文明施工一般项目的检查规定

1. 综合治理

(1) 生活区内应设置供作业人员学习和娱乐的场所；

(2) 施工现场应建立治安保卫制度、责任分解落实到人；

(3) 施工现场应制定治安防范措施。

2. 公示标牌

(1) 大门口处应设置公示标牌，主要内容应包括：工程概况牌、消防保卫牌、安全生产牌、文明施工牌、管理人员名单及监督电话牌、施工现场总平面图；

(2) 标牌应规范、整齐、统一；

(3) 施工现场应有安全标语；

(4) 应有宣传栏、读报栏、黑板报。

3. 生活设施

(1) 应建立卫生责任制度并落实到人；

(2) 食堂与厕所、垃圾站、有毒有害场所等污染源的距离应符合规范要求；

(3) 食堂必须有卫生许可证，炊事人员必须持身体健康证上岗；

(4) 食堂使用的燃气罐应单独设置存放间，存放间应通风良好，并严禁存放其他物品；

(5) 食堂的卫生环境应良好,且应配备必要的排风、冷藏、消毒、防鼠、防蚊蝇等设施；

(6) 厕所内的设施数量和布局应符合规范要求；

(7) 厕所必须符合卫生要求；

(8) 必须保证现场人员卫生饮水；

(9) 应设置淋浴室，且能满足现场人员需求；

(10) 生活垃圾应装入密闭式容器内，并应及时清理。

4. 社区服务

(1) 夜间施工前，必须经批准后方可进行施工；

(2) 施工现场严禁焚烧各类废弃物；

(3) 施工现场应制定防粉尘、防噪声、防光污染等措施；

(4) 应制定施工不扰民措施。

四十、扣件式钢管脚手架保证项目的检查规定

1. 施工方案

(1) 架体搭设应编制专项施工方案，结构设计应进行计算，并按规定进行审核、审批；

(2) 当架体搭设超过规范允许高度时，应组织专家对专项施工方案进行论证。

2. 立杆基础

(1) 立杆基础应按方案要求平整、夯实，并应采取排水措施，立杆底部设置的垫板、底座应符合规范要求；

(2) 架体应在距立杆底端高度不大于 200mm 处设置纵、横向扫地杆，并应用直角扣件固定在立杆上，横向扫地杆应设置在纵向扫地杆的下方。

3. 架体与建筑结构拉结

(1) 架体与建筑结构拉结应符合规范要求；

(2) 连墙件应从架体底层第一步纵向水平杆处开始设置，当该处设置有困难时应采取其他可靠措施固定；

(3) 对搭设高度超过 24m 的双排脚手架，应采用刚性连墙件与建筑结构可靠拉结。

4. 杆件间距与剪刀撑

(1) 架体立杆、纵向水平杆、横向水平杆间距应符合设计和规范要求；

(2) 纵向剪刀撑及横向斜撑的设置应符合规范要求；

(3) 剪刀撑杆件的接长、剪刀撑斜杆与架体杆件的固定应符合规范要求。

5. 脚手板与防护栏杆

(1) 脚手板材质、规格应符合规范要求，铺板应严密、牢靠；

(2) 架体外侧应采用密目式安全网封闭，网间连接应严密；

(3) 作业层应按规范要求设置防护栏杆；

(4) 作业层外侧应设置高度不小于 180mm 的挡脚板。

6. 交底与验收

(1) 架体搭设前应进行安全技术交底，并应有文字记录；

(2) 当架体分段搭设、分段使用时，应进行分段验收；

(3) 搭设完毕应办理验收手续，验收应有量化内容并经责任人签字确认。

四十一、扣件式钢管脚手架一般项目的检查规定

1. 横向水平杆设置

(1) 横向水平杆应设置在纵向水平杆与立杆相交的主节点处，两端应与纵向水平杆

固定；

（2）作业层应按铺设脚手板的需要增加设置横向水平杆；

（3）单排脚手架横向水平杆插入墙内不应小于 180mm。

2. 杆件连接

（1）纵向水平杆杆件宜采用对接，若采用搭接，其搭接长度不应小于 1m，且固定应符合规范要求；

（2）立杆除顶步外，不得采用搭接；

（3）扣件紧固力矩不应小于 40N·m，且不应大于 65N·m。

3. 层间防护

（1）作业层脚手板下应采用安全平网兜底，以下每隔 10m 应采用安全平网封闭；

（2）作业层里排架体与建筑物之间应采用脚手板或安全平网封闭。

4. 构配件材质

（1）钢管直径、壁厚、材质应符合规范要求；

（2）钢管弯曲、变形、锈蚀应在规范允许范围内；

（3）扣件应进行复试且技术性能符合规范要求。

5. 通道

（1）架体应设置供人员上下的专用通道；

（2）专用通道的设置应符合规范要求。

四十二、悬挑式脚手架保证项目的检查规定

1. 施工方案

（1）架体搭设应编制专项施工方案，结构设计应进行计算；

（2）架体搭设超过规范允许高度，专项施工方案应按规定组织专家论证；

（3）专项施工方案应按规定进行审核、审批。

2. 悬挑钢梁

（1）钢梁截面尺寸应经设计计算确定，且截面型式应符合设计和规范要求；

（2）钢梁锚固端长度不应小于悬挑长度的 1.25 倍；

（3）钢梁锚固处结构强度、锚固措施应符合设计和规范要求；

（4）钢梁外端应设置钢丝绳或钢拉杆与上层建筑结构拉结；

（5）钢梁间距应按悬挑架体立杆纵距设置。

3. 架体稳定

（1）立杆底部应与钢梁连接柱固定；

（2）承插式立杆接长应采用螺栓或销钉固定；

（3）纵横向扫地杆的设置应符合规范要求；

（4）剪刀撑应沿悬挑架体高度连续设置，角度应为 45°～ 60°；

（5）架体应按规定设置横向斜撑；

（6）架体应采用刚性连墙件与建筑结构拉结，设置的位置、数量应符合设计和规范要求。

4. 脚手板

（1）脚手板材质、规格应符合规范要求；

（2）脚手板铺设应严密、牢固，探出横向水平杆长度不应大于 150mm。

5. 荷载

架体上施工荷载应均匀，并不应超过设计和规范要求。

6. 交底与验收

（1）架体搭设前应进行安全技术交底，并应有文字记录；

（2）架体分段搭设、分段使用时，应进行分段验收；

（3）搭设完毕应办理验收手续，验收应有量化内容并经责任人签字确认。

四十三、悬挑式脚手架一般项目的规定

1. 杆件间距

（1）立杆纵、横向间距、纵向水平杆步距应符合设计和规范要求；

（2）作业层应按脚手板铺设的需要增加横向水平杆。

2. 架体防护

（1）作业层应按规范要求设置防护栏杆；

（2）作业层外侧应设置高度不小于的挡脚板；

（3）架体外侧应采用密目式安全网封闭，网间连接应严密。

3. 层间防护

（1）架体作业层脚手板下应采用安全平网兜底，以下每隔 10m 应采用安全平网封闭；

（2）作业层里排架体与建筑物之间应采用脚手板或安全平网封闭；

（3）架体底层沿建筑结构边缘在悬挑钢梁与悬挑钢梁之间应采取措施封闭；

（4）架体底层应进行封闭。

4. 构配件材质

（1）型钢、钢管、构配件规格材质应符合规范要求；

（2）型钢、钢管弯曲、变形、锈蚀应在规范允许范围内。

四十四、基坑工程保证项目的检查规定

1. 施工方案

（1）基坑工程施工应编制专项施工方案，开挖深度超过 3m 或虽未超过 3m。但地质条件和周边环境复杂的基坑土方开挖、支护、降水工程，应单独编制专项施工方案；

（2）专项施工方案应按规定进行审核、审批；

（3）开挖深度超过 5m 的基坑土方开挖、支护、降水工程或开挖深度虽未超过但地质条件、周围环境复杂的基坑土方开挖、支护、降水工程专项施工方案，应组织专家进行论证；

（4）当基坑周边环境或施工条件发生变化时，专项施工方案应重新进行审核、审批。

2. 基坑支护

（1）人工开挖的狭窄基槽，开挖深度较大并存在边坡坍方危险时，应采取支护措施；

（2）地质条件良好、土质均匀且无地下水的自然放坡的坡率应符合规范要求；

（3）基坑支护结构应符合设计要求；

（4）基坑支护结构水平位移应在设计允许范围内。

3. 降排水

（1）当基坑开挖深度范围内有地下水时，应采取有效的降排水措施；

（2）基坑边沿周围地面应设排水沟；放坡开挖时，应对坡顶、坡面、坡脚采取降排水措施；

（3）基坑底四周应按专项施工方案设排水沟和集水井，并应及时排除积水。

4. 基坑开挖

（1）基坑支护结构必须在达到设计要求的强度后，方可开挖下层土方，严禁提前开挖；

（2）基坑开挖应按设计和施工方案的要求，分层、分段、均衡开挖；

（3）基坑开挖应采取措施防止碰撞支护结构、工程桩或扰动基底原状土土层；

（4）当采用机械在软土场地作业时，应采取铺设渣土或砂石等硬化措施。

5. 坑边荷载

（1）基坑边堆置土、料具等荷载应在基坑支护设计允许范围内；

（2）施工机械与基坑边沿的安全距离应符合设计要求。

6. 安全防护

（1）开挖深度超过 2m 及以上的基坑周边必须安装防护栏杆，防护栏杆的安装应符合规范要求；

（2）基坑内应设置供施工人员上下的专用梯道。梯道应设置扶手栏杆，梯道的宽度不应小于 1m，梯道搭设应符合规范要求；

（3）降水井口应设置防护盖板或围栏，并应设置明显的警示标志。

四十五、基坑工程一般项目的检查规定

1. 基坑监测

（1）基坑开挖前应编制监测方案，并应明确监测项目、监测报警值、监测方法和监测点的布置、监测周期等内容；

（2）监测的时间间隔应根据施工进度确定。当监测结果变化速率较大时，应加密观测次数；

（3）基坑开挖监测工程中，应根据设计要求。

2. 支撑拆除

（1）基坑支撑结构的拆除方式、拆除顺序应符合专项施工方案的要求；

（2）当采用机械拆除时，施工荷载应小于支撑结构承载能力；

（3）人工拆除时，应按规定设置防护设施；

（4）当采用爆破拆除、静力破碎等拆除方式时，必须符合国家现行相关规范的要求。

3. 作业环境

（1）基坑内土方机械、施工人员的安全距离应符合规范要求；

（2）上下垂直作业应按规定采取有效的防护措施；

（3）在电力、通信、燃气、上下水等管线 2m 范围内挖土时，应采取安全保护措施，并应设专人监护；

（4）施工作业区域应采光良好，当光线较弱时应设置有足够照度的光源。

4. 应急预案

（1）基坑工程应按规范要求结合工程施工过程中可能出现的支护变形、漏水等影响基坑工程安全的不利因素制订应急预案；

（2）应急组织机构应健全，应急的物资、材料、工具、机具 等品种、规格、数量应满足应急的需要，并应符合应急预案的要求。

四十六、模板支架保证项目的检查规定

1. 施工方案

（1）模板支架搭设应编制专项施工方案，结构设计应进行计算，并应按规定进行审核、审批；

（2）模板支架搭设高度 8m 及以上；跨度 18m 及以上，施工总荷载 15kN/m² 及以上；集中线荷载 20kN/m 及以上的专项施工方案应按规定组织专家论证。

2. 支架基础

（1）基础应坚实、平整，承载力应符合设计要求，并应能承受支架上部全部荷载；

（2）底部应按规范要求设置底座、垫板，垫板规格应符合规范要求；

（3）支架底部纵、横向扫地杆的设置应符合规范要求；

（4）基础应设排水设施，并应排水畅通。

当支架设在楼面结构上时，应对楼面结构强度进行验算，必要时应对楼面结构采取加固措施。

3. 支架构造

（1）立杆间距应符合设计和规范要求；

（2）水平杆步距应符合设计和规范要求，水平杆应按规范要求连续设置；

（3）竖向、水平剪刀撑或专用斜杆、水平斜杆的设置应符合规范要求。

4. 支架稳定

（1）当支架高宽比大于规定值时，应按规定设置连墙杆或采用增加架体宽度的加强措施；

（2）立杆伸出顶层水平杆中心线至支撑点的长度应符合规范要求；

（3）浇筑混凝土时应对架体基础沉降、架体变形进行监控，基础沉降、架体变形应在规定允许范围内。

5. 施工荷载

（1）施工均布荷载、集中荷载应在设计允许范围内；

（2）当浇筑混凝土时，应对混凝土堆积高度进行控制。

6. 交底与验收

（1）支架搭设、拆除前应进行交底，并应有交底记录；

（2）支架搭设完毕，应按规定组织验收，验收应有量化内容并经责任人签字确认。

四十七、模板支架一般项目的检查规定

1. 杆件连接

（1）立杆应采用对接、套接或承插式连接方式，并应符合规范要求；

（2）水平杆的连接应符合规范要求；

（3）当剪刀撑斜杆采用搭接时，搭接长度不应小于 1m；

（4）杆件各连接点的紧固应符合规范要求。

2. 底座与托撑

（1）可调底座、托撑螺杆直径应与立杆内径匹配，配合间隙应符合规范要求；

（2）螺杆旋入螺母内长度不应少于 5 倍的螺距。

3. 构配件材质

（1）钢管壁厚应符合规范要求；

（2）构配件规格、型号、材质应符合规范要求；

（3）杆件弯曲、变形、锈蚀量应在规范允许范围内。

4. 支架拆除

（1）支架拆除前结构的混凝土强度应达到设计要求；

（2）支架拆除前应设置警戒区，并应设专人监护。

四十八、高处作业的检查评定规定

1. 安全帽

（1）进入施工现场的人员必须正确佩戴安全帽；

（2）安全帽的质量应符合规范要求。

2. 安全网

（1）在建工程外脚手架的外侧应采用密目式安全网进行封闭；

（2）安全网的质量应符合规范要求。

3. 安全带

（1）高处作业人员应按规定系挂安全带；

（2）安全带的系挂应符合规范要求；

（3）安全带的质量应符合规范要求。

4. 临边防护

（1）作业面边沿应设置连续的临边防护设施；

（2）临边防护设施的构造、强度应符合规范要求；

（3）临边防护设施宜定型化、工具式，杆件的规格及连接固定方式应符合规范要求。

5. 洞口防护

（1）在建工程的预留洞口、楼梯口、电梯井口等孔洞应采取防护措施；

（2）防护措施、设施应符合规范要求；防护设施宜定型化、工具式；

（3）电梯井内每隔两层且不大于10m应设置安全平网防护。

6. 通道口防护

（1）通道口防护应严密、牢固；

（2）防护棚两侧应采取封闭措施；

（3）防护棚宽度应大于通道口宽度，长度应符合规范要求；

（4）当建筑物高度超过24m时，通道口防护顶棚应采用双层防护；

（5）防护棚的材质应符合规范要求。

7. 攀登作业

（1）梯脚底部应坚实，不得垫高使用；

（2）折梯使用时上部夹角宜为35°～45°，并应设有可靠的拉撑装置；

（3）梯子的材质和制作质量应符合规范要求。

8. 悬空作业

（1）悬空作业处应设置防护栏杆或采取其他可靠的安全措施；

（2）悬空作业所使用的索具、吊具等应经验收，合格后方可使用；

（3）悬空作业人员应系挂安全带、佩戴工具袋。

9. 移动式操作平台

（1）操作平台应按规定进行设计计算；

（2）移动式操作平台轮子与平台连接应牢固、可靠，立柱底端距地面高度不得大于80mm；

（3）操作平台应按设计和规范要求进行组装，铺板应严密；

（4）操作平台四周应按规范要求设置防护栏杆，并应设置登高扶梯；

（5）操作平台的材质应符合规范要求。

10. 悬挑式物料钢平台

（1）悬挑式物料钢平台的制作、安装应编制专项施工方案，并应进行设计计算；

（2）悬挑式物料钢平台的下部支撑系统或上部拉结点，应设置在建筑结构上；

（3）斜拉杆或钢丝绳应按规范要求在平台两侧各设置前后两道；

（4）钢平台两侧必须安装固定的防护栏杆，并应在平台明显处设置荷载限定标牌；

（5）钢平台台面、钢平台与建筑结构间铺板应严密、牢固。

四十九、施工用电保证项目的检查规定

1. 外电防护

（1）外电线路与在建工程及脚手架、起重机械、场内机动车道的安全距离应符合规范要求；

（2）当安全距离不符合规范要求时，必须采取绝缘隔离防护措施，并应悬挂明显的警示标志；

（3）防护设施与外电线路的安全距离应符合规范要求，并应坚固、稳定；

（4）外电架空线路正下方不得进行施工、建造临时设施或堆放材料物品。

2. 接地与接零保护系统

（1）施工现场专用的电源中性点直接接地的低压配电系统应采用 TN-S 接零保护系统；

（2）施工现场配电系统不得同时采用两种保护系统；

（3）保护零线应由工作接地线、总配电箱电源侧零线或总漏电保护器电源零线处引出，电气设备的金属外壳必须与保护零线连接；

（4）保护零线应单独敷设，线路上严禁装设开关或熔断器，严禁通过工作电流；

（5）保护零线应采用绝缘导线，规格和颜色标记应符合规范要求；

（6）TN 系统的保护零线应在总配电箱处、配电系统的中间处和末端处做重复接地；

（7）接地装置的接地线应采用 2 根及以上导体，在不同点与接地体做电气连接。接地体应采用角钢、钢管或光面圆钢；

（8）工作接地电阻不得大于 4Ω，重复接地电阻不得大于 10Ω；

（9）施工现场起重机、物料提升机、施工升降机、脚手架应按规范要求采取防雷措施，防雷装置的冲击接地电阻值不得大于 30Ω；

（10）做防雷接地机械上的电气设备，保护零线必须同时做重复接地。

3. 配电线路

（1）线路及接头应保证机械强度和绝缘强度；

（2）线路应设短路、过载保护，导线截面应满足线路负荷电流；

（3）线路的设施、材料及相序排列、挡距、与邻近线路或固定物的距离应符合规范要求；

（4）电缆应采用架空或埋地敷设并应符合规范要求，严禁沿地面明设或沿脚手架、树木等敷设；

（5）电缆中必须包含全部工作芯线和用作保护零线的芯线，并应按规定接用；

（6）室内非埋地明敷主干线距地面高度不得小于 2.5m。

4. 配电箱与开关箱

（1）施工现场配电系统应采用三级配电、二级漏电保护系统，用电设备必须有各自专用的开关箱；

（2）箱体结构、箱内电器设置及使用应符合规范要求；

（3）配电箱必须分设工作零线端子板和保护零线端子板，保护零线、工作零线必须通过各自的端子板连接；

（4）总配电箱与开关箱应安装漏电保护器，漏电保护器参数应匹配并灵敏可靠；

（5）箱体应设置系统接线图和分路标记，并应有门、锁及防雨措施；

（6）箱体安装位置、高度及周边通道应符合规范要求；

（7）分配箱与开关箱间的距离不应超过 30m，开关箱与用电设备间的距离不应超过 3m。

五十、施工用电一般项目的检查规定

1. 配电室与配电装置

（1）配电室的建筑耐火等级不应低于三级，配电室应配置适用于电气火灾的灭火器材；

（2）配电室、配电装置的布设应符合规范要求；

（3）配电装置中的仪表、电器元件设置应符合规范要求；

（4）备用发电机组应与外电线路进行连锁；

（5）配电室应采取防止风雨和小动物侵入的措施；

（6）配电室应设置警示标志、工地供电平面图和系统图。

2. 现场照明

（1）照明用电应与动力用电分设；

（2）特殊场所和手持照明灯应采用安全电压供电；

（3）照明变压器应采用双绕组安全隔离变压器；

（4）灯具金属外壳应接保护零线；

（5）灯具与地面、易燃物间的距离应符合规范要求；

（6）照明线路和安全电压线路的架设应符合规范要求；

（7）施工现场应按规范要求配备应急照明。

3. 用电档案

（1）总包单位与分包单位应签订临时用电管理协议，明确各方相关责任；

（2）施工现场应制定专项用电施工组织设计、外电防护专项方案；

（3）专项用电施工组织设计、外电防护专项方案应履行审批程序，实施后应由相关部门组织验收；

（4）用电各项记录应按规定填写，记录应真实有效；

（5）用电档案资料应齐全，并应设专人管理。

五十一、物料提升机保证项目的检查规定

1. 安全装置

（1）应安装起重量限制器、防坠安全器，并应灵敏可靠；

（2）安全停层装置应符合规范要求，并应定型化；

（3）应安装上行程限位并灵敏可靠，安全越程不应小于 3m；

（4）安装高度超过 30m 的物料提升机应安装渐进式防坠安全器及自动停层、语音影像信号监控装置。

2. 防护设施

（1）应在地面进料口安装防护围栏和防护棚，防护围栏、防护棚的安装高度和强度应符合规范要求；

（2）停层平台两侧应设置防护栏杆、挡脚板，平台脚手板应铺满、铺平；

（3）平台门、吊笼门安装高度、强度应符合规范要求，并应定型化。

3. 附墙架与缆风绳

（1）附墙架结构、材质、间距应符合产品说明书要求；

（2）附墙架应与建筑结构可靠连接；

（3）缆风绳设置的数量、位置、角度应符合规范要求，并应与地锚可靠连接；

（4）安装高度超过 30m 的物料提升机必须使用附墙架；

（5）地锚设置应符合规范要求。

4. 钢丝绳

（1）钢丝绳磨损、断丝、变形、锈蚀量应在规范允许范围内；

（2）钢丝绳夹设置应符合规范要求；

（3）当吊笼处于最低位置时，卷筒上钢丝绳严禁少于 3 圈；

（4）钢丝绳应设置过路保护措施。

5. 安拆、验收与使用

（1）安装、拆卸单位应具有起重设备安装工程专业承包资质和安全生产许可证；

（2）安装、拆卸作业应制定专项施工方案，并应按规定进行审核、审批；

（3）安装完毕应履行验收程序，验收表格应由责任人签字确认；

（4）安装、拆卸作业人员及司机应持证上岗；

（5）物料提升机作业前应按规定进行例行检查，并应填写检查记录；

（6）实行多班作业、应按规定填写交接班记录。

五十二、物料提升机一般项目的检查规定

1. 基础与导轨架

（1）基础的承载力和平整度应符合规范要求；

（2）基础周边应设置排水设施；

（3）导轨架垂直度偏差不应大于导轨架高度 0.15%；

（4）井架停层平台通道处的结构应采取加强措施。

2. 动力与传动

（1）卷扬机曳引机应安装牢固，当卷扬机卷筒与导轨底部导向轮的距离小于 20 倍卷筒宽度时，应设置排绳器；

（2）钢丝绳应在卷筒上排列整齐；

（3）滑轮与导轨架、吊笼应采用刚性连接，并应与钢丝绳相匹配；

（4）卷筒、滑轮应设置防止钢丝绳脱出装置；

（5）当曳引钢丝绳为 2 根及以上时，应设置曳引力平衡装置。

3. 通信装置

（1）应按规范要求设置通信装置；

（2）通信装置应具有语音和影像显示功能。

4. 卷扬机操作棚

（1）应按规范要求设置卷扬机操作棚；

（2）卷扬机操作棚强度、操作空间应符合规范要求。

5. 避雷装置

（1）当物料提升机未在其他防雷保护范围内时，应设置避雷装置；

（2）避雷装置设置应符合现行行业标准《施工现场临时用电安全技术规范》JGJ 46 的规定。

五十三、施工升降机保证项目的检查规定

1. 安全装置

(1) 应安装起重量限制器，并应灵敏可靠；

(2) 应安装渐进式防坠安全器并应灵敏可靠，应在有效的标定期内使用；

(3) 对重钢丝绳应安装防松绳装置，并应灵敏可靠；

(4) 吊笼的控制装置应安装非自动复位型的急停开关，任何时候均可切断控制电路停止吊笼运行；

(5) 底架应安装吊笼和对重缓冲器，缓冲器应符合规范要求；

(6) SC 型施工升降机应安装一对以上安全钩。

2. 限位装置

(1) 应安装非自动复位型极限开关并应灵敏可靠；

(2) 应安装自动复位型上、下限位开关并应灵敏可靠，上、下限位开关安装位置应符合规范要求；

(3) 上极限开关与上限位开关之间的安全越程不应小于 0.15m；

(4) 极限开关、限位开关应设置独立的触发元件；

(5) 吊笼门应安装机电连锁装置并应灵敏可靠；

(6) 吊笼顶窗应安装电气安全开关并应灵敏可靠。

3. 防护设施

(1) 吊笼和对重升降通道周围应安装地面防护围栏，防护围栏的安装高度、强度应符合规范要求，围栏门应安装机电连锁装置并应灵敏可靠；

(2) 地面出入通道防护棚的搭设应符合规范要求；

(3) 停层平台两侧应设置防护栏杆、挡脚板，平台脚手板应铺满、铺平；

(4) 层门安装高度、强度应符合规范要求，并应定型化。

4. 附墙架

(1) 附墙架应采用配套标准产品，当附墙架不能满足施工现场要求时，应对附墙架另行设计，附墙架的设计应满足构件刚度、强度、稳定性等要求，制作应满足设计要求；

(2) 附墙架与建筑结构连接方式、角度应符合产品说明书要求；

(3) 附墙架间距、最高附着点以上导轨架的自由高度应符合产品说明书要求。

5. 钢丝绳、滑轮与对重

(1) 对重钢丝绳绳数不得少于 2 根且应相互独立；

(2) 钢丝绳磨损、变形、锈蚀应在规范允许范围内；

(3) 钢丝绳的规格、固定应符合产品说明书及规范要求；

(4) 滑轮应安装钢丝绳防脱装置并应符合规范要求；

(5) 对重重量、固定应符合产品说明书要求；

(6) 对重除导向轮、滑靴外应设有防脱轨保护装置。

6. 安拆、验收与使用

(1) 安装、拆卸单位应具有起重设备安装工程专业承包资质和安全生产许可证；

（2）安装、拆卸应制定专项施工方案，并经过审核、审批；

（3）安装完毕应履行验收程序，验收表格应由责任人签字确认；

（4）安装、拆卸作业人员及司机应持证上岗；

（5）施工升降机作业前应按规定进行例行检查，并应填写检查记录；

（6）实行多班作业，应按规定填写交接班记录。

五十四、施工升降机一般项目的检查规定

1. 导轨架

（1）导轨架垂直度应符合规范要求；

（2）标准节的质量应符合产品说明书及规范要求；

（3）对重导轨应符合规范要求；

（4）标准节连接螺栓使用应符合产品说明书及规范要求。

2. 基础

（1）基础制作、验收应符合说明书及规范要求；

（2）基础设置在地下室顶板或楼面结构上，应对其支承结构进行承载力验算；

（3）基础应设有排水设施。

3. 电气安全

（1）施工升降机与架空线路的安全距离和防护措施应符合规范要求；

（2）电缆导向架设置应符合说明书及规范要求；

（3）施工升降机在其他避雷装置保护范围外应设置避雷装置，并应符合规范要求。

4. 通信装置

通信装置应安装楼层信号联络装置，并应清晰有效。

五十五、塔式起重机保证项目的检查规定

1. 载荷限制装置

（1）应安装起重量限制器并应灵敏可靠。当起重量大于相应挡位的额定值，并小于该额定值的110%时，应切断上升方向的电源，但机构可作下降方向的运动；

（2）应安装起重力矩限制器，并应灵敏可靠。当起重力矩大于相应工况下的额定值，并小于该额定值的110%，应切断上升和幅度增大方向的电源，但机构可作下降和减小幅度方向的运动。

2. 行程限位装置

（1）应安装起升高度限位器，起升高度限位器的安全越程应符合规范要求，并应灵敏可靠；

（2）小车变幅的塔式起重机应安装小车行程开关，动臂变幅的塔式起重机应安装臂架幅度限制开关，并应灵敏可靠；

（3）回转部分不设集电器的塔式起重机，应安装回转限位器，并应灵敏可靠；

（4）行走式塔式起重机应安装行走限位器，并应灵敏可靠。

3. 保护装置

(1) 小车变幅的塔式起重机应安装断绳保护及断轴保护装置，并应符合规范要求；

(2) 行走及小车变幅的轨道行程末端应安装缓冲器及止挡装置，并应符合规范要求；

(3) 起重臂根部绞点高度大于 50m 的塔式起重机应安装风速仪，并应灵敏可靠；

(4) 当塔式起重机顶部高度大于 30m 且高于周围建筑物时，应安装障碍指示灯。

4. 吊钩、滑轮、卷筒与钢丝绳

(1) 吊钩应安装钢丝绳防脱钩装置并应完整可靠，吊钩的磨损、变形应在规定允许范围内；

(2) 滑轮、卷筒应安装钢丝绳防脱装置并应完整可靠，滑轮、卷筒的磨损应在规定允许范围内；

(3) 钢丝绳的磨损、变形、锈蚀应在规定允许范围内，钢丝绳的规格、固定、缠绕应符合说明书及规范要求。

5. 多塔作业

(1) 多塔作业应制定专项施工方案并经过审批；

(2) 任意两台塔式起重机之间的最小架设距离应符合规范要求。

6. 安拆、验收与使用

(1) 安装、拆卸单位应具有起重设备安装工程专业承包资质和安全生产许可证；

(2) 安装、拆卸应制定专项施工方案，并经过审核、审批；

(3) 安装完毕应履行验收程序，验收表格应由责任人签字确认；

(4) 安装、拆卸作业人员及司机、指挥应持证上岗；

(5) 塔式起重机作业前应按规定进行例行检查，并应填写检查记录；

(6) 实行多班作业、应按规定填写交接班记录。

五十六、塔式起重机一般项目的检查规定

1. 附着

(1) 当塔式起重机高度超过产品说明书规定时，应安装附着装置，附着装置安装应符合产品说明书及规范要求；

(2) 当附着装置的水平距离不能满足产品说明书要求时，应进行设计计算和审批；

(3) 安装内爬式塔式起重机的建筑承载结构应进行受力计算；

(4) 附着前和附着后塔身垂直度应符合规范要求。

2. 基础与轨道

(1) 塔式起重机基础应按产品说明书及有关规定进行设计、检测和验收；

(2) 基础应设置排水措施；

(3) 路基箱或枕木铺设应符合产品说明书及规范要求；

(4) 轨道铺设应符合产品说明书及规范要求。

3. 结构设施

(1) 主要结构件的变形、锈蚀应在规范允许范围内；

(2) 平台、走道、梯子、护栏的设置应符合规范要求；

（3）高强螺栓、销轴、紧固件的紧固、连接应符合规范要求，高强螺栓应使用力矩扳手或专用工具紧固。

4. 电气安全

（1）塔式起重机应采用 TN-S 接零保护系统供电；

（2）塔式起重机与架空线路的安全距离和防护措施应符合规范要求；

（3）塔式起重机应安装避雷接地装置，并应符合规范要求；

（4）电缆的使用及固定应符合规范要求。

五十七、附着式升降脚手架保证项目的检查规定

1. 施工方案

（1）附着式升降脚手架搭设作业应编制专项施工方案，结构设计应进行计算；

（2）专项施工方案应按规定进行审核、审批；

（3）脚手架提升超过规定允许高度，应组织专家对专项施工方案进行论证。

2. 安全装置

（1）附着式升降脚手架应安装防坠落装置，技术性能应符合规范要求；

（2）防坠落装置与升降设备应分别独立固定在建筑结构上；

（3）防坠落装置应设置在竖向主框架处，与建筑结构附着；

（4）附着式升降脚手架应安装防倾覆装置，技术性能应符合规范要求；

（5）升降和使用工况时，最上和最下两个防倾装置之间最小间距应符合规范要求；

（6）附着式升降脚手架应安装同步控制装置，并应符合规范要求。

3. 架体构造

（1）架体高度不应大于 5 倍楼层高度，宽度不应大于 1.2m；

（2）直线布置的架体支承跨度不应大于 7m，折线、曲线布置的架体支撑点处的架体外侧距离不应大于 5.4m；

（3）架体水平悬挑长度不应大于 2m，且不应大于跨度的 1/2；

（4）架体悬臂高度不应大于架体高度的 2/5，且不应大于 6m；

（5）架体高度与支承跨度的乘积不应大于 110m²。

4. 附着支座

（1）附着支座数量、间距应符合规范要求；

（2）使用工况应将竖向主框架与附着支座固定；

（3）升降工况应将防倾、导向装置设置在附着支座上；

（4）附着支座与建筑结构连接固定方式应符合规范要求。

5. 架体安装

（1）主框架和水平支承桁架的节点应采用焊接或螺栓连接，各杆件的轴线应汇交于节点；

（2）内外两片水平支承桁架的上弦和下弦之间应设置水平支撑杆件，各节点应采用焊接或螺栓连接；

（3）架体立杆底端应设在水平桁架上弦杆的节点处；

（4）竖向主框架组装高度应与架体高度相等；

（5）剪刀撑应沿架体高度连续设置，并应将竖向主框架、水平支承桁架和架体构架连成一体，剪刀撑斜杆水平夹角应为 45°～60°。

6. 架体升降

（1）两跨以上架体同时升降应采用电动或液压动力装置，不得采用手动装置；

（2）升降工况附着支座处建筑结构混凝土强度应符合设计和规范要求；

（3）升降工况架体上不得有施工荷载，严禁人员在架体上停留。

五十八、附着式升降脚手架一般项目的检查规定

1. 检查验收

（1）动力装置、主要结构配件进场应按规定进行验收；

（2）架体分区段安装、分区段使用时，应进行分区段验收；

（3）架体安装完毕应按规定进行整体验收，验收应有量化内容并经责任人签字确认；

（4）架体每次升、降前应按规定进行检查，并应填写检查记录。

2. 脚手板

（1）脚手板应铺设严密、平整、牢固；

（2）作业层里排架体与建筑物之间应采用脚手板或安全平网封闭；

（3）脚手板材质、规格应符合规范要求。

3. 架体防护

（1）架体外侧应采用密目式安全网封闭，网间连接应严密；

（2）作业层应按规范要求设置防护栏杆；

（3）作业层外侧应设置高度不小于 180mm 的挡脚板。

4. 安全作业

（1）操作前应对有关技术人员和作业人员进行安全技术交底，并应有文字记录；

（2）作业人员应经培训并定岗作业；

（3）安装拆除单位资质应符合要求，特种作业人员应持证上岗；

（4）架体安装、升降、拆除时应设置安全警戒区，并应设置专人监护；

（5）荷载分布应均匀，荷载最大值应在规范允许范围内。

第四章 见 证 取 样

一、见证取样的有关规定

（1）实行见证员资格证，培训取得，由监理或业主担任见证员。

（2）见证送检的项数为检验总项数的 30%。

（3）施工单位与建设单位、监理单位共同确定承担又见证试验资格的试验室。

（4）建设单位或监理单位、施工单位应将单位工程见证取样送检计划由见证取样送检见证人备案，委托见证时送检见证的试验室，见证取样试验室的资格证书及委托书，送该单位工程质量监督站备案。

（5）建设（监理）单位的见证取样送检见证人员备案书，送往承担见证取样送检试验室备案。

（6）见证人应按照施工见证取样送检计划，对施工现场的取样和送检进行旁站见证，按照标准要求取样制作试块，并在试样或其包装上做出标识、封志。标识应注明工程名称、取样施工部位、样品名称、数量、取样日期，见证人制作见证记录，在试验单上取样人和见证人共同签字，试件共同送至承担见证取样的试验室。

（7）有见证取样送检的试验报告应加盖有见证取样试验专用章。

（8）有见证取样送检的各种试验项目，当次数达不到要求时，其工程质量应由法定检测单位进行检测确定，检测费用由责任方承担。

（9）有见证取样送检的试验结果达不到规定质量标准，试验室应向承担工程质量监督站报告。

二、见证人员的基本要求

（1）每项工程取样和送样见证人，由该单位建设或监理单位书面授权，委派现场管理人员 1～2 人担任，见证人员应具备与承担相适应的专业知识。

（2）见证人应是建设单位或监理单位人员。

（3）必须具备初级以上技术职称或具有建筑施工专业知识。

（4）必须经过培训、考试合格并取得见证员证书。

（5）见证员必须具有建设单位书面授权，并向质量监督站递交授权书。质量监督站发给见证员登记表，登记备查。

（6）见证员登记表一式四份：发证单位、见证员、建设（监理）单位、质监站各执一份。

（7）备案书一式五份：建设、监理、施工、质量监督站、见证试验室各一份。

三、见证人员的岗位职责

1. 取样现场见证。在现场进行见证，监督施工单位取样员按随机取样方法和试件制作方法进行取样。

2. 见证人在现场取样应对试样进行监护。

3. 见证人应亲自封样加锁。

4. 见证人必要时应与施工试验员一起将试样送至检测单位。

5. 见证员必须在检验委托单签字，并出示"见证员证书"。

6. 见证员对有见证送检试样负法律责任。见证人应遵守国家、省、市有关法规及专业技术规范标准的有关规定，坚持原则、坚决标准、实事求是，对不良现象要敢于抵制。见证人对见证取样试样代表性、真实性负有法律责任。

7. 见证人应努力提高自身素质。见证人应努力学习与其工作相适应的有关专业知识，掌握建筑材料、半成品等随机抽取样方法，检测项目，质量标准性能指标及判断方法，不断提高技术水平。

8. 见证人应建立见证取样档案。

（1）见证取样送检计划，见证员应与项目经理在施工前根据单位工程设计图纸分析工程规模和特点，制定有见证取样送检计划，并应符合见证取样项数的法定比例。

（2）见证员应按计划按检测项目施工部位进行见证取样，分类建立检测项目台账。台账内容有：项目名称、施工部位、材料名称、型号、等级、规格、生产厂家或供货单位、进场数量、取样时间、代表数量、取样员姓名、检测单位、检测结果、不合格材料处理情况等。

（3）见证数量与送检计划是否符合规定的比例，不足时应及时与有关各方商定补充计划，并报告质量监督站和检测单位。

四、钢筋抽样复试

1. 按照工程质量验收规范要求对材料进行抽样复试。

2. 检验项目：

（1）抗拉强度试验。

（2）冷弯试验。

3. 热轧钢筋、热处理钢筋、碳素刻痕钢丝、钢绞丝。

如果某一项试验结果不符合标准要求，则再从同一批中任意抽取双倍数量的试件进行该不合格项目的复试，复验结果即使只有一个指标不合格，则整批不合格，要求退场处理。

4. 冷拉钢筋

当有一项试验不合格时，应另外取双倍数量试件重做各项试验，仍有一项不合格时，则为不合格。

5. 冷拔低碳钢丝

（1）如有一个试样不合格，应在未取过试样的钢丝盘中，另取双倍数量的试样，再做各项试验。

（2）如仍有一个试样不合格，则应对该批钢丝逐盘检验，合格者方可使用。

6. 受力钢筋无出厂合格证或试验报告，或钢材品种、规格与设计图纸上的品种，规格不一致时为不合格品，不得用到工程上。

7. 机械性能检验项目不齐全，或某一机械性能指标不符合有关标准规定为不合格品。

8. 使用进口钢材改制钢材时，焊接前未做化学成分检验或焊接试验等为不合格品。不得使用到工程中。

9. 对主要受力钢材，发现"先隐蔽后验收"的现象，钢材出厂合格证和试验报告单不符合有关标准的规定的基本要求的属于不合格品。

五、钢筋焊接复试

1. 焊接接头同类型接头 300 个接头为一检验批，不足 300 仍为一批，每批随机抽取 3 个试件进行拉伸试验。

2. 伸试验结果，当每个检验批抽取的 3 个试件中有 1 个试件的抗拉强度小于规定值或有 2 个试件断于焊缝或热影响区，呈脆性断裂时，应再取 6 个试件进行复试，1 个试件抗拉强度小于规定值时，或 3 个试件断于焊缝或热影响区，应判定该批接头为不合格品。

3. 弯曲试验结果，有 2 个试件发生断裂时，应再取 6 个试件进行复试，结果仍有 3 个试件发生断裂时，应判定该批接头为不合格品。

六、水泥物理力学性能检测

1. 水泥进入施工现场后，用在梁、板、柱等受力构件上，必须进行复试。

2. 水泥存期超过 3 个月，或出现结硬块，怀疑受潮等都必须进行力学性能试验后才能用于工程。

3. 适用力学性能检测的水泥有：硅酸盐水泥、矿渣硅酸盐水泥、普通硅酸盐水泥、粉煤灰硅酸盐水泥、复合硅酸盐水泥、石灰硅酸盐水泥。

4. 检测项目为：抗压强度、凝结时间、安定性，必要时检测系度。

5. 年生产能力在 120 万 t 以上，以 1200t 为一批；60～120 万 t 取 1000t 为一批；30～60万 t 取 600t 为一批；10～30 万 t 取 400t 为一批，10 万 t 以下取 200t 为一批。

6. 现场取样按同一厂、同期出厂的同品种、同强度等级，一次进场的同一编号，不足以上规定的袋装以 200t 为一批，散装的以 500t 为一批抽样。抽取样品 20kN。

7. 硅酸盐水泥初凝不得早于 45min，终凝不得迟于 6.5h；普通硅酸盐水泥、粉煤灰硅酸盐水泥、复合硅酸盐水泥，初凝不得早于 45min，终凝不得迟于 10h。

8. 砌筑水泥，初凝不得早于 60min，终凝不得迟于 12h。

七、建 筑 用 砂 检 测

1. 同种类、规格、适用等级及日产每 600t 为一批，不足 600t 也为一批，日产超过 2000t，按 1000t 为一批，不足 1000t 宜为一批。

2. 天然砂检测项目：颗粒级配、细度模数、松散堆积密度、含泥量、泥块含量、云母含量。

3. 淡化海砂检测项目：除天然砂检测项目外，还有氯离子含量、贝壳含量。现场复试项目：含泥量、泥块含量、贝壳含量、氯离子含量。

4. 氯离子含量判别：

(1) 一级大于 C60，小于 0.01%。

(2) 二级 C30～C60，小于 0.02%。

(3) 三级小于 C30，小于 0.06%。

八、建筑用碎石（卵）石检测

1. 按同品种、规格、适用等级及日产量每 600t 为一批，不足 600t 宜为一批，日产量超过 2000t，按 1000t 为一批，不足 1000t 宜为一批。日产量超过 5000t，按 2000t 为一批，不足 2000t 宜为一批。

2. 检验项目：颗粒级配、含泥量、泥块含量、针片状含量、有害物质、紧固性、强度（岩石抗压强度、压碎指标）、堆积密度、孔隙率、碱骨料反应根据需要进行。

3. 现场复试项目：含泥量、泥块含量、针片状含量、压碎指标。

4. 针片状指标：一级小于 5%，二级小于 15%，三级小于 25%。

5. 碎石压碎指标：一级小于 10%，二级小于 20%，三级小于 30%。

6. 含泥量指标：一级小于 0.5%，二级小于 1.0%，三级小于 1.5%。

九、混凝土外加剂试验检测

1. 外加剂检测的有：混凝土普通减水剂、高效减水剂、缓凝高效减水剂、早强剂、缓凝减水剂、引气剂减水剂、早强剂、缓凝剂、引起剂等。

2. 同一生产厂、同批号、同品种掺量大于等于 1% 的外加剂，100t 为一检验批；掺量小于 1% 的外加剂，50t 水泥为一检验批。不足 100t 或 50t 也为一检验批。

3. 每检验批随机抽取不少于 0.2t 水泥所需要的外加剂，充分混匀，分为两份，一份密封保存半年，一份用于检测。

4. 检验项目：

(1) 钢筋锈蚀作用。

(2) 抗压强度比。

(3) 减水率。

(4) 凝结时间之差。

（5）必要时检测泌水率比、含气量、收缩率比、相对耐久性指标。

5. 检测结果应符合设计及有关规定的指标。

十、烧结普通砖强度检测

1. 烧结普通砖包括：黏土砖、页岩砖、煤矸石砖、粉煤灰砖。

2. 每 3.5～15 万块为一检验批，不得超过一条生产线的日产量。不足 3.5 万块按一批计，每批抽查一组，每组 50 块。

3. 随机抽样：尺寸偏差 20 块、强度等级 10 块、泛霜 5 块、冻融 5 块、吸水率和饱和系数 5 块、放射性 4 块。

4. 检验项目：尺寸偏差、外观质量、强度、抗风化性、泛霜、石灰爆裂、欠火砖、酥砖和螺旋砖。

5. 检测其中一项不合格判定为不合格。外观检查中欠火砖、酥砖、螺旋砖判定为该批不合格。

十一、混凝土普通砖及多孔砖强度检测

混凝土普通砖：

1. 每 3.5～15 万块为一检验批，不足 3.5 万块按一批计。

2. 外观质量按随机抽样法抽取，在每一检验批的产品堆垛中抽取 50 块。尺寸偏差抽20 块、颜色 36 块、强度等级 10 块、吸水率 5 块、冻融 5 块、体积密度 3 块。

3. 检验项目包括：抗压强度、外观质量、尺寸偏差、干燥收缩、密度、颜色、吸水率。

4. 现场复试项目：抗压强度，必要时可检验其他项目。

5. 砖分为优等品、一等品、合格品，合格的判别标准不同。

混凝土多孔砖：

1. 同一种原材料配制，同一工艺生产的相同外观质量等级、强度等级的 3.5～15 万块混凝土多孔砖为一批，不足 3.5 万块按一批计。

2. 每批随机抽取 50 块做尺寸偏差和外观质量检验，抽取 10 块做强度等级，干燥收缩率 3 块，抗冻性 10 块，孔隙率 3 块，抗渗性 3 块，放射性 3 块。

3. 现场复试项目：强度等级。必要时检验尺寸偏差、外观质量、相对含水率。

4. 判定：强度等级及尺寸偏差、外观质量、相对含水率，当 50 块试件中，尺寸偏差、外观质量不符合标准最多不超过 7 块时，则判该批混凝土多孔砖符合相应等级。当所有项目的检验结果均符合标准规定时，则判该批砖为相应等级。

5. 等级分为：一等品、合格品。

十二、建筑防水涂料及防水卷材物理性能复试

防水涂料：

1. 同一类型、同一规格 15t 为一检验批，不足 15t 也作为一检验批，取 3kg 或 5kg 为一样品进行检验。

2. 检验项目：固体、拉伸强度（无处理、加热处理后保存率、碱处理后保存率、紫外线处理后保存率）、低温柔性、不透水性，有的涂料还检测耐热度、抗渗性、湿基面粘结度、抗渗压力等。

防水卷材：

1. 主要有弹性体改性沥青防水卷材、塑性体改性沥青防水卷材。

2. 以同一类型、同一规格 10000m² 为一检验批，不足 10000m² 时也作为一批。在每批产品中随机抽取 5 卷进行每卷进行每卷重量、面积、厚度和外观检查，在抽取 5 卷中随机抽取 1 卷进行物理力学性能试验。

3. 检验项目：卷重、面积、厚度、外观、不透水性、耐热度、拉力、最大拉力时延伸率、低温柔度、热老化保存率、加热收缩率等。

4. 复试检验项目：不透水性、耐热度、拉力、延伸率、低温柔度、拉伸强度等。

十三、焊条、焊剂试验

1. 每批焊条由同一批号焊芯、同一批号主要涂料原料、以同样涂料配方及制造工艺制成。EXX01，EXX03 型焊条的每批为 100t，其他型号焊条的每批为 50t。

2. 每批焊剂的重量不得超过 50t。

3. 焊条，每批焊条试验时，按照需要数量至少在 3 个部位平均取有代表性的样品。

4. 焊剂：散放时，每批抽样不少于 6 处均匀取样，袋装时，每批取样从 10 袋中各抽取一定剂量样品。每抽取的总量不少于 10kg，搅拌均匀，用四分法，取 5 公斤做焊剂试样，供力学检验试板用，另 5kg 工检验其他项目用。

5. 检验项目：

（1）出厂检验：焊条有角焊缝、熔敷金属化学成分、熔敷金属力学性能、焊缝射线探伤、焊条药皮含水量、熔敷金属扩散氢含量等项目。焊剂有焊剂颗粒度、焊剂含水度、屈服点及伸长率。焊接工艺性能、硫、磷含量等。

（2）复试项目：焊条检验项目有抗拉强度、屈服点及伸长率。焊剂为焊缝金属时的抗拉强度、屈服点及伸长率。

6. 对复试项目，焊条、焊剂任何一项检验不合格时，该项检验应加倍复验，当复验拉伸试验时，抗拉强度、屈服点及伸长率同时作为复验项目。其试样可在原试板或新焊的试板上截取。加倍复试应符合该项检验的规定。其性能不符合设计要求和有关标准判定为不合格。

十四、建筑工程饰面砖的检验

1. 进场验收

（1）应具有生产厂家的出厂检验报告及产品合格证。

（2）检验尺寸项目：尺寸、表面质量、吸水率、抗冻性、耐急冷性、变形、弯曲强度、耐酸性、耐碱性。

2. 外墙饰面砖进场复验项目：尺寸、表面质量、吸水率、抗冻性。

3. 每 50～500m² 为一个检验批，不足 50m² 时，按一个检验批算。

4. 抽样数量：尺寸 60 块，表面质量 25 块或 1m²，吸水率 5 块，抗冻性 5 块（本书只给出复试的块数）。

5. 粘结强度检验：

（1）每 300m² 同类墙体取 1 组试样，每组 3 隔，每个楼层不得少于 1 组，不足 300m² 同类墙体，每两楼层取 1 组试样，每组 3 个。试样规格应为 95mm×45mm 或 40mm×40mm。取样间距不得小于 500mm。

（2）取样时间：采用水泥砂浆或水泥浆粘结时，应在水泥砂浆或水泥浆龄期达到 28d 时进行，当在 7d 或 14d 进行检验时，应通过对比试样确定其粘结强度的修正系数。

（3）判定：每组试样平均粘结强度不应小于 0.4MPa。每组可有一个试样的粘结强度小于 0.4MPa，但不应小于 0.3MPa。当两项指标均不符合要求时，其粘结强度应定为不合格。

（4）当一组试样只满足一项指标时，应在该组试样原取样区域内重新抽取两倍试样检验。若检验结果仍有一项指标达不到规定数值，则该批饰面砖粘结强度可定为不合格。

十五、门窗工程检验

1. 同一品种、类型和规格的金属门窗、塑料门窗及门窗玻璃每 100 樘划分为一个检验批，不足 100 樘也为一个检验批。

2. 同一品种、类型和规格的特种门窗每 50 樘划分为一个检验批，不足 50 樘也为一个检验批。

3. 金属门窗、塑料门窗及门窗玻璃每一个检验批至少抽查 5%，并不得少于 3 樘，不足 3 樘应全数检验。高层建筑的外窗，每个检验批应至少抽查 10%，并不得少于 6 樘，不足 6 樘全数检查。

4. 特种门窗每一个检验批应至少抽查 50%，并不得少于 10 樘，不足 10 樘应全数检查。

5. 检查项目：金属窗、塑料窗的抗风压性能、空气渗透性能和雨水渗漏性能及保温性能，必要时做隔声性能检测。

6. 验收时要检查产品合格证书、性能检测报告和复验报告。

注：单块大于 1.5m² 的窗玻璃和落地窗采用安全玻璃。

十六、砌筑砂浆强度检验

1. 检测单位对标养 28d 的砂浆试块按规定程序进行试压。

2. 抽样批量：

（1）同一检验批且不超过 250m³ 砌体中的各种类型及强度等级的砂浆，每台搅拌机应至少检查一次，每次至少应制作一组试件，如砂浆强度等级或配合比变更时，还应制作

190

试块一组。

（2）地面砂浆按每一层地面 $1000m^2$ 制作一组，不足 $1000m^2$ 按 $1000m^2$ 计算。同一类型、强度等级的砂浆试块验收批按楼层划分，基础砌体可按一楼层计。

3. 判定标准：

（1）以六个试件测值的算术平均值作为该组试件的抗压强度值，平均值精确至 0.1MPa。

（2）当六个试件的最大值或最小值与平均值差大于 20％时，以中间四个试件的平均值作为该组试件的抗压强度值。

十七、混凝土试块抗压强度检测

1. 委托单位委托有资质的检测单位对标准养护 28d 的混凝土试块，按规定程序进行试压并出具检测报告。

2. 抽样批量：

（1）每拌制 100 盘，但不超过 $100m^3$ 的同配合比混凝土，取样次数不得少于一次。

（2）每工作班拌制的同配合比混凝土不足 100 盘时，其取样次数不得少于一次。

（3）对现浇混凝土构件每一现浇层，同一单位工程每一验收项目同配合比的混凝土，取样次数不得少于一次。

（4）对预拌混凝土按每 $100m^3$ 同配合比混凝土，取样次数不得少于一次；每工作班拌制的同配合比混凝土不足 $100m^3$ 时，其取样次数不得少于一次，在一分项目中，连续供应相同配合比的混凝土量大于 $1000m^3$ 时，每 $200m^3$ 时取样不少于一次。

（5）用于出厂检验的试块在搅拌地点取样，按每 100 盘同配合比的混凝土取样不少于一次，每一工作班相同配合比的混凝土不足 100 盘时，取样也不少于一次。

3. 判定标准：

（1）边长为 150mm 的立方体试件是标准试件。边长为 100mm 和 200mm 的立方体试件是非标准试件，可进行折算。

（2）三个试件测量的算术平均值作为该组试件的强度值（精确至 0.1MPa）。

（3）三个测值中的最大值或最小值中如有一个与中间差值超过中间值的 15％时，取中间值作为该组试件的抗压强度值。

（4）如最大值和最小值与中间值的差均超过中间值的 15％，则该组试件的试验结果无效。

十八、混凝土抗折强度检验

1. 根据需要取一组或二组（每组三个试件）试件，做 7d 和 28d 抗折强度试验。

2. 三个试件测量的算术平均值作为该组试件的强度值（精度至 0.1MPa）。

3. 三个测值中的最大值或最小值中如有一个与中间差值超过中间值的 15％时，取中间值作为该组试件的抗压强度值。

4. 如最大值和最小值与中间值的差均超过中间值的 15％，则该组试件的试验结果无效。

5. 三个试件下边缘断裂位置处于二个集中荷载作用线之间时，则按三个试件平均值计算抗折强度值，当三个试件中若有一个抗折断面位于两个集中荷载作用线之外，则混凝土抗折强度按另外两个试件的试验结果计算。若这两个测值的差值不大于这两个测值的较小的15％时，则该组试件的抗折强度值按着两个测值的平均值，否则该组试件的试验无效。若有两个试件的下边缘断裂位置位于两个集中荷载作用线之外，则该组试件试验无效。

6. 150mm×150mm×60mm 为标准试件，当试件尺寸为 100mm×100mm×400mm 非标准试件时，应乘以换算系数 0.85，当混凝土强度等级大于等于 C60 时，宜采用标准试件，使用非标准试件时，尺寸换算系数由试验确定。

十九、混凝土抗渗检测

1. 检测单位，按照委托单位的要求，按照规定程序进行抗渗检测并出具报告。

2. 抽样批量：连续浇捣混凝土每 500m³ 应留置一组试件（每组 6 个），同一工程、同一配合比不少于一组，且每项工程不少于两组。

3. 判定标准：

（1）抗渗性能试验应采用顶面直径为 175mm，底面直径 185mm，高度为 150mm 的圆台，或直径和高度均为 150mm 的圆柱试件，六个试件为一组，一般以标养 28d 龄期进行试验，如有特殊要求可在其他龄期进行。

（2）抗渗等级以混凝土抗渗试件中的四个试件未出现渗水的最大水压力计算。

（3）抗渗等级当六个试件中有三个试件端面呈有渗水现象时即刻停止试验时的水压。

二十、结构混凝土实体钢筋保护层厚度检测

1. 抽样批次：

（1）对于梁、板类构件，应各抽取构件数量的 2％且不少于 5 个构件进行检验，当有悬挑件时，抽取的构件中悬挑类、板类构件所占比例均不宜小于 50％，对选定的梁类构件，应对全部纵向受力钢筋的保护层厚度进行检验。

（2）对选定的板类构件，应抽取不少于 6 根纵向受力钢筋保护层厚度进行检验。对每根钢筋，应在有代表性的部位测量一点。

2. 纵向受力钢筋保护层厚度的允许偏差分别为梁类构件为 +10mm、−7mm，板类构件为 +8mm、−5mm。

3. 对梁类、板类构件纵向受力钢筋保护层厚度应分别进行验收，验收合格应符合下列规定：

（1）当全部钢筋保护层厚度检验合格品率为 90％及以上时，钢筋保护层的检验结果应判定为合格。

（2）当全部钢筋保护层厚度检验的合格点率小于 90％但不小于 80％，可再抽取相同构件进行检验。当按两次抽样总和计算的合格点率为 90％及以上时，钢筋保护层厚度的

检验结果仍应判为合格。

(3) 每次抽样检验结果中不合格点的最大偏差均不应大于梁类构件＋10mm、−7mm，板类＋8mm、−5mm 的 1.5 倍。

二十一、混凝土芯样检测

1. 用于判定混凝土结构的质量情况。（注：用于有质量问题的混凝土结构）

2. 按单个构件检测时，每个构件的钻芯数量不应少于 3 个，对于较小构件，钻芯数量可取 2 个。

3. 对工程或构件的局部区域进行检测时，应按混凝土强度等级，由要求检测的单位提供钻芯位置及芯样数量。

4. 判定标准：

(1) 确定芯样制备的试件，进行试压，测得混凝土的强度换算值。

(2) 单个构件工程的局部区域，可取芯样试件混凝土强度换算值的最小值作为代表值。

二十二、混凝土回弹检测

1. 通过对单个结构或构件的检测得混凝土强度的推定值。

2. 对于在相同生产工艺条件下，混凝土强度等级相同，原材料、配合比、成型工艺、养护条件基本一致，且龄期相近的同类结构或构件可按批进行检测。

3. 按批进行检测的构件，抽检数量不得少于同批构件总数的 30％，且构件数量不得少于 10 件。

4. 判定标准依据规范通过计算确定。

二十三、地基与基础的几个试验

1. 地基承载力试验

(1) 由检测单位试验。

(2) 常用的方法：静力触探、动力触探、标准贯入、荷载试验。

2. 单桩竖向抗压静载检测

(1) 抽样数量不应少于总桩数的 1％，且不少于 3 根，当总桩在 50 根以内时，不应少于 2 根。

(2) 检验项目：对工程桩的承载力进行抽样检验和评价。确定单桩竖向抗压极限承载力。

(3) 单位工程同一条件下的单桩竖向抗压承载力特征值 R_a 应按单桩竖向极限承载力统一值的一半取值。

3. 单桩竖向抗压静载试验

4. 单桩水平静载检测试验

5. 单桩竖向抗拔静载检测：抽样不应少于总桩数的 1%，且不少于 3 根。

6. 钻芯法检测桩：通过钻芯取样对混凝土灌注桩的桩长、桩身混凝土强度、桩身完整性和桩底沉渣厚度进行判定或鉴别桩端持力层岩石的成果报告。分为四类桩。

7. 基桩低应变法检测：用于检测桩基完整性的检测

（1）柱下三桩或三桩以下的承台抽检桩数不得少于 1 根。

（2）设计等级为甲级，或地质条件复杂、成桩质量可靠性较低的灌注桩，抽检数量不应少于总桩数的 30%，且不得少于 20 根，其他桩基工程抽检不应少于总桩数的 20%，且不得少于 10 根。

（3）地下水位以上且终孔后桩端持力层，已经通过核验的挖孔桩，以及单节混凝土预制桩，抽检数量可适当减少，但不应少于 10%，且不少于 10 根。

（4）对于设计方认为重要的桩，局部地质条件出现异常的桩、施工工艺不同的桩、施工质量有疑问的桩，或为了全面了解整个工程基桩的桩身完整性，应适当增加抽检数量。

（5）实际中：一、二类桩不需要处理，三类桩（应该处理并）报设计，四类桩（不许使用）报设计。出具处理方案。

8. 基桩高应变法检测

（1）抽检数量不宜少于总桩数的 5%，且不少于 5 根。

（2）用于检测桩基承载力及桩身完成性的检测。

9. 锚杆、土钉抗拔力试验

10. 土工击实试验

11. 回填土试验

二十四、几个钢结构的检测报告

1. 钢结构焊缝超声波检测报告
2. 高强度螺栓连接预拉力检测报告
3. 金属表面磁粉探伤检测报告
4. 螺栓连接副拉力荷载检测报告
5. 螺栓连接副施工扭矩检测报告
6. 高强度螺栓连接摩擦面抗滑移系数检测报告
7. 高强度螺栓表面硬度检测报告
8. 钢网架球节点螺栓螺纹拉力荷载检测报告
9. 钢网架球节点杆件应力荷载检测报告
10. 钢结构焊钉弯曲试验报告
11. 钢结构涂层厚度检测报告

二十五、外窗三性检测

1. 外窗三性检测：外窗水密性、气密性、抗风质性能及力学性能检测。

2. 抽样批量：每项工程中的不同品种、规格分别随机抽取 5%，且不得少三樘，每次检测的 PVC 型材数量不应少于 5 个。

3. 检验项目：三项物理性能试验，力学及角强度试验。

二十六、装饰装修工程的几个试验项目

1. 人造板游离甲醛含量检测
2. 溶剂型胶粘剂环境指标检测
3. 水性涂料环境指标检测
4. 花岗岩放射性检测
5. 水泥及砂的检测
6. 砖砌体的检测

二十七、脚手架方面的检测

1. 脚手架用钢管力学、工艺性能及外径和壁厚检测：

(1) 生产厂家在出售、租赁中应出示检测报告，证明该脚手架的性能。

(2) 复试抽检 60t 为一检验批。

(3) 检验外径、壁厚、力学性能检测、弯曲试验。

2. 钢管脚手架扣件检测

(1) 生产厂家在出售、租赁中应出示检测报告，证明该脚手架的性能。

(2) 280 件以上为一批，281～500 件批量，抽取扣件 16 件。501～1200 件批量，抽取扣件 16 件。1201～10000 件批量，抽取扣件 40 件。当批量超过 100000 件，超过部分应作另一批检测。

(3) 检测扣件重量、外观质量、抗滑、抗破坏、扭转刚度、盖板开启。

二十八、回弹检测的有关规定

1. 资料要求

(1) 工程名称及设计、施工、监理（或监督）和建设单位名称。

(2) 结构或构件名称、外形尺寸、数量及混凝土强度等级。

(3) 水泥品种、强度等级、安定性、厂名。砂、石种类、粒径。外加剂或掺和料品种、掺量。混凝土配合比等。

(4) 施工时材料计量情况，模板、浇筑、养护情况及成型日期。

(5) 必要的设计图纸和施工记录。

(6) 检测原因。

2. 检测的两种方式

(1) 单个检测：适用于单个结构的检测。

(2) 批量检测：抽查数量不少于同批构件总数的 30% 且构件数量不少于 10 件。应随机抽取并使选构件具有代表性。

（3）从每一试件的 16 个回弹值分别剔除其中 3 个最大值和 3 个最小值，然后再余下的 10 回弹值的平均值，计算精确至 0.1，即为该试件的平均回弹值。

3. 碳化深度测量

（1）在有代表性的位置上测量碳化深度值，测点表不应少于构件测区数的 30％，取其平均值为该构件每测区的碳化深度值。当碳化深度值极差大于 2mm 时，应在每一测区测量碳化深度值。

（2）形成直径 15mm 的孔洞，其深度应大于混凝土的碳化深度，采用浓度为 1％的酚酞酒精滴在孔洞内侧的边缘处，当已碳化与未碳化界面清楚时，再用深度测量工具测量已经炭化与未碳化混凝土界面到混凝土表面的垂直距离，测量不少于 3 次，取其平均值。

第五章 人 防 监 理

一、人民防空的组成

1. 维护结构
(1) 顶板
(2) 墙体
(3) 底板
2. 防护层
由维护结构外围能起到防护作用的岩土或其他材料所组成。
3. 防护设备
(1) 防护门
(2) 防护密闭门
(3) 密闭门
(4) 活门
(5) 滤毒器
4. 建筑设备
(1) 通风
(2) 空调
(3) 给水
(4) 排水
(5) 供电
(6) 照明
(7) 柴油电站
(8) 电梯
(9) 智能化系统
5. 建筑装修
(1) 门窗
(2) 隔断
(3) 地面
(4) 墙面
(5) 吊顶
6. 主体和口部
对于有防毒要求的人防工程
(1) 主体：指里面一道密闭门以内的部分。

（2）口部指最里面一道密闭门以外的部分。包括：竖井、扩散室、防毒通道、密闭通道、洗消间、简易洗消间、滤毒室、出入口最外一道防护门或防护密闭门以外的通道等。

对于允许染毒的人防工程：

（1）主体指防护密闭门以内的部分。

（2）口部指防护密闭门以外的部分。

7. 密闭区和非密闭区

8. 智能化系统

二、人防工程质量管理有关规定

1. 国家对从事防空工程的设计、监理、保洁咨询活动的单位实行资质认证制度。

2. 人民防空工程的施工图纸设计文件审查、工程质量监督实行资格认证制度。

3. 人民防空工程质量监督机构在工程开工前，应当核验建设单位项目管理机构、监理单位和勘察、设计、施工单位的资质及有关工程质量保证的资料。

4. 人防工程建设单位开工前，必须向工程质量监督机构申请办理质量监督手续，并组织设计、监理、施工单位进行技术交底和图纸会审。

5. 人防工程防护设备生产安装实行许可制度。

6. 人防工程的防护设备必须同步建设，一次安装到位。

7. 单建式人防工程竣工后，建设单位组织设计、施工、工程监理单位等有关单位进行竣工验收。

8. 组建式人民防空工程竣工后，由人民防空工程质量监督机构对防护质量进行专项验收。

9. 人防工程竣工验收应当具备的条件：

（1）完成工程设计和合同约定的各项内容。

（2）有完整的工程技术档案和施工管理资料。

（3）有工程使用的主要建筑材料、建筑构配件和设备产品质量出厂检验合格证明和技术标准规定进场试验报告。

（4）有勘察、设计、施工、工程监理等单位分别签署的质量合格文件。

10. 人民防空工程竣工实行备案制度

（1）单建式，建设单位应当自竣工验收合格之日起十五日内，将竣工验收报告和有关部门出具的认可文件报人民防空主管部门备案。

（2）组建式人防工程，建设单位应将防护质量专项验收报告和人民防空主管部门出具的认可文件报建设行政主管部门备案，并同时将防护质量专项验收报告和有关部门出具的认可文件报人民防空主管部门备案。

注：（1）单建式：为保障战时与物资掩蔽、人民防空指挥、医疗救护等而单独修建的底细防护建筑。

（2）组建式人防工程：结合地面建筑而修建的地下防护建筑。

三、人防监理工程师资格

人防监理工程师资格

1. 取得建设部《监理工程师注册执业证书》。

2. 经国家人防办举办的人民防空专业监理知识培训、考试合格。

3. 人防工程总监理工程师资格：由监理单位法定代表人书面授权、全面负责并履行监理单位承担的人民防空工程建设监理合同，主持监理机构工作的具有中级以上职称，并具有人民防空监理工程师证书的监理工程师。

4. 总监理工程师代表：经监理单位法定代表人同意，总监理工程师书面授权，代表总监理工程师行使其部分职责和权力的项目监理机构中的人民防空监理工程师。

5. 人防专业监理工程师：根据项目监理岗位职责和总监理工程师的指令，负责实施某一专业和某一方面的监理工作，具有人民防空监理工程师证书的监理工程师。

6. 人民防空工程监理员：经过建设部定点的建设监理培训院校或各省自治区、直辖市建委系统认可的建设监理培训班的监理业务培训，取得培训合格证书，具有同类工程相关知识，经国家人防办举办的人民防空专业监理知识培训，取得《人民防空工程专业监理岗位证书（监理员）》的人从事人民防空工程监理工作的监理人员。

四、人防监理工程师的培训

1. 参加人民防空专业知识监理培训的初级技术职称人员，具有建设部或各省、自治区、直辖市的监理培训证或监理证者，培训并考试合格后，由国家人防办颁发"人民防空工程专业监理员岗位证（监理员）"证书。

2. 参加人民防空专业知识培训的中级（含）以上职称的技术人员，具有建设部颁发的监理工程师注册执业证书者，培训并考试合格，由国家人防办颁发《人民防空工程监理师资格证》证书。未取得建设部监理工程师注册证书者，培训考试合格，由国家人防办颁发《人民防空监理工程师培训证》证书或《人民防空工程专业监理岗位证（监理员）》证书。

五、监理对人防工程开工审查项

1. 当地人防办主管部门对建设该人防工程的批文。

2. 施工图纸经过当地人防办主管审图部门的审批。

3. 有当地消防部门对该项目的批文。

4. 施工许可证已经获得政府主管部门的批准。

5. 征地拆迁工作能够满足工程进度的需要。

6. 施工组织设计（方案）已经获总监理工程的批准。

7. 施工单位现场管理人员已到位，机具、施工人员已经进场、主要工程材料已经落实。

8. 专业监理工程师审查，具备条件由总监理工程师签发，并报建设单位。

六、人防工程竣工预验收前应达到的条件

1. 按设计要求完工，设备安装齐全，检测试运转合格。
2. 按工程等级和专业工程要求，安装好防护密闭门。
3. 进、排风等孔口防护设备安装完毕。
4. 内部照明设备安装完毕，并可通电。
5. 工程无漏水。
6. 回填土结束，通道畅通。
7. 施工单位自检合格。
8. 施工技术文件、记录、资料齐全。

七、人防工程有关结构的构造规定

1. 人防工程现浇混凝土材料的强度，基础不低于 C25，梁、楼板不低于 C25，柱不低于 C30，内墙、外墙不低于 C25，门框墙不低于 C30。

2. 人防工程钢筋混凝土结构构件当有防水要求时，其混凝土强度等级不宜低于 C30。抗渗等级按规范规定，且不小于 P6。

3. 人防工程的防毒通道和密闭通道内及第一道防护门或第一道防护密闭门的开启范围内，必须采用整体现浇钢筋混凝土结构。

4. 人防工程结构钢筋混凝土最小厚度（不包括甲类人防工程早期核辐射对结构厚度的要求）：顶板、中间楼板为 200mm，承重外墙为 250mm，承重内墙为 200mm，临空墙为 250mm，防护密闭门门框墙为 300mm，密闭门门框墙为 250mm。

5. 结构变形缝的设置应符合下列要求：
（1）在防护单元内部宜设置沉降缝、伸缩缝。
（2）上部地面建筑需要设置伸缩缝、防震缝时，防空地下室可不设置。
（3）室外出入口与主体结构连接处，宜设置沉降缝。
（4）钢筋混凝土结构设置伸缩缝最大间距应按国家现行有关标准执行。

6. 施工后浇带的设置与构造应符合下列规定：
（1）施工后浇带应贯通整个结构，并宜设置在梁、板跨度三等分的中间范围内。
（2）施工后浇带宽度宜为 700～1000mm。
（3）施工后浇带宜在其两侧混凝土龄期达到设计要求的天数后，采用补偿收缩混凝土进行浇筑，强度等级应高于主体结构的混凝土强度等级，并应加强养护。

7. 防空地下室钢筋混凝土结构构件，其纵向受力钢筋的锚固和连接接头应符合设计规范要求。

8. 防空地下室钢筋混凝土结构构件，纵向受力钢筋的锚固和连接接头应符合设计规范规定。

9. 承受动荷载的钢筋混凝土结构构件，纵向受力钢筋的配筋百分率不应小于设计规

范的数值。

10. 双面配筋的钢筋混凝土板、墙体应设置梅花排列的拉结钢筋，拉结钢筋长度应能拉住最外层受力钢筋。当拉结钢筋兼作受力钢筋时，其直径及间距应符合箍筋的计算和构造要求。

11. 钢筋混凝土平板防护密闭、密闭门门框墙的构造应符合下列要求：

(1) 防护密闭门门框的受力钢筋直径不应小于 12，间距不应大于 250mm，配筋率不应小于 0.25%，竖向受力钢筋的直径应不小于 12mm，间距不应大于 250mm；要求设置拉结筋，其直径不应小于 6mm，间距不应大于 500mm，应呈梅花布置。

(2) 防护门洞四角的内外侧，应配筋两根直径 16mm 的斜向钢筋，其长度不应小于 1000mm。

(3) 防护密闭门、密闭门的门框与门扇应紧密贴合。

(4) 防护密闭门、密闭门的钢制门框与门框墙之间应有足够的连接强度，相互连接成整体。

12. 门框墙应与通道结构整体浇筑，受力钢筋伸入通道结构内的长度，不应小于钢筋的锚固长度，且不应小于钢筋直径的 30 倍。

13. 与门框墙连接的通道墙等结构，应能承受由牛腿或悬臂根部传来的弯矩、剪力和轴力，门框墙门前 2m 至密闭门段通道，通道的顶板、侧墙和底板厚度不应小于 300mm。

八、人防工程混凝土施工应注意的几点

1. 临空墙、门窗墙的模板安装，其固定模板的对拉螺栓上严禁采用套管、混凝土预制件等。

2. 需要一次浇捣的工程部位：工程口部、防护密闭段才、采光井、水库、水封井、防毒井、防爆井等有防护密闭要求的部位应一次整体浇筑混凝土。

3. 试块制作要求：

(1) 口部、防护密闭段应各制作一组试块。

(2) 每浇筑 100m³ 混凝土应制作一组试块。

(3) 变更水泥品种或混凝土配合比时，应分别制作试块。

(4) 防水混凝土制作抗渗试块。

4. 施工缝的位置，应符合下列规定：

(1) 顶板、底板不宜设施工缝，顶拱、底拱不易设纵向施工缝。

(2) 侧墙的水平施工缝应设在高出底板表面不小于 500mm 墙体上；当侧墙上有孔洞时，施工缝距孔洞边缘不宜小于 300mm。

(3) 当采用先墙后拱法时，水平施工缝宜设在起拱线以下 300～500mm 处；当采用先拱后墙法时，水平施工缝可设在起拱线处，但必须采取防水措施。

(4) 垂直施工缝应避开地下水和裂隙水较多的地段。

九、钢筋接头的要求

1. 受拉钢筋的锚固长度应为普通钢筋混凝土构件受拉钢筋锚固长度的 1.05 倍。

2. 绑扎钢筋接头搭接长度应为锚固长度的 ζ 倍，当纵向钢筋搭接接头面积百分率小于、等于 25% 时，ζ=1.2；等于 50% 时，ζ=1.4；等于 100% 时，ζ=1.6。

3. 连接接头的位置宜避开梁端、柱端箍筋加密区；当无法避开时，应采用满足等强度要求的高质量机械连接接头，且钢筋接头面积百分率不应超过 50%。

十、防护单元质量控制

1. 相邻防护单元之间的隔墙应为钢筋混凝土防护密闭隔墙，它应与主体结构同时施工，并严格控制其材料和厚度。一般对防常规武器五级的为 250mm，对防常规武器六级的为 200mm。

2. 防护密闭隔墙上预留的平时通行连通口或风管墙孔，应对紧急转换时内封堵的预埋件的位置、质量进行严格检查和控制。

3. 严格控制相邻防护单元之间隔墙上拱平时通行的连通口总宽度不宜超过防护单元隔墙总长度的 1/3，且单个洞口宽度不宜超过 7m，高度不宜超过 3m。

4. 在二层或多层人防工程上下防护单元相邻楼板上开设专供平时使用的楼梯、楼梯间与每层连通的通道、自动扶梯及风管穿板孔，应对紧急转换时限内水平与垂直封堵的预埋件进行质量控制。

5. 二层或多层人防工程上下防护单元相邻楼板的厚度控制为不小于 200mm。

6. 当隔墙上开设连通时，严格监控隔墙两侧防护密闭门的安装质量，在土建阶段严格控制两门之间的净距（即隔墙的厚度）大于等于 500mm.

7. 若相邻防护单元的防护等级不同时，严格检查和监控高抗力的防护密闭门应设置在抵抗力防护单位一侧。抵抗力防护密闭门应设置在高抗力的防护单元一侧。

8. 在掘开式人防工程防护单元内，不宜设置沉降缝和伸缩缝。

十一、临空墙质量控制

1. 按设计要求，严格监控临空墙的施工质量，尤其要检查钢筋的规格、布置、焊接、绑扎质量以及混凝土的浇筑质量，严禁有蜂窝、孔洞和露筋等现象。

2. 严格控制临空墙按设计要求的最小防护层（钢筋混凝土）厚度。

(1) 乙类防空地下室出入口临空墙厚度不小于 250mm。

(2) 甲类防空地下室出入口临空墙厚度不小于：独立式地下室出入口为 250mm（5 级、6 级、6B 级）；附壁式出入口为 250mm（6 级、6B 级），550mm（5 级）；室内出入口为 250mm（5 级、6 级、6B 级）

十二、防护门门框墙、防爆波活门门框墙质量控制

1. 严格监控门框墙的厚度≥300mm，混凝土强度等级≥C30。

2. 严格检查门洞尺寸，其误差符合《人民防空工程质量检验评定标准》的要求。

3. 严格监控门框墙的钢筋和混凝土施工质量，尤其要检查钢筋规格、尺寸、门洞四角的斜面钢筋以及钢制门框与门框墙之间的安装固定的连接强度。

（1）门框墙的两侧均应配置水平和竖向受力钢筋。

（2）水平受力钢筋配筋率≥0.25%，直径≥12mm，间距≤250mm。

（3）竖向受力钢筋直径≥12mm，间距≤250mm。

（4）应设置拉结筋，其直径≥6mm，间距≤500mm，应呈梅花布置。

（5）门框墙应与通道结构整体浇筑，其受力钢筋伸入通道结构内的长度不应小于钢筋的锚固长度，且≥30D，（D为钢筋直径）。

（6）门框墙门前2m至密闭门段通道的顶板、侧墙和底板的厚度≥300mm。

4. 门框墙预埋件的质量。预埋件必须无锈蚀，位置准确、固定牢靠。

5. 当外墙有通风采光窗，临战时采用封堵措施的洞口，应严格按设计要求设置钢筋混凝土柱。柱的上、下端主筋应深入顶板、底板，并必须满足锚固长度的要求。在洞口四角设置构造筋，其钢筋直径、长度及节点处理，必须符合设计要求。

十三、防毒密闭段质量控制

1. 在施工图纸审核时，应检查密闭通道和防毒通道设置的正确性。检查防毒通道内是否按防护、类型要求设置洗消间或简易洗消间，并检查其设施是否齐全。

2. 按设计要求，严格控制密闭通道和防毒通道设置的施工质量，检查其位置、几何尺寸以及人防门的设置正确性。

3. 按设计要求，严格检查和控制管线穿越防毒通道的预埋，必须切实做好密闭措施。

4. 防毒通道的地面、墙面和顶面不宜装修和粉刷，必须平整光滑、易于冲洗。

5. 防毒通道内不得设置沉降缝和伸缩缝。

6. 按设计和规范要求，严格检查滤毒室的施工质量。

十四、出入口、口部防护结构质量控制

1. 每个防护单元应不少于一个直通地面的出入口（竖井式除外），当防护单元面积大于1000m² 时，应设置不少于两个出入库，战时使用的主要出入口直通地面，当有两个或两个以上直通地面出入口时，各口之间宜保持最大距离，一般不宜小于15m，并设置成不同朝向。

2. 直通地面出入口宜设置在地面建筑倒塌范围以外。当条件限制不能设置在倒塌范围以外时，口部应有防倒塌措施，并应确保工程至少有一个口部能安全出入。

3. 按设计要求严格检查出入口人防门的设置数量和质量，尤其要严格控制在门框墙

上人防门的土建预埋门框尺寸，必须与门的型号、尺寸相一致。

4. 严格检查各种门的型号、规格以及开启方向灯，必须符合设计和相关规范的要求。

5. 门洞一般应设门槛。当工程平时使用不允许有门槛时，可选用活置式门槛的防护密闭门和密闭门，并按设计要求进行安装。平时使用时，可不安装，但监理人员必须坚持其预埋角钢的预埋质量及位置、标高的正确性。

十五、人防工程质量验收等级

1. 分项、分部、单位工程质量，应分为"合格"与"优良"两个等级（防火分部及其各分项不设"优良"等级）。

2. 分项工程质量等级应符合以下规定：

合格：

(1) 保证项目必须符合相应质量检验评定标准的规定。

(2) 基本项目每项抽检的处（件）应符合相应质量检验评定标准的合格规定。

(3) 允许偏差项目抽检的点数中，有75%及以上的实测值应在相应质量检验评定标准的允许范围内。

优良：

(1) 保证项目必须符合相应质量检验评定标准的规定。

(2) 基本项目每项抽检的处（件）应符合相应质量检验评定标准合格规定；其中有50%及以上的处（件）符合优良规定，该项即为优良；优良项数应占检验项数50%及以上。

(3) 允许偏差项目抽检的点数中，有90%及以上的实测值应在相应质量检验评定标准的允许偏差范围内。

3. 分部工程的质量等级应符合以下规定：

(1) 合格：所含分项工程的质量全部合格。

(2) 优良：所含分项工程质量全部合格，其中有50%及以上为优良。

4. 单位工程的质量等级应符合以下规定：

合格：

(1) 所含分部工程的质量全部合格。

(2) 质量控制资料应完整。

(3) 观感质量的评定得分率达到70%及以上。

优良：

(1) 所含分部工程的质量全部合格，其中有50%及以上为优良，结构和孔口防护分部工程必须优良。

(2) 质量控制资料应完整。

(3) 观感质量评定得分率达到85%及以上。

十六、防护密闭门、密闭门门框墙监理重点

1. 检查钢筋、水泥、粗细骨料以及防护密闭门、密闭门，材料、设备的质量证书、准用证、生产许可证及有关试验报告。

2. 在门框墙定位放样时，监理人员仔细核对尺寸，重点对门框墙门前尺寸、开启方向的位置尺寸仔细审核。

3. 对防护密闭门、密闭门框的钢筋工程的隐蔽工程进行检查验收，重点检查钢筋骨架的尺寸、钢筋直径、间距、垂直度以及预埋件、管件的位置、方向等。

4. 钢筋配筋时，检查门槛的钢筋高度是否符合各种形式门的建筑高度，核对各种形式的门合页侧和闭锁侧的门框宽度能否满足开启的需要。

5. 门框墙的混凝土浇筑时，监理人员旁站，督促施工单位连续浇筑和振捣密实。

6. 防护密闭门、密闭门安装前，检查各扇门的平整度和是否在运输储存过程中受损，如有损坏影响密闭等使用功能的应禁止安装。

7. 门扇安装时，要求门扇钢框与钢门框贴合均匀，其不贴部分和间隙都应符合要求。检查上、下铰页同轴度的偏差。

8. 检查密封条安装质量、密封条接头搭接形式、固定牢固程度、压缩均匀程度，均应符合规范要求。

十七、防爆活门、防爆超压排气活门安装监理要点

1. 审查各种活门的生产许可证、质量保证书、合格证。
2. 对进场的活门进行外观质量检查。
3. 安装前检查土建留置的安装尺寸，是否与安装活门尺寸相符。
4. 安装时，监理巡视、督促施工单位按规范施工，重点检查门扇、活门盖等有胶板、胶条处的密封程度。
5. 安装完毕后，检查活门的位置标高、安装质量。

十八、进、出工程管线的防护密闭工程监理要点

1. 审查给排水、通风、电气等各专业进、出工程的管线的防密处理的措施是否符合防密闭要求。

2. 在主体工程施工期间，监理人员审查施工单位预埋给排水、通风、电线穿越防护密闭墙或密闭墙穿管的具体位置、标高、尺寸是否与设计相符。

3. 审查给排水、通风、电线电缆穿越防护密闭墙或密闭墙的密闭短管形式，是否符合设计要求，其预埋管的各尺寸是否符合要求，重点审查密闭肋材料、厚度高度、焊接质量、短管墙前露出墙面的尺寸等。

4. 要求预埋短管绑扎在主肋，检查绑扎牢固。

5. 在混凝土浇筑时监理人员旁站，防止预埋短管移动和浇捣不密实。

6. 水、风、电专业设备安装时，对穿越防护密闭墙的管线进行旁站，要求按设计要求进行防护密闭处理。在防护密闭的填塞材料和抗力片必须符合设计和规范要求。

十九、人防施工要点（土建工程）

（宁波人防质量监督站的交底）

1. 在地基反梁处底板上层钢筋必须从梁主筋下部穿过。

2. 人防区顶、底板应设置梅花形拉结钢筋（≥$\phi6$，@≤500）。

3. 人防门洞四角的内外侧应配置加强筋，规格为≥$\phi16$，$L=1m$，斜45°双面加强（每个门洞应有 8 根加强筋），当墙厚度大于 400mm 时，每角应配 3 根。

4. 人防门洞四周应形成暗柱、暗梁、暗梁横向环筋（受力筋）直径不应小于 12mm，不得采用圆钢.

5. 普通人防门下槛，门槛与地坪建筑高差不小于 150mm，活置式人防门下槛与地坪建筑平，人防门门框应接地。

6. 宽度≥3m 的战时封堵洞口处应在非人防区侧预留深 100 或 120，宽 200 或 300 的封堵地沟，地沟平时不得用混凝土浇死，浇底板混凝土前战时封堵应预埋到位。封堵框应在同一平面，框及地沟不得隐蔽。

7. 被止水钢板割断的附墙柱箍筋应搭接焊接在止水钢板上。

8. 被穿墙管割断的钢筋应点焊在穿墙管上。

9. 人防门框墙及临空墙及其他有密闭要求的隔墙模板对拉螺栓做法同外墙一样，不得使用套管。

10. 人防门前应设置安装吊钩，$\Phi12\sim\Phi20$，钩住顶板上层钢筋。

11. 设塔吊穿越人防顶板处应采用钢板加强，做顶板上层钢筋。$\delta=6mm$（有覆土层或上部结构时可减至 $\delta=3mm$），塔吊处加强钢板宽度 600，后浇带加强钢板宽度不做要求。

12. 人防主体浇筑混凝土后，不得再打洞开槽。

13. 人防区构造应符合人防图集。

14. 人防结构厚度应符合人防规范。

二十、人防施工安装工程要点

（宁波人防质量监督站的交底）

1. 人防通风预埋管（$\delta=2\sim3mm$、$b=30\sim50mm$），须连接设备或风管伸出混凝土墙不小于 100mm（也可按图集要求施工）。

2. 测压管以 DN15 镀锌钢管炜制、焊接，不得丝接，在混凝土管中段任意部位焊接密闭翼环，出混凝面不得小于 100mm，管口向下。

3. 各种密闭阀门、排气活门安装时均应衬以橡胶密封垫圈。

4. 穿越人防隔壁的管道应采用钢塑复合管或热镀锌钢管，穿越处按规范设置密闭套管。

5. 穿越人防围护结构的管道均应在人防侧安装 $p \geqslant 1.0$MPa 防护阀门（阀芯为不锈钢或铜材质的闸阀或截止阀），穿单元间隔墙的管道，两侧均需安装，阀与墙、顶的距离不宜大于 200mm，阀与墙、顶间的管道连接为焊接，不得丝接或采用丝扣管件。

6. 穿越人防隔墙的各种电缆、电线的防护密闭穿墙管和预留备用管应选用厚度不小于 2.5mm 的热镀锌钢管，两端伸出混凝土面不小于 55mm。

7. 各人员出入口和连通口的防护密闭门门框墙、顶板、必须通过的则应改为穿密闭套管通过，并符合防护密闭要求。

8. 各种动力配电箱、照明箱、控制箱等不得在人防密闭墙上嵌墙暗装，必须设置时应采取挂墙式明装。

9. 人防主体浇混凝土后，不得再打洞开槽。

10. 电气管线进入人防区，须在人防侧加装密闭盒。

11. 上部排气管等应避免进入人防区。

第六章 质 量 问 题

一、湿作业成孔灌注桩坍孔

1. 现象：在成孔过程中或成孔后，孔壁坍落，造成钢筋笼放不到底，桩底部有很厚的泥夹层。

2. 成因分析

（1）泥浆密度不够，起不到可靠的护壁作用。

（2）孔内水头高度不够或孔内出血承压水、降低了静水压力。

（3）护筒埋置太浅，下端孔坍塌。

（4）在松散砂层中钻进时，进尺速度太快或停在一处空转时间太长，转速太快。

（5）冲击（抓）锥或掏渣桶倾斜，撞击孔壁。

（6）用爆破处理孔内孤石、探头石时，炸药量过大，造成很大振动。

（7）勘探孔较少，对地质与水文地质描述欠缺。

3. 预防措施

（1）在松散砂土或流砂中钻进时，应控制进尺，选用较大密度、黏度、胶体率的优质泥浆，或投入黏土掺片、卵石，低锤冲击，使黏土膏、片、卵石挤入孔壁。

（2）如地下水位变化过大，应采取升高护筒，增大水头，或用虹吸管连接等措施。

（3）严格孔冲程高度和炸药量。

（4）复杂地质应加密探孔，详细描述地质水文地质情况，以便预先制定出技术措施，施工中发现坍孔时，应停钻采取相应措施后再行钻进（如加大泥浆密度稳定孔壁，也可投入黏土、泥膏，使钻机空转不进尺进行固壁。）

4. 治理方法

应先探明坍塌位置，将砂和黏土（或砂粒和黄土）混合物回填到坍孔位置以上 1～2m，如坍孔严重，应全部回填，等回填物沉积密实后再进行钻孔。

5. 泥浆密度参考值

（1）在护筒中级护筒刃脚以下 3m 时，冲程 1m 左右，泥浆密度 1.1～1.3，土层不好时，宜提高泥浆密度，必要时加入小片石和黏土块。

（2）黏土层，冲程 1～2m，加清水或稀泥浆。

（3）粉砂或中黏砂层，冲程 1～3m，泥浆密度 1.3～1.5，抛黏土块。

（4）砂卵石层，冲程 1～3m，泥浆密度 1.3～1.5m。

（5）风化岩，冲程 1～4m，泥浆密度 1.2～1.4m。

（6）坍孔回填重成孔，冲程 1m，反复冲击，加黏土块及片石，密度。

二、桩孔偏斜

1. 现象：成孔后孔不直，出现较大垂直偏差。

2. 原因分析

(1) 钻孔中遇到较大的孤石或探头石。

(2) 在有倾斜度的软硬地层交界处、岩石斜处，或在粒径大小悬殊的卵石层中钻进，钻头所受阻力不均。

(3) 扩孔较大，钻头偏离方向。

(4) 钻机底座安置不平或产生不均匀沉陷。

(5) 钻杆弯曲，接头不直。

3. 预防措施

(1) 安装钻机时要使转盘、底座水平，起重滑轮缘、固定钻杆的卡孔和护筒中心三者应在同一轴线上，并经常检查校正。

(2) 在于主动钻杆较长，转动时上部摆动过大，必须在钻架上增添导向架，控制钻杆上的提引水龙头，使其沿导向架向下钻进。

(3) 钻杆、接头应逐个检查，及时调整。发现主动钻杆弯曲，要用去千金顶及时调直或更换钻杆。

(4) 在有倾斜的软、硬地层钻进时，应吊住钻杆控制进尺，低速钻进，或回填片、卵石，冲平后再钻进。

(5) 钻孔机具及工艺的选择，应根据桩型、钻孔深度、土层情况、泥浆排放及处理条件综合确定。

(6) 为了保证桩孔垂直度，钻机应设置相应的导向装置。

(7) 钻进过程中，如发生斜孔、坍孔等现象，应停钻，采取相应措施再行施工。

4. 治理方法

(1) 在偏斜处吊住钻头，上下反复扫孔，使孔校直。

(2) 在偏斜处回填砂年土，待沉积密实后再钻。

三、缩 孔

1. 现象：孔径小于设计孔径。

2. 原因分析

(1) 塑性土膨胀，造成缩孔。

(2) 选用机具、工艺不合理。

3. 预防方法

(1) 采用上下反复扫孔的办法，以扩大孔径。

(2) 根据不同土层，应选用相应的机具、工艺。

(3) 成孔后立即验孔，安防钢筋笼，浇筑桩身混凝土。

四、断　　桩

1. 现象：成桩后，桩身中部没有混凝土，夹有泥土。

2. 原因分析

（1）混凝土较干，骨料太大或未及时提升导管以及导管位置倾斜等，使导管堵塞，形成桩身混凝土中断。

（2）混凝土搅拌机发生故障，使混凝土不能连续浇筑，中断时间过长。

（3）导管挂住钢筋笼，提升导管时没有扶正，以及钢丝绳受力不均匀等。

3. 预防措施

（1）混凝土坍落度应严格按设计或规范要求控制。

（2）浇捣混凝土前应检查混凝土搅拌机，保证混凝土搅拌时能正常运转，必要时应有备用搅拌机一台，以防万一。

（3）边灌混凝土前边拔套管，做到连续作业，一气呵成。浇筑时勤测混凝土顶面上升高度，随时掌握导管埋入深度，避免导管埋入过深或导管脱离混凝土面。

（4）钢筋笼主筋接头要焊平，导管法兰连接处罩以圆锥形白铁罩，底部与法兰大小一致，并在套管头上卡住，避免提导管时，法兰挂住钢筋笼。

（5）水下混凝土的配合比应具备良好的和易性和缓凝，水下混凝土宜掺加外加剂。

（6）开始浇捣混凝土时，为使隔水栓顺利排出，导管底部至孔低距离宜为 300～500mm，孔径较小时可适当加大距离，以免影响桩身混凝土质量。

4. 治理方法

（1）当导管堵塞而混凝土尚未初凝时，可采一用钻机起吊设备，吊起一节钢轨或其他重物在导管内冲击，把堵塞的混凝土冲击开。二是迅速提出导管，用高压水冲通导管，重新下隔水球灌注。浇筑时，当隔水球冲出导管后，应将导管继续下降，直到不能再插入时，然后再少许提升导管，继续浇筑混凝土，这样新浇筑的混凝土能与原浇筑的混凝土结合良好。

（2）当混凝土在地下水位以上中断时，如果桩直径较大（一般在 1m 以上），泥浆护壁较好，可以抽调孔内水，用钢筋笼（网）保护，对原混凝土面进行人工凿毛并清洗钢筋，然后再继续浇筑混凝土。

（3）当混凝土在地下水位以下中断时，可用较原桩径稍小的钻头在原桩位钻孔，至断桩部位以下适当深度时（可由验算确定），重新清孔，在断桩部位增加一节钢筋笼，其下部埋入新钻的孔中，然后继续浇筑混凝土。

（4）当导管接头法兰挂住钢筋笼时，如果钢筋笼埋入混凝土不深，则可提起钢筋笼，转动导管，使导管与钢筋笼脱离，否则只好放弃导管。

五、钢支撑失稳

1. 现象：大直径灌注桩，钢支撑支护，水泥搅拌桩做截水帷幕，基坑深 8m、9m 不等，当土方挖到设计标高时，一根支撑连杆断裂，维护桩大幅度位移，距坑 5m 远的路面出现裂缝。

2. 原因分析

(1) 设计支撑系统截面偏小。

(2) 未考虑长细比影响，安全度严重不足，随着基坑开挖深度加大，支撑系统承受压力增大，造成杆件失稳破坏，支护桩大幅度位移。

3. 防治措施

(1) 支撑系统的设计计算应按《建筑基坑支护技术规程》(JGJ 120—2012) 中的支撑体系计算规程设计。

(2) 对工程的具体情况，如土质情况、施工单位等，设计时在安全系数方面可予适当考虑；对建设单位应未雨绸缪研究考虑。

六、钢筋混凝土支撑立柱桩下沉，支护结构破坏

1. 现象：基坑深 9m，2 层钢筋混凝土支撑，跨度 20m。施工中发现支撑立柱下沉 170mm，支撑梁下挠，第一道支撑严重开裂，轴力达设计值 3 倍，坑底涌砂。

2. 原因分析

(1) 设计时未考虑软土地区支撑立柱下沉如此之多，导致梁开裂。

(2) 支撑在温度变化后产生应力变化，节点变化也会产生次应力，支撑立柱下沉，其轴力会大大增加。

3. 防治措施

(1) 将立柱支撑在较好的地层上，并提高沉降安全系数。

(2) 尽量选用工程桩（一般软土地区都应用工程桩）作为立柱桩支撑。

(3) 钢筋混凝土支撑设计时要考虑温度、节点变位等次应力。

七、角撑未及时支撑造成地面裂缝

1. 现象：双排小直径灌注桩加两层钢支撑及角撑，坑深 6.5m，挖土到设计底标高时，围护桩发生滑移倾斜，造成道路及场地地面裂缝。

2. 原因分析

(1) 为了挖土方便，下层支撑中的（斜）角撑未及时跟上支撑，改变了围护结构的受力情况，造成被边桩滑移倾斜，带动其他桩的倾斜。

(2) 挖土施工未按施工方案操作。

(3) 市政道路地下水管破坏，大量水渗入基坑内，降低土的力学指标。

3. 防治措施

(1) 基坑工程必须按照施工方案规定施工，即如何分层挖土，何时加撑和斜角支撑等，千万不能马虎，必须按方案施工。

(2) 较多工程若发现有地下水管或化粪池漏水现象，在设计前应调查了解，如发现问题则在设计时应将土的力学如 ϕ，c 值予以考虑，即将地质勘探提供的指标，计算时适当提高安全度，施工时发现有漏水，则应立即组织排除。

八、钢筋混凝土支撑破坏

1. 现象：坑深 10m，地面下 20m 内为流塑状淤泥，800mm 厚地下连续墙（未到细砂层），两道钢筋混凝土支撑。挖土将到设计标高时，60m 长地下连续墙整体滑移，坑底隆起，第一道支撑脱落，第二道支撑大部分被剪断，外围地面塌陷约 4m，附近民房受到损害，坑底形成积水潭。

2. 原因分析

（1）主要原因是土体失稳，造成工程结构整体滑移，被动区抗力不足。

（2）整体滑移导致第一道混凝土支撑被拉脱落，第二道钢筋混凝土支撑被剪断。

3. 防治措施

（1）加深地下连续墙嵌固深度，可以深入到细砂层，避免基坑结构滑移破坏。

（2）增加被动土区的土抗力，采用地基处理方法提高淤泥质土的性能，如在坑内侧做水泥土搅拌桩。

（3）避免整体滑移，就能保证钢筋混凝土支撑不被破坏。

九、拆除支撑时，邻近建筑物开裂

1. 现象：基坑深 7.2m，钢板桩及两道钢筋混凝土支撑。拆除钢板桩及支撑时，距坑边 6m 的三层建筑物产生严重开裂，但基坑开挖设置支撑时未发现裂缝。

2. 原因分析

拆除混凝土支撑时应先换支撑，仍应支持钢板桩，否则钢板桩成为悬臂而加大位移，导致 6m 外的建筑物的位移地基下沉，建筑物开裂。

3. 防治措施

（1）拆除钢筋混凝土支撑时，应先做好牢靠支撑。

（2）肥槽施工时应回填夯实后才能拔出钢板桩。

十、深层搅拌水泥桩施工质量差

1. 现象：基坑深 6m，ϕ480mm 振动灌注桩支护，桩长 9m，外侧 3 排直径 500mm 深层搅拌桩截水，地下水与海水相通。挖土深 4m 时坑内漏水涌砂，坑外地面下陷，危及邻近建筑及道路，无法施工。

2. 原因分析

（1）施工质量差是未作成截水帷幕的主要原因。基坑开挖后发现深层搅拌桩垂直度偏差过大，一些桩没有搭接，桩间形成缝隙及孔洞。

（2）建筑基坑支护技术规程规定截水桩的有效搭接宽度应不小于 150mm，但设计和施工要求互相搭接 50～150mm，实际有的搭接仅 50mm。

3. 防治措施

（1）设计的截水帷幕桩的搭接应大于 150mm，同时对桩长的偏差提出要求，究竟应搭接多少应在方案中确定。

(2) 必须严格按规范规定施工，应特别重视截水桩施工工程的关键部分。

十一、灌注桩与高压旋喷桩结合不好

1. 现象：基坑深 8m，采用 $\phi 1000m$ 钻孔灌注桩，桩距 1.3m，桩间以 $\phi 700mm$ 高压旋喷桩形成止水帷幕。基坑开挖后，帷幕不截水，发现多处漏水漏砂并有些涌砂，接着相邻湖泊水倒灌，支护桩倾斜，外围地面塌陷，附近建筑物损坏。

2. 原因分析

(1) 高压旋喷桩与灌注桩在一般地质情况下，可以结成帷幕，但在砂质很不均匀层中就会产生问题。相同压力下，高压旋喷桩在不同的砂层中成形情况相差悬殊，在砂砾层中所形成的桩径很大，高压水泥浆在孔隙中流出很远，有达 4m 远的记录。如钻机拔杆速度较快，则形成桩体不密实，有裂缝、空洞等缺陷。中砂孔隙小、浆液难扩散，往往出现局部缩小，与灌注桩结合不好的现象。

(2) 在桩较长的情况下，要做到控制垂直度，使两种桩结合组成帷幕不渗水，比较困难。

3. 防治措施

(1) 制订方案时应详细研究场地勘察报告，如有不均匀砂层时，应研究是否应用高压注浆法，还是采用其他方法，如深层搅拌水泥土法。

(2) 在采用高压注浆法时，灌注施工应记录每根桩的垂直度，偏向何方，以便作高压注浆桩的参考，使两桩有良好结合，作成防水帷幕。

十二、基坑未作截水帷幕发生事故

1. 现象：基坑深 9m，$\phi 1200mm$，灌注桩支护，桩长 13m，中心距 1.5m，桩顶圈梁，一道锚杆拉结，坑内外同时用降水井降水。地质除上层为杂填土外，其余为淤泥质土。基坑开挖后，由于没有止水帷幕，坑外泥水不断向坑内渗入，随开挖深度加大而增加。某日大雨倾盆时，坑边配电间随支护桩 3 根折断而滑入坑内，附近楼房宿舍向基坑倾斜，最大达到 27cm。房屋产生不同程度裂缝。

2. 原因分析

(1) 场地地下水位高，又是淤泥质土。淤泥质土的流变性强，透水性弱，用管井降水不利，水位差大促使渗流，使基坑外泥水进入坑内，如采用良好的止水帷幕，则可避免这种现象。

(2) 配电间不宜设置在坑边，必须设时，应计算桩及锚杆受力情况。

3. 防治措施

(1) 软土地区采用降水方法应按土的有效粒径及渗透系数来考虑确定，采用止水帷幕方法可有效截住水源。

(2) 基坑周边不应设建筑物，无法避免时，应专门设计防止支护桩及基坑坍塌的方案。

十三、水泥土桩墙堪固深度不足

1. 现象：某工程开挖深 5～7m，设计支护方案为水泥土墙系（格栅与搅拌桩组成），墙厚度 3.2m，深 12m，挖土到 7m 时发生坑底涌砂涌水，由于大量砂土冒出，重致水泥土墙倒塌。

2. 原因分析：主要原因是水泥墙嵌固深度不够，导致抗渗不稳定，从基坑底涌水涌砂破坏。按规程规定水泥土墙嵌固深度设计满足规定外还需进行抗渗稳定验算。因而，崁固深度不足，必然造成渗流破坏。

3. 防治措施：水泥土墙的嵌固深度必须满足抗渗稳定条件。当设计墙的嵌固深度时，应验算嵌固深度。

十四、桩嵌固深度不足，支撑失稳

1. 现象：基坑长 65m，宽 40m，挖深 10m，采用 16m 长，$\phi800mm@1000mm$ 的灌注桩，桩背用搅拌桩止水，两道 $\phi914\times11$ 钢管支撑，淤泥质土。基坑在宽度方向发生整体滑动，坑底大量土体隆起，地面严重沉降倾斜，路面严重裂缝，钢支撑发生纵向弯曲、折断，有的灌注桩折断，基坑整体滑动破坏。

2. 原因分析

(1) 灌注桩嵌固深度仅 6m，严重不足。

(2) 被动土区的 ϕ、c 值很小，桩端（底）的内摩擦角 $\phi=5°45'$，黏聚力 $c=11kPa$。因为基坑内侧水平抗力（被动土压力）与桩的嵌固深度和土的性质（ϕ、c 值）有关，导致基坑内侧土不能抵抗因外荷载及主动土压力所产生的压力。

(3) 灌注桩、钢支撑和土体三者组成基坑工程整体，支撑体系失稳，就会导致整体失稳。

3. 防治措施

(1) 应根据规范公式核算桩内侧水平抗力，如不足则必须加深嵌固深度，或加强土的强度，即做深层搅拌桩加固，或者同时加深桩深度和加固土的强度。

(2) 正确设计支撑体系，设计应参考节点做法，考虑钢支撑温度应力，如有支撑柱，则应考虑柱变形（沉陷或顶升）。

十五、防水混凝土裂缝、渗水控制措施

1. 设计

(1) 地下室应进行防水设计，设计中应充分考虑地下水、地表水和毛细管水对结构的作用，以及周围水文地质变化的影响，并根据地下室的使用功能，合理确定防水等级、防水设防高度。

(2) 地下室工程中有防水要求的主体结构应采用防水混凝土，并采取减小混凝土收缩的措施。

（3）防水混凝土结构迎水面技术裂缝宽度不得大于 0.2mm。

（4）应明确防水混凝土抗渗等级，提出防水混凝土外加剂、掺合料等的主要技术指标要求。

（5）地下室墙板宜采用变形钢筋，配筋应细而密，配筋网片钢筋间距应≤150mm，分布均匀。水平分布钢筋宜设置在竖向钢筋外侧。对水平断面变化较大处，应增设抗裂钢筋。

2. 施工

（1）防水混凝土掺入的外加剂掺合料应按规范复试符合要求后使用，其掺量应经试验确定。

（2）浇筑混凝土前，应考虑混凝土内外温差的影响，采取适当的措施。

（3）防水混凝土结构内部设置的各种钢筋或绑扎的低碳钢丝不应接触模板。固定模板而穿过的螺栓应加焊止水环。拆模后，将留下的凹槽封堵密实，并在迎水面涂刷防水涂料等防水材料。

（4）混凝土采用分层浇筑，泵送混凝土每层厚度不宜大于 500mm，采用插入式振动器分层捣固，板面应用平板振动器振捣，排除必水，进行两次收浆压实。

（5）防水混凝土水平构件表面覆盖塑料薄膜或双层草袋并浇水养护，竖向构件宜采用喷涂养护液进行养护，养护时间不少于 14d。

十六、防水混凝土变形缝渗漏控制措施

1. 设计

（1）地下工程应根据地下室平面形状、平面尺寸，上部主体结构布置、荷载及顶板覆土情况合理设置变形缝。地下工程的变形缝设置在结构截面的突变处、地面荷载的较大变化处、地质明显不同、基础形式不同的地方。

（2）地下工程变形缝宜少设，当必须设置时，应选择合适的构造形式。

（3）应注明或绘制变形缝的构造详图，变形缝防水节点宜采用中埋带与可卸式止水带复合使用的构造形式。

（4）当地下水压大于 0.03MPa，环境温度在 50℃以下，且不受强氧化剂作用，变形量较大时，可采用埋入式止水带和表面附贴式橡胶止水带相结合的防水形式。对环境温度高于 50℃以上的变形缝，可采用 2mm 厚的紫铜或 3mm 厚不锈钢等金属止水带。有油类侵蚀的地方，可选用相应的耐油橡胶止水带或塑料止水带。无水压的地下工程，可用卷材防水层防水。

2. 施工

（1）地下工程在施工过程中，应保持地下水位低于防水混凝土 500mm 以上。

（2）用木丝板和麻丝或聚氯乙烯泡沫塑料板做填缝材料时，随砌随填，木丝板和麻丝应经沥青浸泡。

（3）金属止水带宜折边，连续接头应满焊。

（4）埋入式橡胶或塑料止水带施工时，不得在止水带中心圆环处穿孔，应埋设在变形缝横截面的中部，木丝板应对准圆环中心。止水带接长时，其接头应锉成斜坡，毛面搭

接，并用相应的胶粘剂粘结牢固。

（5）采用遇水膨胀止水条嵌缝，止水条应具有缓胀性能，使用时防止先期受水浸泡膨胀。

（6）表面附贴橡胶止水带的两边，填防水油膏密封。金属止水带压铁上下应铺垫橡胶垫条或石棉水泥布。

十七、混凝土后浇带施工缝渗漏防治措施

1. 设计

（1）后浇带混凝土应采取抗裂措施，后浇带施工缝处应采取防水措施。

（2）应有后浇带平面布置图和底板、地梁、侧壁、顶板梁等各种混凝土构件的后浇带构造详图。

2. 施工

（1）底板、顶板不宜留施工缝，底拱、顶拱不宜留纵向施工缝。

（2）墙体不应留垂直施工缝。有防水要求的墙体的水平施工缝可留在高出板面不小于300mm、梁底以下300mm以内墙体处，并应设置止水带。

（3）后浇带施工缝浇筑混凝土前，应凿除松散混凝土，并将其表面浮浆和杂物清除。浇筑混凝土时，先浇水湿润，排除积水后及时浇筑混凝土并振捣密实。

（4）后浇带混凝土应保湿养护14d。

十八、柔性防水层空鼓、裂缝、渗漏防治措施

1. 设计

（1）应选用耐久性和延伸性好的防水卷材或防水涂料做地下柔性防水层，且柔性防水层应设置在迎水面。

（2）柔性防水层施工完后应及时做好保护层，保护层应符合下列规定：

1）底板、顶板应采用50～70mm厚的细石混凝土保护层，防水层与保护层之间应设置隔离层。

2）侧墙迎水面保护层宜选用软质保护材料。

2. 施工

（1）柔性防水层施工期间，地下水位应降至垫层300mm以下。

（2）机构防水层施工前，先涂刷基层处理剂，卷材铺贴宜采用满贴法，铺贴严密。防水涂料应薄涂多遍成活。

（3）柔性防水层施工完毕后，应采取可靠的保护措施。

十九、地下室基坑回填土沉陷

1. 设计应明确填土的土质、夯实需铺厚度和压实系数。

2. 宜采用黏性土回填，不得用建筑垃圾、塘渣、淤泥、腐殖土、耕植土及含有机物

大于 8％的土作为填料。

3. 应分层夯实，虚铺厚度机械夯实不大于 300mm，人工夯实不大于 200mm。

二十、砌体裂缝设计措施

1. 砌体结构的温度变形缝间距或现浇楼屋盖混凝土后浇带间距不宜大于 4m。

2. 门、窗、配电箱、消火栓等洞口边形成独立砖柱宽度小于 240mm、混凝土柱或剪力墙边门垛小于 240mm、窗间墙小于 360mm 时，砖柱改成钢筋土构造柱。

3. 砖墙或砌块墙内应在下列情况设置钢筋混凝土构造柱：

（1）墙体长度大于 5m 或超过层高 2 倍时的中间或门窗洞口边。

（2）阳台分隔墙等砌体自由端部。

（3）门窗洞口宽度大于 2m 时的洞口两边。

（4）屋顶女儿墙墙体每一开间处且间距大于 4m。

4. 构造柱锚入楼层上下混凝土梁或板中直径和根数应与构造柱纵筋规格和数量一致。

5. 墙厚不大于 150mm 且砌体净高大于 3m，或墙厚大于 150mm 且砌体净高大于 4m 时，墙体半高处或门窗洞上应设置沿墙全长贯通的钢筋混凝土系梁，水平系梁应与柱或剪力墙连接，其宽度与墙厚同，高度不应小于 120mm，遇到门窗洞口时，系梁高度不应小于 180mm，其纵筋不应小于 $4\phi10$，箍筋 $\phi6@200$。

6. 屋顶女儿墙不应采用轻质墙体材料砌筑。屋顶女儿墙应设置厚度不小于 120mm 的钢筋混凝土压顶，纵筋不小于 $4\phi10$，箍筋 $\phi6@200$。

7. 宽度大于 300mm 的预留洞口应设置钢筋混凝土过梁，并且伸入每边墙体的长度不应小于 250mm。砌体材料为加气混凝砌块时，过梁伸入墙体长度不应小于 300mm，且其支承面下应设置过梁垫。

8. 窗台应设置内高外底的 L 形钢筋混凝土窗台板，厚度不小于 60mm，纵筋不宜小于 $3\phi8$，分布筋 $\phi6@200$，两端伸入墙体各 600mm。

9. 底层分隔墙下应有地梁或基础，与主体基础整体浇筑。

二十一、砌体裂缝材料及施工措施

1. 砌筑材料砂浆应采用中、粗砂，砌块砌筑应采用配套专用粘结剂。

2. 蒸压灰砂砖、粉煤灰砖、加气混凝土的出斧停放期不应小于 28d。混凝土小型空心砌块的龄期不应小于 28d。

3. 现浇钢筋混凝土板带应一次浇筑完成。

4. 砌体结构砌筑完成后不应少于 28d 再抹灰。

5. 每天砌筑高度宜控制在 1.8m 以下，并应采取严格的防风、防雨措施。

6. 砌体应按设计要求与钢筋混凝土墙柱可靠连接，并优先采用拉结筋连接。拉结筋不得弯折使用，末端应有 90°弯钩。设置位置应与砖砌体灰缝相吻合，砌块砌体应在上表面开设凹槽，置入钢筋后用粘结材料填实至凹槽的上口平。拉结筋宜预埋，植筋应进行拉拔试验。当砌块砌体采用专用连接件时，宜采用金属锚栓与钢筋混凝土墙柱可靠连接。

7. 填充墙砌至接近梁底、板底时，砌块墙应留有 20～30mm 的空隙，并留置不少于 7d 的间隙期，用发泡剂等柔性材料填嵌密实。砖填充墙应留有 150mm 的空隙，并留置不少于 7d 的间隙期，可采用斜砖补砌，角度宜 60°，并沿墙方向对称塞砌，两侧和中部三角空隙应用干硬性膨胀砂浆填塞、补砌紧密。坡屋顶卧梁下口的砌体应砌成踏步形，空隙部位按上述方法补砌。

8. 当门窗洞上口至梁底距离小于 200mm 时，门窗过梁应与结构梁整浇。

9. 砌体墙开凿应在砂浆强度达到设计要求后才有机械切割，开槽深度不宜超过墙厚的 1/3，导管敷设后，应采用细石混凝土或干硬性砂浆填封密实牢固。

二十二、底层砌体返潮

1. 砌体基础应设置防潮层，防潮层设置要求如下：

（1）水平防潮层一般设在室内地坪 0.06m 处，做法为 20mm 厚，1：2.5 水泥砂浆内掺水泥重量 3‰～5‰ 的防水剂。

（2）当墙体两侧的室内地面有高差时，应在填土一侧做垂直防潮层并连接两道水平防潮层。

（3）防潮层应在室内回填后施工，基础顶面清理干净并浇水湿润后抹防潮层并进行养护。

2. 建筑物四周应设置散水、排水明沟或散水带明沟。散水的设置要求如下：

（1）散水的宽度，应根据土壤性质、气候条件、建筑物的高度和屋面排水形式确定，宜为 500mm，当采用无组织排水时，散水的宽度可按檐口线放出 200～300mm。

（2）散水坡的标高应高于小区路面标高，散水的坡度宜为 3‰～5‰。

（3）当散水采用混凝土时，宜按 10m 间距设置伸缩缝。

（4）散水与外墙之间设缝，缝宽可为 15～20mm，缝内应填嵌柔性密封材料。

二十三、混凝土现浇板裂缝的设计措施

1. 建筑平面宜规则，避免平面形状突变。当平面有凹凸时，凹口周边楼板的配筋应加强，当楼板平面形状不规则时，宜设置梁使之形成较规则的版块。

2. 伸缩缝间距应严格控制。如必须超过时，应采取可靠的技术措施，减少温度应力产生的影响。

3. 建筑长度大于 40m 时，宜在楼板中部设置后浇带。后浇带部位应设置加强筋，并应采取抗裂措施。后浇带位置、构造详图、混凝土强度等级及材料要求应在设计文件中明确。

4. 现浇板厚度与跨度比值宜为 1/35～1/30。厨房、浴厕、阳台板厚度不应小于 80mm，其他部位的板厚不应小于 100mm。当板内埋设导管时，板厚度应大于最大管径的 3 倍，导管交叉处应采取加强措施。

5. 相邻现浇板的厚度不宜相差 30mm 以上。

6. 现浇板混凝土强度等级不宜大于 C30。

7. 建筑物两端、变形缝两侧、平面凸处阳角开间楼板块应设置双向钢筋,间距不宜大于 150mm。开间不小于 4.2m 的板块应设置双向钢筋,其他开间宜设置双层双向钢筋。

8. 屋面板应设置双层双向钢筋,间距不宜大于 150mm。

9. 外墙阳角处宜设置上层放射状钢筋,钢筋的数量不少于 7φ8,长度不小于板跨的 1/3,且不小于 1.5m。或在外墙阳角处设置上下两层与受力主筋平行的双向附加钢筋,附加钢筋直径不小于 8mm,间距同原受力筋,范围和长度均不小于板跨的 1/3,且不小于 1.5m。

10. 预埋导管应布置在上下层钢筋网片中间,若在跨中没有上排钢筋,则沿导管方向在板的上表面应采取抗裂措施。可采用增设 φ6 双向间距 100mm 宽 500mm 的钢筋网片,多根导管并排时,增设钢筋网片的宽度应超出导管每边 250mm。

二十四、混凝土现浇板裂缝的材料和施工措施

1. 混凝土应采用减水率高、分散性能好、对混凝土收缩影响较小的外加剂,其减水率不应低于 12%。掺用矿物掺合料的质量应符合相关标准规定,掺量应根据试验确定。

2. 现浇板的混凝土应采用中、粗砂。

3. 模板和支撑的选用应满足强度、刚度和稳定性要求,拆模时混凝土强度应满足规范要求。

4. 现浇板浇筑时,在混凝土初凝前应进行二次振捣,在混凝土终凝前进行两次压抹。

5. 施工缝应与板底垂直留置,缝处已浇筑混凝土的抗压强度达到 1.2MPa 时,方可继续浇筑。浇筑时缝表面应凿毛,清除杂物和松动石子,冲洗干净并排除积水,再涂刷一道水泥浆后继续浇筑混凝土。

6. 应在混凝土浇筑完毕后的 12h 以内,对混凝土加以覆盖和保湿养护:

(1) 根据气候条件,淋水次数应能使混凝土处于湿润状态,养护时间不少于 7d,养护用水应与拌制用水相同。

(2) 用塑料布覆盖养护,并保持塑料布内有凝结水。

(3) 日平均气温低于 5℃时,不应淋水。

(4) 对不便淋水和覆盖养护的,宜涂刷保护层(如薄膜养生液等)养护,减少混凝土内部水分蒸发。

7. 现浇板养护期间,当混凝土强度小于 1.2MPa 时,不应进行后续施工。当混凝土强度小于 10MPa 时,不应在现浇板上吊运、堆放重物。吊运、堆放重物时应采取减轻对现浇板冲击的措施。

二十五、钢筋混凝土保护层厚度偏差措施

1. 明确各类构件及特殊部位的钢筋混凝土保护层厚度。

2. 楼板上部受力钢筋宜采用 HRB335 级或 HRB400 级钢筋。

3. 梁、板、柱、墙的钢筋保护层宜优先选用塑料垫卡支垫钢筋。

4. 梁、柱垫块应垫于主筋箍筋交接处箍筋外侧,厚度为纵筋保护层厚度减去箍筋

直径。

5. 板底筋保护层垫块应设置在纵横钢筋交叉处，垫块厚度为保护层厚度，纵横向间距不应大于 600mm。

6. 固定板面筋的马镫支架的钢筋直径不应小于 Φ10mm，马镫应搁置在板底筋上面，与上下排钢筋绑扎牢固，不得与模板直接接触。支架间距为：当板面主筋为 Φ8 时不大于 650mm，大于 Φ8 时不大于 800mm。

二十六、混凝土构件的轴线、标高等几何尺寸偏差防止措施

1. 施工过程中的测量放线应由专人负责，使用的各种测量仪器应经计量检定。
2. 主体混凝土施工阶段应及时弹出标高和轴线的控制线，控制线标识明晰。
3. 模板支架搭设完成后，应对模板的标高和平整度进行复核。
4. 在混凝土浇筑前应做好现浇板厚度的控制标识，每 2m 设置一处。
5. 模板的背楞统一使用硬质木材或金属型材，统一加工尺寸。浇筑混凝土墙板、柱时，在现浇楼面埋设 Φ48mm 的钢管，增设斜撑，以增强模板的刚度和平整度。
6. 根据混凝土的侧压力，墙、柱自楼面向上根据施工方案采取下密上疏的原则布置对拉螺栓。
7. 模板支撑完成后，要全面检查模板的几何尺寸，合格后方可进行下一道工序施工。
8. 装饰装修施工前，应在柱、墙处抄出水平控制线。

二十七、屋面防水层渗漏设计及材料控制措施

设计：
1. 屋面应设计二道防水设防，其中应至少有一道卷材防水层。
2. 柔性材料防水层的保护层宜采用撒布材料、浅色涂料或刚性保护层。
3. 当采用刚性保护层时，应符合以下要求：
(1) 刚性保护层与柔性材料防水层之间应设置隔离层，隔离层可采用聚乙烯涂膜、1：3 石灰砂浆等材料。
(2) 刚性保护层采用不低于 C20 细石混凝土，厚度不应小于 40mm，内配 Φ6@200 双向钢筋网片，且位于保护层的中上部。
(3) 刚性保护层按房屋平面形状设置分格缝，且开间方向间距不宜大于 4m，进深方向不宜大于 6m；刚性保护层与山墙、女儿墙及突出屋面结构的交接处应设置分格缝。缝宽宜为 20～30mm，缝底填充内衬材料，上部用柔性密封材料嵌缝，厚度不小于 20mm。
材料：
1. 合成高分子防水卷材厚度不应小于 1.2mm，高聚物改性沥青防水卷材厚度不应小于 3mm。
2. 合成高分子防水涂料和聚合物水泥防水涂料厚度不应小于 1.5mm，高聚物改性沥青防水涂料厚度不应小于 3mm。
3. 倒置式屋面不得采用体积吸水率大于 2% 的保温材料。

二十八、屋面防水层渗漏细部构造措施

1. 天沟、檐沟防水构造应符合下列要求：

（1）天沟、檐沟应增设附加层，采用沥青防水卷材时，应增设一层卷材；采用高聚物改性沥青防水卷材或合成高分子防水卷材时，宜采用防水涂膜增强层。

（2）天沟、檐沟与屋面交接处的附加层宜空铺，空铺宽度不应小于 200mm；天沟、檐沟卷材收头处应密封固定。

（3）斜屋面檐沟的附加层在屋面檐口处要空铺 200mm，防水层的收头用水泥钉钉在混凝土斜板上，并用密封材料封口，檐沟下部做鹰嘴和宽度 10mm 的滴水槽。

2. 女儿墙泛水、压顶防水构造应符合下列要求：

（1）女儿墙泛水高度距屋面面层最高处不应小于 250mm，泛水宜采用浅色涂料或铝箔作保护层。

（2）女儿墙为砖墙时，应在砖墙上留凹槽，卷材收头应压入槽内并用塑料或金属压条钉压固定，嵌填柔性密封材料封闭。

（3）女儿墙为混凝土时，卷材的收头采用镀锌钢板压条或不锈钢压条钉压固定，钉距 ≤900mm，并用柔性密封材料封闭。

3. 水落口处防水构造应符合下列要求：

（1）水落口预埋套管理设标高应考虑找坡层、保温层及保护层等厚度。

（2）水落口周围 500mm 范围内坡度不应小于 5%，并应用防水涂料或密封涂料涂封，其厚度为 2～5mm，水落口杯与基层接触处应留宽 20mm、深 20mm 的凹槽，填嵌密封材料。

4. 变形缝的防水构造应符合下列要求：

（1）变形缝的泛水高度不应小于 250mm。

（2）防水层应铺贴到变形缝两侧墙体的上部。

（3）变形缝内应填充聚苯乙烯泡沫塑料，上部填放衬垫材料，并用卷材包覆。

（4）变形缝顶部应加扣混凝土或金属盖板，混凝土盖板的接缝应用密封材料嵌填。

5. 伸出屋面管道处防水构造应符合下列要求：

（1）管道根部周围 150mm 范围内用砂浆做出高 30mm 的圆锥台。

（2）管道与基层交接处预留 20mm×20mm 的凹槽，槽内用密封材料嵌填。

（3）防水层贴在管道上的高度不应小于 300mm，且应增设一道附加层，高度和宽度不小于 300mm，内外层接缝应错开。

（4）附加层及卷材防水层收头处用金属箍箍紧在管道上，并用密封材料封严。

6. 屋面设施基座防水构造应符合下列要求：

（1）屋面设施基座与结构层相连时，防水层应包裹设施基座的上部，并在地脚螺栓周围做密封处理。

（2）在防水层上放置设施时，设施下部的防水层应增设一道卷材附加层并在周边及顶部浇筑厚度不小于 50mm 的细石混凝土保护层。

二十九、屋面防水层渗漏施工措施

1. 不应在雨天、雪天、大雾、大风天气和环境平均温度低于 5℃时施工。

2. 基层应清理干净,表面干燥后均匀涂刷基层处理剂,涂刷按先细部后大面的顺序进行;基层处理剂、接缝胶粘剂、密封材料等应与铺贴的防水卷材相容。

3. 卷材大面积铺贴前,应先做好节点密封处理、附加层和屋面排水较集中部位的细部构造处理。卷材施工时应以屋面最低标高处向上施工;铺贴天沟、檐沟卷材时,宜顺天沟、檐沟方向铺贴,从水落口处向分水线方向铺贴,尽量减少搭接。

4. 上下层卷材铺贴方向应正确,不应相互垂直铺贴。

5. 相邻两幅卷材的接头相互错开 300mm 以上。

6. 屋面各道防水层或隔气层施工时,伸出屋面各管道井、烟道及高出屋面的结构处,均应用柔性防水材料做泛水,高度不应小于 250mm。最后一道泛水应用卷材,并用管箍或压条将卷材上口压紧,再用密封材料封口。

7. 防水涂料涂抹应多遍成活,厚度应符合设计要求。

三十、屋面面层接缝密封材料硬化、开裂、渗漏

材料:

1. 密封材料优先采用合成高分子密封材料,不得采用沥青或改性沥青类密封材料。

2. 背衬材料宜采用聚乙烯泡沫棒、橡胶泡沫棒。

施工:

1. 嵌缝前用水冲洗干净且达到干燥,均匀涂刷冷底子油一道。

2. 背衬材料的嵌入可使用专用压轮,压轮深度为密封材料的设计厚度。

3. 对嵌缝完毕的密封材料避免碰撞及污染,固化前不得踩踏。

4. 嵌填密封材料不得在雨雪天、五级以上大风环境下施工。

三十一、楼地面面层起砂、空鼓、裂缝的控制措施

设计:

1. 面层为水泥砂浆时,应采用 1:2 水泥砂浆,厚度宜为 20mm。

2. 细石混凝土面层的混凝土强度等级不应小于 C20,厚度不小于 30mm。

材料:

1. 选用中、粗砂,含泥量≤2%。

2. 面层为细石混凝土时,细石粒径不大于 15mm,且不大于面层厚度的 2/3;石子含泥量应≤1%。

施工:

1. 浇筑面层混凝土或铺设水泥砂浆前,基层应清理干净并湿润,消除积水;基层处于面干内潮时,应均匀涂刷水泥浆一道。

2. 水泥砂浆面层铺摊涂抹均匀,随抹随用短杠刮平;混凝土面层浇筑时,应采用辊子滚压,保证面层强度和密实度。

3. 掌握和控制压光时间,压光次数不少于2遍,分遍压实。

4. 面层宜按开间设置分格缝。

5. 面层施工12h后,应进行养护,连续养护时间不应少于7d;当环境温度低于5℃时,应采取防冻施工措施。

三十二、楼梯踏步阳角开裂、脱落

设计:

1. 楼梯踏步采用水泥砂浆面层时,应在阳角处设置金属护角。

2. 未设置电梯的住宅,其楼梯踏步面宜铺设成品石材

施工:

1. 踏步抹面前,应将基层清理干净,并充分洒水湿润。抹砂浆前应先刷一道素水泥浆或界面剂,做到随刷随抹。

2. 踏步阳角处的金属条应在抹底糙后埋设。

3. 踏步面层应按照先立面、后平面的顺序施工,并应将接缝搓压紧密。

4. 面层完成后应养护7~14d,养护期间禁止行人上下,并做好成品保护。

三十三、卫生间、厨房楼地面渗漏控制措施

设计:

1. 卫生间、厨房的楼地面应设置防水层,防水层的泛水高度不得小于300mm。

2. 卫生间楼地面周边除门洞外,应设置高度不小于180mm且符合砌体模数的混凝土翻边,与楼板一同浇筑。

3. 主管道穿越楼板处,应设置金属套管,套管高度应高于装饰面层至少20mm。

4. 卫生间门洞内侧楼地面标高应比外侧低20mm以上。

施工:

1. 给排水管道穿越楼面处,应预埋止水套管。

2. 现浇板预留洞口填塞前,应将洞口清洗干净、毛化处理,涂刷水泥浆,用掺入抗裂防渗剂的微膨胀细石混凝土分两次浇筑,第一次浇筑至楼板厚度的2/3处,第二次浇筑楼板厚度的1/3,间隔24h。

3. 楼地面排水坡度宜为2‰,地漏要比周边楼地面低5mm。

4. 防水层施工前,应先将楼板四周清理干净,阴角处抹成小圆弧。

5. 防水层及面层施工完毕后,应分别进行24h蓄水试验,蓄水高度为20~30mm。

6. 卫生间墙面应用防水砂浆分2次刮糙。

三十四、顶棚抹灰空鼓、裂缝、脱落控制措施

1. 对平整度好的混凝土板底，宜采用免粉刷直接批腻子的做法，批腻子前应先清理干净板底污物，并先批一至两遍聚合物腻子，再批聚合物白水泥腻子。每遍厚度不应大于0.5mm，总厚度不宜大于2mm。

2. 抹灰顶棚的混凝土基层应批界面剂，或采用聚合物砂浆毛点等措施进行毛化处理。

3. 板底抹灰底层应采用1：3聚合物水泥砂浆，面层宜采用掺有抗裂纤维的1：1：6混合砂浆。

三十五、内粉刷空鼓、裂缝控制措施

设计：

1. 烟道和加气混凝土砌块、蒸压粉煤灰砌块、轻质隔墙板等轻质墙体的基层应满铺钢丝网或耐碱网格布。

2. 后砌墙体与梁、柱等不同材料交接处应铺设钢丝网或耐碱网格布，与各基体搭接宽度不应小于150mm。

3. 墙体内预埋管部位的基层应铺设钢丝网或耐碱网格布，两侧宽度不应小于150mm。

4. 抹灰砂浆中宜掺入抗裂纤维。

施工：

1. 基体修凿平整、清理干净，预留孔洞和预埋件校正准确、牢固，并用1：3水泥砂浆修补。

2. 混凝土基层应批界面剂，或采用聚合物砂浆毛点等措施进行毛化处理。

3. 轻质墙体基层表面应涂刷专用界面处理剂。

4. 墙、柱及门窗洞口的阳角应抹出宽度不小于50mm，高度不低于2m的水泥砂浆护角。

5. 抹灰前基层应浇水湿润，抹灰多遍成活，每层不大于8mm。

三十六、外粉刷空鼓、裂缝、渗水、脱落控制措施

设计：

1. 突出外墙面的横向线脚、挑板、雨篷等出挑构件上部与墙交接处应设置高度不小于100mm且符合砌体模数的混凝土翻边，并与其构件整浇。

2. 加气混凝土砌块、蒸压粉煤灰砌块、轻质隔墙板等轻质墙体的基层应满铺钢丝网或耐碱网格布。

3. 后砌墙体与梁、柱等不同材料交接处应铺设钢丝网或耐碱网格布，与各基体搭接宽度不应小于150mm。

4. 外粉刷应采用防水水泥砂浆。

5. 外粉刷面层应掺入抗裂纤维，且应设置分格缝。分格缝不应采用塑料装饰条。

6. 外墙饰面层宜优先采用外墙涂料，外墙涂料应选用吸附力强、耐候性好、耐洗刷的弹性涂料，找平腻子应采用有抗裂性能的腻子。当采用饰面砖时，其铺贴离地高度不应超过 50m，应选择带有燕尾槽的饰面砖，且规格不应大于 200cm²。

7. 当设有外保温系统时，墙体基层上应设置一道防水水泥砂浆。保温层采用板材时，防水水泥砂浆厚度宜为 20mm；保温层采用浆料时，防水水泥砂浆厚度宜为 10mm。

施工：

1. 基体修凿平整、清理干净，预留孔洞和预埋件校正准确、牢固，并用 1∶3 水泥砂浆修补。

2. 混凝土基层应批界面剂，或采用聚合物砂浆毛点等措施进行毛化处理。

3. 轻质墙体基层表面应涂刷专用界面处理剂。

4. 抹灰前基层应浇水湿润，抹灰多遍成活，每层不大于 8mm。

5. 外窗台、腰线、外挑板等部位应粉出不小于 5% 的排水坡度，且靠墙体根部处应粉成圆角；滴水线宽度宜为 20mm，厚度不小于 12mm，且应粉成鹰嘴式。

6. 饰面砖铺贴应选择专用胶粘剂或粘结砂浆满铺粘贴，并及时清理缝隙。

7. 饰面砖嵌缝材料宜选用专用嵌缝剂，嵌缝时采用抽缝条反复抽压密实、光滑。

三十七、装饰面层泛碱控制措施

1. 拌制砌筑砂浆应采用可溶性含量少、颗粒构造致密、吸水率小、连续级配较好的砂子和含碱量低于 0.6kg/m³ 的低碱水泥。

2. 粉刷用的淡化海砂应抽样复试，并符合设计要求。

3. 装饰用天然石材安装前，应在背面和侧面涂刷专用防腐处理剂。

4. 拌合砂浆掺一定数量的减水剂。

三十八、门窗变形、渗漏控制措施

设计：

1. 门窗设计应明确抗风压、气密性和水密性等级三项性能指标。

2. 门窗拼樘料应进行抗风压变形验算，拼樘料应左右或上下贯通，并与洞口墙体可靠连接。

3. 门窗洞口应预埋固定门窗框的混凝土预制块，门窗框与预制块间应采用连接件连接。

4. 室外窗台面低于室内窗台面不得小于 20mm，室外窗台面外坡度不应小于 5%。外墙门窗的窗楣应设计滴水构造。

5. 外墙门窗框料与墙体间缝隙，应采用发泡剂填充，外口采用防水耐候密封胶封缝；拼樘料与门窗框连接处应采用密封材料密封。

材料：

1. 塑钢门窗型材应使用与其相匹配的热镀锌增强型衬钢，衬钢厚度应满足规范要求且不得小于 1.2mm，并应作防腐处理。

2. 窗底框挡水板高度不得小于 30mm，并应设置泄水孔，孔的位置、数量及开口尺寸应满足排水要求。

3. 门窗五金配件型号、规格应与门窗相匹配，并配置齐全；平开门窗的铰链或撑杆等应选用不锈钢或铜等金属材料；可移动门窗不得使用塑料滑轮。

4. 门窗安装应采用镀锌钢片连接固定，镀锌钢片厚度不小于 1.5mm。

施工：

1. 门窗框安装固定前，应对预留墙洞尺寸进行复核，外框与墙体间的缝隙宽度应根据饰面材料确定。

2. 门窗安装固定点间距不大于 500mm，距离转角不超过 180mm。不得采用长脚膨胀螺栓穿透型材固定门窗框。

3. 门窗框与洞口缝隙应清理干净后填充发泡剂，一次成型。

4. 塑料门窗五金安装时，应设置金属衬板，其厚度不应小于 3mm。紧固件安装时，先钻孔，后拧入自攻螺钉。

5. 门窗框外侧应留 5mm 宽的打胶槽口。打胶处应清理干净，干燥后应采用中性硅酮密封胶密封。不得在涂料面层上打密封胶。

三十九、防护栏杆、扶手不合格控制措施

1. 防护栏杆、扶手应选用坚固耐久的材料，设计除应明确式样、尺寸、材料外，还应绘制构造详图。

2. 防护栏杆应能承受不小于 0.5kN/m 的顶部水平荷载，主要受力杆件的锚固构造可采用预埋件或者后置埋件，并应符合以下要求：

(1) 预埋件钢板厚度不应小于 4mm，宽度不应小于 80mm，锚筋直径不小于 6mm，每块预埋件不宜少于 4 根钢筋，埋入混凝土的锚筋长度不小于 100mm，锚筋端部为 180°弯钩。

(2) 后置埋件钢板厚度不应小于 4mm，宽度不宜小于 80mm；立杆埋件不应小于两颗螺栓，并前后布置，其两颗螺栓的连线应垂直相邻立柱间的连线，膨胀螺栓的直径不宜小于 10mm；后置埋件应直接安装在混凝土结构构件上。

3. 栏杆高度应符合以下要求：

(1) 阳台、外廊、室内回廊、内天井、上人屋面及室外楼梯等临空处应设置防护栏杆。六层及六层以下栏杆高度应不小于 1.05m，七层及七层以上栏杆高度应不小于 1.10m。其高度应从可踏部位顶面起计算。

(2) 室内楼梯扶手高度自踏步前缘线量起不小于 0.90m，靠楼梯井一侧水平扶手长度超过 0.50m 时，其高度不小于 1.05m。

(3) 窗台低于 0.90m 时，应采取防护措施。防护高度应不小于 900mm，其高度应从可踏部位顶面起计算。沿飘窗窗框设置的防护栏杆高度从飘窗台面起算。

4. 阳台、外走道、屋顶和空调室外机围护等易遭受日晒雨淋的地方，不得选用未经防腐处理的木材和易老化的复合塑料等。选用铁件时，应采取防腐措施。

四十、不按规定使用安全玻璃

1. 施工图设计文件应明确安全玻璃的使用部位、品种、规格及性能要求。

2. 下列部位应使用安全玻璃：

（1）面积大于 $1.5m^2$ 的窗玻璃、距离可踏面高度 0.9m 以下的窗玻璃或玻璃底边离最终装修面小于 0.5m 的落地窗。

（2）七层及七层以上建筑物外开窗。

（3）玻璃幕墙、无框玻璃门。

（4）天窗、采光顶、雨篷。

（5）室内隔断、浴室围护和屏风。

（6）楼梯、阳台、平台、走廊的栏杆和内天井栏杆。

（7）易受撞击、冲击而造成人体伤害的其他部位。

3. 下列部位应使用夹层玻璃或钢化夹层玻璃：

（1）最高点离楼地面高度大于 3m 的屋面玻璃应使用夹层玻璃。

（2）最低点离一侧楼地面高度大于 3m 且小于等 5m 范围内的承受水平荷载的栏板玻璃应使用钢化夹层玻璃。

（3）框支承地板玻璃应使用夹层玻璃，点支承地板玻璃应使用钢化夹层玻璃。

（4）一般窗玻璃兼作防护时应使用夹层玻璃。

（5）幕墙玻璃兼作防护时应使用钢化夹层玻璃。

四十一、无障碍设施不规范

1. 七层及七层以上住宅的建筑入口、入口平台、公共走道、候梯厅、电梯轿厢等部位应进行无障碍设计，并应符合以下要求：

（1）入口设台阶时，应设轮椅坡道和扶手，坡道的坡度不应超过 1：12，坡面应平整而不光滑，明确坡道和扶手的细部构造。

（2）入口平台宽度不应小于 2m。

（3）供轮椅通行的走道和通道净宽不应小于 1.2m。

（4）供轮椅通行的门净宽不应小于 0.8m，并应在推拉门和平开门门把手一侧的墙面留设不小于 0.5m 的墙面宽度；供轮椅通行的门扇应安装视线观察玻璃、横执把手和关门拉手，在门扇的下方应安装高 0.35m 的护门板。

（5）门槛高度及门内外地面高差不应大于 15mm，并应以斜坡过渡。

2. 七层以下设置电梯的住宅公共出入口设台阶时，应设轮椅坡道和扶手，坡道的坡度不应超过 1：12，坡面应平整而不光滑，明确坡道和扶手的细部构造。

四十二、室内环境工程质量通病的控制措施

1. 地漏泛臭

（1）不得采用钟罩式地漏。

（2）洗脸盆、浴缸、淋浴房等的排水应至少有一个接入地漏存水弯，或采用多通道地漏。

（3）地漏保证水封高度达到 50mm 以上。

2. 管道噪声

（1）主卧室的卫生间宜为同层式排水。精装修住宅主卧室卫生间排水立管宜做封闭管井。

（2）多层住宅排水立管宜采用旋流加强（CHT）型、双壁中空螺旋或柔性铸铁等排水管。

（3）管道支架与管道之间设置橡胶垫。

（4）当卫生间紧贴卧室时其管道应布置在不靠卧室的墙边。

3. 电梯机房及井道噪声

（1）电梯井道不应与卧室紧邻布置，不宜与起居室紧邻布置，受条件限制需要紧邻起居室布置时，应采取有效的隔声和减振措施。

（2）准确调整曳引钢丝绳弹簧压力，保持各处受压力相等；调整安全钳楔块与导轨的间距，应保持在 2～3mm。

（3）严格控制轿厢的垂直度，调整好开门刀与门锁滚轮位置，保持正确性，防止轿厢与层门有碰撞噪声。

4. 设备噪声及辐射

（1）设置在屋面的消防系统稳压设备应选用小功率、低转速水泵，设备的进出水管上设软接头隔振。当采用气压罐稳压时，气压罐与水泵的基础连体采用隔振垫隔振；当采用水泵稳压时，水泵应布置在公共部位屋面上方，且水泵基础与屋面结构采用隔振垫隔振，布置在套内正上方时，水泵基础应架空并采用隔振垫隔振。

（2）水泵房不得布置在与套内紧邻的正上、下方及其毗邻的房间内。

（3）生活给水设备宜选用多泵变频、无负压等供水设备。设备基础与地面用隔振垫隔振，进出水管上设软接头隔振。

（4）当配变电所与上下或者相邻的居住房间仅有一层楼板或墙体相隔时，配变电所内应采取屏蔽、降噪等措施。

四十三、建筑节能外墙外保温系统开裂、保温效果差控制措施

设计：

1. 外墙外保温系统应明确各构造层做法，并绘制外墙勒脚、窗洞口、飘窗板、阳台、雨篷、空调机搁板、女儿墙、变形缝和管道穿墙等部位的节点详图。

2. 薄抹面层系统的抗裂保护层厚度应为 3～7mm，内置网孔为 4～8mm 的耐碱网格布；厚抹面层系统的抹面层厚度应为 8～10mm，内置网孔为 12～15mm、丝径为 0.9mm 的热镀锌钢丝网片。

3. 外墙外保温系统应包覆门窗框外侧洞口、出挑构件和女儿墙等热桥部位。

施工：

1. 不得随意更改系统构造、材料及节点做法。

2. 保温层施工不应在雨天、雪天、6级风及以上天气和环境平均温度低于5℃时进行。

3. 凸出外墙面的各类管线及设备的安装应采用预埋件直接固定在基层墙体上，预留洞口应埋设套管并与装饰面齐平，不得在饰面已完成的外保温墙面上开孔或钉钉。

4. 外墙预埋件、预埋套管及外架连墙杆等部位的保温和防水层应逐层进行处理。

5. 外保温抗裂保护层采用抗裂网时，应在保温层表面先批刮一遍聚合物砂浆，再铺贴抗裂网，应使抗裂网居于抗裂保护层中部。

四十四、外墙外保温面层粘结强度低、空鼓和脱落控制措施

1. 饰面层宜优先选用弹性涂料。

2. 当饰面层选用饰面砖时，抗裂保护层中应设置热镀锌钢丝网，并用锚栓锚固，锚栓的间距不应大于500mm。

3. 抗裂砂浆和保温浆料应符合设计要求。保温浆料应分层施工，保温板材与基层之间宜采用满粘法施工。

4. 基层与保温层、保温层与薄抹面层、薄抹面层与饰面层之间的粘结强度应进行现场拉拔试验，试验结果应符合设计要求。

5. 后置锚固件应进行锚固力现场拉拔试验，试验结果应符合设计要求。

四十五、外窗隔热性能达不到要求

1. 外窗玻璃应采用中空玻璃，外窗框应采用断热型材。

2. 向阳面的外窗宜设置相应的遮阳装置。

四十六、给水管、器材渗漏及爆裂

设计：

1. 应标明各分区给水系统的工作压力，各分区最低处住宅入户管水压不大于0.45MPa，并应有防超压措施。

2. 生活给水系统不应采用减压阀分区。

3. 一个生活给水系统供多栋住宅楼用水时，其配水管水头损失不宜大于0.1MPa。

4. 生活给水设备出口处宜设泄压装置。

施工：

1. 给水管管材与配件应采用同一厂家的产品。

2. 选用的PP-R管配件应具有热温测试报告。

四十七、消防设施设置不合理

1. 室内消火栓箱宜暗装，并不应设在与住户共有的墙上。

2. 高层住宅高位水箱高度不能满足最不利点消火栓或自动喷水灭火系统喷头的水压时，不宜采用稳压泵稳压。

3. 消防系统分区及防超压措施应考虑气压设备的影响。

4. 消防应按系统设置试水装置。

四十八、雨、污水系统设置隐患

设计：

1. 屋面雨水宜采用直落式排水并设置雨水斗，当采用侧排时，雨水管数量应经过计算确定。

2. 屋面雨水管应采用给水管材。多层住宅雨水管宜选用 UPVC、ABS 塑料给水管。高层住宅雨水管宜选用钢塑复合管或金属给水管。

3. 排水管不应挡住排气道、门窗。塑料排水立管与灶具边的净距不应小于 0.4m。

施工：

1. 不得采用铸铁通气帽代替雨水斗。

2. 屋面雨水排水管不应安装雨水盛水斗。

3. 雨水管应采用加长管卡固定。

4. 雨水斗应固定在屋面承重结构上且应预埋止水套管。

5. 塑料排水管伸缩的位置应靠近水流汇合管件处，当立管穿越楼层处为固定支撑且排水横支管在楼板下接入时，伸缩节应设置于水流汇合管件之下；当立管穿越楼层处为固定支撑且排水横支管在楼板上接入时，应设置于水流汇合管件之上。横管上设置伸缩节应设于水流汇合管件的上游，伸缩节插口应顺水流方向。

6. 高层住宅中大于等于 $DN100$ 的塑料管道（CPVC 给水管除外）在穿越楼层或防火区域处应按设计要求设置阻火圈。

7. 排水通气管不得与风管或烟道连接，且应符合下列规定：

（1）通气管高出非上人屋面顶面不应小于 300mm。

（2）通气管出口周边 4m 内有门窗时，高出门窗上口 600mm 或引向无门窗侧。

（3）通气管高出上人屋面顶面不应小于 2m。

（4）通气管不应设在建筑物挑出部分檐口、阳台、雨篷等下面。

四十九、水泵、水池（箱）

设计：

1. 生活水池（箱）进水管口的最低处应高出溢流边缘一倍进水管径，且不小于 25mm，不大于 150mm。

2. 消防水池（箱）进水管口的最低处应高于溢流边缘 150mm 以上。

3. 生活水池应密封，宜设微电解水箱消毒机。

4. 消防水池宜设微电解水箱消毒机。

5. 给水系统采用无负压设备供水时，应配置清水池。无负压设备应设置从管网或水池抽水的切换装置。

6. 布置在地下室的水池进水管上应增设电动阀，电动阀由水池水位控制，当浮球故障时关闭进水。

施工：

1. 水池内预埋管及预埋件的位置应根据选定厂家的水泵规格、型号确定。

2. 隔振垫应设在泵混凝土基础下面。泵的进出口处装软接头，软接头外侧的进出水管应安装固定支架。

3. 水泵吸水管如变径，应采用偏心大小头，管顶平接。

4. 消防泵吸水管不得高于泵进水口，应与泵进水口管内顶平接并坡向水池，吸水管竖直向下，管口水平。

五十、防雷及接地、电气保护接地及等电位联结不到位

设计：

1. 屋面所有金属物体应与屋面防雷装置相连；在屋面接闪器保护范围之外的非金属物体应装接闪器，并与屋面防雷装置相连。

2. 30m 及以上外墙上的栏杆、门窗等较大的金属物与防雷装置连接；竖直敷设的金属管道及金属物的顶端和底端应与防雷装置连接。

3. 每个电源进线应作各自的总等电位联结，所有总等电位联结系统之间应就近互相连通。各进线系统的 PE 线或 PEN 线应与总等电位箱进行可靠联结。建筑物等电位联结干线应从与接地装置有不少于两处直接连接的接地干线或总等电位箱引出。

4. 设有洗浴设备的卫生间，应对金属给排水管、金属浴盆、金属采暖管及建筑物钢筋网进行局部等电位联结。如果浴室内有 PE 线，浴室内的局部等电位联结应与该 PE 线相连。

施工：

1. 接地装置焊接应采用搭接焊，搭焊的长度应符合设计要求；除埋设在混凝土中的焊接接头外，应有防腐措施。

2. 当利用金属构件、金属管道做接地线时，应在构件或管道与接地干线间焊接金属跨接线；接地线在穿越墙壁、楼板和地坪处应加钢套管或其他坚固的保护套管，钢套管应与接地线做电气连通。

3. 等电位联结排与等电位联结线应采用专用接地螺栓连接，箱体应有标识。

五十一、配电保护装置缺漏、无安全保证

1. 总进线箱应具有防止因接地故障而引起火灾的剩余电流保护装置。

2. 分户箱内应配置有过电流保护的照明供电回路、一般电源插座回路、空调插座回路、电炊具及电热水器等专用电源插座回路。厨房电源插座和卫生间电源插座不宜同一回路。除壁挂式空调器的电源插座回路外，其他电源插座回路均应设置剩余电流动作保护器。住宅分户箱的进线端应装设短路、过负荷和过欠电压保护电器，总断路器应采用可同

时断开相线和中性线的开关电器。

3. 电源插座底边距楼地面低于 1.8m 时，应选用安全型插座。洗衣机插座、空调及电热水器插座宜选用带开关控制的插座。

4. 厨房、卫生间及浴室宜采用防潮易清洁的灯具；应采用防溅并带 PE 线的保护型插座，安装高度不低于 1.5m。

5. 卫生间、浴室的 0、1 及 2 区内，不应装设开关设备及线路附件；当在 2 区外安装插座时，其供电应符合规范要求的安全条件。在 0、1 及 2 区内，非本区的配电线路不得通过，也不得在该区内装设接线盒。

6. 电气产品应具有合格证和随带技术文件；实行生产许可证和安全认证制度的产品，应有许可证编号和安全认证标志。

五十二、电气导管敷设不规范

设计：

1. 敷设在钢筋混凝土现浇楼板内的导管最大外径不应超过板厚的 1/3；对管径大于 40mm 的保护管在混凝土楼板中敷设时应采取加强措施。混凝土板内导管应敷设在上下层钢筋之间，成排敷设的管距不小于 50mm。

2. 墙体内暗敷导管时，不得在承重墙上开长度大于 300mm 的水平槽；墙体内集中布置导管和大管径导管的部位应用混凝土浇筑，保护层厚度应大于 15mm。消防配电线路穿管暗敷时，应敷设在不燃烧体结构内，且保护层厚度不应小于 30mm。

3. 电气导管、电缆桥架穿越建筑物变形缝处，应设补偿装置。

施工：

1. 钢导管的连接应符合下列规定：

(1) 采用螺纹连接时，管端螺纹长度不应小于管接头的 1/2；连接后，其螺纹宜外露 2～3 扣。螺纹连接不应采用倒扣连接，连接困难时应加装盒（箱）。

(2) 采用套管焊接时，套管长度不应小于管外径的 2.2 倍，管与管的对口处应位于套管的中心。

(3) 钢导管不得对口熔焊连接；镀锌或壁厚小于等于 2mm 的钢导管不得套管熔焊连接。

(4) 镀锌钢导管对接应采用螺纹连接或紧定连接（卡压连接）；紧定连接（卡压连接）应采用标准的连接部件，埋入现浇混凝土中的接头处应采取防止混凝土浆液渗入的措施。

2. 钢导管的接地连接应符合下列规定：

(1) 当非镀锌钢导管采用螺纹连接时，连接处两端应焊接跨接接地线。

(2) 镀锌钢导管的跨接地线宜采用专用接地线卡跨接，不得采用熔焊连接；跨接接地线应采用截面不小于 4mm² 的铜芯软线。

(3) 进入配电箱的金属导管应与箱体的专用 PE 端子做电气连接。

3. 导管入箱盒应垂直穿入，箱盒内外加锁紧螺母锁紧；配电箱内导管较多时，可在箱内设置一块平挡板，将入箱管口顶在挡板上，待管路锁紧后拆去挡板，确保管高度一致。

五十三、电气上的一些质量通病控制措施

电气主干线敷设不合理

1. 高层住宅垂直主干线路部分应采用电气竖井敷设方式。

2. 住宅的电气干线（管）、电信干线（管），不应布置在套内；公共功能的电气设备和用于总体调节和检修的设备，应设在共用部位。

3. 计量表箱不应暗装在与住户共有的墙上。

电气线路连接不可靠

1. 多股绝缘电线在剥头时应用剥线钳剥线，不应损伤线芯和断股。

2. 保护接地线（PE）在插座间不得串联连接。相线与中性线不应利用插座本体的接线端子转接供电。

3. 电线接头应设置在盒（箱）或器具内，不得设置在导管内，专用接线盒的位置应便于检修。

4. 电线线芯与设备、器具的连接应符合下列规定：

（1）截面积 $10mm^2$ 及以下的单股铜芯线可直接与设备、器具的端子连接。

（2）截面积为 $2.5mm^2$ 的多股铜芯线应先拧紧搪锡或接续端子后，再与设备、器具的端子连接。

（3）截面积大于 $2.5mm^2$ 的多股铜芯线，除设备、器具自带插接式端子外，应接续端子后与设备、器具的端子连接；多股铜芯线与插接式端子连接前，端部应拧紧搪锡。

（4）每个设备、器具的端子接线不得多于2根电线。

（5）电线端子的材质和规格应与芯线的材质和规格适配，截面积大于 $2.5\,mm^2$ 的多股铜芯线与器具端子连接用的端子孔不应开口。

电气节能、消防及安全设施不完整

1. 住宅公共部位的照明应采用高效光源、高效灯具和节能控制措施。

2. 高层住宅的楼梯间、防烟楼梯间前室、消防电梯前室、合用前室应设置应急照明。当应急照明在采用节能自熄开关控制时，应采取应急时自动点亮的措施。

3. 住宅应具备在紧急事态时人员从建筑中安全撤出的功能。安装有出入口控制系统的住宅，应保证住宅直通室外的门在任何时候能从内部徒手开启。

五十四、地下防水混凝土裂缝、渗漏、砌体裂缝处理技术措施

地下防水混凝土裂缝、渗漏处理

裂缝处理前，应根据裂缝现象综合分析裂缝性质及发生原因，并按不同原因采取相应的措施，对于非结构性裂缝可按以下方法处理：

1. 对表面裂缝，可采用聚氨酯涂膜或环氧树脂胶料加耐碱网格布进行封闭。

2. 对贯穿裂缝或较深裂缝，或结构性裂缝经过结构加固后遗留的裂缝，应采用高压注浆的方法封闭，注浆材料常用的有环氧树脂类、聚氨酯等。

3. 裂缝修补后，面层用水泥基聚合物等防水材料进行处理。

砌体裂缝处理

非承重砌体裂缝及承重砌体的非结构性裂缝可按以下方法处理：

1. 填缝法

裂缝部位用填充材料进行封闭。封闭前，先剔凿表面抹灰层、沿裂缝开凿 U 形槽，再用填充材料封闭裂缝。对静止裂缝，可采用改性环氧砂浆、氨基甲酸乙酯胶泥或改性环氧胶泥等填充材料。对活动裂缝，可采用丙烯酸树脂、氨基甲酸乙酯、氯化橡胶或可挠性环氧树脂等弹性填充材料。

2. 压力注浆法

对裂缝部位进行压力注浆封闭，注浆的材料可采用无收缩水泥基灌浆料、环氧基灌浆料等。

3. 外加网片法

在砌体表面的裂缝处粘贴网片，网片材料包括钢筋网、钢丝网、复合纤维织物网、无纺布等。网片覆盖面积应考虑网片的锚固长度，一般情况下，网片短边尺寸不应小于300mm。网片的层数：对钢筋和钢丝网片，一般为单层；对复合纤维材料，一般为1～2层。

五十五、现浇板裂缝、现浇板厚度偏差技术处理技术措施

现浇板裂缝处理

裂缝处理前，应根据裂缝现象综合分析裂缝性质及发生的原因，并按不同原因采取相应的措施，对于非结构性裂缝可按以下方法处理：

1. 表面裂缝可采用表面抹一层薄砂浆，或在裂缝表面涂环氧胶泥、贴环氧玻璃布进行封闭处理。

2. 缝宽小于 0.3mm 的裂缝，可采用灌水泥或化学浆的方法进行处理。

3. 缝宽大于 0.3mm 时，可采用灌缝结合外贴碳纤维布等措施进行处理。

4. 对有防水要求的现浇板裂缝，应采用高压注浆的方法进行封闭，注浆材料常用的有环氧树脂类、水溶性聚氨酯等。

现浇板厚度偏差处理

板厚度偏差超过施工验收规范允许值时，应提交原设计单位对相关板块进行验算。需要处理的，可按以下方法处理：

1. 板底面凿毛并冲洗清理干净，抹一层纯水泥浆或界面剂，设钢筋网片，钢筋网片可用膨胀螺丝固定，喷射不小于 30mm 的细石混凝土。

2. 板顶面凿毛并冲洗清理干净，抹一层纯水泥浆或界面剂，再平铺一层钢筋网片，用比原混凝土强度高一级的细石混凝土随捣随抹，厚度不小于 30mm。

3. 板表面采用粘贴碳纤维布进行补强。

五十六、钢筋混凝土保护层偏差、屋面渗漏处理技术措施

钢筋混凝土保护层偏差处理

1. 钢筋混凝土保护层过大时，应提交原设计单位对相关构件进行验算。验算不能满足要求时，应进行加固处理。

2. 钢筋混凝土保护层偏小时，可将保护层凿毛，用环氧砂浆重新进行抹平，也可采用刷涂侵入型混凝土保护剂的方法进行处理。

屋面渗漏处理

1. 屋面渗漏可按以下方法进行处理：

（1）采用密封材料处理。将开裂处卷材沿裂缝两侧各切除 30～50mm 宽，露出找平层；沿缝剔成宽 20～40mm，深为宽度的 0.5～0.7 倍的缝槽，清除板缝及两侧的杂物后，基层涂刷处理剂、设置背衬材料，缝内嵌填密封材料并粘牢两侧切开的卷材，缝内嵌填的密封材料应超出缝两侧各不小于 30mm 宽，高出屋面不应小于 3mm，表面应呈弧形。

（2）采用防水卷材处理。将开裂处两侧 300mm 宽的面层清理干净，缝内嵌填涂料或密封膏；缝上单边点粘宽度不小于 100mm 的卷材隔离层，面层铺贴宽度大于 300mm 的防水卷材，其与原防水层的有效粘结宽度不应小于 200mm；周边用密封膏将搭接缝封严粘实，宽度不小于 10mm。

（3）采用涂膜防水层处理。铲除原卷材老化脱落部分，清扫干净，露出平整基层，裂缝处嵌填涂料或密封膏，固化后铺设两层带有胎体增强材料的涂膜防水层，其厚度应不小于 3mm，加筋材料可选用耐碱网格布，宜在裂缝与防水层之间设置宽度为 100mm 隔离层，接缝处应用涂料多遍涂刷封严。

2. 节点渗漏可按以下方法进行处理：

（1）水落口与基层接触处渗漏，应将接触处凹槽清除干净，重新嵌填密封材料，上面增铺一层卷材或铺设带有胎体增强材料的涂膜防水层，将原防水层卷材覆盖封严。

（2）伸出屋面管道根部渗漏，应将管道周围的卷材、胶粘材料及密封材料清除干净，管道与找平层间剔成凹槽，槽内嵌填密封材料，增设附加层，用面层卷材覆盖。卷材收头处应用金属箍箍紧，并用密封材料或胶粘剂封严。

五十七、外墙、节能、外门窗渗漏处理技术措施

外墙渗漏处理（外墙裂缝可按以下方法进行处理）：

（1）宽度小于 0.5mm 的裂缝，可直接在外墙面喷涂防水剂或合成高分子防水涂料。

（2）宽度在 0.5～3mm 的裂缝，应清除缝内浮灰、杂物，嵌填密封材料后，喷涂防水剂或合成高分子防水涂料。

（3）宽度大于 3mm 的裂缝，应凿缝处理，清除缝内浮灰、杂物，分层嵌填密封材料，将缝密封严实后，面上喷涂防水剂或合成高分子防水涂料。

（4）涂膜宽度应不小于 300mm、厚度应不小于 2mm，喷涂二遍。

节点渗漏可按以下方法进行处理：

（1）外粉刷分格缝渗漏，应先清除缝内的浮灰、杂物，满涂基层处理剂，干燥后嵌填密封材料，密封材料与缝壁应粘牢封严、表面刮平，喷涂防水剂二遍。

（2）外墙穿墙管道根部渗漏，应用 C20 细石混凝土或 1：2 水泥砂浆固定穿墙管的位

置，并在穿墙管与外墙面交接处设置背衬材料，分层嵌填密封材料，喷涂防水剂二遍。

外门窗渗漏处理

(1) 窗框型材间隙渗漏，可先将拼角不严密处或拼接渗漏处清理干净，用中性硅胶密封。

(2) 窗框型材与窗玻璃接缝处渗漏，应将接缝用清洁剂清理干净，嵌填中性硅胶。

(3) 门窗框与外墙连接处渗漏，应沿缝隙凿缝并用密封材料嵌缝，喷涂防水剂二遍。

(4) 飘窗顶板渗漏，可将飘窗顶板清理干净，分层涂刷高聚物改性沥青防水涂料，厚度不应小于 3mm。

(5) 窗扇变形而引起渗漏，应拆卸窗扇、更换已变形或损坏的配件，重新定位、安装、严密封堵。

五十八、楼地面、墙面、顶棚面层空鼓和裂缝处理技术措施

楼地面面层空鼓和裂缝可按以下方法进行处理

(1) 有裂缝、无空鼓的，可先将裂缝内的灰尘清理干净，表干后用掺粘结剂的水泥浆嵌缝，常温下养护 3d，然后用细砂轮在裂缝处轻轻磨平。

(2) 有空鼓的或裂缝、空鼓同时存在的，可有规则地凿除空鼓或裂缝部位，用 1∶2 水泥砂浆压实抹平或不低于 C20 的细石混凝土随捣随抹。

墙面面层空鼓和裂缝可按以下方法进行处理

(1) 有裂缝、无空鼓的，可先将裂缝内的灰尘清理干净，表干后用掺粘结剂的水泥浆嵌缝，按原设计要求修复。

(2) 有空鼓的或裂缝、空鼓同时存在的，可有规则地凿除空鼓和裂缝部位，切口应向外倾斜 45°，用钢丝刷刷除松动部分、冲洗浮灰。干燥后涂刷界面剂一道，按原设计要求修复。

顶棚面层空鼓和裂缝可按以下方法进行处理

(1) 有裂缝、无空鼓的，用掺适量胶粘剂的白水泥批嵌。

(2) 有空鼓的或裂缝、空鼓同时存在的，可有规则地凿除空鼓和裂缝部位，清洗干净后按原设计要求刮腻子、刷涂料。

五十九、建筑工程质量通病检查项目

1. 地基与基础分部质量通病

(1) 防水混凝土结构裂缝、渗漏；

(2) 柔性防水层空鼓、裂缝、渗漏；

(3) 地下室室外回填土沉陷；

(4) 砌体裂缝；

(5) 混凝土现浇板裂缝；

（6）钢筋混凝土保护层厚度偏差；

（7）混凝土构件的轴线、标高等几何尺寸偏差。

2. 主体结构分部质量通病

（1）砌体裂缝；

（2）柔性防水层空鼓、裂缝、渗漏；

（3）混凝土现浇板裂缝；

（4）钢筋混凝土保护层厚度偏差；

（5）混凝土构件的轴线、标高等几何尺寸偏差。

3. 装饰装修分部质量通病

（1）顶棚抹灰空鼓、裂缝、脱落；

（2）内粉刷空鼓、裂缝；

（3）外粉刷空鼓、裂缝；

（4）粉刷返碱；

（5）门窗变形、渗漏；

（6）防护栏杆、扶手；

（7）不按规定使用安全玻璃；

（8）无障碍设施不规范。

4. 屋面分部质量通病

（1）屋面防水层渗漏；

（2）屋面面层接缝密封材料硬化、开裂、渗漏。

5. 给水排水分部质量通病

（1）地漏泛臭；

（2）排水管道噪声；

（3）设备噪声及辐射超标；

（4）给水管、器材渗漏及爆裂；

（5）消防设施设置不合理；

（6）雨、污水系统设置隐患；

（7）保温（绝热）不严密，管道结露；

（8）预埋套管，管道及支吊架锈蚀；

（9）水泵、水池（箱）安装。

6. 电气分部质量通病

（1）设备噪声及辐射超标；

（2）防雷及接地、电气保护接地及等电位联结不到位；

（3）配电保护装置、元器件不符合要求；

（4）电气配管配线不符合要求；

（5）电气主干线敷设不合理；

（6）电气线路连接不可靠；

（7）电气节能、消防及安全设施不完善。

7. 节能分部质量通病

（1）外墙外保温开裂、保温效果差；

（2）外墙外保温面层粘结强度低、空鼓和脱落；

（3）外窗隔热性能达不到要求；

（4）给水系统节能设施不完善。

8. 电梯分部质量通病

电梯机房及井道噪声超标。

第七章 总监应知应会

一、施工组织设计审核要点

1. 安全管理、质量管理和安全保证体系的组织机构人员名单。

（1）包括项目经理、施工员、安全管理人员、质量管理人员，技术负责人、资料员、材料员、特种作业人员配备的人员数量及安全资格培训持证上岗证书是否符合要求。

（2）三类人员资质证书：企业、项目经理、安全员。安全组织管理体系应有三个层次。

2. 是否有施工安全生产责任制、安全管理规章制度、安全操作规程的制定情况，并且符合现场实际。

3. 组织架构。

（1）施工组织管理架构的层次是否清晰，管理人员的配置是否足够，兼职是否过多。

（2）资质等级。项目管理人员的资质是否符合工程类别的要求，是否持证上岗并有相应的工作经历。

（3）职责分工。职责分工是否体现了项目经理负责制和责权一致的原则，是否有利于快捷，优质高效地工作，是否没有缺漏且不交叉，是否具体落实到质量、进度、成本控制与安全文明生产责任制上。

4. 安全工作规章制定。

（1）安全工作岗位责任制；

（2）安全工作交底和检查制度；

（3）安全教育和培训制度；

（4）安全工作奖惩制度；

（5）建立安全生产情况网络信息和台账制度；

（6）安全生产管理的逐级报告制度；

（7）施工作业的安全操作规程；

（8）各种机械（设备）操作规程；

（9）建立不同工种工程的特有的规章制度，例如对模板、脚手架要有使用材料安全检查的报废制度等。

5. 起重机械设备、施工机具和电器设备等设置是否符合规范要求。

（1）审查上述设备的平面布置是否合理、可行；

（2）审查方案、措施的符合性，看方案、措施是否符合有关法律、法规的规定，是否符合有关技术标准、规范、规程及强制性标准条文的规定；

（3）审查方案、措施的可行性，看方案、措施是否针对施工现场的实施条件而编制，当施工现场不具备安全施工条件时，是否采取了必要的、有效的措施，并确保其可操作性；

（4）审查方案、措施的保证性，看方案、措施是否可以确保安装、拆卸、运输和使用过程的生产安全，对于起重机械设备的安装、拆卸必须由取得建设行政主管部门颁发的拆装资质证书的专业队进行，有关专业安装人员是否持有上岗资格证书，并将安装单位资质证书和操作人员上岗证书复印件一并归档保存。

6. 事故应急救援预案的制定情况

（1）审查施工组织设计中是否制定有事故应急救援预案，实行施工总承包的，由总包单位统一组织编制事故应急救援预案，分包单位服从总包单位的管理；

（2）是否建立了"应急救援组织"，该组织是指施工单位内部专门从事应急救援工作的机构，一旦发生生产安全事故应急救援组织就能够迅速有效地投入抢救工作；

（3）总包单位和分包单位是否按照应急救援预案的要求，配备了必要的应急救援器材、设备；

（4）是否有定期组织演练的计划，对于不同的预案，要有计划地组织救援人员培训，定期进行演练，以使配备的应急救援物质、人员符合实战需要。

7. 冬、雨期等季节性施工方案的制定情况

审查其是否有冬、雨期等节性施工方案，方案是否可行，措施是否得当，是否能够满足季节性施工要求，保证质量和安全。

8. 施工总平面布置是否合理，办公、宿舍、食堂等临时设施的设置以及施工现场场地、道路、排污、排水、防火措施是否符合有关安全技术标准规范和文明施工的要求。

（1）首先审查其中平面布置是否合理，是否有利于施工，布置位置是否严格执行有关安全防火的规定；

（2）其次审查其道路是否畅通、排污、排水、防火措施是否可行，是否符合施工现场的实际情况；

（3）最后审查其是否按照当地有关部门对场地硬化、防尘、防噪声方面的要求，是否符合文明施工标准的要求。

二、施工组织设计的审查步骤

1. 施工组织设计的审查在承包单位完成施工组织设计的编制及自审，并向项目监理部报送了《施工组织设计（方案）报审表》后进行。

2. 项目监理机构接到承包单位报来的《施工组织设计（方案）报审表》后，由项目总监及时安排专业监理工程师认真审查。

3. 审查后形成书面意见并签署《施工组织设计（方案）报审表》。

4. 已审定的施工组织设计由项目监理部报送一份给建设单位，返回一份给承包单位实施。若需修改，则退回承包单位修改后再报审。

5. 承包单位按审定的施工组织设计文件组织施工。如需对其内容做较大变更，应在实施前将变更内容书面报送项目监理部重新审定。

6. 对规模大、结构复杂或属新结构、特种结构的工程，项目监理部应在审查施工组织设计后，报送监理公司技术负责人审查，其审查意见由总监理工程师签发。必要时与建

设单位协商，组织有关专家会审。

三、审查施工组织设计应注意的几点

1. 施工组织设计由施工单位项目技术负责人组织编制。总公司技术部门审核，总工审批，签名完整。

2. 施工组织设计应符合施工合同的要求。

3. 施工总体布置

各单位工程的施工顺序、流水段划分、搭接时间、大型施工机械的调度安排等应布置合理、条理清晰、施工范围明确、接口紧密，现场调度严密灵活。

4. 工程进度计划

（1）总工期符合承包合同要求；

（2）表明各项主要工序开始和结束的时间；

（3）体现主要工序相互衔接的合理安排；

（4）有利于均衡安排劳动力；

（5）有利于充分有效地利用施工机械设备，减少施工机械设备占用周期。

5. 施工方案

（1）施工程序安排合理，体现施工步骤上的客观规律；

（2）施工机械选择技术先进、经济合理、施工适用；

（3）主要施工方法切实可行，条件允许，符合施工工艺要求，符合施工验收规范和质量验评标准的有关规定，与选择的施工机械及划分的流水段相适应。

6. 施工平面布置图

（1）施工机械及加工场地布置合理，施工通道畅通；

（2）材料、半成品构件堆放地安排合理，便于流水作业和收发物资畅通；

（3）临时运输通道要考虑整体布局和综合利用率；

（4）临时供水供电供热管网布局合理安全，不影响交通和施工；

（5）其他临时设施，考虑时间效应和整体布局；

（6）审核临时设施的设置合理性。

材料放置场地的布置应防止二次搬运，以及前后工序之间，各承包商之间的相互干扰；材料放置的位置还应与施工工艺相配合；不同施工阶段的临建、设备与堆载地会有不同的要求，应有规划与部署的相应调整方案。

7. 施工准备工作计划

（1）技术准备应满足近期施工要求，且有工作计划；

（2）现场准备、人力、物力、财力、设计图纸资料等能满足施工要求；

（3）各项需用计划，包括劳动力计划、材料计划、构件加工半成品计划、机具计划、运输计划等应符合实际需求；

（4）审核技术准备。是否有在正式开工前，完成审图、图纸交底、图纸会审工作的安排；是否完成方案报审工作。是否有对基层班组进行书面技术交底和工程定位放线及验线的安排。

8. 安全、消防和环保等技术管理措施

（1）安全工作的组织、制度、人员、机具等管理措施能满足施工要求；

（2）危险品、易燃品和消防设施有专人负责管理和必要的检查制度；

（3）有相应的环境保护措施，符合文明施工要求。

9. 审核运输道路的设计周全性。

（1）道路两侧没有设置排水沟。

（2）违反道路设计的基本规范，消防车道应法定的 3.5m。

四、基坑支护专项施工方案的主要内容和审查要点

加强基坑支护专项施工方案审查，对工程的质量、进度、安全都是十分重要的。

1. 基坑支护专项施工方案的主要内容

（1）工程概况

工程概述；地下室结构概述；工程地质水文地质条件（特别是不良地质反映）；周围环境情况，特别要说明需重点关注的建筑物、地下管线等的状态。

（2）基坑支护设计概述

基坑支护设计方案、降水方案、支护设计对施工提出的特殊要求。

（3）编制依据

（4）基坑工程的难点、重点和关键点

（5）施工组织管理机构、人员配置及职责

（6）资源配置计划

机械设备配置、劳动力配置、材料配置、监测仪器配置。

（7）总体施工部署

施工准备工作、总体施工顺序（各工序交叉施工顺序）、施工进度计划、施工进度计划实施的风险及预防措施分析。

（8）施工方法及技术措施

各类桩墙施工技术措施（钻孔桩、搅拌桩、旋喷桩、振动灌注桩、人工挖孔桩、预制桩、咬合桩、地下连续墙等）、土钉墙施工技术措施、压顶梁（围檩）、内支撑、锚杆施工技术措施、格构柱施工技术措施、土方开挖施工技术措施，这是关键施工措施（特别是软黏土）。降水与排水措施（轻型井点、深井、明排等），砂性土层中是关键施工措施。传力带施工（拆除）、支撑拆除、土方回填等施工技术措施。

（9）基坑支护监测

（10）危险源辨识及应急措施

（11）工程质量保证措施

质量保证体系、关键工艺或工序质量保证措施、材料和设备保证措施。

（12）安全生产、文明施工、环境保护保证措施

（13）附件

1）基坑围护设计专家论证意见书和设计院对论证意见的回复

2）基坑支护专项施工方案专家论证意见书

3）企业相关技术标准

4）基坑围护设计平面图、典型剖面图及节点大样图

5）典型地质剖面图及土工指标一览表

6）基坑环境平面图

7）基坑降、排水平面布置图

8）施工平面布置图

9）土方开挖平面流向图、剖面图、工况图、运输组织图

10）进度计划网络或横道图

2. 基坑支护专项施工方案的审查要点

（1）方案的审批情况

检查方案的编制、审核、审批手续是否齐全。是否经施工单位技术负责人审批签字，加盖公司一级图章，不得有代签的现象。

（2）专家论证的情况

土方开挖深度超过5m（含5m），或地下室三层以上（含三层），或深度虽未超过5m，但地质条件和周围环境及地下管线极其复杂的工程，其基坑支护设计方案必须经过专家论证。检查须经过专家论证的方案是否有书面基坑支护专项施工方案专家论证意见书，以及专家论证意见书中提出的问题是否有设计院对论证意见的回复，以及是否在方案中得到修改。

（3）方案的完整性情况

方案的内容应完整，并且进行有效的描述。

（4）方案的设计情况

基坑围护的设计单位应具有相应资质条件，其中深基坑设计方案应经专家论证取得专家意见书，设计单位再根据专家论证意见出设计变更联系单，连同设计方案一起去市建委办理备案手续。

（5）周边环境的描述

许多方案对周边环境的描述很简单，有的甚至完全没有。基坑周边的建筑物、构筑物、重要管线、围墙、临时设施、塔吊位置、出土口、施工道路等都要描述清楚，越详细越好。特别是周边有河流和池塘的更应该描述清楚。

（6）重点难点的情况

基坑的重点难点是否描述清楚，如砂性土中的土钉墙支护，基坑降水的处理就是一个关键点。对井点降水等要有详细的叙述，要有确保降水成功的措施，还要有备用井点、备用发电机等。在软黏土中的挖土也是一个关键点，应有详细的措施，确保工程桩不歪斜、不断裂，确保支护结构的安全性等。

（7）资源配置计划

资源配备要考虑基坑支护的整体，而不是只考虑挖土。有的方案只安排了挖土的劳动力和机械设备。应该把支护桩、土钉墙、内支撑、井点降水、监测等工程的劳动力和机械设备都考虑进去，统一列表。

（8）总体部署的问题

有的方案很详细的写了围护桩、土钉墙、降水、挖土等施工工艺，但对总体的部署和

施工流程却没有交代。基坑支护中土钉墙、降水、挖土等是交叉穿插进行的，应有总体的施工流程。还要有总体进度计划的安排，各工序开始时间、交叉时间、结束时间，总进度计划表。安排的管理力量、劳动力、机械设备能否满足总进度计划的要求等。

（9）土方开挖施工流程

土方开挖是基坑支护中很重要的一道工序，应该进行详细的叙述，而有的方案只是原则性的写了土方开挖的情况，但具体如何开挖却没有叙述。围护桩支护、土钉墙支护土方开挖的流程是不同的。大型的土方工程更应该详细说明土方开挖的平面流向、分层分段的情况、出土口的布置、机械设备的配备、对工程桩及围护结构的保护措施和施工组织、进度计划等。有内支撑的基坑还应有对内支撑和格构拄的保护措施以及局部内支撑下面大型挖掘机无法工作部位的土方的开挖措施。还有深浅基坑高低跨处的处理、出土坡道处的处理等。

（10）传力带、支撑拆除和土方回填

许多方案都没有传力带、支撑拆除和土方回填的内容，应予以完善。传力带、支撑拆除时应有确保安全的措施。土方回填中应有如何保证密实的措施以及对地下室外墙防水层的保护措施等。

（11）基坑监测的情况

经过专家论证的方案一般都有专门的基坑监测方案，而自行编制的方案中往往较简单。而基坑监测又是非常重要的。一个完整的监测方案应包括监控目的、监测项目、监测仪器、监控报警值、监测方法、监测点的布置、监测周期、信息反馈等。检查监测项目是否齐全，监测点的布置、监测周期是否合理。施工单位应有专人进行监测，除了专业的仪器监测外，每天专人巡回目测是更简捷而更有效的监测。每天反馈信息以及一旦超出报警值所采取的措施。

（12）应急措施

应急措施是方案中极其重要的部分，方案中要有对危险源的辨识，可能发生的险情，以及针对各种险情采取的应急措施。还应有应急领导小组成员名单及分工，及应急抢险材料物资机械设备的准备要求等。

五、基坑施工方案编制内容与审查要点

1. 工程概况，应包括以下内容：

（1）基坑所处的地段，周边的环境。

（2）四周市政道路、管、沟、电力和通信电缆等情况。

（3）基础类型、基坑开挖深度、降排水条件、施工季节、支护结构使用期限及其他要求。

2. 工程地质情况及现场环境

（1）施工区域内建筑基坑的工程地质勘察报告中，要有土的常规物理试验指标，必须提供土的固结快剪内摩擦角、内聚力、渗透系数等数据。

（2）施工区域内及邻近地区地下水情况。

（3）场地内和邻近地区地下管、线位置、深度、直径、构造及埋设年份等。

（4）邻近的原有建筑、构筑物的结构类型、层数、基础类型、埋深、基础荷载及上部结构现状，如有裂缝、倾斜等情况，需作标记、拍片或绘图，形成原始资料文件。

（5）基坑四周道路的距离及车辆载重情况。

3. 基坑支护设计方案

（1）基坑支护设计：提供完整的施工图纸，包括：平面、剖面，明确支护范围、构造做法、质量要求、验收标准以及施工说明等。

支护设计平面图中应反映出电梯井、集水井、基础承台的位置尺寸、底标高。

（2）降排水方案。

（3）土方开挖要求。

（4）监测点布置与监测要求，报警值。

（5）其他施工中应注意的事项。

4. 施工部署与进度计划

提出基坑工程中支护、土方、降排水各工序的施工顺序、配合要求和时间安排，在满足设计工况要求、工艺关系的前提下提出合理的进度计划。

5. 支护施工方法

根据支护设计方案，选择施工机械、施工工艺、施工方法、施工顺序，有质量保证的具体措施，如采用深搅桩作止水帷幕时如何保证桩搭接质量等。

6. 基坑土方开挖

土方开挖应根据工程特点、支护形式、施工部署确定开挖方案，土方开挖方案应包括：

（1）根据土方工程开挖深度和工程量的大小，选择挖土机械。

（2）开挖时间、开挖程序、流向，必须与设计工况一致。

（3）便道设置。

（4）确定弃土地点。

（5）安全技术、雨期施工措施等。

（6）保护工程桩、支护桩、监测点的措施。

（7）环保措施。

7. 降、排水

地下水控制的设计和施工应满足土方开挖、垫层施工、抗浮等需要，根据工程地质条件以及周边环境条件，并结合基坑支护和基础施工方案确定降、排水方案。

（1）采用降水方案时应考虑对周围环境（包括：房屋、道路、管道）的影响。

（2）降水方案应进行涌水量估算，选择降水设备，并绘制平面图、剖面图，明确管直径、位置，井底、井口标高以及具体做法要求等。

（3）地面排水和坑内排水措施，坡顶、越面、坡脚的做法要求，防止地面水进入基坑等。

8. 安全技术措施

（1）基本措施

1）建立健全施工安全保证体系，落实有关建筑施工的基本安全措施等内容。

2）基坑四周严禁超堆荷载，基坑四周一定范围内不准重载运输车辆通行、停靠。

3）基坑四周必须设置 1.2m 高护栏，人员上下设专用通道。

4）开挖至设计标高后应及时验收并进行垫层施工，尽量减少基坑暴露时间。

（2）监控措施

基坑开挖前应作出系统的开挖监控方案，监控方案应包括监控目的、监测项目、监控报警值、监测方法及精度要求、监测点的布置、监测周期、记录制度以及信息反馈系统等，依据《建筑基坑支护技术规程》JGJ 120 要求编制具体的检测方案。

（3）应急措施

结合工程特点，对有可能造成基坑支护失稳，发生管涌或由于地下水控制不当造成邻近建筑物的倾斜、裂缝等情况应采取必要的应急措施。

9．附：设计计算书

（1）基坑支护

依据《建筑基坑支护技术规程》JGJ 120 工程地质勘察报告进行支护方案选择及设计，内容有：

1）设计原则；

2）支护结构选型；

3）荷载标准；

4）计算结果。

（2）降水

基坑涌水量计算，设备选择。

六、扣件式钢管脚手架施工方案编制内容与审查要点

1．工程概况

建筑物的平面尺寸、层数、层高、总高度、建筑面积、结构形式、地质情况、工期；外脚手架方案选择等。

2．脚手架设计方案

脚手架搭设应绘制平面、立面、剖面以及连墙接点大样图。

（1）确定脚手架钢管、扣件、脚手板及连墙件材料。

（2）确定脚手架基本结构尺寸、搭设高度及基础处理方案。

（3）确定脚手架步距、立杆横距、杆件相对位置。

（4）确定剪刀撑的搭设位置及要求。

（5）确定连墙件连接方式、布置间距。

（6）确定卸料平台、通道设置方式及位置。

3．施工组织与管理

（1）搭设脚手架应由具有相应资质的专业施工队伍施工；确定施工单位时应同时明确技术负责人及专职安全员。

（2）脚手架搭设人员必须是经过按现行国家标准《特种作业人员安全技术考核管理规则》考核合格的专业架子工。

4．脚手架施工质量要求

（1）施工准备

1）单位负责人向架设和使用人员交底。

2）钢管、扣件、脚手板、安全网等构配件材料要求，并进行检查及验收。

3）清理、平整场地，保证排水畅通。

（2）地基与基础做法与施工要求

（3）脚手架搭设的技术质量要求、允许偏差

（4）脚手架安全防护做法与要求

5. 脚手架验收

（1）脚手架地基验收

（2）脚手架的验收（外脚手架应按规范要求分阶段验收）

6. 脚手架拆除

脚手架拆除方法、顺序、要求，注意事项。

7. 安全技术措施

附一 设计计算书

依据《建筑施工扣件式钢管脚手架安全技术规范》JGJ 130—2011 进行计算。

（1）确定设计计算简图。

（2）确定脚手架设计荷载。

（3）纵向、横向水平杆等受弯构件的强度及连接扣件的抗滑承载力计算。

（4）立杆轴向力、稳定性及基础承载力计算。

（5）连墙件的连接强度计算。

（6）卸料平台验算。

附二 脚手架搭设施工图

（1）平面、立面、剖面、连墙节点大样。

（2）卸料平台结构大样。

七、模板支撑方案编制内容与审查要点

1. 工程概况

（1）主体结构情况，层数、层高，梁板布置、主梁跨度、主次梁截面（高、宽）、板厚。

（2）预应力结构应注明设计对混凝土的强度要求，明确预应力混凝土施工顺序（张拉方案）。

（3）有后浇带的应注明后浇带的具体位置，明确设计对后浇带浇筑的时间要求。

2. 模板及支撑设计方案

（1）选用模板、支撑件品种、规格。

（2）确定墙，柱，梁内楞、外楞、对拉螺栓位置、间距，选用对拉螺栓规格。

（3）确定梁板小横杆、大横杆及立杆布置位置及间距。

（4）支撑纵横水平杆步距以及剪刀撑（包括水平、垂直）设置等。

（5）多层楼板承载力验算，分别确定浇筑混凝土时支撑设置层数以及拆模时间、

顺序。

（6）地基承载力要求与处理方法。

3. 模板及支架的设计、计算要点

（1）设计依据可靠。

（2）分别对墙、柱、梁、板的模板、支撑件进行强度和刚度验算。

1）荷载取值、材料力学性能以及设计计算方法应符合有关规定。

2）扣件式模板支架的计算应按《建筑施工扣件式钢管脚手架安全技术规范》JGJ 130—2011 进行；高大支模支架计算参见附件资料。

3）模板及其支架的强度、刚度及其稳定性应符合规定要求。

（3）主梁、次梁、板支撑立杆的布置应协调，同一个方向的立杆应在同一条直线上，以保证纵横水平杆和剪刀撑的连贯、拉通。

（4）模板应支撑在坚实的地基上，并应有足够的支撑面积，防止下沉。

（5）模板设计时应考虑便于安装和拆除，同时还要考虑安装钢筋、浇捣混凝土方便。

（6）跨度较大的梁、板，安装模板时应按设计要求起拱；如无设计要求时，起拱高度宜为跨度的 1/1000～3/1000。

（7）多层楼板应分别验算楼板、梁承载力，确定混凝土浇筑时模板支撑设置层数以及拆模时间、顺序。

（8）多层后浇带部位应单独编制支撑方案，确定支撑方式和立杆的布置，并进行承载力验算。

（9）多层预应力构件应根据预应力施工方案编制支撑方案，进行楼板承载力验算，确定支撑设置层数，验算立杆承载力。

4. 模板的安装与构造要求

（1）模板支架的立杆、支撑设置应符合《建筑施工扣件式钢管脚手架安全技术规范》JGJ 130—2011 的规定。高大支模支架构造参见附件资料及操作规程的规定。

（2）模板安装的允许偏位及检验方法。

5. 模板及支架的验收与使用

（1）模板及支架应在使用前办理验收手续，未经验收合格不得浇筑混凝土。

（2）浇筑混凝土时应有专人进行检查，发现变形应即进行加固处理，如有异常，应立即停工处理。

6. 模板的拆除

（1）模板的拆除的方法、顺序、要求和注意事项。

1）底模及其支架拆除时的混凝土强度应符合设计要求，以同条件养护试件强度试验报告为依据，严格控制拆模时间和顺序要求，确保支撑层数。

2）对于后浇带部位及预应力构件应有拆除方案，明确拆模时间和顺序要求，确保支撑层数。

（2）安全技术措施

附一 模板及支架设计计算书（含计算方法与步骤）

1）基本参数

2）荷载计算。

3）计算模板支撑杆件的最大轴向力、弯矩（应有计算简图）。

4）杆件承载能力、刚度和稳定性、扣件抗滑力验算，确定用料及布置。

5）地基承载力验算。

6）多层结构中楼板承载能力验算，确定混凝土浇筑时支撑层数。

附二　模板支撑平面、剖面及节点大样图

1）梁、板立杆、纵横水平杆、剪刀撑布置（后浇带部位应另行编制）

2）墙、柱纵横楞、对拉螺栓。

八、结构吊装工程施工方案编制内容与审查要点

1. 工程概况

（1）吊装工程概况，施工场地内及周边电缆、管道情况；

（2）工程地质状况、地耐力；

（3）吊装工程结构、尺寸、吊装高度，单体重量与外形几何尺寸；

（4）施工现场平面布置图；

（5）吊装工序流程图。

2. 吊装施工的组织

3. 吊装作业资质及特种作业人员名单、上岗证编号（吊车司机、指挥、司索、电工、焊工等）

4. 吊装前准备工作

（1）熟悉吊装作业环境，弄清作业现场内的各吊车作业点的地耐力和处理措施；

（2）了解施工现场的水电、电信电缆、管道情况；

（3）吊装工序交底；

（4）吊装作业的通讯工具与联络方式。

5. 吊装设备选型

（1）吊装设备的规格、型号；

（2）吊索、卸甲的规格、型号及选型计算；

（3）吊装作业中所需工具、材料的种类数量；

（4）吊装设备的起重力矩曲线图。

6. 吊装工艺及流程

（1）吊点、吊距、起吊物重心；

（2）吊装作业顺序；

（3）吊装设备起吊位置与地耐力处理；

（4）吊装过程中起吊物稳定措施；

（5）起吊物就位、固定方法及措施；

（6）地锚的设置方法和要求；

（7）吊装设备进退场路线及起吊位置布置图；

（8）构件堆放要求及重量明细表。

7. 安全技术措施

（1）防止起重机事故的措施；

（2）防止高处坠落措施；

（3）防止高处落物伤人措施；

（4）防止触电措施；

（5）防止构件倒坍措施；

（6）其他防护措施，如：吊装作业警戒区的设立与警戒人员等。

8. 质量技术要求

九、拆除工程施工方案编制内容与审查要点

1. 工程概况，内容包括

（1）被拆除旧建（构）筑物工程概况。如：建（构）筑物的平面尺寸、层数、层高、总高度、建筑面积、结构形式、竣工时间、使用年限和工程的完好程度等。

（2）被拆除旧建（构）筑物周围环境。如：所处地段情况、与周边建（构）筑物的联系或距离、是否有必须保护的古建筑文物和重要的市政设施等。

（3）被拆除旧建（构）筑物地下基础类型，地下有无重要的市政管、沟、电缆等。

（4）拆除工程的合同工期或其他要求。

2. 拆除工程的施工准备

（1）技术准备工作

1）被拆除建筑物（或构筑物）的竣工图纸，弄清建筑物的结构情况、建筑情况、水电及设备管道情况。

2）学习有关规范和安全技术文件，编制施工组织设计。

3）明确周围环境、场地、道路、水电设备管道、危房情况等，并附简图。

4）向进场施工人员进行安全技术教育。

（2）现场准备

1）清理被拆除建筑物倒塌范围内的物资、设备，不能搬迁的须妥善加以防护。

2）疏通运输道路，接通施工中临时用水、电源。

3）切断被拆建筑物的水、电、煤气管道等。

4）检查周围建筑物，尤其是危旧房，必要时进行临时加固。

5）向周围群众出示安民告示，在拆除危险区设置警戒区标志。

（3）机械设备材料的准备

拆除所需的机械工具、起重运输机械和爆破拆除所需的全部爆破器材，以及爆破材料危险品临时库房。分别列出《主要机械设备需用表》、《主要材料需用表》。

（4）人员组织

成立组织机构、明确技术负责人和专职安全员，绘制组织机构图，组织劳动力。

3. 拆除工程的安全技术规定

（1）拆除工程在开工前，要组织技术人员和工人学习安全操作规程和针对该拆除工程编制的施工组织设计。

（2）拆除工程的施工，必须在工程负责人的统一指挥和经常监督下进行。工程负责人

要根据施工组织设计和安全技术规程向参加拆除的工作人员进行详细的交底。

（3）拆除工程在施工前应该将电线、瓦斯煤气管道、上下水管道、供热设备等干线、通向建筑物的支线切断或迁移。

（4）作业人员应站在专门搭设的脚手架上或者其他稳固的结构部分上操作。

（5）拆除区周围应设立围栏，挂警告牌，并派专人监护，严禁无关人员逗留。

（6）拆除建筑物，应按自上而下的顺序进行，严禁几层同时拆除。当拆除某一部分的时候应该防止其他部分的倒塌。

（7）拆除过程中，现场照明不得使用被拆除建筑物中的配电线，应另外设置配电线路。

（8）拆除建筑物的栏杆、楼梯和楼板等，应该和整体进度相配合，不能先行拆除。建筑物的承重支柱和横梁，要等待它承担的全部结构和荷重拆掉后才可以拆除。

（9）被拆建筑物的楼板平台上不允许有多人聚集和堆放材料，以免楼盖结构超载发生倒塌。

（10）在高处进行拆除工程，要设置流放槽。拆除较大的或者沉重的构件，要用吊绳或者起重机械配合并及时吊下或运走，禁止向下抛。拆卸下来的各种构件材料要及时清理，分别堆放在指定位置。

（11）拆除石棉瓦及轻型结构屋面工程时，严禁施工人员直接踩踏在石棉瓦及其他轻型板上进行工作，必须使用移动板梯，板梯上端必须挂牢，防止高处坠落。

十、施工用电方案编制内容与审查要点

根据《施工现场临时用电安全技术规范》JGJ 46—2005 的规定：临时用电设备在 5 台以上或设备总容量在 50kW 及 50kW 以上者，应编制临时用电组织设计。

临时用电施工组织设计的主要内容：

1. 工程概况

（1）工程规模

（2）现场及周围环境

包括：调查测绘现场的地形、地貌，工程位置，地上、地下管线和沟道的位置，建筑材料、器具堆放位置，生产、生活暂设建筑物位置，用电设备装设位置以及现场周围环境等。

2. 配电系统设计

（1）确定电源进线、变电所或配电室、配电装置、用电设备位置和线路走向

1）根据现场实际情况选择配电线路型式（放射式、树干式、链式或环形配线）。

2）根据总计算负荷和峰值电流选择电源和备用电源。

3）根据总负荷、支路负荷计算出的总电流、支路电流和架设方式选择总电源线线径和支路线径。

（2）选择变压器

（3）配电线路设计

1）配电线路设计主要是选择和确定线路走向，配电方式（架空线或埋地电缆等），敷

设要求，导线排列，选择和确定配线型号，规格，选择和确定其周围的防护设施等。

2）配电线路设计不仅要与变电所设计相衔接，还要与配电箱设计相衔接，尤其要与变电系统的基本防护方式（应采用 TN—S 保护系统）相结合，统筹考虑零线的敷设和接地装置的敷设。

（4）配电箱与开关箱的设计

1）配电箱与开关箱设计是指为现场所用的非标准配电箱与开关箱的设计，配电箱与开关箱的设计是选择箱体材料，确定和箱体结构尺寸，确定箱内电器配置和规格，确定箱内电气接线方式和电气保护措施等。

2）配电箱与开关箱的设计要和配电线路设计相适应，还要与配电系统的基本保护方式相适应，并满足用电设备的配电和控制要求，尤其要满足防漏电触电的要求。

（5）接地与接地装置设计

接地与接地装置的设计主要是根据配电系统的工作和基本保护方式的需要确定接地类别，确定接地电阻值，并根据接地电阻值的要求选择或确定自然接地体或人工接地体。对于人工接地体还要根据接地电阻值的要求，设计接地的结构、尺寸和埋深以及相应的土壤处理，并选择接地材料，接地装置的设计还包括接地线的选用和确定接地装置各部分之间的连接要求等。

3. 防雷设计

（1）防雷设计包括：防雷装置装设位置的确定，防雷装置型号的选择，以及相关防雷接地的确定。

（2）防雷设计应保证根据设计所设置的防雷装置，并保护范围可靠地覆盖整个施工现场，并对雷害起到有效的防护作用。

4. 防护措施（如外电防护）

5. 安全用电技术措施和电气防火措施

编制安全用电技术措施和电气防火措施要和现场的实际情况相适应，其重点是：电气设备的接地（重复接地），接零（TN—S 系统）保护，装设漏电保护器，一机、一闸、一箱、一漏，开关电器的装设，维护、检修，以及易燃、易爆物品的处置等。

附一 临时电气工程施工图

（1）临时供电平面图设计，临时供电平面图的内容应包括：在建工程临建、在施、原有建筑物的位置。电源进线位置、方向及各种供电线路的导线敷设方式、截面、根数及线路走向。

（2）变压器、配电室、总配电箱、分配电箱及开关箱等配电装置图。

（3）配电系统接线图。

1）标明变压器高压侧的电压级别，导线截面，进线方式，高低压侧的继电保护及电能计量仪表型号、容量等。

2）低压供电应采用 TN—S 接零保护系统。

3）各种箱体之间的电气联系。

4）配电线路的导线截面、型号、PE 线截面、导线敷设方式及线路走向。

5）各种电气开关型号、容量、熔体、自动开关熔断器的整定、熔断值。

6）标明各用电设备的名称、容量。

（4）接地装置设计图。包括：工作接地、重复接地、保护接地、防雷接地的位置及接地装置的材料做法等。

附二 负荷计算。

十一、塔吊安装（拆除）方案编制内容与审查要点

1. 工程概况

叙述工程地点、结构、建筑面积、高度等。

2. 编制依据

（1）施工现场的平面布置；

（2）塔式起重机的安装位置及周围环境；

（3）塔式起重机技术性能与使用说明。

3. 安装方案

（1）塔式起重机的概况

（2）安装人员组织

1）确定装、拆管理组织，如装拆负责人、技术负责人、安全负责人等。

2）确定装拆人员名单，并附上岗证编号。

（3）安装前的准备工作

1）塔吊安装必须同时要保证塔机能安全拆卸。

2）塔吊基础土壤承载能力要求达到塔吊使用说明书的要求，基础周围土方按要求回填并夯实平整，严禁开挖。承载能力达不到规定要求的应进行处理（采用桩基、地基加固或扩大基础面积等）并经验算满足要求。

3）塔机基础经承包单位验收合格，有隐蔽工程验收记录，混凝土强度达到规定要求（有试压报告）。

4）安装前向所有安装人员进行全面技术交底。

5）安装场地平整，通道已经修好。

6）根据塔机各组件重量合理选用吊车，吊车作业处地基承载力满足要求。

7）确定好塔机臂杆指向，并在塔机安装位置图中标注。

8）零配件已全部到场。

9）按规定架设专用电箱，做好装塔前的技术检查工作。

10）列出安装所需仪器、工具、劳保用品明细表。

（4）塔机安装方法与程序和安装中的注意事项

（5）安全技术措施

1）现场施工技术负责人应对塔吊作全面检查，对安装区域安全防护作全面检查，组织所有安装人员学习安装方案；塔吊司机对塔吊各部机械构件作全面检查；电工对电路、操作、控制、制动系统作全面检查；吊装指挥对已准备的机具、设备、绳索、卸扣、绳卡等作全面检查。

2）参与作业的人员必须持证上岗；进入施工现场必须遵守施工现场各项安全规章制度。

3）统一指挥，统一联络信号，合理分工，责任到人。

4）及时收听气象预报，如突遇四级以上大风及大雨时应停止作业，并作好应急防范措施。

5）进入现场戴好安全帽，在 2m 以上高空必须正确使用经试检合格的安全带。一律穿胶底防滑鞋和工作服上岗。

6）严禁无防护上下立体交叉作业；严禁酒后上岗；高温天气做好防暑降温工作；夜间作业必须有足够的照明。

7）高空作业工具必须放入工具包内，不得随意乱放或任意抛掷。

8）起重臂下禁止站人。

9）所有工作人员不得擅自按动按钮或拨动开关等。

10）紧固螺栓应用力均匀，按规定的扭矩值扭紧；穿销子，严禁猛打猛敲；构件间的孔对位，使用撬棒找正，不能用力过猛，以防滑脱；物体就位缓慢靠近，严禁撞击损坏零件。

11）安装作业区域和四周布置二道警戒线，安全防护左右各 20m，挂起警示牌，严禁任何人进入作业区域或在四周围观。现场安全监督员全权负责安装区域的安全监护工作。

12）顶升作业要专人指挥，电源、液压系统应有专人操纵。

13）塔吊试运转及使用前应进行使用技术交底，并组织塔机驾驶员学习《起重机械安全规程》，经考核合格后，方可上岗。

（6）塔机安装质量要求

塔吊安装完毕后必须经质量验收和试运转试验，达到标准要求的方可使用。其标准应按《建筑机械技术试验规程》和《起重机械安全规程》中的有关规定执行。

4．塔吊顶升、加节方案

（1）塔吊顶升的组织（同安装）；

（2）顶升方法、顺序、注意事项；

（3）附墙支撑的安装；

（4）安全措施；

（5）检查与验收。

5．塔吊拆除方案

（1）塔吊拆除的组织（同安装）；

（2）拆除方法、顺序注意事项；

（3）安全措施。

附一　塔吊安装详图

（1）塔机安装位置图

1）平面布置图。塔机臂杆与周围建筑物、电缆线的垂直、水平距离，附近有无沟槽以及塔机基础中心线至建筑物外墙面距离等。

2）塔机起重臂安装指向。

3）塔机附墙结构形式和连接大样。

4）安装塔机用辅助汽车吊位置。

5）图示及文字说明塔机附墙件间距，位置，必要时应提供墙面需要承受拉、压力。

（2）附墙件支撑与节点连接详图。

（3）塔吊基础图：注明塔吊基础尺寸、埋置深度、基础配筋、混凝土强度等级等，采用桩基的应明确桩的断面尺寸、桩长、配筋等。

附二 塔吊基础验算书

十二、施工现场应急救援预案编制要点与审查要点

应急救援预案的编制应根据对危险源与不利环境因素的识别结果，确定可能发生的事故或紧急情况的控制措施失效时所采取的补救措施和抢救行动，以及针对可能随之引发的伤害和其他影响所采取的措施。应急预案是规定事故应急救援工作的全过程。

1. 编制要点

应急救援预案中应明确：

（1）应急救援组织、职责和人员的安排，应急救援器材、设备的准备和平时的维护保养。

（2）在作业场所发生事故时，如何组织抢救，保护事故现场的安排，其中应明确，使用什么器材、设备。

（3）应明确内部和外部联系的方法、渠道，根据事故性质，制定在多少时间内由谁如何向企业上级、政府主管部门和其他有关部门、需要通知近邻有关的消防、救险、医疗等单位的联系方式。

（4）工作现场内全体人员如何疏散的要求等。

2. 应急援预案应包括的内容

（1）建设工程的基本情况。含规模、结构类型、工程开工、竣工日期。

（2）建筑施工项目经理部基本情况。含项目经理、安全负责人、安全员的姓名、证书号码等。

（3）施工现场安全事故救护组织。包括具体责任人的职务、联系电话等。

（4）救援器材、设备的配备。

（5）安全事故救护单位。包括建设工程所在市、县医疗救护中心、医院的名称、电话，行驶路线等。

十三、审查建筑工程安全技术措施的要点

1. 1997 年 11 月 1 日通过的《中华人民共和国建筑法》第三十八条规定："建筑施工企业在编制施工组织设计时，应当根据建筑工程的特点制定相应的安全技术措施；对专业性较强的工程项目，应当编制专项安全施工组织设计，并采取安全技术措施"。

安全技术措施是指导安全施工的行动指南，只要认真编制有针对性的安全技术措施，并严格执行是完全可以确保建筑生产中的安全，也是在施工过程中安全生产检查的重要内容和依据，发出重大事故后，也是司法部门和有关部门追求责任的重要依据。

2. 审查施工企业安全组织机构和施工现场的安全管理网络。企业的安全生产管理机构应以企业法人代表为首成立的安全生产管理机构，施工现场应以项目经理或施工负责人

为主的安全生产管理网络。

3. 审查施工企业应有的安全生产管理制度和安全文明施工管理制度，企业安全生产管理制度包括安全生产责任制（企业的岗位责任制不能替代安全生产责任制）、安全技术交底制度、施工现场安全文明管理制度、安全生产宣传教育制度、新工人安全教育与培训制度、特种作业人员安全管理制度、机械设备安全管理制度、安全生产值日制度、安全生产奖罚制度、施工现场安全防火、防爆制度、职业安全教育和培训制度、班组安全管理制度、民主管理和门卫制度等。

企业各级人员安全生产责任制是企业安全生产管理制度中的核心制度。

企业法人是企业安全生产的第一责任人，施工现场的项目经理是本工程的第一责任者，必须将安全责任落实到人。

4. 审查本工程项目施工应用的安全监督手段。施工企业结合本工程特点制定有针对性的安全技术措施，应用各种安全监督检查手段，及时发现事故隐患，采取相应的措施和办法，将各类事故隐患消灭在萌芽状态。安全监督与管理手段，如班组相互安全监督检查，专检与自检相结合，定期与不定期的安全检查，现场轮流安全值日，签订安全责任书，现场悬挂各种安全宣传标语、安全教育与培训等方法。

5. 审查企业安全资质和特种作业人员操作证。企业的安全资质是由当地行业主管部门审查和颁发的《企业安全资质合格证书》，特种作业人员包括维修与安装电工、架子工、各种机械操作工、焊工（电焊与氧焊工）、司炉工、爆破工、打桩机操作工、厂内机动车辆司机等。经本工种的安全技术教育，经考试合格发证后，方可独立进行操作，每年复审一次，过期不参加复审者视为无证者处理，检查人证相符，不能假冒代替。

6. 审查施工技术措施

（1）审查基坑支护和安全措施，在土方工程施工中应根据基坑、基槽、地下室等土方开挖深度和土质种类，选择开挖方法，设置安全边坡或固壁支护，对较深的基坑必须进行专项支护设计，采取相应的安全措施，加强安全监督检查，发现问题及时消除事故隐患。

（2）审查脚手架的搭设方案，能否满足本工程施工需要。50m以下落地式钢管脚手架应有详细搭设方案，搭设图纸及说明，脚手架基础做法，立杆、大横杆纵杆的间距，小横杆与墙的距离，连墙点与剪刀撑的设置方法，每2～3层须设置卸荷措施，当搭设高度超过50m时，应有设计计算书和卸荷载方法详图，并符合强制性标准的规定要求。

（3）审查高处（高空）作业和独立悬空作业所采取的安全防范措施。高处（高空）作业主要是指现场"四口"和"五临边"的防护，以及独立悬空作业所采取的安全防范措施。

（4）审查垂直运输机械设备（如塔吊、井字架等）的安装，使用和拆卸等所采取的安全措施，有无经过安全资格认证和取得安全使用合格证。

（5）审查施工现场用电安全措施。

1）现场临时用电施工组织设计或施工方案，要有编制人，技术审核人、批准人，以落实安全用电责任制。

2）安全用电的技术措施：

①施工用电的安全技术交底；

②实行三相五线制；

③高低压线路下方不得搭设作业或堆放构件、杂物等；

④各级配电箱、开关相应有防雨措施，有门锁、专人负责；

⑤有明确的送电或停电的操作顺序；

⑥电器及熔断点的熔丝规格必须与电流相一致，不得使用铜丝代替熔丝；

⑦各级配电箱必须固定设置，使用标准铁制配电箱，不得用自制的木配电箱，箱底距地面不小于 1.20m；

⑧保护零线的截面积不小于工作零线的截面积，保护零线不得装设开关或熔断点，并满足机械强度要求；

⑨实行一机、一闸、一漏、一箱制；

⑩在潮湿和易触及带电作业场所的照明电源，必须使用安全电压（24V 或 12V），使用行灯不得超过 36V，并有良好绝缘；

⑪施工现场必须使用橡皮软管线，不得使用塑料线或塑料护套线，并高挂使用；

⑫手持电动工具的外壳、手柄、电源线、插头、开关等必须完好无损；

⑬电气作业人员检查维修时必须按规定穿绝缘鞋、戴手套，使用电动绝缘工具等；

3）电气防火措施：主要内容：施工现场不得超负荷用电；电气设备和线路周围不得堆放易燃、易爆和强腐蚀介质，不使用火源；设备不得超负荷；现场用电不得乱拉乱接，生活用电不得使用电热设备，室内照明线不得乱拉乱接；配电室内配置砂箱和干粉灭火器；

（6）审查模板施工方案，包括模板的制作、安装、拆除等施工程序、施工方法、质量要求与检查验收方法等。对模板支撑设计要有计算书和细部构造的放样图，对模板材料、规格尺寸、间距、连接方法以及剪刀撑的设置等应有详细说明，对模板的拆除应有具体的安全措施，保证不出人身伤害事故。

（7）审查施工现场防火、防爆的安全措施。

易燃易爆作业场所，如木工操作间、仓库等按规定配备消防灭火器材，严禁吸烟和明火，悬挂醒目的防火标志；电焊作业时下方不得有易燃易爆物品；氧气瓶和乙炔气瓶存放时必须保持 2.0m 以上的安全距离。使用时保持 5.0m 以上安全距离，与作业点明火必须保持 10.0m 以上的安全距离，乙炔气瓶严禁睡倒；临时宿舍必须建在建筑物 20.0m 以外，不得建在管道煤气和高压架空线路下方；现场一切架空线必须用固定瓷瓶绝缘；电线穿墙时必须使用瓷管或硬塑料管通过。

（8）审查季节性安全技术措施。主要内容有夏季、雨期和冬期三个季节施工的安全技术措施。

夏季防暑降温措施为：防暑降温的教育措施；中暑病人的急救措施；合理调整作业时间，避高温措施；通讯降温措施；调高措施；歇凉措施；清凉饮料措施和检查措施等。

雨期措施主要是防触电措施和防雷击措施等。

冬期措施有冬季施工安全教育措施、防风措施、防冻防滑措施、防火措施、防毒措施、安全防护措施等。

7. 建筑工程安全技术交底的内容。

十四、建筑施工安全技术交底

作为总监应该知道施工单位安全技术交底的主要内容，了解安全台账的内容。并且经常的组织专业监理工程师进行检查。

1. 安全管理

（1）安全生产责任制：施工单位应建立安全生产责任制，各级各部必须严格执行，并且在经济承包中制定相应的安全生产指标。各工种必须制定安全技术操作规程；项目部应按规定配备专（兼）职安全员，同时工地应建立管理人员责任考核制度。

（2）目标管理：制定安全管理目标（其中包括伤亡控制指标、安全达标、文明施工目标）；安全责任目标应进行分解并定期进行目标考核，确保落实。

（3）施工组织设计：施工组织设计应经具有法人资格企业的上级主管领导审批，并经专业部门会签。施工组织设计应全面、有针对性的体现安全措施；对于专业性较强的项目，应单独编制专项安全施工组织设计，并采取相应的安全技术措施。

（4）分部（分项）工程安全技术交底：各分部/分项工程在施工前应全面的、有针对性地进行安全技术交底，形成书面文字材料并履行签字手续。

（5）安全检查：施工现场应定期地进行安全检查并做好记录。对检查中存在的安全隐患，应定人、定时间、定措施进行整改；对重大事故隐患整改通知书中所列项目，是否如期整改和整改完成情况应一并进行登记。

（6）安全教育：公司必须建立安全教育制度，对新入厂工人应进行三级（公司、项目、班组）安全教育，并有具体的安全教育内容。变换工种时也应对工人进行安全教育，每一个工人都应熟悉本工种安全技术操作规程。施工管理人员和安职安全员，应按规定进行年度培训考核。

（7）班前安全活动：施工现场应建立班前安全活动制度，并形成班前活动记录。

（8）特种作业持证上岗：对从事特种作业工种（架子、电工、焊工等）的工人必须进行专业培训，并且所有工人均持操作证上岗。

（9）工伤事故处理：对于施工现场中出现的工伤事故，应按规定进行报告，且对事故原因进行调查分析并按有关规定进行处理。同时建立工伤事故档案。

（10）安全标志：施工现场应按安全标志总平面图设置安全标志。

2. 文明施工

（1）现场围挡：在市区主要路段的工地周围应设置高于 2.5m 的围挡；在一般路段的工地应设置高于 1.8m 的围挡。围挡的材料必须坚固、稳定、整洁、美观且必须沿工地四周连续设置。

（2）封闭管理：施工现场应进行封闭管理，设置进出口大门，派门卫专人管理并建立门卫制度。进入施工现场的人员应佩戴工作卡。大门口应设置企业标志。

（3）施工场地：工地路面应进行硬化处理，并保持路面畅通。施工现场应有防止泥浆、污水、废水外流或堵塞水道和排水道的排水设施，保证场内无积水现象。工地应设置吸烟处，不得随意吸烟，温暖季节应进行绿化布置。

（4）材料堆放：建筑材料、构件、料具应挂牌标明名称、品种、规格等按总平面布局堆放整齐。现场必须做到工完场地清，对建筑垃圾也应标出名称、品种并整齐堆放。对易燃、易爆物品应分类存放。

（5）现场住宿：施工作业区与办公、生活区应分开，在建工程不得兼作住宿。宿舍内应有保暖和防煤气中毒措施，夏季应有消暑和防蚊虫叮咬措施。宿舍周围环境保持卫生、安全，宿舍内床铺、生活用品放置整齐。

（6）现场防火：施工现场应建立消防制度，有具体的消防措施，并配备合理的灭火器材。对于高层建筑应有满足消防要求的水源，现场应有动火审批和动火监护。

（7）治安综合治理：生活区内应提供工人学习和娱乐场所，并建立治安保卫制度，责任落实到人，制定治安防范措施，防止盗窃事件发生。

（8）施工现场标牌：大门口应挂设"五牌一图"，并张贴安全标语。施工现场应设置宣传栏、读报栏、黑板报等。

（9）生活设施：施工现场应建立卫生责任制，保证食堂及饮水卫生。修建厕所，禁止工人随地大小便。按要求修建工人沐浴室；对生活垃圾应装入容器内，派专人管理、清理。

（10）保健急救：施工现场应配备经专业培训的急救人员，有相应的急救措施，并配备保健医药箱和急救器材，经常开展卫生防病宣传教育。

（11）社区服务：现场内建立防粉尘、防噪声措施；夜间未经许可不得加班施工，同时应建立施工不扰民措施，场内不得焚烧有毒有害物质。

3. 脚手架（落地式脚手架）

（1）施工方案：脚手架应编制能指导施工的方案（其中包括施工图和大样图等），对于高度超过规范规定的脚手架应有设计计算书，并经审批通过。现场脚手架搭设必须严格按已批准的计算书及施工方案实施。

（2）立杆基础：立杆基础必须严格按设计方案，要求压平、压实、并垫上底座、整土；立杆不埋地时，离地面 25cm 必须有扫地杆；立杆基础应有排水措施，不应有积水。

（3）架体与建筑结构拉结：脚手架高度在 7m 以上，架体必须按规定与建筑结构拉结坚固；脚手架高度大于 24m 时，连墙杆不准采用柔性连接。

（4）杆件间距与剪刀撑：立杆、大横杆、小横杆的间距和剪刀撑的设置位置必须按规范规定和施工方案要求；高度在 25m 以上双排脚手架剪刀撑应沿脚手架高度连续设置、角度（45°～60°）应符合要求。

（5）脚手架与防护栏杆：脚手架材质应符合要求，且必须满铺，不得有探头板；脚手架外侧应设置密目式安全网且网间绑扎严密；施工层脚手架应设 1.2m 高防护栏和 18cm 高挡脚板。

（6）交底与验收：脚手架在搭设前应进行交底，搭设完毕应进行量化验收，并办理验收手续。

（7）小横杆设置：小横杆应设置在立杆与大横杆交点处，并且两端固定；对于单排架子小横杆插入墙内应大于 24cm。

（8）杆件搭接：木立杆、大横杆每一处搭接长度应大于 1.5m；钢管立杆不得采用搭接，应采用对接。

（9）架杆内封闭：施工层以下架体内应采用平网或其他措施进行封闭。施工层脚手架内立杆与建筑物之间缝隙大于 15cm 时，应进行封闭防止落物伤人。

（10）脚手架材质：对于使用木脚手架的木杆的直径和材质应符合要求，对于钢管脚手架，严禁使用弯曲和锈蚀严重的钢管。

（11）通道：架体应搭设上下通道，通道的设置应符合要求。

（12）卸料平台：卸料平台应进行专项设计计算，搭设应符合设计要求。卸料平台的支撑系统不得与脚手架连接；卸料平台还应在周围设置防护栏杆及挡脚板并用密目网封严，同时也应在明显处挂设限定荷载标牌。

4. 基坑支护与模板工程

（1）基坑支护

1）施工方案：基础施工前应针对施工工艺结合作业条件制定支护方案，在基坑深度超过 5m 时应进行专项支护设计，并经上级审批通过。

2）临边支护：深度超过 2m 的基坑施工应进行临边防护，临边及其他防护应符合有关规定要求。

3）坑壁支护：坑槽开挖时应设置安全边坡，当坑壁采取特殊支护时，其作法应符合设计方案。支护设施一旦产生局部变形时，应立即采取措施进行调整。

4）排水措施：基坑施工应设置有效的排水措施；深基坑施工采用坑外降水时应有防止临近建筑危险沉降的措施。

5）坑边荷载：积土、料具堆放距槽边应大于设计规定（一般堆放高度＜1.5m；堆土离边坡须≥1.2m）；机械设备施工与槽边的距离应符合要求，当距离小于规定时，应有相应的措施。

6）上下通道：基坑深度≥1.0m 时设置人员上下专用通道，通道的设置应符合要求。

7）土方开挖：施工机械进场应经有关部门组织验收合格，并有记录。挖土机作业位置的土质和支护条件应牢固、安全满足机械作业荷载要求，挖土机司机应持证上岗，挖土作业应按规定程序挖土，不得超挖且作业时不得有人员进入挖土机作业半径内。

8）基坑支护变形监测：基坑支护施工时，应按规定要求定时进行变形监测；对毗邻建筑物和重要管线及道路，也应定时进行沉降观测。

9）作业环境：基坑内作业人员应有安全立足点，垂直作业上下应有隔离防护措施。

（2）模板工程

1）施工方案：模板工程施工方案必须经公司主管部门技术负责人审批通过，模板工程施工应根据混凝土施工工艺制定有针对性的安全措施。

2）支撑系统：对于现浇混凝土模板的支撑系统应进行设计计算，同时所有的支撑系统应严格按设计要求施工。

3）立柱稳定：支撑模板的立柱材料应符合要求；立柱底部应垫板，不得采用机砖垫高；立柱的间距应按设计要求设置，且按规定设置纵横向水平支撑和剪刀撑；多层支模时上下层立柱应垂直，并在同一垂线上。

4）施工荷载：模板上施工荷载不得超过设计施工荷载，且模板上堆料时应均匀分布不得集中堆放。

5）模板存放：大模板存放应有防倾倒措施，各种模板应整齐存放且不得堆放过高（一般不超过 1.6m）。

6）支拆模板：2m 以上高处作业应有可靠的立足点；拆除区域应设置警戒线且派专人监护，拆除模板时不得留有悬空模板。

7）模板验收：模板拆除应有拆除申请批准；模板工程施工完毕应有具体量化的验收内容，并履行验收手续。支拆模之前应进行安全技术交底。

8）混凝土的强度：模板拆除前应提供混凝土强度报告，不得在混凝土强度未达到要求之前提前拆模。

9）运输道路：在模板上运输混凝土时应有稳定、牢固的走道垫板；当须在钢筋网上通过时应搭设车行通道。

10）作业环境：作业面孔洞及临边应有防护措施，垂直作业上下应有隔离防护措施。

5．"三宝"、"四口"防护

（1）安全帽：施工现场工人及管理人员均按规定佩戴安全帽，安全帽应符合安全标准。（安全帽应有标志：制造厂名称、型号、商标；生产日期；生产许可证编号；检验部门批量验证及工厂检验合格证）

（2）安全网：在建工程外侧用密目安全网封闭，安全网的规格、材质、应符合要求；安全网应取得建筑安全监督管理部门准用证。

（3）安全带：安全带应使用省建委认定产品（即：准用证），每个工地一般配备不少于两条，并提倡采用卷带式。在高空作业中，工人必须系挂安全带，且系挂需符合要求。

（4）楼梯口、电梯井防护：楼梯口、电梯口应采取严密的防护措施。防护设施应形成定型化、工具化。电梯井内每隔两层（不大于 10m）设一道平网。

（5）预留洞口、坑井防护：预留洞口、坑井应采取严密的防护措施，防护设施应形成定型化、工具化。

（6）通道口防护：通道口应搭设牢固、严密的防护棚，防护硼的材质应符合要求，临街防护棚上面 1m 高的维护栏杆边应用竹芭板式密目网牢固绑扎。

（7）阳台、楼板、屋面等临边防护：建筑物所有临边应采取严密的防护措施，且防护措施应符合要求。临边防护用钢管和密目网。

6．施工用电

（1）外电防护：建筑物外架与高压线路之间小于最小安全距离时应采取防护措施，防护措施应符合要求，并封闭严密。

（2）接地与接零保护系统：在施工现场专用的中性点直接接地的电力线路中，必须采用 TN—S 接零保护系统。工作接地与重复接地必须符合要求。保护零线与工作零线不得混接且专用保护零线设置应符合要求。

（3）配电箱、开关箱：施工现场用电必须严格遵守"三级配电、两级保护"规定。开关箱（末级）应采用漏电保护，漏电保护装置参数应与现场相匹配。配电箱内应配置隔离开关。现场每台机具均须实行"一机、一闸、一漏、一箱"。配电箱应安装在方便操作的地方，且周围不得有杂物堆放，箱内多配电线时应逐条进行标记。闸具应符合要求，不得损坏，电箱有门、有锁并且有防雨措施。

（4）现场照明：现场照明专用回路应实行漏电保护，灯具金属外壳应作接零保护。室内线路及灯具安装高度低于 2.4m。潮湿作业和手持照明灯均须使用 36V 以下的安全电压，使用安全电压照明的线路不得混乱，且接头处要采用绝缘布包扎。

（5）配电线路：配电线路不得使用老化的电线，电线破皮应用绝缘胶布进行包扎，线路过道时应采取保护措施；架空线路中电杆、横担、电缆架设均须符合要求。配电线路应采用五芯电缆线，不得采用四芯电缆外加一根线代替五芯电缆。当线路采用地下埋设时，同样必须符合要求。

（6）电器装置：闸具、熔断器参数与设备容量应相互匹配，安装必须符合要求。不得用其他金属丝代替熔丝。

（7）变配电装置：施工现场的变配电装置应符合有关安全规定。

（8）用电档案：现场施工用电应进行专项施工组织设计，平时施工中应建立用电档案，并派专人管理，保证内容齐全。电工平时巡视维修应进行真实记录。对地极阻值应进行摇测并形成记录。

7. 物料提升机

（1）架体制作：架体所使用的产品，必须具备建筑安全监督管理部门的准用证。架体制作时应进行专项设计，并经上级审批通过，制作过程应严格按设计及规范要求。

（2）限位保险装置：提升机吊篮应具备停靠装置，停靠装置要形成定型化（每层都要有）。同时提升机必须装备超高限位装置，使用摩擦式卷扬机超高限位不得采用断电方式。高架提升机应配备下极限位器，缓冲器和超载限制器。

（3）架体稳定：①缆风绳：架高 20m 以下时按一组缆风绳，20～30m 设二组，缆风绳应采用钢丝绳，直径大于 9.3mm，角度应在 45°～60°范围内。所有地锚应牢固，保证满足要求。②与建筑结构连接：在建筑物主体增高的同时，应采用连墙杆将架体与建筑物连接。连墙杆的材质，连接做法及连接位置应符合规范要求。连墙杆应与建筑物连接牢固，不得与脚手架连接。

（4）钢丝绳：钢丝绳磨损不得超过报废标准，其表面应经常上油保证无锈蚀。钢丝绳不得拖地，同时应采取过路保护措施；绳卡应符合规定要求。

（5）楼层卸料平台防护：楼层卸料平台两侧应设安全防护栏杆，平台脚手板应搭设严密，平台中设安全防护门。防护门应形成定型化、工具化（每层均要）。地面进料口同样按要求设防护棚。

（6）吊篮：吊篮中应配备安全门并形成定型化、工具化。高架提升机应使用吊笼。吊篮内严禁人员乘坐上下，严禁吊篮使用单根钢丝绳提升。

（7）安装验收：提升机安装完成后，应履行验收手续，并有责任人签字。验收时，验收单上应有具体量化的验收内容。

（8）架体：架体安装、拆除必须有具体的施工方案，架体的基础和垂直度允许偏差必须符合要求。架体与吊篮间隙不得超过规定要求，架体外侧应采用立网严密防护，摇臂杆应严格按设计要求进行安装，并配备保险绳。井字架的开口处应进行加固。

（9）传动系统：卷扬机地锚应牢固，卷筒钢丝绳要求缠绕整齐。从卷筒中心线到第一个导向滑轮距离，带槽卷筒应大于 15 倍，无槽卷筒应大于 20 倍。滑轮翼缘不得破损且与架体不能采用柔性连接。滑轮的型号应与钢丝绳相匹配，卷筒上应安装防止钢丝绳滑脱的保险装置。

（10）联络信号：物料提升机操作过程中应有准确、合理的信号联络。

（11）卷扬机操作棚：卷扬机应按要求搭设操作棚。

（12）避雷：架体在防雷范围以外应有避雷装置，避雷装置应符合要求。

8. 施工机具

（1）平刨：平刨安装后应经验收合格方可使用，平刨机具有护手安全装置。传动部位应设防护罩。机具应做保护接零和配置漏电保护器。无人操作时应切断电源，不得使用平刨和圆盘锯合用一台电机的多功能木工机具。

（2）圆盘锯：电锯安装后应经验收合格后方可使用。电锯应配锯盘护罩，分料器防护挡板安全装置，同时转动部位设防护。机具使用必须做保护接零并安装漏电保护器，无人操作时应切断电源。

（3）手持电动工具：使用Ⅰ类手持电动工具应做保护接零，且必须按规定穿戴绝缘用品；使用手持电动工具不得随意接长电源线或更换插头。

（4）钢筋机械：钢筋机械安装必须有验收合格手续，并做保护接零和安装漏电保护器。钢筋的冷拉作业区及对焊作业区应设防护措施。所有传动部位均须做防护。

（5）电焊机：电焊机安装后应有验收合格手续方可使用，同时必须做保护接零的安装漏电保护器。电焊机应加装二次空载降压保护器或触电保护器。一次线长度不得超过有关规定要求且必须加管保护。电焊机电源应使用自动开关，焊把线接头不得超过 3 处，绝缘出现老化应及时更换。电焊机应有防雨罩。

（6）搅拌机：搅拌机安装后应有验收合格手续，并做保护接零和安装漏电保护器。搅拌机的离合器、制动器、钢丝绳应符合规范要求。操作手柄要作保险装置。搅拌机应搭设防雨篷、作业安全、料斗应有保险挂钩，停止操作时将料斗挂钩住。搅拌机的传动部位要有防护罩，作业平台应平稳。

（7）气瓶：各种气瓶应有各自标准色标、气瓶间距应大于 5m，距明火距离小于 10m 时应采取隔离措施。各种气瓶的存放应符合要求，如乙炔瓶使用或存入不得采用平放。每个气瓶均要有防震圈和防护帽。

（8）翻斗车：翻斗车必须取得准用证，其制动装置要求灵敏，保证能随时制动。严禁司机无证驾驶和违章行车，同进不得采用翻斗车载人。

（9）潜水泵：潜水泵应做保护接零和安装漏电保护器。保护装置要求反应灵敏、使用合理。

（10）打桩机械：打桩机应取得准用证，安装后要有验收合格手续方可使用。打桩机应配超高限位装置。其行走路线地耐力应符合说明书等。打桩应有具体的作业方案，不得违反操作规程。

十五、图纸会审需要注意事项

（1）建筑、结构说明有没有互相矛盾或者意图不清楚的地方。

（2）建筑、结构图中轴线位置是否一致，相对尺寸是否标注清楚。

（3）如果是框架结构，看建筑、结构图梁柱是否尺寸一致，如果是砖混，看墙厚、构造柱的布置是否一致。

（4）核定交桩以后的标高与图纸中的标高是否有出入，以及建筑物到建筑红线的距离。

（5）查看门窗的做法是否明确，有图集的按照图集，没有图集做法的是否有大样，门的开启方向是否合理，开关应留在门的开启侧。一般设计容易疏忽的是窗台做法、门垛尺寸。

（6）看结构图说明中是否与规范相矛盾或有出入，如有，协商按哪个标准施工。

（7）从施工角度考虑，是否有施工难度大甚至不可能施工的结构节点。

（8）楼梯踏步高和数量是否与标高相符。

（9）建筑立面图中的结构标高是否与结构图每层的标高相符。

（10）建筑平面里的门窗洞口尺寸、数量是否与门窗表里的尺寸、数量相符。

（11）要核对水暖与电气的图纸，是否有发生同一位置有配电箱和消火栓箱（采暖分户箱）。

（12）要检查室内管线是否打架，尤其是室外工程管线是否打架，立面与平屋面相交的地方，梁的交叉施工最容易出问题。

（13）要注意从楼内外给排水管与室外给排水管网连接处是否是最近距离，以及地沟内是否足以容纳各种管道。

（14）要注意入户电缆是否是最短距离，及总用电功率是否超出所处电网的负荷。

十六、图纸会审技巧

1. 熟悉拟建工程的功能

图纸到手后，首先了解本工程的功能是什么，是车间还是办公楼？是商场还是宿舍？了解功能之后，再联想一些基本尺寸和装修，例如厕所地面一般会贴地砖、作块料墙裙，厕所、阳台楼地面标高一般会低几厘米；车间的尺寸一定满足生产的需要，特别是满足设备安装的需要等等。最后识读建筑说明，熟悉工程装修情况。

2. 熟悉、审查工程平面尺寸

建筑工程施工平面图一般有三道尺寸：第一道尺寸是细部尺寸，第二道尺寸是轴线间尺寸，第三道尺寸是总尺寸。检查第一道尺寸相加之和是否等于第二道尺寸、第二道尺寸相加之和是否等于第三道尺寸，并留意边轴线是否是墙中心线，广东省制图习惯是边轴线为外墙外边线。识读工程平面图尺寸，先识建施平面图，再识本层结施平面图，最后识水电空调安装、设备工艺、第二次装修施工图，检查它们是否一致。熟悉本层平面尺寸后，审查是否满足使用要求，例如检查房间平面布置是否方便使用、采光通风是否良好等。识读下一层平面图尺寸时，检查与上一层有无不一致的地方。

3. 熟悉、审查工程立面尺寸

建筑工程建施图一般有正立面图、剖立面图、楼梯剖面图，这些图有工程立面尺寸信息；建施平面图、结施平面图上，一般也标有本层标高；梁表中，一般有梁表面标高；基础大样图、其他细部大样图，一般也有标高注明。通过这些施工图，可掌握工程的立面尺寸。正立面图一般有三道尺寸，第一道是窗台、门窗的高度等细部尺寸，第二道是层高尺寸，并标注有标高，第三道是总高度。审查方法与审查平面各道尺寸一样，第一道尺寸相加之和是否等于第二道尺寸，第二道尺寸相加之和是否等于第三道尺寸。检查立面图各楼层的标高是否与建施平面图相同，再检查建施的标高是否与结施标高相符。建施图各楼层标高与结施图相应楼层的标高应不完全相同，因建施图的楼地面标高是工程完工后的标高，而结施图中楼地面标高仅结构面标高，不包括装修面的高度，同一楼层建施图的标高应比结施图的标高高几厘米。这一点需特别注意，因有些施工图，把建施图标高标在了相应的结施图上，如果不留意，施工中会出错。

熟悉立面图后，主要检查门窗顶标高是否与其上一层的梁底标高相一致；检查楼梯踏步的水平尺寸和标高是否有错，检查梯梁下竖向净空尺寸是否大于 2.1 米，是否出现碰头现象；当中间层出现露台时，检查露台标高是否比室内低；检查厕所、浴室楼地面是否低几厘米，若不是，检查有无防溢水措施；最后与水电空调安装、设备工艺、第二次装修施工图相结合，检查建筑高度是否满足功能需要。

4. 检查施工图中容易出错的地方有无出错

熟悉建筑工程尺寸后，再检查施工图中容易出错的地方有无出错，主要检查内容如下：

（1）检查女儿墙混凝土压顶的坡向是否朝内。

（2）检查砖墙下有梁否。

（3）结构平面中的梁，在梁表中是否全标出了配筋情况。

（4）检查主梁的高度有无低于次梁高度的情况。

（5）梁、板、柱在跨度相同、相近时，有无配筋相差较大的地方，若有，需验算。

（6）当梁与剪力墙同一直线布置时，检查有无梁的宽度超过墙的厚度。

（7）当梁分别支承在剪力墙和柱边时，检查梁中心线是否与轴线平行或重合，检查梁宽有无突出墙或柱外，若有，应提交设计处理。

（8）检查梁的受力钢筋最小间距是否满足施工验收规范要求，当工程上采用带肋的螺纹钢筋时，由于工人在钢筋加工中，用无肋面进行弯曲，所以钢筋直径取值应为原钢筋直径加上约 21mm 肋厚。

（9）检查室内出露台的门上是否设计有雨篷，检查结构平面上雨篷中心是否与建施图上门的中心线重合。

（10）当设计要求与施工验收规范有无不同。如柱表中常说明：柱筋每侧少于 4 根可在同一截面搭接。但施工验收规范要求，同一截面钢筋搭接面积不得超过 50%。

（11）检查结构说明与结构平面、大样、梁柱表中内容以及与建施说明有无存在相矛盾之处。

（12）单独基础系双向受力，沿短边方向的受力钢筋一般置于长边受力钢筋的上面，检查施工图的基础大样图中钢筋是否画错。

5. 审查原施工图有无可改进的地方

主要从有利于该工程的施工、有利于保证建筑质量、有利于工程美观三个方面对原施工图提出改进意见。

（1）从有利于工程施工的角度提出改进施工图意见

①结构平面上会出现连续框架梁相邻跨度较大的情况，当中间支座负弯矩筋分开锚固时，会造成梁柱接头处钢筋太密，捣混凝土困难，可向设计人员建议：负筋能连通的尽量连通。

②当支座负筋为通长时，就造成了跨度小梁宽较小的梁面钢筋太密，无法捣混凝土，

可建议在保证梁负筋的前提下，尽量保持各跨梁宽一致，只对梁高进行调整，以便于面筋连通和浇捣混凝土。

③当结构造型复杂，某一部位结构施工难以一次完成时，向设计提出：混凝土施工缝如何留置。

④露台面标高降低后，若露台中间有梁，且此梁与室内相通时，梁受力筋在降低处是弯折还是分开锚固，请设计处理。

（2）从有利于建筑工程质量方面，提出修改施工图意见。

①当设计顶板抹灰与墙面抹灰同为 1∶1∶6 混合砂浆时，可建议将天花抹灰改为 1∶1∶4 混合砂浆，以增加粘结力。

② 当施工图上对电梯井坑、卫生间沉池，消防水池未注明防水施工要求时，可建议在坑外壁、沉池水池内壁增加水泥砂浆防水层，以提高防水质量。

（3）从有利于建筑美观方面提出改善施工图

①若出现露台的女儿墙与外窗相接时，检查女儿墙的高度是否高过窗台，若是，则相接处不美观，建议设计处理。

②检查外墙饰面分色线是否连通，若不连通，建议到阴角处收口；当外墙与内墙无明显分界线时，询问设计，墙装饰延伸到内墙何处收口最为美观，外墙突出部位的顶面和底面是否同外墙一样装饰。

③当柱截面尺寸随楼层的升高而逐步减小时，若柱突出外墙成为立面装饰线条时，为使该线条上下宽窄一致，建议对突出部位的柱截面不缩小。

④当柱布置在建筑平面砖墙的转角位，而砖墙转角少于 900，若结构设计仍采用方形柱，可建议根据建筑平面将方形改为多边形柱，以免柱角突出墙外，影响使用和美观。

⑤当电梯大堂（前室）左边有一框架柱突出墙面 10～20cm 时，检查右边柱是否出突出相同尺寸，若不是，建议修改成左右对称。

按照"熟悉拟建工程的功能　熟悉、审查工程平面尺寸　熟悉、审查工程的立面尺寸　检查施工图中容易出错的部位有无出错　检查有无需改进的地方"的程序和思路，会有计划、全面地展开识图、审图工作。

十七、电气审图要点

民用建筑电气图纸会审纪要

1. 总说明：图例是否齐全、清楚

（1）图例中的设备（电箱、电灯、强电插座等）安装高度是否合理

（2）文字说明有无错漏

（3）有无用文字不能表达清楚的需要补图的项目

2. 图纸是否齐全

3. 配电系统图

（1）开关、电线、配管选择是否合理

（2）开关与电线是否匹配

（3）上下级开关是否匹配

（4）电线电缆敷设方式是否合理

（5）有无不符合规范的问题

（6）各相负荷是否平衡

（7）各系统图之间有无存在矛盾

（8）电度计量设置是否缺项、合理

4. 接地系统

（1）重复接地、防雷接地、弱电接地，图纸是否完善、说明有无错漏

（2）防浪涌保护器就规格及其连接线

5. 平面图

（1）电线电缆布置是否合理，是否清楚

（2）电线根数是否正确

（3）线管敷设是否影响建筑外观

（4）线管敷设是否影响结构

（5）插座、灯数量规格是否合理

（6）插座、灯具、开关、电话、电视、对讲机、门铃、集抄线有无错漏，安装位置是否合理，是否符合建筑布置

（7）电箱安装位置是否合理，电箱安装位置的墙厚是否满足

（8）有无与给排水管冲突

6. 弱电

（1）弱电箱安装位置、尺寸

（2）对讲机安装位置

（3）电线入户线走向

（4）电话、电视分配器数量和布置

（5）电表、水、电、煤气等集抄线

（6）管井尺寸、布置

（7）系统图：管、线选择

（8）弱电系统电源是否设置

（9）弱电系统防浪涌保护器

7. 监控

（1）摄像机布置

（2）摄像机型号规格

（3）对讲机布置

（4）停车场道闸

8. 消防

（1）消防泵控制系统

（2）感烟

（3）事故照明

（4）电缆的选择和敷设是否符合消防规范

（5）消防系统是否存在超规范设计

9. 主接线图

(1) 变压器容量、规格

(2) 备用发电机容量

(3) 开关、电线是否匹配选择

(4) 上下级开关匹配

(5) 计量

(6) 高压柜选择

(7) 开关的连锁

(8) 发电机自动投入

10. 变配电房

(1) 变压器、发电机、电柜布置

(2) 设备之间的间距

(3) 电房位置是否合理

(4) 电房土建：高度、防水、门窗、电缆沟、变压器和电柜基础

(5) 地网

(6) 电房照明

(7) 计量配置是否符合供电部门的要求。

(8) 接地系统（三线五线或四线制）是否符合供电部门的要求。

11. 总平面图

(1) 是否与各回路数量一致，是否有遗留

(2) 各回路进户位置是否合理，是否与建筑图一致，有无建筑物障碍线管安装问题

(3) 各强弱电与其他管线之间的间距是否符合规范

(4) 管线的敷设方式是否合理

(5) 管井尺寸是否合理，有无排水管

第八章 监理实战

一、作为监理工程师应该具备的工具书

作为监理工程师应该具备的工具书如下：

1. 建筑工程质量验收规范
2. 建筑施工手册
3. 平法图集及标准图集
4. 设计强制性条文
5. 建筑法律法规全套
6. 合同标准文本（设计合同、施工合同、勘查合同、监理合同）
7. 全套安全技术规程
8. 教科书
(1) 监理工程师考试教材；
(2) 造价工程师考试教材；
(3) 投资咨询师考试教材；
(4) 项目管理师考试教材；
(5) 一级建造师考试教材；
(6) 安全工程师考试教材。
9. 有关安全计算的书籍（作为总监应该具备的能力）。
10. 如果精力足够可以涉猎设计类的书籍。如一级建筑师，二级建筑师，一级结构师，二级结构师，岩土工程师，电气工程师等有关的考试教材。

这些是做好监理的理论基础，问题都可以在理论中找到答案。并且要随着规范、法规、技术规程的不断修订而及时更新完善，永远保持最新的知识结构。

二、做好总监理工程师之我见

不在此详细叙述，以下这些，做到了、做好了，就会是一个合格的优秀的总监。

1. 总监理工程的素质要求
(1) 较高的理论水平；
(2) 复合型的知识结构；
(3) 较高的专业技术水平；
(4) 丰富的工程建设实际经验；
(5) 具有高尚的职业道德；
(6) 良好的敬业精神；

(7) 具有较强的组织协调能力；

(8) 良好的协作精神；

(9) 具有健康的体魄和充沛的精力；

(10) 具有较高的外语水平和涉外工作经验；

(11) 具备一定的计算机知识。

2. 实践经验

(1) 地质勘查实践经验（勘察监理）；

(2) 规划实践经验；

(3) 工程设计实践经验（设计监理）；

(4) 工程施工实践经验（施工监理）；

(5) 设计管理实践经验；

(6) 施工管理实践经验；

(7) 构件、设备生产管理实践经验；

(8) 工程经济管理实践经验；

(9) 招标投标中介方面的实践经验；

(10) 立项评估、建设评价的实践经验；

(11) 建设监理实践经验。

只具备以上其中一项也不会做好总监理工程师，还应该具备相应的实践经验，作为业主的参谋给业主提供可行的咨询意见。

3. 能力要求

(1) 组织协调能力；

(2) 表达能力：书面和口头表达能力；

(3) 管理能力：抓住主要矛盾的能力和工程预见性的能力；

(4) 综合解决问题的能力：具备经济、法律、管理、技术方面的知识和能力；

(5) 具有一定的魄力。

做到以上几点，就可以成为一个称职的优秀的总监理工程师了。

三、监理做好预控工作

监理工程师的控制工作分为主动控制和被动控制，所谓主动控制也就是预控，作为资深的监理人员，做到预控最为重要；给施工单位以及业主提前提供咨询意见，可以避免不必要的损失。采取监理的形式，提前要求施工单位做好各项工作。

应该从以下几方面做到预控：

(1) 业主的各种报批文件齐全。这样可以规避建设程序，防止各种图纸不到位，审图不完善，现场手续不全等给各方造成的损失；

(2) 建设用地手续合法；

(3) 承建单位的资质、施工人员的资格符合要求；

(4) 参建单位不合法行为及时下发监理通知单；

(5) 施工管理、技术管理、质量保证体系建立齐全全。人员素质、质量意识、人员资质的审查、特殊工种持证上岗、质量管理人员到位；

（6）施工图纸会审，施工组织设计、施工方案、专项技术交底、新方法、新工艺、强制性标准执行情况等符合有关要求；

（7）材料、构配件、设备生产厂家的资质、生产能力、质量信誉、运输、装卸过程；进场检验质量保证书、出厂合格证、表观质量、数量、规格符合要求。不合格品退场；

（8）操作方法、工艺及人员的专业化、素质，新工艺使用，质量管理人员不到位、测试、放线等；

（9）施工机械的能力、容量能否满足施工需要；供水、供电能力和是否能正常供应；设备的维护保养；设备的进退场时间；

（10）气候、水、电、道路畅通、检测实验室、污染等；

（11）界面搭接、步调统一，成品保护；

（12）分部工程验收，工程完善收尾、控制资料齐备、各种检测完成、注意事项。总监及时组织预验收，并督促施工单位整改；

（13）专项工程验收，向业主发提醒函件：电梯、规划、人防、环保、燃气、消防、档案验收时间、组织参验，注意事项；

（14）单位（单项）工程预验收，督促工程的收尾完成，竣工资料齐备，承建商的自行检验完成，初验的方针、安排、初定时间，注意事项；

（15）竣工验收验收前应具备：承建商提供"竣工报告"、"工程质量保修书"、"住宅质量保证书"、"住宅使用说明书"。设计、勘察方提供"质量检查报告"，监理方提供"质量评估报告"。初验由总监主持，问题应整改完，专项验收完、并拿到验收证书；

（16）安全意识，安全教育、培训，安全保护用品的使用。特殊工种持证上岗，不安全人为因素及可能危及人身安全的方面等；

（17）安全管理组织机构、安全生产责任制，安全管理制度、办法，安全施工方案，各种警示标牌等；

（18）安全生产，操作工艺方法，人员的安全防护，违章作业和危及他人的安全的方面等；

（19）施工设备和用电，大型设备的装拆、运输、运行用电设备的接地、用电线路应采用三相五线制；用电开关应有接地保护装置，供电高压线路、电缆的保护等；

（20）防火，现场消防组织机构、消防设施、火源及易燃物品的管理，电器设备和线路；

（21）脚手架的材质、下脚稳固、搭设方法、拉结、顶撑，跳板的拴牢，安全网，挑架，跑道，现浇钢筋混凝土模板的支撑体系等；

（22）工地办公室、宿舍、仓库、工房等；

（23）文明施工、现场封闭管理、五牌一图上墙，现场平面布置合理，道路畅通，场区排水畅通，文明卫生，材料堆放整齐，易燃易爆材料的保管、使用等；

（24）自然灾害，台风、大风、雨季、雷电等要及时发监理通知单；

（25）环境，停水、停电、毒气、毒品、侵蚀、污染等提前下发监理通知单。

以上要提前要求，并及时下发监理交底及通知单，平时总监应该组织现场监理人员及时进行检查，有一些主要问题要及时上报政府主管部门。

四、第一次工地例会总监交底

第一次工地例会，由建设单位主持，预示着业主把工作已经委托给了监理，也是交接的过程。从第一次工地例会后，在签订了监理合同的基础上，监理正式行使自己的权利和义务。

1. 第一次工地例会，作为总监理工程师应该做的工作

（1）要求本项目部到岗的专业监理工程师及监理员参加；

（2）介绍本监理项目部监理单位的总监、土建监理人员及相关的监理员及资料员及其分工；

（3）以书面形式提出对施工单位的要求，即介绍监理规划的一些相关内容。我以为，如果打桩单位先进场，总包单位没有进场的情况下，应该以桩基单位的交底为重点，待总包单位进场在进行一次总的监理交底；

（4）总监理工程师对施工准备情况提出意见和要求。大部分工程开工都是基础工程，根据工程的情况对前期准备工作总结应该以书面的形式提出要求；

（5）总监理工程师介绍监理规划的内容。介绍监理规划，也就是进行工程上的交底，在一次例会不可能把什么都交代清楚，不可能面面俱到，而是已经应该完成监理规划的编制工作，这个监理规划已经交由业主，并且也可以下发施工单位一份。在这样的例会还是监理的要求。有些施工单位不是很清楚监理的工作，所以讲要求很重要；

（6）在交底中确定召开工地例会的时间地点；

（7）总监在第一次工地例会中要安排监理人员进行记录，并且由监理项目部起草第一次工地例会的会议纪要。

2. 按建设工程监理规范的内容，第一次工地例会的主要内容

（1）建设单位、承包单位和监理单位分别介绍各自驻现场的组织机构、人员及其分工；

（2）建设单位根据委托监理合同宣布对总监理工程师的授权；

（3）建设单位介绍工程开工准备情况；

（4）承包单位介绍施工准备情况；

（5）建设单位和总监理工程师对施工准备情况提出意见和要求；

（6）总监理工程师介绍监理规划的主要内容；

（7）研究确定各方在施工过程中参加工地例会的主要人员，召开工地例会周期、地点及主要议题；

（8）第一次工地会议纪要应由项目监理机构负责起草，并经与会各方代表会签。

五、监 理 交 底 实 例

当工地总包单位到场，可以搞个第一次工地例会总监交底，各个分部工程，再进行一次总监交底。

以要点的形式写出，不面面俱到，主要是针对性，结合工地的实际情况去写出，以书

面的形式交底，并且会上讲主要要求。

总监要有类似的经验，才能够完成好这个第一次例会的交底，关键点是要符合现场的实际情况。

第一次工地例会监理交底（要点）

监理交底要点（主要针对主体工程）

一、方案报审

需要施工单位分期分批报审的资料

1. 施工组织总设计（开工前报审），附总平面布置图。

2. 钻孔灌注桩专项施工方案（包括维护桩施工方案）。

3. 安全文明施工专项方案。

4. 土方开挖施工专项方案（含降水施工方案具体措施，需要专家论证，施工单位组织）。

5. 临时用电施工专项方案（含计算书）。

6. 塔吊施工专项方案（含计算书）。

7. 脚手架施工专项方案（含计算书）。

8. 模板专项施工方案（含计算书，如有高大模板需要专家论证，施工单位组织）。

9. 施工电梯方案报审。

10. 操作平台转料平台专项方案。

11. 大体积混凝土方案报审。

12. 应急预案（组织机构电话号码齐全，各种应急预案）。

13. 质量保证方案（含组织机构及具体措施）。

14. 安全保证方案（含组织机构及具体措施）。

15. 基坑检测方案（由专门的检测机构报审）。

16. 冬雨期季施工专项方案。

以上方案均由项目技术负责人组织编制，由施工总包单位总工程师审批。

二、资质报审

1. 总包单位资质证书复印件（盖公司公章）。

2. 企业技术负责人资质证书。

3. 本项目项目经理资质证书，项目技术负责人，质量员，安全员，资料员证书，材料员资质证书。

4. 特种作业人员上岗证书。

5. 分包合同及分包管理人员、特种作业人员资质证书。

6. 设备报审（塔吊、拌合机、桩机、水准仪、经纬仪、全站仪、井架、焊机、自卸车、挖机等）。

三、开工报审

1. 总开工报告报审（施工单位提交，开工日期由业主、监理审定）。

2. 涉及多个分部工程分别开工应分开报审。

四、图纸会审、设计交底、设计变更程序

1. 图纸会审及设计交底由业主单位组织，施工单位整理会议纪要。

2. 图纸中的问题由施工单位以联系单打给监理，由监理转交给业主至设计单位。

3. 设计变更由业主转监理下发至施工单位。

五、材料报审

1. 进场材料进场必须通知监理单位现场检查，该点为停止点。

2. 按规范要求抽样送检（监理见证30％）。

3. 按规范要求报审：附质量保证文件：产品出厂合格证、材质化验单、厂家质量检验报告、厂家质量保证书、自检结果文件（包括要复检复试的合格报告等）。

4. 商品混凝土要三方交验单（附质量保证资料）。

六、工序及隐蔽工程验收

质量控制点：

1. 标准轴线桩、定位轴线、标高等。

2. 基槽尺寸、标高、垫层标高、预留洞口等。

3. 模板位置、尺寸、标高、预留洞口、模板强度稳定性等。

4. 水泥品种、强度；混凝土配比、钢筋品种规格、现场钢筋验收，砌体轴线、标高、尺寸、砂浆配比、洞口等。

控制点必须经过监理的检查，列为见证点。

5. 验收程序：班组检查—质量员检查—监理验收，实行三检制。

七、投资控制

1. 现场涉及变更单及索赔费用必须有原始凭证，必须由业主、监理现场见证复核下计量（并有时限控制），价格由业主审定。

2. 每月需要报验已完成工程量月报。

八、工程进度

1. 报审总的施工组织设计（要求用网络图，时间开工前）。

2. 每月25日报月进度计划（可用横道图，附各工种人员量）。

3. 每周二例会时报下周计划（并附未完成上周进度的分析及赶工计划）。

4. 工期索赔必须附原始凭证并经现场监理工程师及业主代表签字。

九、安全文明施工管理

1. 每周报施工项目部安全检查周报。

2. 每月报安全检查月报。

3. 每月由总监组织一次由业主、监理、施工单位参加的工地安全大检查。

4. 文明施工要求现场按照所在地标准化工地的要求去实施。

十、质量、安全、文明标化工地标准

1. ××杯标准（附××杯评审条件报监理）。

2. ××标准化工地。

3. 无伤亡事故。

十一、资料管理

1. 采用统一用表，施工单位资料一律采用C类表格。

2. 签字必须本人签字。

3. 按甬统表归档要求整理归档。

4. 资料必须按合同的要求时限报验。

5. 施工单位必须对班组进行层层交底，监理不定期的进行检查。

十二、例会

1. 每周二为1标段工地例会，时间：9点整。

2. 每周二为2标段工地例会，时间：1：30分整。

3. 例会参加人员：业主代表，各标段的监理工程师、资料员、监理员，施工单位项目经理、项目技术负责人、资料员、安全员、质量员。

4. 遇到节假日待定。

十三、桩基工程的质量控制点

1. 必须经过监理现场见证验收点：钢筋笼验收、焊缝、泥浆比重测量、沉渣厚度、孔深、入岩测量，岩样对比，坍落度、资料签字。

2. 混凝土浇捣坍落度控制、钢筋笼上浮控制。

十四、旁站项目

1. 涉及旁站项目，施工单位必须通知监理进行现场旁站。

2. 本工程涉及旁站的工序：土方回填、混凝土浇捣、卷材防水层的细部构造。钢结构安装、梁柱节点的隐蔽过程、预应力张拉等。

3. 旁站项目现场质量员必须到位。

十五、混凝土浇筑申报及拆模报审

1. 混凝土浇捣实行浇捣令制度（由施工单位质量员及土建和安装监理工程师签字）。

2. 拆模必须有拆模报审（附混凝土强度的依据资料并经监理工程师现场检查）。

十六、其他

1. 现场必须设置养护室。

2. 一些重要的材料必须经过监理和业主的同意。

3. 总包单位必须对分包单位进行管理。

4. 必须落实三检制。

5. 专职安全员必须每天进行检查。

6. 监理工程师通知单必须及时整改回复。

7. 证书及质保单要有项目部章及标有原件存放地。

项目监理部

总监理工程师：李燕

2010 年 1 月 10 日

六、开工之初知己知彼

建筑业的四方主体：业主、设计、监理、施工、犹如金字塔一样。

做为监理单位项目部，代表公司，接受建设单位的委托和授权，行使工地四控制两管理，一协调的工作，这个工作，任务繁重，直接影响着工程的进展。

做为总监理工程师，知己知彼相当的重要。

1. 知己

（1）自己的工作经验，能力，是不是胜任这个项目的工作，包括工程规模，难度，类似工作经验有没有。如果没有，应该尽快掌握哪些技术上以及管理上的理论基础。

（2）自己手下的监理工程师的工作经验，类似经验，管理能力，能否胜任现场专业监理工程师的工作。因为工作难易程度不同，不是所有的人都能够胜任难度大型的工程监理工作。

（3）监理员的工作经验，能力，以及敬业情况。

（4）手下在哪些方面欠缺的经验，在工作中能够引起失误的地方，在哪些地方应该进行总监交底。我觉得，总监应该对手下不足的地方进行培训，这样可以针对具体的工作起到立竿见影的效果。

2. 知彼

了解业主和施工单位

（1）业主是业务能力比较强的？是要求工地比较严格的，还是得过且过的？因为监理工程师为业主服务，业主是监理单位的上帝，对上帝就要全心全意的服务。所谓服务还是按照业主的要求去服务，但应在不违背法律法规的前提下。

根据实际情况调整自己的思路，关键是业主要什么样的工程，掌握业主的脉络很重要。业主为了赶工期，而监理不理解其意图，一味地强调质量，不照顾进度也是不行的。质量、进度、造价，本身就是对立统一的。要进度就要牺牲质量，要造价至少也要牺牲质量，而要质量本身就是要增加投资，进度放缓。

做为总监，应该不卑不亢地对待业主，灵活里不失原则。

（2）施工现场管理人员的工作经验、工作能力、人员配备情况，决定监理的管理深度和管理的具体要求。

如果是能力比较弱的施工单位，监理应该把工作做得更细一些，深入到施工班组。可以在例会时要求班组长参加，并参加施工单位的交底，或者直接对班组交底。

如果是施工单位的管理能力比较强，那么管理至管理层即可，其他的工作全由施工项目部管理人员去做，监理负责日常的检查。

对于总监，要把握大局，必须充分地了解施工单位负责人的能力，而且对于有些强势的项目经理，一定要在开始的气势上，在工作能力上压倒对方，这样也才能够让强势的施工单位信服于你，否则工作难以开展。

七、土方开挖及监测总监交底要点

对分部工程总监应该根据实际工作情况进行交底，主要是有针对性，而不是大而全的面面俱到。

1. 交底的项目包括

（1）桩基工程监理交底；

（2）安全监理交底；

（3）深基坑监理交底；

（4）主体工程监理交底；

（5）土方开挖及监测监理交底；

（6）危险源及监理措施；

（7）幕墙工程监理交底；

（8）精装修监理工程监理交底；

（9）现场监理检查项目总监交底要点（对监理内部）。

2. 实例

土方开挖及监测总监交底要点

1. 有关资料

（1）基坑支护设计文件及其审批手续经过专家论证完整齐全（有基坑维护经专家论证后修改后的图纸或修改意见）；

（2）土方开挖方案经过专家论证报监理（土方开挖顺序图，平面、剖面图，施工段划分，详细的进度计划，附专家意见，及修改后的方案）；

（3）基坑降水措施（附基坑内排水平面布置图）；

（4）基坑周边安全维护平面布置图（维护栏杆，周边排水沟设置）；

（5）土方施工平面布置图。（挖土机、运输卡车等出土口位置，行走路线，采用降水及基坑变形观测点平面布置）；

（6）设备报审（型号、台数，包括返铲、自卸车、水泵、挖土机、运输卡车配备，挖土及运土时间，卸土点距离工地距离）；

（7）劳动力报审，现场挖土总包协调指挥及挖土方现场指挥报监理及业主；

（8）基坑检测方案报审；

（9）检测人员资格报审；

（10）检测单位资质报审；

（11）土方开挖应急处理方案（管理组织机构，抢险设备，物资、人员、有效的处理措施）。

2. 要求

（1）分层开挖，严禁超挖，按土方开挖方案进行开挖。

（2）分块、对称、限时挖至设计标高边破桩头边浇捣垫层。

（3）挖土机严禁碰撞工程桩、支撑、立柱桩和降水井。

（4）挖土基底要留设 10～20cm 土。

（5）总包单位要配总土方开挖调度，挖土单位配现场指挥。

（6）配备抢险物资及抢险设备（挖掘机、堵漏剂、砂袋、抽水机、土钉、钢板桩等及抢险物资及人员）。

（7）对环境进行保护以及夜间施工噪声的控制（雨天泥浆对路面的影响，风天灰尘对周边的影响）。

（8）检测单位要用报表的形式上报，报警值用红色标出。

（9）开挖期间一旦发现维护桩漏水要及时进行处理。

（10）本工程基坑检测的几个项目：

周边环境监测、深层土体水平位移监测、基坑周边地下水监测、支撑轴力监测。

（11）监测要求：每天观测一次，遇变化较大时，增加观测次数。当天上报，变化曲线2天提供一次。

（12）监测报警值

1）连续3天每天位移超过3mm。

2）日位移达5mm。

3）累计位移达40mm。

4）支撑轴压力达3000kN。

5）地表沉降累计沉降量2cm，地下水位日上升1m。

（13）桩头凿出控制标高，临时用电与施工人员的安全。

（14）静载试验在土方开挖前完成。

（15）小应变分成检验批进行。

（16）轴线复核，质量员与监理工程师一同进行。

3. 监理控制要点

（1）每天上午9时前上报前一天的出土方量（或车数）。

（2）挖至基底及时通知监理及业主对工程桩及基底进行验收，首次垫层底要经过设计验收。资料要及时跟牢。

（3）浇捣垫层必须通知监理验收，浇捣令开出施工单位进行浇捣，附垫层配比单。

（4）检测方案上午9时前报监理检测数据3份（业主、监理、总包各1份）

（5）每层开挖后有土钉要经过监理检查验收。

（6）轴线复核，施工单位放好样后必须经过监理工程师对轴线进行复核。

4. 安全注意事项

（1）严禁一次性挖土到底。

（2）基坑周边不允许超载堆放。

（3）雨天施工应妥善处理好排水措施。

（4）注意流砂和管涌的发生及时进行处理。

（5）基坑周边车辆尤其搅拌车注意要远离基坑边。

（6）基坑边不允许堆载钢筋。

（7）人工挖垫层上的土时要保持2.5m以上的安全距离。

（8）挖土机间距应该大于10m，自上而下严禁先挖坡脚的危险作业。

（9）四周要设防护栏杆，并设置上下专用爬梯。

（10）运土道路坡度要进行部分硬化。

（11）夜间出土照明要有电工专人负责，工地照明要有专业电箱。

（12）严禁用塔吊吊运没有经过核算重量的桩头。

（13）保证用电在负荷范围内施工，夜间施工电工必须到岗到位。

总监理工程师：李燕

2010年3月4日

八、钻孔灌注桩总监交底要点

1. 资料审核

（1）钻孔单位资质证书；

（2）工程桩钻孔灌注桩施工专项方案（现场施工平面布置图、打桩顺序图，劳动力，机械设备数量型号，横道图工期计划）；

（3）钻孔灌注桩设备报审出场合格证书；

（4）施工现场质量管理检查记录（监理检查）；

（5）技术交底记录；

（6）工程定位测量记录（现场监理工程师复核）；

（7）分包单位资格报审表（业主同意）；

（8）工程材料/构配件/设备供应单位资格报审表（混凝土厂家）；

（9）工程材料/构配件/设备报审表（钢筋报审合格证书，厂家检验报告，附进场材料清单）；

（10）主要施工机械、设备报审表；

（11）施工测量放线报验表；

（12）建筑施工安全检查报验表（一周要求报一次周检查）；

（13）监理工程师通知回复单（必须回复）；

（14）施工进度计划报审表（由技术负责人组织编制，项目经理要审核签字盖章，报总的计划和月及周的计划）。

有原件的均要标注原件存放处，并加盖项目部章。

表格要求用统一用表，与业主方的要求不符合时，协商处理。

2. 材料

（1）进场的钢筋验收记录（要求监理现场验收并且见证、抽样送检，摘牌与质保单吻合）；

（2）钢筋复试报告（原材料及焊接复试）；

（3）混凝土报审（三方交接检，配比单，原材料复试试验单）；

（4）焊条、焊剂试验报告（附合格证书）。

3. 现场施工要求

几个控制要求

（1）必须监理经现场检查的控制点

1）桩位测量、开钻、入岩时、终孔时必须通知监理方；

2）终孔沉渣检查（测锤）；

3）泥浆比重检查（比重计配备）；

4）孔深（测绳）；

5）孔径；

6）取岩样对比（两袋并标记桩号数，及进尺深度）；

7）桩长量测（测绳）；

8) 钢筋笼的对接焊接质量检查（现场检查）；

9) 钢筋笼焊接检查（监理验收）。

（2）现场要求必须如实填的几个记录

1) 灌筑桩基础施工记录（由专业监理人员签字）；

2) 钻孔施工记录；

3) 清孔记录；

4) 施工记录；

5) 混凝土浇筑记录；

6) 水下混凝土灌筑记录；

7) 维护桩记录；

8) 混凝土浇灌申请书；

9) 混凝土开盘鉴定。

（3）现场要求

1) 桩基悬挂黑板牌（记录桩号、开钻时间、入岩时间、配比单）；

2) 每个桩机有统一的编号；

3) 现场要求三检制（班组长—质量员—监理人员验收）；

4) 钻机上必须配备泥浆比重计、稠度仪、坍落度筒，新购标准测绳、测锤；

5) 提供桩位平面图，表明桩位施工顺序、桩位。定桩位应经监理工程师复核；

6) 开钻要提请监理对桩号进行检查验收，并附相关的资料；

7) 几个控制点必须要求监理人员到场检查；

8) 每天打完的桩成果在第二天必须及时上报监理。

4. 进度要求

（1）编制周计划（每周例会时上交，检查上周计划执行情况，下周计划）；

（2）编制月计划（每月 25 日上交）；

（3）编制总的桩基计划（开工前上交）。

5. 要注意的几个质量问题

（1）分清入岩（为中风化）；

（2）沉渣超过要求（混凝土的浇筑时间要及时，要求操作人员责任心必须强）；

（3）钢筋笼上浮（必须及时地调整方法，并且把该桩号及时记录，以备设计复核）；

（4）导管的提升速度及高度控制（要严格控制）；

（5）断桩（做好浇筑前的准备工作，防止断桩）；

（6）入岩必须按试桩的要求及时控制（大于 25cm/h，进中风化 90cm，小于沉渣 5cm，取两袋岩样）；

（7）做好计量工作，桩长，钢筋笼的长度计量（要经过业主的认可）；

（8）孤石与岩石的区分（注意钻头的响声，不要把孤石当成了入岩，而造成了质量隐患）；

（9）钻头的选用（常见的三翼、四翼钻头，只适用于普通的黏性土、粉土、砂土。对于中等硬度岩石，可改进原有翼式钻头，加大钻头锥尖角（＞120°），采用优质硬质合金刀片）；

（10）安全注意事项，泥浆池的周边维护，临时用电，电焊机等设备的防护与操作；

（11）冬期施工的工人宿舍安全以及质量保证措施。

浒山江以下 1 号 2 号地块项目监理部

总监理工程师：李燕

2010 年 1 月 10 日

九、余姚时代广场地下室工程总监理工程师预控要点

根据现场实际情况进行的地下室交底：

1. 资料控制

（1）地下室工程专项施工方案（包括具体细化的进度计划，施工平面布置图，网络图，劳动力，设备等并有针对性）；

（2）大体积混凝土浇捣方案（分层分段的检验批划分），塔吊专项方案（完成检查验收备案工作后允许使用）；

（3）模板专项方案。有高大模板，方案必须经过专家论证后实施（且施工单位技术负责，总监及建设单位项目负责人进行签认并验收）。集中荷载 20kN/m，面荷载 15kN/m，高度超过 8m，跨度大于 18m，为高大模板；

（4）地下室土方开挖施工方案，专家论证后实施，按规定区块开挖。（施工单位组织专家论证后，总监及建设单位项目负责人签字确认）；

（5）地下室应急预案，并现场配应急物资（钢管、砂袋、型钢、注浆设备、快硬水泥等）及抢险挖掘机等；

（6）支撑拆除专项方案（按设计要求）；

（7）人防工程专项方案；

（8）地下室防水工程专项方案（如有渗漏应有注浆堵漏专项方案）；

（9）地下室施工期间临时用电专项方案；

（10）地下室施工期间安全文明施工专项方案；

（11）基坑维护专项施工方案（包括：钻孔灌注桩、水泥搅拌桩、水泥搅拌桩复合土钉墙、压顶梁及支撑梁、预应力囊浆袋注浆锚杆、预应力锚杆）；

（12）坑中坑的专项维护施工方案；

（13）外电变压器及线路的防护方案；

（14）多塔吊施工防撞施工专项方案；

（15）土方开挖施工中的排水专项方案（开挖过程及基底施工过程排水）；

（16）混凝土实体检测方案（混凝土强度，钢筋保护层厚度，现浇楼板厚度，结构工程室内尺寸）；

（17）钢筋、焊条、焊剂等材料产品合格证、出厂检验报告，力学性能检验，钢筋的接头（套筒、单面焊、双面焊、电渣压力焊）复试检验报告。施工单位做好统计台账。监理按照 30％见证取样并且监理抽样送检；

（18）钢筋材料进场必须通知监理验收摘牌检查，并且两次报验，第一次进场抽样送

检。第二次试验报告回来后上报；

（19）商品混凝土，报验厂家资质以及每次进场的检验报告配比单，三方签字确认；

（20）水泥进场时应对其品种、级别、包装散装仓号、出厂日期等进行检查，对其强度、安定性及其他必要的性能指标进行复验，并做好通知监理见证取样工作。防水材料进行送检及提供质保单；

（21）按规范进行检验批及分项工程的报审；

（22）上报的轴线标高放样成果，并经监理工程师检查验收；

（23）特殊工种人员岗位证书（电焊工，电工，塔吊司机等）；

（24）塔吊、拌合机，电焊机，搅拌机设备机具检查报审；

（25）监理、总包、监测单位采用PPT形式进行例会汇报；

（26）混凝土厂家资质及监测单位资质报审。总包加强对分包单位进行质量及安全资料等管理控制（人防，消防，监测，防水单位，土方开挖单位，基坑围护单位等）。

2. 需要通知监理到场的控制点

（1）土方开挖后梁、板、承台垫层的标高，轴线复核；

（2）桩位偏差检查验收，桩基单位技术负责人总包施工员及专监参加验收。小应变通知监理员到场见证；

（3）地基验槽，设计、业主、监理、施工、勘察人员要到场；

（4）砖胎膜及模板验收（质量员检查后通知专业监理工程验收）；

（5）钢筋隐蔽前的检查验收，施工单位自检后通知专业监理工程师验收。（安装单位完成预埋、防雷接地等工作）；

（6）第一块混凝土验收单位：质量监督站、人防单位、防雷所单位、业主、监理、施工方；

（7）混凝土施工过程中的旁站（提前通知监理，检查配合比、坍落度，质量员到岗，试块制作，浇捣情况，安全情况等）；

（8）模板及其支架的检查验收，涉及高大模板由项目技术负责人组织验收，验收人员包括施工单位和项目两级技术人员，项目安全，质量，施工人员，监理单位总监和专业监理工程师，业主项目负责人。经施工单位项目技术负责人及项目总监签字后才可以进入下道施工；

（9）验收完成浇捣令由施工单位提交专业监理工程师，安装监理工程师和土建监理工程师签字确认后同意浇捣混凝土；

（10）模板拆模报审，要有同条件的养护试块，必要时进行回弹，并履行拆模审批手续；

（11）质量缺陷修复前通知监理到场检查（大的质量问题必须有质量问题处理方案报审）；

（12）现场必须有设计变更单施工单位才能够据此施工，并通知监理单位对变更部分进行检查验收；

（13）检验批及分项工程由专监负责验收，分部及子分部验收由总监组织预验收及竣工验收；

（14）按要求配备专职的质量员并且按要求检查验收签字完整。数量满足工地要求；

（15）资料员必须在现场办公，按工程进度报验资料；

（16）现场变更要有业主、监理签字的原始图片等资料，按规定时间及时报总监签字确认，并报业主审批；

（17）工期索赔及费用索赔附原始凭证图片等，并经专业监理工程师签字，总监审批后报业主审定；

（18）外防水施工通知监理见证，土方回填通知监理旁站。

3. 对施工单位的控制要求

（1）验收项目必须提前通知监理并且附检验批等资料（原材料检验合格，钢筋焊接复试合格，套筒连接复试合格，闪光对焊复试合格，资料完整）；

（2）材料到场通知，并且两次报审（材料进场检查，要求拍照，摘牌，量测，抽样复试后专监签字同意使用）；

（3）混凝土浇捣令开出才允许浇捣混凝土（土建、安装、防雷所、人防办检查验收等均验收完成）；

（4）项目经理及管理人员必须按合同到岗。现场验收完成才能够通知质量监督站；

（5）施工单位质量员必须按要求进行自检合格才能够通知监理验收；

（6）拆模回弹或者有同条件养护试块试压合格并且报审监理工程师才允许拆模；

（7）底板浇筑分层分区分块施工（必要做好大体积测温工作，混凝土养护、大体积混凝土温差测量及措施），检验批按此划分；

（8）人防区按照人防施工的有关要求施工（底板梁板筋在主筋下，拉钩梅花设置，人防门拉钩设置，人防门检查验收，人防门预埋，套管安装等）；

（9）配合比等资料必须随第一车混凝土并经过三方交接检查才允许浇筑；

（10）桩基验收合格后进行下道工序（小应变合格，桩偏位合格验收，静载试验合格，桩基检查轴线标高合格，混凝土试块合格，试验单位抽芯合格）；

（11）混凝土浇筑后要求施工单位有专人进行养护（可参考用管子打眼的养护方法）；

（12）后浇带底板及其顶板控制，顶板上放木盒子保护或进行其他措施覆盖（可参考）；

（13）混凝土浇捣看好天气预报，按方案进行浇捣。做好温度测量，并且备好防雨塑料布；

（14）浇捣时间上的控制，建议尽量早晨开始浇捣，以免老百姓及周边的干扰，不允许留设施工缝；

（15）换撑及凿除支撑施工必须按照方案实施。并由专人进行检查；

（16）按照周计划、月计划及总进度计划组织施工，拖后的项目应有赶工措施；

（17）联系单及变更单做好原始数据如图片等资料的附件，经专业监理工程师审核，总监审批；

（18）索赔项目及工程款按合同要求时间报审，并在现场合格工程的基础上报审，专业监理工程师审核计量，总监审批；

（19）对不整改问题，总监按监理规范要求停工及按合同要求罚款必要时上报质量监督站；

（20）需要协调的问题在周监理例会中提出，并以文字表述，作为备查依据。会议上解决不了的，施工单位打上来协调联系单报监理；

（21）例会采用 PPT 形式或 word 文档形式附照片进行汇报。要求施工单位对监理提出的问题照片进行例会上回复整改好后的图片；

（22）监测单位每天上午九点之前上报监理项目部前一天的监测日报表，每周例会上交本周的统计周报表，在例会中汇报，采用 PPT 及文字汇报结合的办法；

（23）土方开挖每天上午九点前上报项目监理部前一天出土方量，例会中汇报每周出土总方量及未完成方量，及未完成量原因分析；

（24）每周由业主或专监或总监组织一次安全文明施工及质量检查，每周由总监或业主项目负责人组织一次安全文明施工大检查。形成检查记录下发施工单位进行回复整改；

（25）按标化工地标准进行组织施工，按标化工地要求进行检查。

4. 钢筋工程控制要求

（1）程序：班组长自查—施工方质量员自检—监理工程师检查验收—质量监督站抽检；

（2）检查的依据：本项目图纸、相关的标准图集、施工质量验收规范、施工组织设计、相关的技术规程、人防施工规范；

（3）检查内容：钢筋分项工程原材料、钢筋加工、钢筋连接、钢筋安装；

（4）允许偏差：质量验收规范及本工程合同要求（满足创杯等要求）。

5. 模板工程控制要求

（1）检查程序：施工方自检—监理、业主检查（砖胎膜随施工土方开挖进度检查验收）；

（2）检查依据：模板专项方案、国家技术规程要求，地下室图纸、施工质量验收规范；

（3）检查内容：一般规定、模板安装、模板拆除，不允许有漏浆等发生；

（4）承重支模架必须按方案进行检查验收。

6. 混凝土工程控制要求

（1）检查程序：班组检查—施工方自检—监理方检查—业主检查；

（2）检查依据：国家质量验收规范，合同要求；

（3）检查内容：一般规定、原材料、配合比设计、混凝土施工、现浇结构外观、尺寸偏差；

（4）大体积混凝土的控制按照专项方案。并做好测温控制；

（5）分部工程由总监理工程师或总监代表组织预验收—施工单位整改—业主或总监组织基础分部工程验收。

7. 安全文明注意的几点

（1）按照已经审批的安全文明施工专项方案实施，按照已经审批的土方开挖方案，模板专项方案等方案施工；

（2）土方开挖要有专人现场指挥，吊装桩头不能够超载；

（3）扣件以及钢管要经过检测合格，附检测合格报告单；

（4）施工单位对分项工程开工前必须必须有技术交底，承重支模架必须按照方案执行；

（5）模板安装高度超过 2m，必须搭设脚手架或平台；

（6）模板安装时上下应有人接应，随装随运，严禁抛掷；

（7）支架柱应保证其垂直，其垂直允许偏差当层高不大于 5m 时为 6mm，当层高大于 5m 时为 8mm；

（8）拆模的顺序：先支的后拆，后支的先拆；

（9）拆除支撑必须按方案实行，并且有专人指挥；

（10）塔吊吊装要有专人指挥，并且经过验收合格备案后使用；

（11）现场所有人员必须佩戴安全帽；

（12）临时用电要做好工作接地、保护接地、重复接地、防雷接地；

（13）照明开关箱中的所有正常不带电金属部件必须做保护接零，所有灯具的金属外壳必须做保护接零。并且单独回路；

（14）照明开关箱应装设漏电保护器；

（15）临边及洞口要有防护设施；

（16）对基坑周边缝隙经常用水泥浆进行注浆处理，并且密切关注支撑梁及检测数据的变化；

（17）拆除支撑时按方案进行拆除，并且由专人检查指挥；

（18）要求施工单位安全员按要求配备 3 人，每天进行巡视检查并按照建筑师安全检查标准进行检查验收。并做好安全台账；

（19）现场及时清理，按文明施工检查要求施工；

（20）按新的安全文明施工检查标准实施。

8．应注意的几个控制点

（1）地梁穿越格构柱，不可以全部割掉拉结角钢，可在角钢上开孔；

（2）支撑梁纵向受力钢筋采用套筒连接；

（3）一道支撑梁一次性浇捣，不允许设置施工缝；

（4）基坑东侧 10 米范围内施工荷载小于 30kPa，其余各侧小于 20kPa；

（5）地下室 HRB400 受拉钢筋基本锚固长度：C30 为 40d，C35 为 37d，C40 为 33d。一、二级抗震取修正系数 1.15，即：C30 锚固长度为 46，C35 为 42、6d，C40 为 38d；

（6）纵向受力钢筋连接位置宜避开梁端、柱端箍筋加密区，避不开应采用机械连接或焊接；

（7）基坑报警值：一级基坑水平位移累计绝对值：30～35mm；竖向位移累计值：累计绝对值 20～40mm；深层土体水平位移：灌注桩累计绝对值 45～50mm；立柱竖向位移：25～35mm；基坑周边地表累计绝对值位移：25～35mm；坑底隆起：25～35mm。当出现报警值时，应采取应急措施。并增加监测频率；

（8）支撑梁垫层采用 100mm 厚 C10 素混凝土再加铺隔离油毛毡一层，土方开挖后及时彻底凿除垫层；

（9）分层分段开挖，坑底预留 20～30cm 土体人工开挖，以免扰动基底土体。

慈溪监理工程咨询有限公司余姚众安时代广场项目监理部

总监理工程师：李燕

2012 年 9 月 1 日

十、现场监理检查项目总监交底要点（地下室部分）

这是我的工地，我对项目部内部的监理交底，要求全体项目部人员现场进行的有关工作。

1. 嵌岩桩

成孔

（1）桩位、轴线、标高（测量）；

（2）孔径、垂直度（量测）；

（3）入岩深度（量测）；

（4）桩位沉渣（量测）；

（5）终孔深度（量测）；

（6）泥浆比重。

钢筋笼制作

（1）材料质量（试验、查阅合格证）；

（2）规格数量（量测）；

（3）骨架截面、长度（量测）；

（4）焊接质量（观察、试验）；

（5）骨架安装：标高、位置、保护层厚度（量测、观察）。

混凝土

（1）原材料：配合比（查阅合格证书、试验）；

（2）计量（旁站）；

（3）坍落度（旁站、测试）；

（4）浇筑速度（旁站）；

（5）混凝土实浇捣量、充盈系数（旁站、测算）；

（6）混凝土强度（见证试验）；

（7）试块制作（旁站）。

成桩及桩顶处理

（1）成桩标高、轴线偏移、位置（测量、量测）；

（2）成桩孔径（量测）；

（3）成孔观感质量（观察）；

（4）成孔整体质量（测量）；

（5）成孔承载力（静压试验）；

（6）浮浆清除（观察、检测）；

（7）锚固筋长度（量测）。

2. 地基及基础

基坑维护

（1）维护的位置、标高（量测、测量）；

（2）维护桩支撑、锚固（量测）；

（3）维护桩长度（量测）；

（4）土钉墙施工（量测、旁站）。

土方开挖

（1）基坑开挖范围、边线、分层（量测）；

（2）基坑开挖深度、高程控制（测量）；

（3）基坑回填、夯实（现场检测）。

垫层

（1）垫层厚度（量测）；

（2）垫层标高（测量）；

（3）垫层轴线尺寸（量测）。

防水

材料试验

细部构造处理

3. 现浇钢筋混凝土结构

模板

（1）轴线、规格（测量）；

（2）截面几何尺寸（量测）；

（3）垂直度（量测）；

（4）严密、稳固（观察）；

（5）支撑安全性能（观察）。

钢筋

（1）材质（查阅合格证、见证试验）；

（2）规格、数量、型号、位置（量测）；

（3）搭接、焊接、锚固（量测、试验）；

（4）几何尺寸（量测）；

（5）绑扎牢固（观察）；

（6）保护层厚度（量测）；

（7）预应力张拉（量测、旁站）。

混凝土

（1）原材料配合比、安定性（查阅合格证、试验）；

（2）计量（考察商品混凝土厂家）；

（3）坍落度、水灰比（旁站、现场试验）；

（4）施工缝、后浇带（旁站）；

（5）养护（跟踪检查）；

（6）混凝土强度（见证、抽检试验）。

4. 实测实量

目前需要检查的几项：

（1）基槽验线；

（2）钢筋进场验收记录；

（3）材料出场合格证、质量保证书；

（4）水泥检验报告；

（5）外加剂检验报告；

（6）防水材料检验报告；

（7）钢筋复试报告；

（8）钢筋焊接复试报告；

（9）水泥物理力学性能检测报告；

（10）混凝土外加剂复试报告；

（11）焊条试验报告质量保证书；

（12）地基验槽检查；

（13）地基承载力检验报告；

（14）小应变检验报告；

（15）桩偏位检查验收；

（16）混凝土配合比试验通知单；

（17）混凝土抗压强度试验报告；

（18）混凝土试块抗渗试验报告；

（19）混凝土实体钢筋保护层厚度检测报告；

（20）混凝土楼板厚度检查报告；

（21）混凝土标高、轴线检查验收；

（22）监测报告检查。

项目总监理工程师

总监理工程师：李燕

2010 年 4 月 7 日

十一、总监的安全监理交底要点

我的工地，我进行的安全交底要点：

1. 现场安全生产保证体系

（1）专职安全员：5 万以上不少于 3 人，1 万至 5 万 2 人（本工程应配置 3 人）；

（2）安全生产责任制及安全网络系统（明确各级人员的安全职责）；

（3）安全目标和危险源监控责任分解（要有重大危险源的控制方案）；

（4）自查情况报验，然后总监组织人员检查。

2. 专项方案（由项目技术负责人组织编写，总工程师审批）

（1）基坑工程专项施工方案

1）施工区域内地下管线、构筑物等的防护措施；

2）基坑降水方案安全性多周边毗邻区域的影响；

3）土方开挖顺序和方法；

4）基坑周边防护、上下通道和荷载要求；

5）检测方案；

6）基坑支撑的拆除；

7）作业环境安全措施，如夜间施工照明。

（2）模板专项方案

1）模板设计支撑计算的荷载取值；

2）支撑体系设置的构造要求；

3）立柱的地基强度；

4）混凝土输送对模板的稳定影响；

5）模板拆除要求；

6）模板作业的安全防护。

（3）施工临时用电

1）线路走向和配电箱位置；

2）用电量负荷计算；

3）电器平布置图和系统图；

4）变压器导线和电器类型、规格；

5）电气防火和安全用电的技术措施；

6）施工用电负荷是否满足高峰阶段用电需要；

7）采用 TN-S 接零保护系统；

8）采用三级配线、两级保护；

9）一机、一闸、一漏、一箱。

（4）塔吊安装拆除方案报验满足

1）安装、拆除的作业环境及作业制度；

2）安装、拆除的工艺流程和工作要点；

3）升降及锚固作业工艺；

4）安装后的检验和试验；

5）各工序个部位有关的安全措施；

6）装、拆作业安全注意事项。

（5）操作平台

有设计图及计算书（符合标准要求）。

3. 施工阶段安全监理

（1）检查安全交底情况；

（2）针对危险源的具体控制措施；

（3）现场安全检查（符合安全专项方案的要求）；

（4）检查施工单位现场的自检情况并进行巡视检查；

（5）监督检查的形式：现场安全检查、现场安全会、旁站跟踪监督、平行检查；

（6）三宝、四口、五临边检查（合格证、方案）；

（7）安全隐患的处理（暂停施工、报告建设单位，报告上级主管部门）。

4. 监理安全控制

（1）安全生产责任制检查（各级责任制）；

（2）安全生产责任书（安全指标、保证措施）；

（3）各工种安全技术规程；

（4）专职安全员到岗到位及检查情况；

（5）企业对安全生产管理的考核（书面记录）；

（6）分部分项安全技术交底检查（制度、安全设施、规程、注意事项）；

（7）检查是否有书面的形式；

（8）三级安全教育情况检查（有书面的记录、民工学校）；

（9）安全员的持证上岗；

（10）班组的安全交底；

（11）特种作业上岗证书的核查；

（12）施工现场安全标志检查（安全平面布置图，主要施工部位、作业点、危险作业区及通道口等的安全标志）；

（13）机械设备要有随机安全操作规程说明；

（14）现场安全控制检查。

5. 工地安全大检查

每月四次

浒山江以西 1 号 2 号地块项目监理部

总监理工程师：李燕

2010 年 1 月 21 日

十二、幕墙分包单位进场第一次工地例会监理交底

1. 前期有关（幕墙单位）资料

（1）幕墙施工图、结构计算书、设计说明书；

（2）分包单位与总包单位合同；

（3）单位资质及人员资质（电焊工证）；

（4）设备报验；

（5）施工组织设计方案（幕墙），吊篮施工方案；

（6）材料合格证、性能检测报告、进场验收记录和复验报告；

（7）安全文明方案。

2. 相关质量要求

（1）后置埋件抗拔试验，抗拔力大于 15kN；

（2）硅酮结构胶试验（复验）（弯曲强度、粘合强度、密封胶污染性）；

（3）幕墙四性检测；

（4）五金配件不锈钢螺栓及螺钉，连接螺栓防松防滑措施；

（5）硅酮胶采用中性，应有证明无污染的报告；

（6）二类防雷，每间隔 3 层设置避雷均压环并与主体结构可靠连接；

（7）焊缝涂红丹防锈漆 2 遍，银粉面漆一遍；

（8）电焊施工时要有接焊渣装置；

（9）检验批 500～1000m²；

（10）板缝注胶应饱满、密实、连续、均匀、无气泡；

（11）石材的质量要符合设计及规范，接缝应横平竖直、宽窄均匀，阴阳角石板压向正确，板边合缝顺直，凸凹线出样厚度应一致，上下口应平直，石材面板洞口、槽边应套割吻合，边缘应整齐；

（12）允许偏差应符合规范。

3. 其他要求

（1）安全员必须到场，每天检查（项目经理、安全员、质量员、施工员）；

（2）每周检查结果（周例会）；

（3）会议周二下午 1：30，每周以书面形式上报周计划。月计划汇总在总包里；

（4）工程款在每月 25 日前上报，告知总包；

（5）按检验批上报资料及隐蔽验收；

（6）检查程序：自检—质量员—监理；

（7）接受总包单位全面管理。

浒山江以西 1#、2# 地块总监理工程师：李燕

2011 年 3 月 10 日

十三、装饰装修工程监理交底要点

结合现场实际情况对幕墙工程进行的总监交底：

（1）上报公司资质及人员资质、施工组织设计、质量保证体系、组织结构框架；

（2）抹灰工程材料合格证、材料检测报告、进场验收记录和复验报告；

（3）水泥的凝结时间和安定性复验；

（4）抹灰总厚度大于或等于 35mm 时应有加强措施（钢丝网）；

（5）外墙抹灰施工前应先安门窗框，墙上孔洞填实；

（6）卫生间应采用防水砂浆；

（7）按高级抹灰处理；

（8）按检验批验收 500～1000m² 每层一验；

（9）阴阳角先做出，混凝土面必须刷界面剂；

（10）先做好灰饼并分层抹灰；

（11）不同材料交接处及砂浆砌体采用钢丝网加强措施；

（12）高级抹灰允许偏差 3mm；

（13）与总包单位进行交接验；

（14）资料采用统一用表，按规定及时报审；

（15）样板房必须报验并按程序验收；

（16）管道、设备的安装及试验在装饰装修前完成；

（17）门窗材料产品合格证书；

（18）窗的复试报告：抗风压性能、空气渗透性能、雨水渗漏性能；

（19）卫生间地面防渗处理；

（20）需要复试的项目：细木工板、水泥、海砂、室内花岗岩（天然）；

（21）吊顶如用木质，如吊杆、木方及饰面板必须进行防火及防腐处理（刷漆）；

（22）吊顶预埋件、钢筋吊杆和型钢吊杆应进行防腐处理；

（23）安装饰面板前应完成吊顶内管道和设备的调试及验收；

（24）石膏板缝应进行板缝防裂处理，贴纸，并且钢钉进行防锈处理；

（25）项目经理及五大员必须到岗到位；

（26）安全上注重防火及临时用电安全，并上报安全防火方案，文明施工方案；

（27）按程序施工，先水电安装开槽，后挂网粉刷；

（28）排水、雨水管道的灌水（通水）试验，隐蔽或埋地的排水管道在隐蔽前必须做灌水试验；

（29）给水管道通水试验，压力不大于 1.0MPa；

（30）卫生器具满水，通水试验；

（31）给水、消防、采暖管道水压试验及严密性试验，给水试验压力均为工作压力 1.5 倍，不小于 0.6MPa；

（32）排水管道通球试验，室内排水、雨水立管通球试验；

（33）管道系统冲洗；

（34）电气接地电阻测试，防雷接地系统连成回路系统测试，电阻值符合设计；

（35）线路绝缘电阻测试；

（36）风管严密性检验，漏光法检验；

（37）电梯机房、井道、安装交接检；

（38）给排水管材产品质量合格证及检验报告；

（39）给水管道材料卫生检验报告；

（40）卫生洁具环保检验报告；

（41）水表计量检定证书；

（42）安全阀、减压阀调试及定压合格证书；

（43）电线、电缆、导管、电缆桥架和线槽出厂合格证；

（44）智能系统施工组织设计；

（45）做好分户验收的基础工作；

（46）每周例会；

（47）每周文字汇报资料上报，周例会中提交，月计划每月 25 号提交、总计划开工前提交；

浒山江以西 1#、2# 地块 项目监理部

总监理工程师：李燕

2010 年 4 月 11 日

十四、余姚时代广场一标及二标段主体工程总监交底

1. 需要报审的方案

(1) 主体工程专项施工方案(含每周层数,按合同第十层的节点时间,结构封顶时间,监理预验收时间及质量监督站验收时间)。

(2) 悬挑脚手架、落地脚手架、附墙脚手架专项施工方案报审(附计算书。技术负责人组织编制,项目经理或公司质量安全科审核,公司技术负责人审批。报专监审核,总监审批)。

(3) 高大模板专项施工方案(满足高度 8m,跨度大于 18m,集中荷载 20kN/m,面荷载 15kN/m,要进行专家论证)。

(4) 普通模板专项施工方案(含计算书。报验手续齐全)。

(5) 卸料平台专项施工方案(含计算书。报验手续齐全)。

(6) 人货两用电梯专项施工方案。

(7) 井架施工专项方案。(如果有的话)

(8) 冬(雨)期施工措施。

(9) 主体阶段安全文明施工专项方案。

(10) 主体阶段临时用电安全专项施工方案。

(11) 外电防护专项施工方案。

(12) 群塔防撞专项施工方案。

(13) 主体工程应急预案。

(14) 主体阶段防水施工专项技术方案。

(15) 质量问题通病防治专项措施。

(16) 混凝土实体检测专项施工方案。

(17) 月资金计划。

(18) 其他方案随工程的进展及工地的实际情况分别报审。

2. 资料报审

(1) 钢筋、焊条、焊剂、砖块等材料产品合格证、出厂检验报告,力学性能检验报告报审。原材料送检报告报审。

(2) 钢筋采用合同规定的厂家,如有变更需及时打报告经业主批准才可以进场。

(3) 钢筋的接头(套筒、单面焊、双面焊、电渣压力焊等)复试检验报告。施工单位做好统计台账。监理按照 30% 见证取样并且由监理抽样送检。

(4) 混凝土试块报告。施工单位送样 70%,监理见证抽检 30%。施工单位做好统计台账按 28 天及时送样试验。

(5) 钢筋材料进场以群的形式或手机短信的方式通知监理及业主检查验收。监理验收摘牌检查,并且两次报验:第一次进场抽样送检;第二次试验报告回来后上报复试报告。

(6) 商品混凝土采用合同规定的厂家,如有变更需及时地打报告经业主的批准。报验厂家资质并经考察合格,三方签字确认。

(7) 水泥进场时应对其品种、强度等级、包装散装仓号、出厂日期等进行检查,对其

强度、安定性及其他必要的性能指标进行复验，并做好通知监理见证取样工作。防水材料进行送检及提供质保单。

（8）砖砌体进场及时通知监理现场验收，并且抽样送检。水泥砂浆试块要按规范要求取样送检。

（9）按规范要求进行检验批的划分及分项工程的验收报审。资料要及时跟施工的进展情况报审。

（10）标高、轴线、沉降观测等资料需通知现场监理进行复核。

（11）特殊工种人员岗位证书（电焊工、电工、塔吊司机等）要人证对齐。

（12）塔吊、人货两用电梯、井架，拌合机，电焊机，搅拌机设备机具随工程的进展进场及时报审。塔吊及人货两用电梯顶升及时通知质量监督站。并在 QQ 群中及时通知监理及业主。完整资料及时报给监理。

（13）分包单位资质、管理人员资质、特殊工种资质随工程的进展情况进场及时报审。

3. 需要通知监理到场的控制点

（1）材料进场及时通知监理及业主检查。以群发信息形式或手机信息、电话的形式通知。

（2）钢筋验收前的检查。以群发信息形式或手机信息、电话的形式通知（需经安装监理，土建监理工程师签字及业主签字后开浇捣令）。

（3）现场钢筋、混凝土等问题处理。及时跟监理及业主取得联系。专题会议或现场碰头会的形式及时处理。

（4）混凝土蜂窝麻面等质量问题，隐蔽前通知监理，大的问题要有专项处理方案。

（5）按照质量监督站的要求通知质量监督站检查前，需经监理检查验收。

（6）混凝土施工过程中的旁站（提前通知监理，检查配合比、坍落度，质量员到岗，试块制作，浇捣情况，安全情况等），照片以通过网络 QQ 群的形式上传。

（7）模板及其支架的检查验收，涉及高大模板由项目技术负责人组织验收。验收人员包括施工单位和项目两级技术人员、项目安全、质量、施工人员，监理单位总监和专业监理工程师，业主项目负责人及现场业主代表。经施工单位项目技术负责人及项目总监签字后才可以进入下道施工。

（8）脚手架及人货两用电梯或井架安装完及时通知监理进行检查。按检验批进行。

（9）模板拆模报审，要有同条件的养护试块，必要时进行回弹，并履行拆模审批手续。

（10）质量缺陷修复前通知监理到场检查（大的质量问题必须有质量问题处理方案报审）。

（11）现场必须有设计变更单或业主工程部的通知单，施工单位才能够据此施工，并通知监理单位对变更部分进行检查验收。变更部分需留下原始凭证，并需通知监理及业主现场签认。

（12）检验批及分项工程由专监负责验收，分部及子分部验收由总监组织预验收及中间验收。单位工程竣工验收由业主主持。

（13）按要求配备专职的质量员并且按要求检查验收签字完整。数量满足工地要求。并与现场监理员对接。

（14）工期索赔及费用索赔附原始凭证图片等，并经专业监理工程师签字，总监审批后报业主审定。

4. 对施工单位的控制要求

（1）隐蔽验收项目必须提前通知监理并且附检验批等资料（原材料检验合格，钢筋焊接复试合格，套筒连接复试合格，闪光对焊复试合格。资料完整）。

（2）材料到场通知，并且两次报审（材料进场检查，要求拍照、摘牌、量测、抽样复试后专监签字同意使用）。

（3）混凝土浇捣令开出后才允许浇捣混凝土（土建、安装等检查验收等均验收完成）。

（4）项目经理及管理人员必须按合同到岗，并且人证对齐。

（5）施工单位质量员必须按要求进行自检合格才能够通知监理验收。质量监督站来检查，现场验收完成才能够通知质量监督站。

（6）拆模回弹或者有同条件养护试块试压合格并且报审监理工程师才允许拆模。

（7）配合比等资料必须随第一车混凝土报监理，完工后三方交接单及时报监理签字。浇筑中做好试块，坍落度的制作工作。

（8）混凝土浇筑后要求施工单位由专人进行养护。并按方案进行养护。

（9）模板支撑按专项施工方案施工，混凝土浇筑中要有钢筋人员及模板施工人员看护。

（10）按照周计划，月计划及总进度计划组织施工，拖后的项目应有赶工措施。项目经理、总施工、项目技术负责人及时参加监理及业主主持的专题会议。

（11）联系单及变更单做好原始数据如图片等资料的附件，经专业监理工程师审核，总监审批。

（12）索赔项目及工程款按合同要求时间报审，并在现场合格工程的基础上报审，专业监理工程师及现场监理员审核计量，总监审批。

（13）对拒不整改的问题，总监按监理规范要求停工及按合同要求罚款必要时上报质量监督站。

（14）需协调的问题在周监理例会中或以 QQ 群的形式及时提出，并以文字或照片表述，作为备查依据。会议上解决不了的，施工单位上报调联系单报监理，由业主或监理主持专题会议研究确定。

（15）例会汇报文件采用 PPT 形式或 Word 文档形式附照片进行汇报。要求有进度、质量、安全文明施工情况，整改照片及设备、劳动力配备及变化情况，材料进场情况汇报。要求施工单位对监理提出的问题照片进行例会上回复整改好后的图片。

（16）施工单位每天上午九点之前上报完成混凝土工程量日报表，以 QQ 群信息发布的形式上报。每周例会上交本周计划。在例会中的汇报，应采用 PPT 及文字汇报结合的办法。

（17）每周由业主或专业监理或总监组织一次安全文明施工及质量检查周检。每月由总监或业主项目负责人组织一次安全文明施工大检查。形成检查记录下发施工单位进行回复整改。具体时间见 QQ 群内通知。

（18）按照标准化工地标准进行组织施工和检查。

5. 钢筋工程控制要求

（1）程序：班组长自查—施工方质量员自检—监理工程师检查验收—质量监督站抽检。

（2）检查的依据：本工程图纸、11G101平法图集、施工质量验收规范、施工组织设计、专项施工方案、相关的技术规程、设计变更单。

（3）检查内容：钢筋检验批及分项工程原材料、钢筋加工、钢筋连接、钢筋安装。

（4）允许偏差：质量验收规范及本工程合同要求。

（5）检测复试报告未来之前，材料不许用于工地中。

6. 模板工程控制要求

（1）检查程序：施工方自检—监理、业主检查。

（2）检查依据：模板专项方案、国家技术规程要求、本工程图纸、施工质量验收规范、设计变更单。

（3）检查内容：一般规定、模板安装、模板拆除，不允许有漏浆等发生。

（4）承重支模架必须按方案进行检查验收。

7. 混凝土工程控制要求

（1）检查程序：班组检查—施工方自检—监理方检查—业主检查。

（2）检查依据：国家质量验收规范，合同要求，设计变更单。

（3）检查内容：一般规定，原材料、配合比设计单，混凝土施工，现浇结构外观、尺寸偏差。

（4）分部工程由总监理工程师或总监代表组织预验收—施工单位整改—业主或总监组织主体分部工程或阶段性验收。

（5）修补必须通过监理检查才可以修补。

8. 安全文明注意的几点

（1）按照已经审批的安全文明施工专项方案实施，及时回复周检、月度检查、平时的监理巡查单、监理通知单安全文明施工及质量问题。

（2）扣件以及钢管要经过检测合格，附检测合格报告单。不合格要有措施报审。

（3）分项工程开工前必须有安全技术交底，承重支模架必须按照方案执行。做好浙江省的安全统计台账。

（4）模板安装高度超过2m，必须搭设脚手架或平台。

（5）顶升塔吊及人货两用电梯需要安全员专门负责，并做好现场的防护工作。并及时报质量监督站。

（6）现场所有人员必须佩戴安全帽，高处作业要带安全带。并在门卫放置一些安全帽，供其他有关人员进场使用。

（7）临时用电要做好工作接地、保护接地、重复接地、防雷接地。配电箱电工要定期检查，箱附件检查记录。

（8）现场做好完工场清工作。

（9）对监理的指令拒不整改的，按合同要求进行罚款或停工处理。

（10）要求每个标段施工单位安全员按要求各配3人，每天进行巡视检查并按照建筑安全检查标准进行检查验收，并做好安全台账。

9. 应注意的几点

（1）周例会定在每周五上午 9 时，地点见群内通知。

（2）月会定在业主会议室，每月最后一个周五上午 9 时，施工单位及监理做好 PPT 总结工作。

（3）问题及时在 QQ 群及周例会中提出。

（4）工期及费用索赔及时提供原始凭证，掌握时限性。

（5）按时限要求回复监理巡查单及监理通知单。

（6）按要求做好资料及验收前的统计工作。做竣工验收的归档统计工作。

众安时代广场项目监理部

总监理工程师：李燕

2012 年 12 月 1 日

十五、总监审批开工报告

业主的有关资料：

（1）建设工程规划许可证及建筑平面布置图、场地及周边管线平面布置图；

（2）建设工程环保审核意见书；

（3）建设工程防疫审核意见书；

（4）建设工程安全审核意见书（涉外）；

（5）建设工程资金到位审查意见书；

（6）建筑工程安全监督登记表；

（7）建设工程施工现场周边环境安全评估表；

（8）建设工程质量监督登记表；

（9）人防工程专业质量监督登记表；

（10）节能工程质量登记表；

（11）工程项目审计证明（政府投资工程）；

（12）建设工程施工许可证；

（13）施工组织设计和专项施工方案；

（14）安全保障措施；

（15）施工图交底纪要。

监理对施工单位的开工审查：

多家施工单位施工可分阶段进行审查，打桩、主体、装修、安装等进场分别进行审查开工条件。

具体审查内容：

（1）开工报告；

（2）施工许可证；

（3）施工组织设计；

（4）现场管理人员、专职管理人员、特种作业人员资格证书、上岗证书。齐全有效，并且人证对齐；

（5）施工测量放线；

（6）施工现场质量管理制度及组织机构落实；

（7）进场道路、水、电、通信已经完成，场地已经平整。

由专监审核，总监审批。符合要求时，签署同意开工，不符合提出整改意见。注明日期，返施工一份，业主一份，监理项目部留存一份。

十六、总监审批质量管理文件

开工前，总监应该组织专业监理工程师，对施工单位的现场质量管理进行检查。符合要求，由总监签署施工现场质量管理检查记录。

检查内容：

（1）现场质量管理检查制度：审查现场质量管理制度的种类及其内容是否齐全、有针对性、时效性，是否具备管理体系运行自行检查机制，各级专职质量检查人员的配备情况；

（2）质量责任制：审查其是否具备基本的质量管理制度，并能够落实到位情况，主要有岗位责任制、质量例会、检查制度、奖罚制度；

（3）主要专业工种操作证书：审查主要专业工种上岗证书是否齐全并符合要求。起重工、电工、塔吊司机等；

（4）分包方资质与分包单位管理制度：审查分包单位资质是否符合工程规模要求，总包对分包单位的管理制度是否健全，分包合同，安全管理协议。主要有定期检查制度，分包单位的报验制度，质量责任分工及奖罚制度；

（5）施工图审查情况：审图机构的设计审查报告，审批机构的审查批准书应完整。规模大、复杂的工程分段审查，图纸要有审图章，并具有审批意见书；

（6）地质勘查资料：地质勘查报告的内容、批准程序及其结论是否达到委托的要求满足设计依据，是否提出了施工应注意的有关事项及施工环境评价；

（7）施工组织设计、施工方案及审批：检查施工组织设计编写的质量措施可操作，对工程的针对性，以及有关方案是否按规定的程序进行审批；

（8）施工技术标准：施工技术标准分两部分，一部分是相应的有关国家工程质量验收规范及标准，一部分是操作规程、企业标准等操作依据，审查其是否基本具备；

（9）工程质量检验制度包括三个方面：一是材料、设备进场及使用前的抽样检验制度，二是施工过程的试验、调试检测制度，三是竣工工程有关功能、安全的抽查检测制度，并且每个工程必须有专门的制度。审查其是否具有这些制度；

（10）搅拌站及计量设置：现场拌制的混凝土，要审查现场搅拌设备（含计量设备），对预拌混凝土应审查生产厂家资质和生产能力，搅拌站资质是否符合要求，各种计量设备是否准确可靠；

（11）现场材料、设备存放与管理：主要审核一些可以变质材料的管理制度及存放设施及管理人员的配置情况。

很多施工单位不报验这个检查表，或是流于形式，我觉得这个很重要，也是预控的一种手段，资料手续齐全，也能够看出施工单位的管理能力。这项审查，监理项目管理部应该认真对待，总监应该督促专业监理工程师对质量管理资料进行审查。提出意见。总监应该具备这方面的知识，对工程达到事半功倍的作用。

十七、要求业主交予监理的资料

开工之初，做为总监，应该以书面形式，要求业主提供有关资料给监理，以使监理有依据性。各个工程具体情况不同，可以根据不同的工程具体要求而定，但常规资料，业主应该提供给项目监理部：

(1) 建设用地规划许可证；

(2) 工程实测地形图；

(3) 地下管线工程测绘图；

(4) 地下管线调查成果表；

(5) 工程地质勘查报告；

(6) 建设工程场地内道路测量资料；

(7) 施工图设计文件；

(8) 公安消防审核意见；

(9) 工程人防审核意见；

(10) 建筑工程市政审核意见；

(11) 建筑工程园林审核意见；

(12) 施工图设计文件审核意见；

(13) 建设工程招标文件（勘查、设计、施工、监理）；

(14) 建设工程中标通知书；

(15) 建设工程设计承包合同（如为设计监理）；

(16) 建设工程勘察合同（如为勘查监理）；

(17) 建设工程施工合同（施工阶段监理）；

(18) 建设工程委托监理合同；

(19) 建设工程施工承包补充合同。

十八、项目监理机构组建

开工之初，工程项目经过招投标已经确定了总监理工程师、专业监理工程师、监理员，在开工前，总监理工程师应该做好如下工作：

(1) 项目监理组建报告报建设单位项目部留存一份；

(2) 总监理工程师授权书报建设项目部留存一份（由公司法定代表人书面授权）；

(3) 专业监理工程师授权书报建设单位项目部留存一份（由总监授权）；

(4) 监理员授权书报建设单位项目部留存一份（由总监授权）；

(5) 总监理工程师更换通知书；

(6) 专业监理工程师更换通知书报建设单位工地留存一份；

(7) 总监理工程师、专业监理工程师、监理员的执业资格证书复印件报建设单位项目部留存一份；

(8) 总监代表由总监授权，根据工程实际情况设定。

十九、编写监理规划及监理细则

1. 监理规划由总监理工程师主持编制，专业监理工程师参加编制。经监理单位技术负责人批准，用来指导项目监理机构全面开展工作的指导性文件。

在签订委托监理合同及收到设计文件后开始编制，在召开第一工地会议前报送建设单位。

监理规划编制的依据：

(1) 建设工程的相关法律、法规及项目审批文件；

(2) 与建设工程项目有关的标准、设计文件、技术资料；

(3) 监理大纲、委托监理合同文件以及与建设工程项目相关的合同文件。

监理规划编制的主要内容：

1) 工程项目概况；

2) 监理工作范围；

3) 监理工作内容；

4) 监理工作目标；

5) 监理工作依据；

6) 项目监理机构的组织形式；

7) 项目监理机构的人员配备计划；

8) 项目监理机构的人员岗位职责；

9) 监理工作程序；

10) 监理工作方法及措施；

11) 监理工作制度；

12) 监理设施。

监理规划可以按照实施的阶段来分阶段编写，根据工程实际情况进行调整。它与施工单位的施工组织设计同等重要。

2. 监理细则由专业监理工程师负责，要求具有实施性和开操作性，由总监理工程师批准，起到具体指导监理业务的作用。中型及以上的或专业性较强的工程项目应编制监理细则。

监理细则编制依据：

(1) 已批准的监理规划；

(2) 与专业工程相关的标准、设计文件和技术资料；

(3) 施工组织设计。

3. 一般工程应该编制的监理细则

(1) 旁站监理细则；

(2) 桩基监理细则；

(3) 深基坑监理细则；

(4) 主体工程监理细则；

(5) 水电安装工程监理细则；

(6) 防水工程监理细则；

(7) 幕墙工程监理细则；

(8) 精装修监理细则；

(9) 节能监理细。

监理细则可以根据工程规模及难易程度细化，根据实际需要编制，可以划分的更加详细，但以上最基本的我觉得是必须要有的。

监理规划也细则这类资料网上很多，有些可以当做模板来用，根据自己工地的实际情况有针对性的添加删减，且不可照搬照抄，而失去了针对性。

二十、总监如何组织好工地例会

根据自己多年的总监实际工作经验，对总监主持工地例会做以总结。如果没有条件的工地，可以采用纯文字汇报的形式。

(1) 总监事先要掌握一周的基本情况，可以采取平时记录的形式，每一天记一点，会前汇总。包括工地问题，要求整改及给施工单位的建议，提出下一阶段预控点。

(2) 会前清点到会人员，要求施工单位，业主单位议定的人员必须参加会议，根据工程的管理情况召开扩大会议，班组长以及一些老板参加的会议。并提前做好签到人员名单。

(3) 要求专业监理工程师会前准备会议汇报资料，问题及其整改情况，可以采用文字及 PPT 图片的形式，上周问题与整改后照片 对比，上周进度与本周进度照片对比。材料验收情况图片演示等等。以图片的形式直观，而且可以直接给施工单位及业主单位一个监理工作成绩的体现。

(4) 要求施工单位准备汇报资料

采用文字及现场照片用 PPT 图片演示的形式，一周内进度对比照片，质量上周问题整改照片，监理通知单整改回复照片，现在形象面貌，施工技术交底照片，安全教育照片，材料进场情况照片，安全文明施工照片等等，均应以图片形式演示，为以后的工程留下了资料，同时也体现了施工单位的管理水平，对监理工作也可以起到事半功倍的作用。分析问题原因，下周整改时间及其回复。

(5) 要求施工单位现场负责人提出工地需要协调的问题，以及对监理提出的问题答复，并且有些可以在会上监理或业主能够及时答复的及时答复。写在会议纪要中。

(6) 要求专业监理工程师检查上周会议问题落实情况，在会上汇报工地目前存在的质量问题，进度情况，安全问题等，以文字及 PPT 的形式演示问题，直观有效。可以有上周的问题照片，整改后对比照片，进度情况照片，现场值得表扬的质量优良照片，细部，大样，整体照片，及文明安全施工照片。均应提出问题照片，整改后的照片。

(7) 总监通过施工及专业监理工程师的汇报，根据一周的检查结果强调重点落实整改工地的问题，对进度、质量、安全、文明施工、工程款等问题的原因进行剖析，提出总监意见要求，对下一步工作进行预控要求。协调施工单位提出的意见要求。全面客观的评价施工单位及业主单位的各种问题。

（8）要求业主提出工程中存在的问题，并提出意见要求。解决施工单位现场提出有关业主应该完成的工作任务。

（9）留一部分时间给到会的有关人员补充的时间。

（10）总监总体评价本次例会解决的问题，及要求整改的有关问题，对会议稍做以总结。有些问题要达成一致的意见。

（11）会议纪要由项目监理机构资料员如实记录并负责起草，总监审核后经业主代表、施工单位项目经理会签盖章各自留存一份完整的会议纪要。

二十一、下发监理工程师通知单及监理工作联系单

1. 总监理工程师对工地存在问题下发的监理通知单：

（1）审查分包单位的资质符合要求；

（2）审定施工单位提交的开工报告、施工组织设计、技术方案、进度计划；

（3）审核签署施工单位的申请、支付证书和竣工结算；

（4）审查和处理工程变更；

（5）主持或参与工程质量事故的调查；

（6）调节建设单位与施工单位的合同争议，处理索赔、审批工程延期；

（7）审核分部工程和单位工程质量检验评定资料，审核施工单位的竣工申请，组织监理人员对待验收的工程项目进行质量检查，参与工程项目的竣工验收。

2. 专业监理工程师在履行职责中发现被监理单位存在的问题下发监理通知单：

（1）审核施工单位提交的涉及本专业的计划、方案、申请、变更；

（2）本专业分项工程验收及隐蔽验收；

（3）检查进场材料、设备、构配件的原始凭证、检测报告等质量证明文件及其质量情况，根据实际情况认为有必要时对进场材料、设备、构配件进行平行检验；

（4）本专业的工程计量工作，审核工程计量的数据和原始凭证。

3. 监理员在履行职责中发现被监理单位的问题：

（1）检查施工单位投入项目的人力、材料、主要设备及其使用、运行情况；

（2）符合或从施工现场直接获取工程计量的有关数据并签署原始凭证；

（3）按设计图有关标准，对施工单位的工艺过程或施工工序进行检查和记录，对加工制作及工序质量检查结果进行记录；

（4）旁站监理发现的问题。

4. 监理工程师通知单的签发

（1）一般由专业监理工程师签发，签发前必须经总监理工程同意，重大问题应由总监理工程师签发；

（2）要注意监理通知单的权威性和严肃性，要求施工单位必须整改回复，并经过监理工程师复查验收。

5. 一般工程的洽商、协调联络有关问题时，使用监理联系单：

（1）有关方面的意见、决定、通知、要求、等传递，可以要求回复，也可以要求不回复；

（2）相关单位均可以使用，且应有单位负责人签字。建设单位为施工合同中规定的工程师，施工单位为项目经理，监理单位为项目总经理工程师，设计单位为本工程设计负责人，不能够任何人随便签发。

二十二、监理巡查单及周检通知单

这个为我项目部实施的检查记录单，实践证明运用后的效果很好。在工地，可以根据实际情况自己设定一些控制表格，关键是能够控制住，并且能够起到作用。

1. 监理工程师巡查单

（1）一个问题一张图片，写明问题、后果、整改要求；

（2）要求施工单位回复时要配图片，部位，整改后的结果；

（3）施工单位回复的图片有总施工员签字，经专业监理工程师签字确认。

2. 周检查通知单

（1）由总监签发；

（2）总监对工地巡查中发现的问题提出整改意见；

（3）每周一个周检巡查通知单，下发施工单位；

（4）经项目经理签署意见整改后的回复意见；

（5）应侧重涉及工地的质量和安全问题；

（6）可以配图片的形式下发。

二十三、质量评估报告的内容

1. 质量评估报告包括（我认为应该单独编制的质量评估报告）

（1）桩基质量评估报告；

（2）基础质量评估报告；

（3）主体质量评估报告；

（4）普通装修工程质量评估报告；

（5）精装修工程质量评估报告；

（6）幕墙工程质量评估报告；

（7）屋面工程质量评估报告。

2. 质量评估报告的内容（我认为应该包括的内容）

（1）工程概况；

（2）施工单位基本情况；

（3）主要采取的施工方法；

（4）质量评估依据；

（5）资料审核情况；

（6）平时监理材料抽检的情况（用数据表示）；

（7）检验批及分项验收情况（用数据表示）；

（8）观感情况；

（9）安全情况；

（10）施工中发生过的质量事故和主要质量问题、原因分析和处理结果以及对工程质量的综合评估意见。

二十四、监理资料员应知应会的内容

1. 资料员要做到：

（1）分类有序齐全便于查找；

（2）统计台账分别列出齐全及时；

（3）会议纪要及时整理分发归档；

（4）及时准确的分发各方资料；

（5）归档正确，并在各阶段监理工作结束后及时整理归档。

2. 监理资料的管理：

（1）施工合同、勘查设计文件均是监理工作的依据，由建设单位提供，在整个监理过程中，资料员应做为监理资料保管，及时提供给总监；

（2）在整个监理过程中，应随着工程的进展，讲监理日常管理资料、质量、造价、进度控制等于工程有关的隐蔽工程检查验收资料、工程项目质量验收资料、材料设备的试验检测资料，随时提交给建设单位。并建立收发文记录；

（3）工程结束项目监理机构向建设单位提供监理总结、工程质量评估报告和工程监理档案移交目录；

（4）在工程开工前，项目总监应与建设单位、承包单位商定按照有关规定对工程项目的有关资料的分类、格式、份数达成一致意见，并在工程实施中遵照执行。监理资料员依据此整理归档资料；

（5）监理资料的组卷及归档。

3. 工程监理档案

（1）监理单位自行保管的建立档案，来说明监理的工作过程，工作业绩，以佐证监理工作的成效。

（2）提交建设单位的工程监理档案资料，这是展示监理工作的成效，工程质量及其有关项目的情况，及规范性，程序性及成效性的重要见证。

（3）监理资料由总监理工程师负责，指定专业监理人员（资料员）负责具体管理。

4. 监理资料整理目录

日常管理资料：

（1）项目监理机构组建报告；

（2）总监理工程师授权书；

（3）专业监理工程师授权书；

（4）总监理工程师更换通知；

（5）监理规划；

（6）监理细则；

（7）监理月报；

(8) 监理工程师通知单；

(9) 工程监理档案；

(10) 工程监理档案移交目录；

(11) 监理工作联系单；

(12) 会议纪要；

(13) 工程变更单；

(14) 工程竣工移交证书；

(15) 监理工作总结报告。

监理工程质量控制资料目录：

(1) 工程暂停令；

(2) 监理抽查记录表；

(3) 不合格项目处置记录表；

(4) 监理日记；

(5) 旁站监理记录；

(6) 平行检验监理记录；

(7) 沉管灌注桩施工旁站监理记录；

(8) 锤击静压桩施工旁站监理记录；

(9) 钻孔灌注桩成孔旁站监理记录；

(10) 钻孔灌注桩混凝土浇筑旁站监理记录；

(11) 混凝土强度回弹平行检验监理记录；

(12) 钢管承重支模系统平行检验监理记录；

(13) 工程材料/构配件/设备报审台账；

(14) 施工试验报审台账；

(15) 工程验收汇总台账；

(16) 工程质量评估报告；

(17) 施工组织设计（方案）报审表；

(18) 分包单位资格报审表（有分包单位时）；

(19) 工程材料/构配件/设备供应/单位资格报审表（大型工程）；

(20) 试验单位资格报审表（见证及竣工抽检单位）；

(21) 工程材料/构配件/设备报审表；

(22) 主要施工机械设备报审表；

(23) 施工测量放线报验表；

(24) 检验批、分项、子分部（分部）工程质量报验表；

(25) 建筑施工安全检查报验表；

(26) 工程质量/安全问题（事故）报告（有事故时）；

(27) 工程质量/安全问题（事故）技术处理报审表（有事故时）；

(28) 监理工程师通知回复单；

(29) 工程竣工报验表；

(30) 报验申请表（通用）。

监理工程进度造价控制资料目录：

(1) 工程款支付证书；

(2) 费用索赔审批表；

(3) 工程临时延期审批表；

(4) 工程最终延期审批表；

(5) 工程开工报审表；

(6) 工程临时/最终延期申请表；

(7) 工程复工报审表；

(8) 施工进度计划报审表；

(9) 工程变更、洽商费用报审表；

(10) 费用索赔申请表；

(11) 工程款支付审批表。

二十五、竣工验收监理的工作

1. 竣工预验收

(1) 施工单位本企业自查、自评完成，填写工程竣工验收报告，将全部竣工验收资料报送项目监理机构，并打上竣工验收申请报告；

(2) 总监理工程师组织各专业监理工程师依据有关法律、法规、工程建设强制性标准、设计文件及施工合同对竣工资料进行审查，不足的问题，督促施工单位及时完善；

(3) 总监理工程师组织各专业监理工程师对本专业的质量情况进行全面的检查，对发现的问题影响工程竣工验收的问题，签发《监理工程师通知单》要求施工单位整改；

(4) 对需要功能检测和试验的工程项目，项目监理机构应督促施工单位及时进行检测和试验，并对重要项目进行现场旁站检查，必要时要请设计单位和建设单位参加，监理工程师审查试验报告；

(5) 监理工程师应督促施工单位搞好现场清理和成品保护；

(6) 经项目监理对竣工工程资料及现场检查全面验收合格后，向建设单位提出质量评估报告，由总监签署《工程竣工报验单》。

2. 预验收前监理核查的资料

(1) 单位（子单位）工程质量控制资料；

(2) 单位（子单位）工程安全和功能检验资料及主要功能抽查记录；

(3) 单位（子单位）工程观感质量检查记录。

3. 竣工验收

(1) 总监理工程师参加由建设单位组织的设计单位、施工单位（必要时请有关专家及部门）共同对工程进行检查，并签署验收意见；

(2) 对四方验收时提出的必须进行整改的质量问题，项目监理机构应出具整改通知单，限期整改，总监理工程师应在施工单位整改完成后参加复验，直到达到质量标准和合同的要求；

(3) 在一些未完成收尾工程和有轻微缺陷的工程，在不影响交付使用的前提下，经四方协商，施工单位应在竣工验收后的限定时间内完成；

（4）验收结果符合规定要求后，由四方在《工程验收记录》上签认；

（5）正式验收完成后，由建设单位和项目总监理工程师共同签署《竣工移交证书》，并由建设单位和监理单位盖章后，送交施工单位一份，工程项目进行保修期。

4. 竣工验收前监理要核查验证资料

二十六、监理工作总结的内容

（1）监理工作总结包括：

1）专题总结；

2）阶段性总结；

3）工作结束后的总结。

（2）监理工作总结报告的主要内容

1）工程概况；

2）监理组长机构、监理人员和投入的监理设施；

3）监理合同履行情况；

4）监理工作成效；

5）施工过程中出现的问题及其处理情况和建议；

6）工程照片；

7）监理大纲及监理规程、细则的实施情况；

8）质量情况；

9）主要监理措施执行的有效性；

10）成功做法和经验及不足之处和教训。

（3）施工结束监理机构向建设单位提交监理工作总结

（4）由总监理工程师主持编制

总结重在平时的资料积累，统计台账如果做得好，总结的数据就会齐全、真实有效。

二十七、施工单位施工中报审的资料

（1）施工组织设计报审表；

（2）施工方案报审表；

（3）技术措施报审表；

（4）分包单位报审表；

（5）试验单位报审表；

（6）材料、构配件、设备供应单位资质报审表；

（7）材料、构配件、设备、施工机械、施工测量放线、隐蔽工程验收报审表；

（8）检验批、分项、子分部（分部）工程质量报验表；

（9）施工安全检查报验表及其他报验表；

（10）有关质量安全问题（事故）报告以及事故处理方案报审表；

（11）工程竣工报验表。

二十八、总监理工程师下发工程暂停令

1. 工程暂停令由总监理工程师下发，以下原因可以下发工程暂停令：

（1）建设单位要求暂时停止施工，且工程需要暂时停止施工；

（2）为了保证工作质量而需要进行停工处理；

（3）施工中出现了质量或者安全隐患，总监理工程师认为有必要停止以消除隐患；

（4）发生了必须暂时停止施工的紧急事件；

（5）施工单位未经许可擅自施工或拒绝项目监理部的管理。

2. 暂停令的操作程序

（1）总监在签发《工程暂停令》前应与建设单位协商，易取得一致的意见；

（2）工程暂停期间，要求施工单位保护该部分或全部工程免受损失或损害；

（3）工程暂停是建设单位的或非施工单位的原因引起的，总监在签发工程暂停令之前，应就有关工期或其费用等事宜与施工单位进行协商，项目监理机构如实记录所发生的实际情况。在暂停原因消失，具备复工条件时，应要求施工单位及时填写《工程复工报审表》并予以签批，指令施工单位继续施工；

（4）由于施工单位引起的工程暂停，施工单位具备复工条件时，应填写《工程复工报审表》并附附件资料报送监理机构。

附件资料：

1）施工单位对工程暂停原因分析；

2）工程暂停原因已经消除的证据；

3）避免再出现类似问题的预防措施。

（5）施工单位在总监理工程师批复复工后，方可继续施工；

（6）总监理工程师在签发工程暂停令签发工程复工报审表之前的时间内，宜会同有关各方按照施工合同的约定，组织处理好因工程暂停引起的与工期、费用等有关的问题；

（7）总监理工程师应当在48h内答复施工单位的书面形式提出的复工要求，未能在规定时间内提出处理意见，或收到施工复工要求后48h内未给答复，施工单位可以自行复工。

二十九、监理质量工作控制点

（1）监理主要质量控制资料：

1）旁站监理记录；

2）平行检查监理记录；

3）监理日记；

4）材料设备验收汇总台账；

5）隐蔽工程验收；

6）施工试验报审台账；

7）工程质量评估报告。

（2）要求施工单位报审施工组织设计，对重点部位、关键工序或技术复杂的分部、分项工程，应要求施工单位编制详细的施工方案或措施，并报监理单位审核批准。

（3）分部、分项工程施工放样完毕，施工单位应进行自检，合格后填写施工测量放线报验申请表，并附上放线的依据材料成果、工程定位测量记录、基槽验线记录、楼层平面放线记录、楼层标高抄测记录报送项目监理审查，将质量问题控制在发生之前。专业监理工程师应实地查验放线精度是否符合规范及标准要求，查验合格签认有关资料。

（4）审核试验室、供应单位，分包单位资质，施工单位将试验单位的营业执照、企业资质等级证书、经营范围、委托试验内容等有关资料报送项目监理机构，专业监理工程师审核后予以签认。

（5）查验进场材料、构配件及设备

施工单位对进场工程材料、构配件和设备（包括建设单位采购的工程材料、构配件、设备）附厂家质量证明、进场验收表等有关资料报送项目监理机构审核签认。

（6）监理人员应经常地、有目的地对施工单位的施工过程进行巡视检查。对发现的质量问题，应跟踪施工单位的纠正过程、验证纠正结果，以消除质量隐患。

（7）对隐蔽工程的隐蔽过程、工序施工完成后难以检查的关键环节或重点部位、工序施工完成后存在质量问题难以返工或返工影响大的关键环节或重点部位，专业监理工程师应安排监理员进行旁站，以及时了解、记录施工作业的状况和结果，及时纠正出现的质量问题。

（8）隐蔽工程检查验收

施工单位完成隐蔽工程作业并自检合格后，填写《报验申请表》报送项目监理机构认可。专业监理工程师应对隐蔽工程报验申请表的全部资料进行检查，并组织施工单位有关人员到现场进行检测、核查，符合要求后签认，否则不准进行下道工序施工。

三十、记 好 监 理 日 记

1. 填写的主要内容

（1）监理人员动态：监理人员工作情况，监理人员出勤情况。

（2）施工情况及其存在问题。施工部位及其主要工作内容，施工存在的问题。

（3）监理工作内容及问题处理情况：巡视检查的部位及其内容，平行检验监理的工作内容，旁站监理部位及主要工作内容，见证取样和送检情况，监理过程中发现的问题处理情况。

（4）安全文明施工情况及其问题处理情况，相关单位提出的问题及其处理情况，上级及其公司对项目监理机构的检查情况。

2. 填写的基本要求

（1）专业监理工程师监理日记，根据本专业监理工作的实际情况，应从专业的角度做好监理日记，记录的内容是当日主要的施工和监理情况。

（2）监理日记可以对单位工程、分部工程、分项工程的具体部位施工情况进行记录，记录内容是当日的检查情况和发现的问题，具体明确说明当天工作内容，检查和发生的好、坏情况，当天的事当天办，不能后补追记。

（3）土建监理日记，根据工程规模的大小，根据几个单位工程划分为几本监理日记。安装监理日记，根据专业监理工程师管理的几个单位工程划分为几本监理日记。

（4）准确记录时间和气象。

（5）及时记录会议，纠纷等情况。

（6）问题提出要闭合，监理过程如何控制的。

（7）记录施工情况。质量进度情况，工地材料设备进场情况。

（8）当天协调的问题情况。

（9）做好现场巡查，真实准确，全面地记录工地相关问题。

（10）做好安全检查记录。

（11）停工情况、原因、时间、地点。

（12）业主和主管部门的检查情况。

（13）书写工整，规范用语，用词严谨。

（14）监理日记总监要及时审查。

三十一、写好旁站监理记录

旁站监理记录填写要求

（1）施工情况：记录旁站部位（工序）的施工作业内容，主要施工机械、材料、人员和完成的工程数量，进度，安全等情况。

（2）监理情况：记录旁站人员对施工作业情况的监督检查，主要内容：

1）施工现场质量检查人员到岗情况、特殊工序持证上岗以及施工机械、建筑材料准备情况。

2）在跟现场跟班监理关键部位、关键工序执行施工方案以及工程建设强制性标准情况。

3）核查进场建筑材料、建筑构配件、设备和预拌混凝土进场质量检验报告，配合比等。

（3）旁站监理过程中发现的问题可口头通知施工单位改正，然后应由专业监理工程师及时签发《监理工程师通知单》。

（4）旁站监理人员记录签名负责，施工单位现在质量人员会签，当有处理意见时，必须由总监理工程师或专业监理工程师签字。

（5）凡旁站监理人员及事故单位现场质检人员未在旁站监理记录上签字的，不得进入下一道工序施工。

（6）旁站监理的起止时间填写要具体到分钟，施工环境温度晴雨雪要清楚记录。

三十二、实 例 监 理 月 报

1. 监理月报的内容

（1）本月工程概况。

（2）本月工程形象进度

1）本月实际完成情况与计划进度比较；

2）对进度完成情况及采取措施效果的分析。

（3）工程质量：

1）本月工程质量情况分析；

2）本月采取的工程质量措施及效果。

（4）工程计量与工程款支付：

1）工程量审核情况；

2）工程款审批情况及月支付情况；

3）工程款支付情况分析；

4）本月采取的措施及效果。

（5）合同其他事项的处理情况：

1）工程变更；

2）工程延期；

3）费用索赔。

（6）本月监理工作小结：

1）对本月进度、质量、工程款支付等方面情况的综合评价；

2）本月监理工作情况；

3）有关本工程的意见和建议。

（7）下月监理工作计划：

1）监理工作的主要内容；

2）监理工作的重点。

2. 监理月报的编制

（1）由总监组织编制；

（2）报送建设单位和本监理单位，必要时可抄送施工单位、当地工程质量监督机构；

（3）编制周期为上月 26 日到本月 25 日，在下月的 5 日前发送到有关单位；

（4）按标准表格填写（根据实际情况增减）；

（5）监理月报应真实反映工程建设现状和监理工作情况，做到情况明确，数据准确，重点突出、语言简练；

（6）工程名称、建设单位、设计单位、施工单位应与相应合同中的单位名称一致；

（7）监理月报由总监理工程师批准签字，盖项目监理机构公章，注明日期。

我工地的一个监理月报供参考：

报告日期　　2010 年 5 月 25 日

甬统表 B01-5-1

工程名称	浒山江以西 2 号地块	建设单位	××房地产开发有限公司
设计单位	浙江××建筑设计有限公司	施工单位	浙江××建设工程有限公司
本月工程概况	\multicolumn{3}{l}{1. 至 5 月 1 日已全部完成钻孔灌注桩 1675 根，其中塔吊桩 20 根。完成量占桩基总量的 100%。}

工程名称	浒山江以西 2 号地块	建设单位	××房地产开发有限公司
设计单位	浙江××建筑设计有限公司	施工单位	浙江××建设工程有限公司
本月工程概况	1. 至 5 月 1 日已全部完成钻孔灌注桩 1675 根，其中塔吊桩 20 根。完成量占桩基总量的 100%。 2. 机械进退场情况：至 5 月 2 日，桩机 8 台已全部退场，支护桩桩机 2 台于 4 月 29 日退场；现场塔吊共 5 台；其中本月 6 日安装 1～3 号楼塔吊 2 台，目前备案中，其余 3 台已完成备案工作。现场共计凿桩空压气泵 8 台、钢筋切割机 4 台、钢筋切断机 3 台、钢筋弯曲机 2 台、钢筋打丝机 3 台、350 型搅拌机 4 台，电焊机 6 台。 3. 人员情况：项目经理到岗 1 人、安全员 2 人、质量员 2 人，泥工 90 人，钢筋工 120 人，木工 160 人，施工现场总负责 1 人，围护喷锚工 14 人，电焊工 19 人。 4. 本月雨 2.5 天，晴 15 天，阴 12.5 天

本月工程 形象进度 完成情况	1. 至 5 月 1 日已全部完成钻孔灌注桩；4 月 27 日支护桩全部完成，总工程量为 156 根。5 月 2 日现场桩机全部退场。 2. 北区块地下室底板混凝土浇捣完成 1～6 号区块，至 25 日 1 号区块顶板钢筋模板工作完成，2 号区块模板完成，钢筋绑扎中，3、4、5、6 号区块承重支模架搭设完成，模板铺设中，南区块砌筑砖胎膜，南北区块静荷载静压试验完成；南区块还余 3 根抗拔桩试验未做，原因：土方未开挖。 3. 南区块 1 号楼土方开挖完成，15 日开始砖胎膜砌筑，2 号楼土方开挖完成 65%；压顶梁完成 96%，余下西侧出土口未浇捣；喷锚 1～15 轴未施工，余下工程量 10%
工程质 量情况	1. 对进场的原材料进行验收，土建施工用钢筋本月进场 13 次，累计进场 $\phi6$ 的 60t、$\phi8$ 的 59t、$\phi10$ 的 59t、$\phi12$ 的 176t、$\phi14$ 的 238t、$\phi16$ 的 230t、$\phi18$ 的 120t、$\phi20$ 的 118t、$\phi22$ 的 119t、$\phi25$ 的 292t、$\phi28$ 的 25t，总计 1496t。 2. 5 月 15 日进场天台县宏华橡胶制品厂生产的 400×10-S 型橡胶止水带 210m 已报审。 3. 5 月 17 日检查 4 号、7 号楼基础底板个别接头连接区安装超出 50%，柱子钢筋底部锚固长度不足及电梯井做法不符合设计要求，下发 004～006 号现场巡视通知单，要求返工处理，整改后符合要求。 4. 5 月 21 日对 7 号、4 号楼电渣压力焊检查部分不合格，要求返工处理，并下发 007 号现场巡视通知单一份，返工后复查，符合规范要求。 5. 5 月 17 日对 6 号楼模板检查，剪力墙根部未按绿城节点施工，下发 003 号现场巡视通知单要求整改，执行结果良好；5 月 20 日对高大模板支撑检查不满足专项方案要求，下发 011 号监理工程师通知单要求整改，目前整改中。 6. 2 号楼目前出现 10 根烂桩，桩号：2-166、2-176、2-177、2-178、2-173、2-180、2-155、2-218、2-228、2-211，1 号楼烂桩 2 根，会同业主检查已按方案处理，桩号：1-27、1-104，地下室烂桩目前 1 根，桩号：203 号，正在处理中。 7. 钢筋焊接送样 87 组，其中 5 月 24 日送样的 $\phi14$ 电渣压力焊编号 GH1008216-1 检测不合格，25 日已双倍送样复试后检测中心电话通知合格，钢筋原材料见证检测 11 次全部合格
工程签 证情况	5 月 8 日签收绿城房产工程联系单 20100508；5 月 8 日签收绿城房产工程部通知单 20100506；5 月 12 日签收绿城房产工程部通知单 20100512；5 月 15 日签收绿城房产工程联系单 20100514；5 月 16 日签收绿城房产工程联系单 20100516；5 月 18 日签收绿城房产工程部通知单 20100518；5 月 18 日签收绿城建筑设计有限公司联系单结施 D2B-1；5 月 20 日签收绿城房产工程部通知单 20100519；5 月 24 日签收绿城房产工程联系单 20100521；5 月 26 日签收绿城房产工程部通知单 20100526；5 月 3 日签认正品建设施工工程联系单 No.06、No.22；5 月 4 日签认正品建设施工工程联系单 No.23；5 月 10 日签认正品建设施工工程联系单 No.24；5 月 10 日签认正品建设施工工程联系单 No.001（水电）；5 月 15 日签认正品建设施工工程联系单 No.25；5 月 17 日签认正品建设施工工程联系单 No.26；已送交业主
合同其他 事项处理 情况	1. 塔吊现场共计安装 5 台，3 台已备案，2 台目前正在备案。 2. 对施工方上报的钢筋原材料报审查签署 4 份。 3. 审批突发公共卫生事件应急预案 1 份；模板专项施工方案 1 份；脚手架工程应急预案 1 份；环护城河安保工作应急预案 1 份；雨期施工应急预案 1 份；雨期施工专项施工方案 1 份；高承重支模架专项施工方案 1 份。 4. 签署桩基工程款支付申请表一份

续表

本月监理 工作小结	1. 本月对安全文明施工的控制：要求施工单位按审批合格的专项方案对现场临时用电、钢筋操作棚搭设、场地道路整改，经检查后场地道路材料堆放问题未整改。 　　2. 对机械设备进退场检查：现场共计 10 型桩机 12 台，支护桩桩机 2 台已于 5 月 2 日全部退场；本月 6 日进场塔吊 2 台，型号：QTZ80（JZ5710）、QT6Z63（5510）。 　　3. 对原材料钢材见证取样送检 11 次，送样检测合格。对商品混凝土抽检 114 组试块。对水泥搅拌桩的水泥进行见证取样送检 2 次合格。 　　4. 对现场钢筋笼的制作、安装、焊接接头、锚固长度及搭接进行检查，查出的问题在事前进行了控制，都进行了整改。 　　5. 对钻孔桩的数量与设计比对检查，未出现漏桩现象，符合设计要求。 　　6. 静载试验：完成南区块小应变及静荷载检测，简报已出，符合要求，北区块抗压检测完成，未出现三类桩，结果符合规范与设计要求，报告还未出。 　　7. 针对 6 号楼做了如下检查： 　　①标高及轴线部分：5 月 12 日对 5-21/U-X 轴线尺寸、标高复核，轴线最大偏差 5mm，标高最大偏差±2cm。 　　②4 月 30 日对 17-21/R-X 桩偏位测量：6-2 西偏 20cm、6-3 南偏 14cm；5 月 2 日对 5-16/U-X 桩偏位测量：7-179 西偏 20cm、7-181 东偏 15cm、7-184 南偏 20cm、7-179 西偏 25cm、14♯南偏 17cm、西偏 15cm；5 月 8 日对 21-27/J-P 桩偏位测量：293♯东偏 14cm，296♯南偏 15cm，223 东偏 18cm，5 月 10 日对 5-17/Q-X 桩偏位测量符合规范要求，以上桩偏位于 5 月 10 日上报业主请设计提出处理方案，其他桩偏位在规范范围内。 　　③5 月 23 日对 6 号楼剪力墙及梁钢筋检查：柱钢筋十字拉钩缺少，已严格要求施工单位重新补扎，目前整改中；桩顶钢筋未按设计要求锚入承台，已要求施工单位现场整改，目前整改中。 　　④5 月 25 日检查，地下室出现 203 号烂桩深度：5.2m，1♯楼 1-104ϕ600 烂桩深度 6.2m，1-27ϕ600 烂桩深度 0.5m，施工单位采用的修补方法：凿出烂桩部分混凝土并清理干净后，钢筋错开 50cm 焊接，放入水泥护筒，再用 C40 混凝土捣密实。 　　⑤后浇带处采用绿城标准节点做法，对使用的 4mm 雨虹牌 SBS 卷材现场见证抽样报告未出，出厂合格证及检验报告齐全并已报审符合要求。 　　⑥5 月 19 日对现场使用的箍筋检查，ϕ8、ϕ10 箍筋直径符合规范要求，现场量测为 7.4～7.5mm 之间。 　　⑦5 月 17 日对 4 号、7 号楼检查：钢筋机械连接个别超常设计要求 50%，要求施工方现场整改；柱角箍筋未放置，7 号楼电梯井钢筋安装不符合设计要求，要求返工处理，返工后与业主复查符合要求。 　　8. 土方开挖：本月累计出土 4666 车，累计出土 8269 车，出土不能满足业主进度要求，已要求施工单位采取赶工措施。 　　9. 施工进度严重滞后，原因：出土速度太慢，凿桩速度过慢，各班组施工人员不足，组织管理协作不力，工序安排不紧凑。 　　10. 对西大门口基坑部位土方开挖速度过快，出现土体位移约 6cm。 　　11. 本月召开工地例会 5 次，会议纪要 5 份，5 月 18 日对正品公司施工人员进行绿城节点交底会议 1 次，会议纪要 1 份，项目部例会 1 次，会议纪要 1 份

下月监理 工作打算	1. 做好对现场原材料检查及见证抽样送检工作，做好原材料及送样试件台账，重点对钢筋质量控制，特别对外加工钢筋严格检查其直径，杜绝一切不合格材料使用。 2. 严格执行绿城对混凝土旁站工作要求，做好二次振捣旁站，把混凝土坍落度控制3～8cm之间进行二次振捣。 3. 对基坑位移情况加强观测，重点：西大门口基坑位移及加固抢险措施执行情况，雨天坑底积水排水、基坑四周堆载卸载。 4. 按施工单位的进度计划安排具体的监理工作，确保完成月进度计划。 5. 对现场安全文明施工每周检查，保持场地的整洁，对安全隐患部位加大整改执行力度，确保不发生安全事故，重点：临时用电、塔吊、施工机具、现场围护栏杆、西面及北面大门口车辆进出。 6. 做好土方开挖、回填、垫层等监理工作，控制好轴线、标高，做好桩偏位测量工作。 7. 做好基础防水部位的旁站监理工作，重点：SBS卷材原材料检查、工艺要求、细部构造处理；垫层上部防水砂浆：配比及外加剂的掺入量、表面平整度；止水钢板的厚度、放置位置、焊接接头。 8. 钢筋制作及安装检查，重点：做好钢筋型号及数量、钢筋搭接及锚固、几何尺寸轴线及标高、钢筋加密区、人防部位梁及板钢筋的交接处、钢筋保护层等检查监理工作。 9. 模板分项：砖胎膜部分，重点：砖胎膜的几何尺寸、按轴线拉通线砌筑施工、砖胎膜的护角、砌体的垂直度及砌筑时接槎部位；木模板部分：拉杆的止水环焊接饱满度、模板的几何尺寸轴线及标高、高大模板承重支架搭设、柱子底部是否按绿城节点工艺要求及专项方案施工、模板拆除时的条件是否满足规范要求。 10. 混凝土施工部分，重点：旁站监理，控制二次振捣时坍落度测量工作、混凝土表面收面工作、对拆模后混凝土问题修补检查、混凝土试块见证抽样、后浇带及剪力墙部位混凝土振捣、雨天施工时的防护等监理工作。 11. 做好基坑围护，喷锚监理旁站工作，重点：锚杆的间距及打入深度、喷锚厚度及配比、钢筋网片的绑扎均匀度、基坑监测工作。 12. 做好支模架方案，脚手架方案审批工作，±0.00以上图纸会审准备工作

每月 5 日前由监理单位形成上月的监理月报。监理月报除监理单位自留外，应报送建设单位、施工单位、当地政府质量监督部门各一份，抄报当地政府质量监督部门的监理月报可以是只涉及工程质量情况的部分。

三十三、需要监理填写的几个记录表

（1）监理抽查记录表；

（2）监理通知单；

（3）不合格项处置记录表；

（4）监理日记；

（5）平行检验监理记录；

（6）旁站监理记录；

（7）锤击静压桩施工旁站监理记录；

（8）钻孔灌注桩成孔旁站监理记录；

（9）钻孔灌注桩灌注旁站监理记录；

（10）混凝土强度回弹平行检验监理记录；

（11）钢管承重支模系统平行检验监理记录。

三十四、进度控制的关键点

（1）根据国家及地区工期定额及以往经验，在保证工程质量的前提下选择合理工期；

（2）设计或施工前期资料以及施工场地的交付时间；

（3）工程项目建设资源投入（包括人力、物力、资金、信息等）及其数量、质量和时间；

（4）进度计划中所有可能的关键线路上的各种操作、工序及其部位；

（5）设计、施工中的薄弱环节，难度大或不成熟的工艺，可能会导致较大的工程延误；

（6）设计、施工中各种风险的发生；

（7）采用新技术、新工艺、新材料、新方法、新人员、新机械的部位或环节；

（8）进度计划的编制、调整与审批的程序；

（9）明确显示和落实总控制进度目标，进度计划应符合施工合同中开竣工日期的规定；

（10）工期应进行优化，在保证工程质量的前提下，工期满足施工工艺要求，尽量达到均衡施工和缩短工期；

（11）要使有关人员、材料、设备、水电等条件能够保证进度计划的需要；

（12）对进度控制应分阶段、分层次进行落实，围绕总工期分解若干段、系统的分工期，制定具体措施落实目标；

（13）实现进度控制目标的风险分析，避免出现影响出现影响工期的因素，制定进度工作流程，落实控制方法及措施；

（14）定期检查和记录实际进度情况，召开工地例会，利用监理月报及时分析，研究和解决影响因素，推进进度计划。

三十五、投资控制的关键点

（1）技术经济指标的贯彻；

（2）设计指标、参数的确定，设计标准语标准设计的应用；

（3）概算、预算、标底、合同价、决算的编制审查；

（4）计量支付的程序、方法与审批。做好工程预付款、工程变更费用，工程洽商费用、工程索赔等工程款审核签认；

（5）设计变更和工程洽商的程序与审批；

（6）索赔与反索赔的处理。做好决算工作；

（7）设计、施工中选用新技术、新工艺、新材料所引起的造价与投资的变化控制；

（8）设备和材料采购与支付的环境控制；

（9）工程项目造价风险分析和防范。

三十六、施工单位费用索赔的理由

1. 因下列不可抗力，导致工程、材料或其他财产遭受到破坏所引起的更换和修复发生的费用：

  (1) 战争、敌对行动、入侵行动等；

  (2) 叛乱、恐怖活动、暴动、政变或内战等；

  (3) 军火、炸药、核放射性污染；

  (4) 自然灾害，如地震、大风、大雨、山洪暴发等。

  2. 下列有经验的施工单位无法预见的不利自然条件和人为障碍造成的施工费用的增加：

  (1) 不利的地质情况或水文情况；

  (2) 遇到不利的地下障碍物及其他人为因素等。

  3. 非施工单位原因引起的费用增加：

  (1) 延迟提交设计图纸；

  (2) 未按合同约定和经批准的施工进度计划及时提供施工场地而引起施工单位费用的增加；

  (3) 提供的红线控制桩和放线资料不准确；

  (4) 由于国家法律、法规的更改而引起的费用增加；

  (5) 由于为特殊运输加固现有道路、桥梁而引起的费用增加；

  (6) 因总监理工程师的命令，全部或部分工程暂停施工所采取妥善保护而导致额外的费用支出；

  (7) 凡合同未明确约定要进行检验的材料、设备等，按项目监理部的要求进行检验所支付的费用；

  (8) 项目监理机构批准覆盖或掩埋的工程，又要求开挖或穿孔复验，且查明工程符合合同约定，为开挖或穿孔或穿孔并恢复原状而支付的费用；

  (9) 在施工现场发现文物、古迹、化石，为保护盒处理而支付的费用。

  4. 由于工程变更而引起的费用增加：

  (1) 由于承包单位对项目监理机构确定的工程变更价款持有异议。

  (2) 由于某种工程项目的取消，造成事故单位的额外费用。

三十七、工程延期的理由

1. 非施工单位的责任造成工程不能按合同原定日期开工。

2. 工程量的实质性变化和设计变更。

3. 非施工单位原因停水、停电、停气、造成停工时间超过合同的约定。

4. 家或地区有关部门正式发布的不可抗力事件。

5. 异常不利的气候条件。

6. 建设单位同意工期相应顺延的其他情况。

7. 由总监理工程签发临时延期及其最终延期审批表。并征得建设单位的同意。

三十八、图　纸　会　审

1. 图纸会审的召开

（1）图纸会审应由建设单位组织设计、监理、和施工单位技术负责人及有关人员参加。设计单位对各专业提出的问题进行交底，施工单位（或监理单位）负责将设计交底的内容按专业汇总、整理，形成图纸会审记录；

（2）施工单位领取图纸后，应由项目技术负责人组织技术、生产、预算、测量、翻样及分包方等有关部门的人员对图纸进行审查，准备图纸会审中需要解决的问题；

（3）监理、施工单位应各自提出的图纸问题及其意见，按专业整理、汇总后报建设单位，由建设单位提交设计单位以便做好交底准备工作；

（4）图纸会审记录应由建设、设计、监理和施工单位的项目相关负责人签认，形成正式图纸会审记录。

2. 图纸会审的主要内容

（1）应重点审查施工图的有效性、对施工条件的适应性及各专业之间、全图与详图之间的协调性等；

（2）审查建筑、结构、设备安装等设计图纸是否齐全，手续是否完备，设计是否符合国家有关的经济和技术政策、规范规定，图纸总做法说明分项做法说明是否齐全、清楚、明确。与建筑、结构、安装、装饰图纸及节点大样图之间有无矛盾，设计图纸（平、立、剖，构件布置大样）之间相互配合的尺寸是否相符，分尺寸与总尺寸，大、小样图，建筑图与结构图，建筑结构与水电安装图之相互配合的尺寸是否一致。设计图纸本身、建筑构造、结构构造、结构各构件之间，在立体空间上有无矛盾，预留孔洞、预埋孔洞、预埋件、大样图或采用标准构件的型号、尺寸有无错误与矛盾。

（3）总图的建筑物坐标位置与单位工程建筑平面图是否一致，建筑物的设计标高是否符合城市规划的要求，地基与基础的实际情况是否相符，建筑物语地下构筑物及管线之间有否矛盾。

（4）主要结构设计在保证工程质量和安全施工方面所采取的措施。

（5）对于图纸中的结构方案、建筑装饰，施工单位的施工能力、技术水平、技术装备能否满足其要求，采用新技术、新工艺，施工单位有无困难，所需特殊建筑材料的品种、规格数量能否解决，专用机械设备能否保证等。

（6）安装专业的设备、管架、钢结构立柱、金属结构平台、电缆、电线支架以及设备基础是否与工艺图、电气图、设备安装图和到活动设备一致，随机到货图纸和出场资料是否齐全，技术要求是否与设计图纸及设计技术文件相一致，底座同基础是否一致，管口相对位置，接管规格，材质，坐标，标高是否与设计图纸一致，管道、设备及管件及管件需要防腐衬里、脱脂及特殊清洗时，技术要求是否切实可行。

（7）参会人员签到单，填写日期。

三十九、设计变更通知单

1. 设计变更由施工单位提出，由于设计图纸本身差错，设计图与实际情况不符，使用功能及施工条件变化、原材料变化及职工提出合理化建议等原因，需要对设计图纸部分内容进行修改而办理的设计文件。由施工单位提出。设计变更是施工图的补充和修改记载，应及时办理，内容翔实，附图，并逐条注明应修改图纸的图号，由设计出具正式变更单。

2. 设计变更由设计单位提出变更通知单，设计变更单应由设计专业负责人以及建设（监理）和施工单位的相关负责人签认。

3. 由施工单位提出变更时，如材料代换、细部尺寸修改等重大技术问题，必须征得设计单位和建设、监理单位的同意。

4. 由设计单位提出设计变更时，如设计计算错误、做法改变、尺寸矛盾、结构变更等问题，必须由设计单位提出变更联系单，或设计变更图纸，由施工单位根据施工准备和工程进展情况，能否实施变更的回复。

5. 下列情况，由设计单位签发设计变更单或变更图纸。

（1）当决定对图纸进行修改时。

（2）施工前及施工过程中发现图纸有差错，做法、尺寸有矛盾，有关设计内容与实际情况不符时。

（3）由建设单位或施工单位对建筑构造、细部做法、使用功能等方面提出设计变更时，必须经过设计单位同意，并由设计单位签发设计变更通知单或设计变更图纸。

6. 设计变更单必须有关技术负责人签字并填写日期。

四十、工程洽商记录

1. 洽商记录是施工过程中，由于设计图纸本身缺漏，设计图纸与实际情况不符，施工条件变化，原材料的规格、品种、质量不符合设计要求及职工提出合理化建议等原因，需要对设计图纸部分内容进行修改而办理的工程洽商记录文件。工程洽商文件应分专业办理，内容翔实，并逐条注明修改图纸的图号。

2. 工程洽商文件可由技术人员办理，个专业的洽商由相应专业工程师办理，工程分包的洽商记录，应经工程总承包单位确认后方可办理。

3. 工程洽商内容若涉及其他专业、部位及分包方，应征得个有关专业、部门、分包方同意，方可办理。

4. 工程洽商记录应由设计专业负责人以及建设、监理和施工单位相关负责人签认。

5. 设计图纸交底后，应办理一次性工程洽商记录。

6. 施工过程中增发、续发、更换施工图时，应同时签办洽商记录，确定新发图纸的起用日期、应用范围及与原图的关系，如有已按原图施工的情况，要说明处置意见。

7. 各责任人在收到工程洽商记录后，应及时在施工图纸上对应部位标注洽商记录日期、编号及更改内容。

8. 工程洽商记录更改时，应在洽商记录中写清原洽商记录日期、编号、更改内容，并在原洽商被修改的条款上注明"作废"标记。

四十一、见证取样

见证取样是建设单位或监理单位有关人员，在其见证下取样送检，以验证取样检测的正确性。一般需见证30%的数量，其余应由是单位自行取样检测。

1. 主要工程材料设备性能试验项目与试件取样严格按照工程质量验收规范中组批原则及取样规定进行，规程进行见证取样的部分应及时见证取样。

2. 见证取样送检的试块、试件和材料应验证工程的试块、试件达到合格后方能报验、投入使用。

3. 见证取样和送检项目：

（1）用于承重结构的混凝土试块；

（2）用于承重墙体的砌筑砂浆试块；

（3）用于承重结构的钢筋及连接接头试件；

（4）用于承重墙的砖和混凝土小型砌块；

（5）用于拌制混凝土和砌筑砂浆的水泥；

（6）用于承重结构的混凝土中使用的掺加剂；

（7）地下、屋面、厕浴间使用的防水材料；

（8）国家规定必须实行见证取样和送检的其他试块、试件和材料。

四十二、工 程 沉 降 观 测

1. 水准基点应引自城市固定水准点。安全等级为一级的建筑物，宜设置在基岩上，安全等级为二级、三级的建筑物，可设在压缩性较低的土层或已稳定的老建筑上。

2. 水准基点的位置应靠近观测对象，但必须在建筑物的地基变形影响范围外，在一个观测区内，水准基点一般不少于三个。

3. 点位通常选在下列位置：

（1）建筑物的四角、大转角处及沿外墙等交接处的两侧；

（2）高低层建筑、新旧建筑物、纵横墙等交接处的两侧；

（3）建筑物沉降缝两侧、基础埋深相差悬殊处、人工地基与天然地基接壤处、不同结构的分界处及填挖方分界处两侧；

（4）宽度大于等于 15m 或小于 15m 而地质复杂以及膨胀土地区的建筑物，在承重内隔墙中部设置内沉降感测点，在室内地面中心及四周设置地面沉降观测点；

（5）临近堆置重物处、受振动有显著影响的部位及基础下的暗沟处；

（6）框架结构建筑物的每个部分柱基上或纵横轴线设点；

（7）片筏基础、箱型底板或接近基础的结构部分四角处及其中部位位置；

（8）重型设备基础和动力设备基础的四角、基础形式或埋深改变处以及地质条件变化处两侧；

（9）电视塔、烟囱、水塔、油罐、炼油塔、高炉等高耸建筑物，沿周边在与基础轴线相交的对称位置上布点，一般点数不小于 4 个。

4. 测量精度宜采用Ⅱ级水准测量，应采用闭合法，闭合差应小于 $\sqrt[n]{\pm 0.5}$。测量宜采用不转站直接观测，视距一般为 20～30m。

5. 观测次数要求在观测点埋设固定开始观测，并及时记录气象资料及地下水位变化情况。

（1）民用建筑每施工完一层或二层（包括地下室）观测一次。

（2）工业建筑按不同施工阶段（如回填基坑、安装柱子和屋架、砌筑墙体、设备安装等）分别进行观测。

（3）如建筑物均匀增高，应至少在增加荷载的 25％、50％、75％和 100％时各观测一次。施工过程中如暂时停工，在停工时重新开工时应各观测一次。停工期间，可每隔 2～3 个月观测一次。

（4）建筑物竣工后，对特级、一级建筑物应继续观测，观测次数应根据建筑物沉降速度的大小而定。一般情况下，第一年 3～4 次，第二年 2～3 次，以后每年一次，直到沉降稳定。

（5）沉降是否进入稳定阶段，应由沉降量与时间关系曲线判定。对重点观测和科研观测工程，若最后三个周期观测中，每周期沉降量均不大于规定数值，测量中误差可认为进入稳定阶段。一般观测工程，若沉降速度小于 0.01～0.04mm/d，可认为已进入稳定阶段。

（6）对于特殊情况（如突然发生裂缝，沉降值急剧增加或自然灾害等）则应逐日或数日观测一次。

6. 观测资料应及时进行整理，及时发现问题及早复查，绘制载荷-时间-沉降曲线，绘制观测分析报告。

7. 对开竣工时间、设计沉降要求、测量仪器名称编号、精度、高程控制点应如实填写，对测量记录必须当场填写，保持原始记录表格，测量简图可用示意图或另外附图，测量人、复测人、审核人应签名负责。

四十三、隐蔽工程验收

由施工单位组织建设单位、监理单位、设计单位等检查验收。验收的内容：

1. 地基工程：槽底打钎，槽底土质情况，基槽尺寸和槽底标高，槽底坟、井、坑和橡皮土等的处理情况，地下水的排除情况，排水暗沟、暗管的设置情况，土的更换情况，试桩和打桩情况等。

2. 钢筋混凝土工程有：所配置的钢筋规格、形状、数量、接头位置及预埋件。装配结构的接头，钢材焊接的焊缝、接头形式、焊缝长度、宽度、高度及焊缝外观质量。沉降缝及伸缩缝处理情况等。

3. 砌体工程有：基础及砌体中钢筋配置及有关预埋情况。

4. 地面工程有：地面下的地基、各种防护层以及经过防腐处理的结构或配件处理情况。

5. 保温隔热工程有：保温层和隔热层铺设情况。

6. 防水工程有：将要被土、水、砌体或其他结构所覆盖的防水部位及管道、设备穿过防水层处。找平层的厚度、平整度、坡度及防水构造节点处理的质量情况。组成结构或各种防水层的原材料、制品及配件质量，结构和各种防水层的抗渗性、强度和耐久性等。

7. 建筑采暖卫生与煤气工程有：各种暗装、埋地和保温的管道、阀门、设备等。管道保温前，应先对管道安装和防腐工程进行隐蔽验收。保温层完成后，再对保温层进行隐蔽验收，待全部完成后方可进行总体隐蔽。

8. 建筑电气安装工程有：各种电气装置的接地及其敷设在地下、墙内、混凝土内、顶棚内的照明、动力、高低压电缆和大（重）型灯具及其吊扇的预埋件、吊钩、线路在经过建筑物的伸缩及沉降缝处的补偿器装置等。

9. 通风与空调工程有：各种暗装和保温的管道、阀门、设备等，管道的规格、材质、位置、标高、走向、防腐保温。阀门的型号、规格、耐压强度和严密性试验结果、位置、进出口方向等。

10. 电梯安装工程有：牵引机基础、导轨支架、承重梁、电气盘（柜）基础等及电气工程隐蔽内容。

11. 建筑智能工程有：各种线管埋设、接地敷设以及线路在经过建筑物伸缩缝处的补偿装置等。

12. 验收的依据是有关规范、设计图纸、每次检查验收应有具体的意见，是否通过验收同意隐蔽等意见。

13. 专业监理工程师、建设单位、勘察单位、设计单位有关人员签字负责，注明日期。

四十四、交 接 检 验

交接检验是用于不同施工单位共同完成一项工程时的移交检查。当前道专业工程施工的质量会对后续专业工程施工质量产生直接影响时，应进行交接检查，以明确质量责任。由前道工序填写，后道工序检查合格后签字验收，并由专业监理工程师检查认可。

交接检查的主要项目：

1. 建筑结构工程应做交接检查的项目有：

（1）支护与桩基工程完工交给结构工程。

（2）结构工程完成移交给装修工程。

（3）粗装修完工移交给精装修工程。

（4）设备基础完成移交给设备安装工程。

（5）结构工程完工移交给幕墙工程。

（6）现场实际情况应进行交接检的工程。

2. 建筑给水排水及采暖工程、通风与空调工程应做的交接检查项目：

设备基础完工移交给安装工程。

3. 建筑电气工程交接的工序：

（1）架空线路及杆上电气设备安装。

（2）变压器、箱式变电所安装。

（3）成套配电柜（屏、台）和动力、照明配电箱（盘）安装。

（4）电加热器及电动机安装。

（5）柴油发电机安装。

（6）不间断电源安装。

（7）低压电气动力设备试验和试运行。

（8）电缆桥架安装和桥架和桥架内电缆敷设。

（9）电线导管、电缆槽敷设。

（10）钢索配管安装。

（11）电缆头制作和接线。

（12）接地装置安装。

（13）避雷引下线安装。

（14）等电位联结。

（15）防雷接地系统测试等。

以上电气工程的交接检查。

4. 交接检查记录移交单位、接收单位和监理单位三方共同签字认可，注明日期。

5. 检查结果和意见由接收单位填写，重点说明同意接管，以及改进的要求，监理工程师做检查认可，作为公证的依据。

四十五、平 时 的 检 查

一个好的监理工程师，在施工过程中要与监理员一道进行预检巡视，这样在验收的时候就会轻松许多，也不会给施工单位造成返工，通过预检，及时的发现工地的质量安全问题。

预检的项目及内容：

1. 模板：检查几何尺寸、轴线、标高、预埋件留孔的位置。

2. 预制构件安装：预制包括栏板、过梁、预制楼梯、沟盖板、楼板的质量检查。

3. 设备基础：依据图纸检查设备基础的位置、标高、几何尺寸及混凝土的强度等级、设备基础的预留孔预埋件位置。

4. 混凝土结构缝：依据模板方案和技术交底，检查施工缝留置的方法及位置，模板支撑、接槎的处理情况等。

5. 管道预留洞、管道预埋套管（预埋件）：检查预留洞的尺寸、位置、标高等。检查预埋套管（预埋件）的规格、形式、尺寸。

6. 电气明配管（包括进入吊顶内）：检查导管的品种、规格、位置、连接、弯扁度、弯曲半径、跨接地线、焊接质量、固定、防腐、外观处理等。

7. 屋顶明装避雷带：检查材料的品种、规格、连接方法、焊接质量、固定、防腐情况等。

8. 变配装置：检查配电箱、柜基础槽钢的规格、安装位置、配电箱、柜安装。高低压电源进出口方向、电缆位置等。

9. 分别填写，按实际检查部位、结构类型、检查目的填写预检单。

10. 预检查依据施工图纸、设计变更、工程洽商及相关的施工质量验收规程、标准、规程、本工程的施工组织设计、施工方案、技术交底等。

四十六、施工组织设计及方案报审

1. 由施工单位项目经理负责组织编制，并经施工单位技术负责人审核批准。报项目监理机构。

2. 由专业监理工程师审查，提出具体意见。

3. 总监理工程师进行审批，并注明日期。

4. 如审查未通过，写明意见。要求或补充或重新编制。退回施工单位，监理留底做为依据，并注明日期。

5. 要求施工单位一式三份，监理留存一份，报业主一份，返回施工单位一份。

四十七、审核分包单位资格

1. 由项目经理填报，附上有关资料及拟分包的工程名称、工程数量、合同额及占全部工程的比例。

2. 要求报审的资料有：

（1）分包单位资质材料复印件。

（2）分包单位业绩材料（同类工程、质量情况等）。

（3）分包单位专职管理人员和特种作业人员的资格证书、上岗证。如无原件，应注明原件存放处。

（4）项目经理签名及注明日期。

3. 由专业监理工程师负责审核，总监审批，提出具体意见，同意不同意选择该分包单位。签名后注明日期，退回施工单位，留存监理一份备案。

四十八、工程材料/构配件/设备/试验单位报审

1. 施工单位将供货合同，供货单位的资质、营业执照及供货质量证明文件，生产许可证等向项目监理机构报审。可采用复印件，注明原件存放处。由项目经理签字，注明日期。

2. 施工单位将试验合同报项目监理机构，并附试验单位的资质、营业执照（试验范围）的复印件。

3. 由专业监理工程师审核，总监审批，签署意见。项目监理机构留存一份备案，退回施工单位一份。

四十九、主要施工机械、设备报审

在施工单位进场前，应向项目监理机构报审主要施工机械，设备，包括的内容：

1. 进场机械、设备的名称、规格、型号、数量、检查验收情况及进场日期注明。

2. 主要设备、技术机械性能资料、使用说明书附件。并且设备与施工组织设计或方案报审中的机械设备一览表一致。

3. 专业监理工程师/总监审核。

4. 依据施工组织设计、工程进展情况，工程要求，审查设备是否适用，进场时间是否适当，提出审查意见。

5. 专业监理工程师签名并注明日期，监理留存一份，退施工单位一份。

五十、施 工 测 量 放 线

监理控制施工测量放线包括：

1. 建筑红线。

2. 建筑定位线。

3. 基槽放线。

4. 桩位放线。

5. 首层平面及楼层平面放线。

6. 吊装专用放线。

7. 施工单位报验表应将放线的依据、精度要求附上，并注明工程部位名称、放线内容。报专业监理工程师。

8. 项目监理机构安排专业人员验线（监理公司应有专职的对测量精通的人员验线，精通水准仪、经纬仪、红外测距仪等先进的仪器，并熟知测量的相关知识）。

9. 专业监理人员核对资料及放线成果。从程序上以及效果上进行审核验收。

10. 专业监理工程师根据验线结果签名及签署意见，注明日期。留存一份资料，另一份退至施工单位。

五十一、检验批、分项、分部（子分部）工程质量报验

1. 检验品班组自检完成，施工单位的预检查完成，施工企业质量检查员检查完成并验收评定完成。施工单位的资料齐全。然后资料报专业监理工程师要求检验批验收。

2. 检验批验收合格的基础上施工单位分项自检评定合格，由施工单位质量员验收签署意见，并项目技术负责人检查签名注明日期，报监理项目监理专业监理工程师验收。

3. 子分部、分部工程完成，施工企业自检评定合格，由项目经理签名注明日期，报项目监理机构专业监理工程师审核，本作者以为，总监应该组织业主、施工单位项目技术负责人，专业监理工程师，设计单位相关人员，对分部、子分部工程进行预验收，并提出整改意见，整改结束后报质量监督站。由总监组织设计（勘察）、业主、施工、监理有关负责人在质量监督站的参与下进行验收。确保一次性验收通过。

4. 施工单位在报验时，均应附上检验批、分项、子分部、分部工程质量验收所需要的资料。主要有：

（1）工程质量控制资料。

（2）安全和功能检验（检测）报告。

（3）观感质量检查记录。

（4）隐蔽工程质量检查记录。

（5）施工试验记录。

（6）施工记录。

（7）检验批、分项、子分部、分部工程质量验收记录表。

5. 检验批由专业监理工程师组织检查验收并且签署意见。

6. 子分部及分部工程由总监组织检查并签署意见。

7. 资料均项目监理部留存一份，退施工单位一份。施工单位资料份数应满足以后备案的份数要求。

8. 建筑施工安全检查报验

目前，安全监理并无统一的报验表格，而导致工地里施工单位很多的安全资料并不报验，也没有划分为检验批进行检查，并无分项之说，我以为，安全检查，也应该划分为几个大项也即分项及检验批，总体为安全一个大的分部工程，把施工单位的整体安全列为一个大的分部工程，在开工之初，施工单位报验检验批及分项到分部工程的划分，有一个统筹的安排，安全监理有理有据的检查，在国家的监理规范中列明检验批，分项，分部的划分，并且制定相应的表格，这样也才会为安全监理工程师有依据的检查及验收。

工地配备专职的安全监理工程师，并且是经过国家安全资格考试合格的安全监理工程师。也使国家注册安全工程师有用武之地。

分项安全，便于施工单位报验，便于安全监理，具体的分项划分，应划分如下：

(1) 文明施工分项工程；

(2) 落地脚手架分项工程；

(3) 悬挑脚手架分项工程；

(4) 门型脚手架分项工程；

(5) 吊篮脚手架分项工程；

(6) 附着式脚手架分项工程；

(7) 基坑支护分项工程；

(8) 模板工程分项工程；

(9) 三宝、四口分项工程；

(10) 施工用电分项工程；

(11) 物料提升机分项工程；

(12) 外用电梯分项工程；

(13) 塔吊分项工程；

(14) 起重吊装分项；

(15) 施工机具分项。

检验批是在分项的基础上划分，比如楼层较高的脚手架，可按照验收划分为几个检验批，模板依据楼层，一次验收一个检验批等等。这样资料报验就有依据性，给监理的检查和验收提供了条件。给施工单位的报审也有了依据。而目前，在资料报审和检查上，存在着随意性。

整个工地的安全列为一个分部工程，最后一个总体验收评定。出具监理的安全质量评估报告，也符合国家建筑施工安全检查标准的要求。

五十二、工程质量/安全问题（事故）报告

1. 由施工单位填写报告，在规定的时间及时报告项目监理机构。

2. 报告的主要内容：事故发生地点、时间、工程名称、人员伤亡等事故情况及初步

原因分析，及事故现场保护情况。

3. 工程质量事故的报告程序：工程质量安全一般分为质量通病、质量问题、一般质量事故、重大质量事故四个档次，达到一般质量事故及重大质量事故就要报告。

4. 质量事故的报告程序：重大质量安全事故发生后，事故发生单位，必须在24h内，以口头、电话或书面形式及时报告当地政府工程质量监督机构和有关部门，并在48h内依据规定向当地政府机构填报《工程质量/安全问题（事故）报告》。

5. 填写说明：应将原因，性质，造成的损失，应急措施、初步处理意见填写，作为初步报告。

6. 书面事故报告的内容：

（1）应写明质量安全事故发生的时间、建设地点、事故的概况及初步报告中的内容、施工单位。

（2）经济损失包括质量安全事故导致的返工、加固等直接费用，包括人工费、材料费和管理费。

（3）事故情况包括倒塌情况，整体倒塌或局部倒塌的部位、损失情况（伤亡人数、损失程度、倒塌面积等）。事故的原因（计算错误、构造不合理等），施工原因（施工粗糙、材料、构配件或设备质量低劣等）。设计与施工的共同问题。以及不可抗力等。

（4）事故发生采取的措施，应写明对质量安全事故发生后采取的具体措施、对事故控制情况及预防措施。

（5）处理意见包括现场处理情况、设计和施工的技术措施、主要责任者及处理结果。

7. 由项目经理填写、签名注明日期，报出。

8. 项目监理机构接到重大事故报告后，应立即赶往现场，协助保护现场，采取制止继续发生的措施，以及分析事故原因，督促写出书面报告。

9. 由总监理工程师签收注明日期，作为监理机构收到报告的正式凭证。

五十三、工程质量/安全问题（事故）技术处理方案报审

1. 由事故发生单位编制，方案经本单位技术负责人批准，由项目经理签名注明日期。

2. 报监理及设计单位审批。

3. 涉及供电、电信、给排水及环保等方案时，应报有关部门审查。

4. 附上工程质量、安全问题（事故）详细情况报告，图像照片等资料。以及工程质量、安全问题（事故）技术处理方案。

5. 专业监理工程师（专业监理工程师），业主代表，设计代表审查提出意见。

6. 重点审查方案的技术可行性，经济性、安全性等，给出能否以此进行处理的肯定意见。

7. 各方负责人签名负责，注明日期。

五十四、工 程 开 工 报 审

施工单位准备工作完成后，自行检查达到开工条件，应向项目监理机构报审开工报

告。一个总包可以报审一次，如分包单位进场，应分阶段报审开工报告。开工报审的程序如下：

1. 开工报告。
2. 施工许可证及施工单位资格已经审核完成。
3. 施工组织设计已经审查完毕。
4. 现场管理人员已经到位，资格证书已经报审完成。
5. 专职管理人员及特种作业人员资格证书及上岗证书已经报审完成。
6. 施工测量放线已经完成。
7. 施工现场质量管理制度已经检查认可。
8. 进场道路及水、电、通信等已经满足开工条件。
9. 质量、安全、技术管理制度已经建立、组织机构已经落实并且报审完成。
10. 项目监理机构接到报审后，应查阅有关资料和进场检查，符合条件的，由总监发出开工指令。
11. 提出具体意见，总监理工程师签署同意或不同意意见或补充意见，注明日期备查。

五十五、审核工程款支付申请

施工单位按照合同约定，达到了付款条件，提出申请支付工程款的联系单。

1. 由项目经理签名注明日期报项目监理机构。
2. 报表附工程量清单、工程款计算方法及计算书。
3. 总监应责成专业监理工程师核查工程形象进度并逐项审核工程量、单价及金额，有差异时应提出核定数扣除预付款分期扣除部分。我以为，项目监理机构应该配备专职的造价员或造价工程师进行审核。
4. 有差异时应向施工单位提出核实，并报建设单位核准。
5. 总监理工程师签名注明日期，将申请表及有关核定资料、工程款支付证书退回施工单位，项目监理机构留存一份备查。

五十六、材料、构配件进场检验的主要内容

1. 材料、构配件出场质量证明文件及出厂检验（测）报告是否齐全。
2. 实际进场材料、构配件数量、规格和型号等是否跟设计图纸相符，是否满足施工要求。
3. 是否与订货合同一致。
4. 材料、构配件外观质量是否满足设计要求或规范规定，是否受到损坏等。
5. 按规定应进行复试的工程材料、构配件，必须在进场检查合格后取样复试，复试结果应符合设计要求及规范规定。
6. 检查进场日期与出厂日期，是否有超过规定日期的材料，比如水泥等。材料品种、规格、生产厂家与材料、构配件的出厂证明文件中的名称相一致。

7. 检查材料存放地是否符合要求。

8. 提出监理验收意见，由专业监理工程师组织验收签名负责，注明日期。

9. 施工单位质量员、材料员签名负责，报审资料注明日期。

五十七、设备开箱检验主要内容

工程所使用的设备进场后，应由施工单位会同建设单位、监理单位、供货单位共同开箱检验，并填写《设备开箱检验记录》。检验的主要内容：

1. 设备的生产厂家、品种、规格、外观、数量、附件、情况、标识和质量证明文件、相关技术文件等，是否与供货合同一致。

2. 开箱时应具备的质量证明文件、相关技术资料如下：

（1）各类设备均应有装箱清单、产品质量合格证、七生产日期、规格型号、生产厂家等内容与实际进场的设备相符。技术文件及附件应与装箱清单一致。

（2）对于国家及地方所规定的特种设备，应有相应资质等级检测单位的检测报告。

（3）主要设备、器具应有安装使用说明书。

（4）成品补偿应有预拉伸证明书。

（5）进口设备应有商检证明（国家认证委员会公认的强制性认证［CCC］认证产品除外）和中文版的质量证明文件、性能检测报告以及中文版的安装、使用、维修和试验要求等技术文件。

3. 所有设备进场包装应完好，表面无划痕及外力冲击破损。应按照相关的标准和采购合同要求对所有设备的产地、规格、型号、数量、附件等项目进行检测，符合要求方可接收。

4. 水泵、锅炉、热交换器、罐类等设备上应有金属材料印制的铭牌，铭牌标注日期准确，字迹清楚。

5. 对有异议的设备应由相应资质等级检测单位进行抽样检测，并出具检测报告。

6. 由专业监理工程师参加验收并签名负责。

7. 安装施工单位验收人、供货单位现场负责人分别签名负责，资料注明日期。

五十八、灌注桩基施工监理的检查

1. 灌注桩成孔沉渣厚度：当以摩擦桩为主时，不得大于150mm。当以端承桩力为主时，不得大于50mm，套管成孔的不得有沉渣。

2. 施工中应对成孔、清渣、放置钢筋笼，灌注混凝土等全过程检查，人工挖孔桩尚应复验孔底持力层土（岩）质。嵌岩桩必须有桩端持力层的岩性报告。

3. 钢筋笼必须检查合格后才能够放置，放置的标高应控制到位。灌注桩应按照规定留置试块，独立柱桩。根据规范留置。

4. 混凝土灌注前，应测量桩孔直径、桩底标高、检查孔壁情况、钢筋笼的质量是否符合设计要求，并做好记录。

5. 施工前用对桩管规格、管径进行检查，看是否达到施工方案要求，混凝土强度等级（配合比）、坍落度应严格控制，定时测定，发现异常时应及时进行测定。并做好记录。

6. 钢筋笼应用吊车垂直放入桩孔，不得强行碰撞孔壁，以免造成塌方。吊放后要检查是否达到设计位置（标高），固定牢固，在灌注混凝土时保持其位置。

7. 开始灌注混凝土时一定要随时了解管内有否渗入泥水、管顶距地面高度、管内混凝土距管顶高度及混凝土桩顶距离地面高度，技术提管，每次提管后管顶离地面的高度等应进行记录。

8. 对桩身体积及灌注混凝土量要认真计算，每根桩完成后要计算出气充盈系数大于等于 1。

9. 桩的静载和试验根数应不少于总桩数的 1%，且不少于 3 根，当总桩数少于 50 根时，应不少于 1 根。

10. 施工结束后，应检查混凝土达到规范规定，应做桩体质量及承载力检验。

五十九、高压旋喷桩施工监理应知

1. 高压旋喷桩是利用钻机把带有旋喷嘴的注浆管钻至土层的预定位置，用高压脉冲泵，将水泥浆液通过钻下端的喷射装置，向四周土体高速喷入，借助流体的冲击力切削土层，使喷流射程内的土体遭受破坏，同时钻一面以一定的速度旋转，一面低速徐徐上升，使土体与水泥浆充分搅拌混合，胶结硬化后即在地基中形成直径比较均匀，具有一定强度的圆柱形体（0.5～8.0MPa），从而使地基得到加固。

2. 旋喷法分：单管法、二重管法、三重管法。

（1）单管法：用一根单管喷射高压水泥浆液作为喷射流，由于高压浆液射流在土中衰减大，破碎土射程较短，成桩直径较小，一般为 0.3～0.8m。

（2）二重管法：用同轴双通道二重注浆管，复合喷射高压水泥浆和压缩空气二种介质，以浆液作为喷射流，在其外围包裹一圈一圈空气流形成复合喷射流，成桩直径 1.0m左右。

（3）三重管法：用同轴三重注浆复合喷射高压水流和压缩空气，并注入水泥浆液。由于高压水射流的作用，地基中一部分土粒随着水、气流排出地面，高压浆随之填充空隙。成桩直径较大，一般有 1.0～2.0m，但成桩强度较低（0.9～1.2MPa）。

3. 旋喷使用的水泥应采用强度等级为 42.5 的普通硅酸盐水泥，要求新鲜无结块。一般泥浆水灰比为 1∶1～1.5∶1，添加外加剂，增加流动性。

六十、试 桩 要 求

1. 锤击桩、静压桩、钻孔灌注桩正式打桩之前，应进行试打桩，以取得有关技术参数。

2. 建筑地基基础设计等级为甲级及地质条件条件较为复杂的乙级管桩基础，宜在正式开工前按不少于 1% 工程桩数量且不少于 3 根进行试打桩。

3. 位置宜选在紧靠地质钻探孔和有代表性的部位，试成桩应详细记录详细过程，验证地质情况的同时取得一些技术参数。为正常施工时提供施工过程的依据。

4. 试打桩桩号应由设计单位提前在图纸中确定，试打桩的情况应将试打桩开始到结果整个过程的重要参数进行描述。

5. 确定工程桩控制标准，由设计单位根据试打桩的情况，确定有关打桩技术参数和控制标准。打桩起止时间要如实记录填写。

6. 由总监理工程师、设计（项目）负责人、施工项目技术负责人、打桩负责人共同签名认可试打桩记录，并注明日期。

六十一、桩 基 施 工 验 收

1. 桩基施工结束后，应对桩位进行检查，桩基工程的验收应在施工结束后进行。

2. 当桩顶低于施工现场，送桩后无法对桩位进行检查时，对打入桩可在每根桩桩顶沉至场地标高时，进行中间验收。待全部桩施工结束，承台或底板开挖到设计标高后，再做最终验收。

3. 打（压）入桩（预制混凝土方桩、先张法预应力灌桩、钢桩）的偏位检查验收依据规范。斜桩倾斜度的偏差不大于倾斜正切角正切值的 15%。

4. 灌注桩的桩径、垂直度、桩位偏差检验验收依据规范。桩顶标高至少要比设计标高高出 0.5m，桩底清孔质量根据不同成桩工艺有不同要求，按规范执行。桩体混凝土按规定留取试件，小于 50 方的桩。每根桩必须有 1 组试件。

5. 工程桩进行承载力检验，检验桩数不应少于总数的 1%，且不应小于 3 根。当总桩数少于 50 根时，不应少于 2 根。

6. 桩身质量检查验收。对设计等级为甲级或地质复杂，成桩质量可低性低的灌注桩，抽检数量不应少于总数的 30%，且不应少于 20 根。其他桩基工程的抽检数量不应少于总数的 20%，且不应少于 10 根。对混凝土预制桩及地下水位以上且终孔后经过核验的灌注桩，检验数量不应少于总桩数的 10%，且不少于 10 根，每根柱子承台下不得少于 1 根。

六十二、预拌混凝土现场坍落度测试

1. 预拌混凝土进入施工现场，施工单位应有专业人员验收。

2. 检查预拌混凝土类别、数量和配合比、预拌混凝土拌合物性能。

3. 查验预拌混凝土的拌合时间，记录搅拌车的进场时间和卸料时间，预拌混凝土的运输时间（拌合后至进场），当不符合技术标准或合同规定不予验收。

4. 测定预拌混凝土坍落度，坍落度不能够满足技术标准时，预拌混凝土不得使用。当出现混凝土坍落度无法满足泵送要求而增大坍落度时，应由监理（建设）单位组织施工单位、生产单位协同处理，并书面记录。

5. 每一车预拌混凝土坍落度均应测定并进行记录填表。

6. 混凝土要进行三方交接单，并签字盖章。

六十三、大体积混凝土测温

1. 浇捣大体积混凝土时，防止温度应力产生构件裂缝而进行温度控制观测。

2. 控制好大体积混凝土中温度应力的产生是防止构件裂缝出现的关键。

3. 大体积混凝土施工前，应编制施工方案。其内容有：

(1) 工程概况：大体积混凝土特点，平面尺寸、浇捣厚度、混凝土强度等级，以及约束条件等。

(2) 做好热工计算：混凝土中心温度计算、混凝土表面温度计算、外约束为二维时温度计算。

(3) 确定混凝土配合比，原材料、掺合料外加剂的初步方案。

(4) 确定混凝土搅拌、运输与浇筑方案。

(5) 确定保温、测温、养护方案。

(6) 保证质量、安全、消防、环保的措施。

4. 选择混凝土配合比，强度不宜过高。

5. 选择外加剂

(1) 大体积混凝土中掺入适当的微膨胀剂补偿混凝土的收缩，并可减少水泥量，降低水化热。

(2) 其次掺入磨细粉煤灰以降低水化热，提高抗渗性能。

6. 适当设置后浇带。

7. 控制好混凝土入模板温度一般以 10~15℃为宜。

8. 加强混凝土养护，一般控制在 10~15d 才能够撤除保温或降温措施，并控制好降温情况。

9. 加强测温管理

(1) 施工应对入模时大气温度、各测温孔温度、内外温差和裂缝进行检查记录。大体积混凝土养护测温应附测温点布置图，包括测温点的布置部位、深度等。

(2) 做好中心温度及表面温度记录并控制好中心及表面温差情况，一般控制在 15~20℃之间。

(3) 做好大气温度记录，随时观察大气温度对混凝土中心及表面温度影响。

六十四、混凝土拆模申请单

1. 施工单位在拆除现浇混凝土结构板、梁、悬臂构件等底模和柱墙侧模前，应填写拆模申请单，报项目监理机构审批，通过后方可拆模。

2. 拆模依据留置的同条件养护的试块或回弹进行确定达到的混凝土强度。

3. 施工单位与监理单位应及时在拆模后共同对现浇混凝土的外观质量和尺寸偏差进行全数检查。

4. 底模及其支架拆除时混凝土强度应符合设计要求，设计无要求应按规范的要求。

5. 对后张法预应力混凝土结构构件，侧模宜在预应力张拉前拆除。底模支架的拆除应按施工技术方案执行，当无具体要求时，不应在结构构件建立预应力前拆除。

6. 后浇带模板的拆除和支顶应按施工技术方案执行。

7. 侧模拆除时的混凝土强度应保证其表面及棱角不受损伤。

8. 模板拆除时，不应对楼层形成冲击荷载。拆除的模板和支架宜分散堆放并及时清运。

9. 当同条件养护试块的强度达到设计或规范要求时，拆模申请单由专业监理工程师审批，签字认可，注明日期。

六十五、地下室渗漏水检测监理应知

1. 地下工程防水等级对"湿渍面积"与"总防水面积"（包括顶板、墙面、地面）的比例作了规定。按防水等级 2 级设防的房屋建筑地下室，单个湿渍的最大面积不大于 $0.1m^2$，任意 $100m^2$ 的防水面积上的湿渍不超过 1 处。

2. 湿渍的现象：湿渍主要是由混凝土密实度差异造成毛细现象或由混凝土容许裂缝（宽度小于 0.2mm）产生，是在混凝土表面肉眼可见的"明显色泽变化的潮湿斑"。一般在人工通风条件下可消失，即蒸发大于渗入量状况。

3. 湿渍的检测方法：用干手触摸湿渍斑，无水分浸润感觉。用吸墨纸或报纸贴附，纸不变颜色。检查时，要用粉笔色划出湿渍范围，然后用钢尺测量长度和宽度，计算面积、标示在展示图上标识。用♯表示。

4. 渗水的现象：渗水是由于混凝土密实差异或混凝土有害裂缝（宽度大于 0.2mm）而产生的地下水连续渗入混凝土结构的现象，在背水的混凝土墙壁表面肉眼可观察到明显的流挂水膜范围，在加强人工通风的条件下也不会消失，即渗入量大于蒸发量的状态。

5. 渗水的检测方法：用手触摸可感觉到水分浸润，手上会沾有水分。用吸墨纸或报纸粘附，纸会浸润变颜色。检查时，要用粉笔色划出渗水范围，然后用钢尺测量高度和宽度，计算面积，标示在展开图上。用 0 表示。

6. 对房屋建筑地下室检查出来的渗水点，一般情况下应准予修补堵漏，然后重新验收。

7. 对防水混凝土的细部构造渗水检测，也应进行修补，后重新验收。

8. 若发现严重渗漏水必须进行具体分析，查明原因，应准予修补堵漏，然后重新验收。

9. 检查内容：裂缝，渗漏部位、大小，渗漏情况，处理意见。描述：湿渍、渗水、水珠、滴漏、线漏等。

六十六、钢结构安装施工的有关要求

1. 钢结构安装检验批应在进场验收和焊接连接、紧固件连接、制作等分项工程验收合格的基础上进行验收。

2. 安装测量校正、高强度螺栓安装、负温度下施工及焊接工艺等，应在安装前进行工艺试验或评定，并应在此基础上制定相应的施工方案。

3. 安装偏差的检测，应在结构形成空间刚度单元并连接固定后进行。

4. 安装时，必须控制屋面、楼面、平台等施工荷载，施工荷载和冰雪荷载等严禁超过梁、桁架、楼面板、平台铺板等的承载能力。

5. 在形成空间刚度单元后，应及时对桩底板和基础顶面的空隙进行细石混凝土、灌浆等二次浇灌，吊车梁或直接承受动力荷载的梁其受拉弦杆上不得焊接悬挂物品和卡具等。

6. 柱、梁、支撑等构件的长度尺寸应包括焊接收缩余量等变形值。

7. 安装柱时，每节柱的定位轴线应从地面控制轴线直接引上，不得从下层柱轴线引上。

8. 建筑物定位轴线、基础上柱的定位轴线和标高、地脚螺栓（锚栓）的允许偏差符合规范规定。

9. 构件现场检查：进场的各种构件应按设计要求和规范要求就行检查。做好进场验收记录。

10. 施工单位应进行施工方案交底：应将钢结构施工方案布置详细的书面交底和口头交底，记录交底的地点，交底人和被交底人要在书面交底上签名认可。

11. 基础标高及地脚螺栓情况：对基础标高进行测量，测出实测值与设计允许偏差与设计允许偏差比较，控制在允许偏差范围内。对地脚螺栓情况进行检查，应符合安装要求。

12. 拼装和安装偏差值：对拼装和安装质量进行检查，测出偏差值控制在规范允许范围内，对于超出允许的偏差范围的应进行处理。

13. 专业监理工程师、质量员、钢结构施工员检查合格后签名认可。

六十七、钢结构高强度螺栓连接施工要求

1. 钢结构安装用高强度螺栓连接，使用前应进行连接摩擦面的抗滑面的抗滑移系数实验和复验，其结果应符合设计要求。

2. 高强度大六角头螺栓连接副终拧完成 1h 后，48h 内应进行拧矩检查，检查结果应符合规范的规定。

3. 扭剪型高强度螺栓连接副终拧后，除因构造原因使用专用扳手终拧梅花头者外，未在终拧掉梅花头的螺栓数不应大于该节点螺栓数的 5%。对所有梅花头未拧掉的扭剪型高强度螺栓连接副应采用扭矩法或转角法进行终拧并做标记，且按规范的规定进行终扭矩检查。

4. 高强度螺栓连接副的施拧顺序和初拧、复拧扭矩应符合设计要求和有关标准的规定。

5. 高强度螺栓连接副终拧后，螺栓丝扣外露应为 2～3 扣，其中允许有 10% 的螺栓丝外露 1 扣或 4 扣。

6. 高强度螺栓连接摩擦面应保持干燥、整洁，不应有飞边、毛刺、焊接飞溅物、焊疤、氧化铁皮、污垢等，除设计要求外摩擦面不应涂漆。

7. 螺栓球节点网架总拼完成后，高强度螺栓与球节点应紧固连接，高强度螺栓拧入螺栓球的螺纹不应小于 1.0d（d 为螺栓直径），连接处不应出现有间隙、松动等未拧紧

情况。

8. 工作内容、节点部位、螺栓规格、初拧扭矩值、终拧扭矩值结果应符合规范规定。

六十八、土建上几个应该注意的检查项目

1. 防水工程试水检查：卫生间、屋面，厨房等有防水要求的地面，需要做防水、蓄水、淋水试验。蓄水一定的高度，经过24h的期限，不渗漏的判定为合格。

2. 烟道、风道、垃圾道检查。

3. 粉刷工程墙面空鼓的检查。

4. 饰面砖空鼓检查。

5. 室内空气质量检测（有资质的检测单位检测出具检测报告）。

6. 不是同一单位施工的交接检查。

六十九、检验批质量验收记录

1. 施工单位自检合格并由质量员填报表格报专业监理工程师进行验收并签认。

2. 对定时检查项目，当检查点少时，可直接在表中填写检查数据。当检查点数较多写不下时，可以在表中填写综合结论。指明检查的数量平均值，是否合格等。

3. 对定性类检查项目，可填写"符合要求"或用符号"√"或"×"。

4. 对既有定性又有定量的项目，当各个子项质量均符合规范规定时，可填写"符合要求"或打"√"不符合要求时打"×"。

5. 无此项内容时用"/"来标注。

6. 在一般项目中，规范对合格点百分率有要求的项目，也可填写达到要求的检查点的百分率。

7. 对混凝土、砂浆强度等级，可以填写报告份数和编号，待试件养护至28d试压后，再对检验批进行判定和验收，应将试验报告附在验收表后面。

8. 主控项目不得出现"×"，当出现打"×"时，应进行返工处理，使之达到合格，一般项目不得出现超过20%的检查点的打"×"，否则应进行返工处理。

9. 有数据的项目，将实际测量的数值填入格内，超过企业标准单未超过国家验收规范的数字用"0"将其圈住，对超过国家验收规范的数字用"△"圈住。

10. 当采用计算机管理时，可以均采用"√"或打"×"来标注。

11. 检验批检查验收，一般项目占检查点的合格率，应符合专业工程施工质量验收规范的规定。

（1）主控项目，应该全部达到验收规范的要求。

（2）一般项目，无论是定性还是定量要求，应有80%及以上检查单达到规范要求，其余的检查点按各专业工程施工验收规范规定。

（3）一般项目合格判定，属于定量要求的，实际偏差最大不超过允许偏差的1.5倍。有些项目除外。如混凝土保护层合格点率应为90%钢结构，实际偏差最大不得超过允许偏差1.2倍。

（4）一般项目属于定性要求的。应有 80％以上的检查点达到规范规定，其余检查点按各专业施工质量验收规范的规定执行。

（5）在验收前，监理人员应采用平行检查、旁站、或巡视等方法进行监理，对施工质量进场抽查，建筑检测等。

（6）验收时，监理工程师应与施工单位质量员共同检查验收。对主控项目、一般项目按照施工质量验收规范的规定逐项抽查验收，专业监理工程师独立得出验收结论，并对得出的验收结论承担责任。如果不符合要求，待处理后再验收。

七十、分项工程质量验收记录

1. 施工单位项目技术负责人组织检查评定后填报表格报专业监理工程师进行验收签认。

2. 专业监理工程师应逐项审查，同意项填写"合格"或"符合要求"，如有不同意项待处理后再验收，并提出问题意见，明确处理意见和完成时间。

3. 专业监理工程师应该核对检验批的部位，区段是否全部覆盖分项工程的范围，有无一两点部位。

4. 专业监理工程师应注意检查检验批无法检验的项目，在分项工程中直接验收，如混凝土、砂浆强度要求的检验批，到龄期后试压结果能否达到设计要求，全高垂直度、全高标高等检查项目要检测结果。

5. 专业监理工程师检查各检验批的验收资料是否完整并依次整理，一判定是否符合规范要求。

七十一、分部（子分部）工程验收记录

1. 分部工程（子分部）工程完成，施工单位自检合格，应填报分部工程（子分部）工程质量验收记录表。由项目技术负责人签字，报总监理工程师验收认可。

2. 分部（子分部）工程由总监理工程师或建设单位项目负责人组织有关设计单位及施工单位项目负责人和技术质量负责人等共同验收并签认。

3. 地基基础、主体结构分部工程完工，施工项目部应先行组织自检，并由施工企业的技术、质量部门验收停签认后填写《分部（子分部）工程质量验收记录表》，由总监理工程师组织监理、勘察、设计和施工单位共同进行分部工程验收，并签字认可。

4. 有分包单位时，填写分包单位名称，分包单位要写全称，与合同或图章一致。分包单位负责及分包技术负责人，填写本项目的项目负责人及项目技术负责人。

5. 资料由总监理工程师负责审查。主要审查：

（1）查资料是否完整，有无遗漏。

（2）差资料的内容有无不合格项。

（3）差资料横向是否相合协调一致，有无矛盾。

（4）查资料的分类整理否则符合要求，案卷目录、份数、页数及装订等有无缺漏。

（5）查各项资料签字是否齐全。

6. 安全和功能检验根据工程实际检测的结果检查。

7. 观感质量验收应符合工程实际情况填写。分为"好"、"一般"、"差"三档。差为不合格，需要处理或返工。

8. 各个参建单位项目负责人在相应栏目里签字确认。

9. 有分包单位的，分包单位应签认其分包的分部（子分部）工程，由分包单位项目经理亲自签认。

10. 核查各分部（子分部）工程所含分项工程是否齐全，有无遗漏。

11. 核查质量控制资料是否按规范、设计、合同要求全部完成，未做的应补做，核查检测结论是否合格。

12. 对分部（子分部）工程应进行观感质量检查验收，对其进行全面检查，并检查分项工程验收后道分部（子分部）工程验收之间，工程实体质量有无变化，达到合格才能够通过验收。

七十二、单位（子单位）工程质量竣工验收

1. 单位工程完工，施工单位组织自检合格后，应报项目监理机构进行工程验收，通过后向建设单位提交工程竣工报告并填报《单位（子单位）工程质量竣工验收记录》。

2. 建设单位应组织设计单位、项目监理机构、施工单位等进行工程质量竣工验收并记录，验收记录上各单位必须签字并加盖单位公章。

3. 进行单位（子单位）工程质量竣工验收时，施工单位应同时填报《单位（子单位）工程质量控制资料核查记录》、《单位（子单位）工程观感质量检查记录》，作为《单位（子单位）工程质量竣工验收记录》的附表。

4. 建设单位组织各方代表组成的验收组成员，按照《单位（子单位）工程质量控制资料核查记录》的内容，对资料逐项进行核查。

5. 安全和主要使用功能核查及抽查。

6. 观感质量验收，分为"好"，"一般"，"差"必须进行修整或返工。

7. 参加验收单位代表签字认可，并加盖单位公章，注明日期，作为工程质量验收的依据。

七十三、建筑给水排水采暖工程资料

1. 材料合格证

（1）管材等主要材料、设备等产品质量合格证及检验报告；

（2）绝热材料产品质量合格证、检验报告；

（3）给水管道材料卫生检验报告；

（4）成品补偿预拉伸证明书；

（5）卫生洁具环保检验报告；

（6）水表、热量表计量检定证书；

（7）安全阀、减压阀调试报告及定压合格证书；

(8) 主要器具和设备安装使用说明书。

2. 施工及试验记录

(1) 排水管道灌水（通水）试验记录；

(2) 给水管道通水试验记录；

(3) 卫生器具满水、通水试验记录；

(4) 管道（设备）强度严密性试验记录；

(5) 管道系统冲洗记录；

(6) 排水管道通球试验记录；

(7) 室内消火栓试射验记录；

(8) 补偿器预拉伸（预压缩）记录；

(9) 水泵试运转记录；

(10) 采暖系统试运行调试记录；

(11) 锅炉报警及连锁保护装置试验记录。

3. 施工质量验收记录

(1) 检验批工程质量记录；

(2) 分项工程质量验收表；

(3) 子分部（分部）工程质量验收表。

七十四、电气安装工程资料项目

1. 材料合格证及检验报告

(1) 变配电设备、低压电力设备出厂合格证、生产许可证及试验记录；

(2) 设备装箱文件；

(3) 电线、电缆、导管、电缆桥架和线槽出厂合格证；

(4) 主要设备安装技术文件；

(5) 电度表检定证。

2. 施工测试记录

(1) 高压电气设备及布线系统交接试验记录；

(2) 低压电气动力设备试运行记录；

(3) 双电源自动设备试运行记录；

(4) 双电源自动切换试验记录；

(5) 漏电保护器模拟动作试验记录；

(6) 电气接地装置隐蔽记录；

(7) 线路绝缘电阻测试记录；

(8) 电缆敷设绝缘电阻测试；

(9) 线路、插座、开关接线检查记录；

(10) 建筑物照明全负荷通电试运行记录；

(11) 大型照明灯具吊环承载力试验记录；

(12) 漏电开关模拟试验记录（动作电流和时间测定）；

（13）大容量电气线路结点温度测量记录。

3. 质量验收记录

（1）检验批质量验收记录；

（2）分项工程质量验收记录；

（3）子分部（分部）工程质量验收记录表。

七十五、通风空调工程资料项目

1. 材料合格证及检测报告

（1）制冷机组等主要设备和部件产品合格证、质量证明文件、装箱文件；

（2）阀门、疏水器、水箱、分集水器、减振器、储冷罐、集气罐、仪表、绝缘材料等出厂合格证、质量证明及检验报告；

（3）板材、管材等质量证明；

（4）主要设备安装使用说明书。

2. 施工测试记录

（1）风管漏光检测记录；

（2）风管漏风检测记录；

（3）洁净室测试记录；

（4）现场组装除尘器、空调机漏风检测记录；

（5）风机试运转记录；

（6）房间室内风量温度风量温度测量记录；

（7）管网风量平衡记录；

（8）管道"设备"强度、严密性试验记录；

（9）管道（设备）吹污冲洗试验记录；

（10）管道（设备）真空试验记录；

（11）空调制冷系统试运转调试记录；

（12）空调水系统试运转调试记录；

（13）制冷系统气密性试验记录；

（14）防排烟系统联合试运转记录；

（15）氨制冷系统、燃气管道焊缝检查记录；

（16）阀门强度和严密性试验记录；

（17）水泵试运转记录；

（18）绝热材料点燃试验记录；

（19）制冷机组、单元式空调机组试运转记录；

（20）通风空调系统无生产负荷联合试运转记录。

3. 质量验收记录

（1）检验批质量验收记录表；

（2）分项工程质量验收记录表；

（3）子分部（分部）工程质量验收记录表。

七十六、智能系统工程资料项目

1. 材料质量合格证、检验报告

(1) 硬件设备及材料产品合格证及检验报告；

(2) 软件产品、软件资料、程序结构说明、安装调试说明及使用维护说明等；

(3) 系统接口产品接口规范、测试方案等资料；

(4) 强制性产品认证文件、生产许可证和上网许可证。

2. 施工技术管理

(1) 设备材料进场验收记录；

(2) 开箱检查记录；

(3) 智能系统工序交接检查记录；

(4) 智能系统施工现场质量管理检查记录；

(5) 智能系统隐蔽工程（随工检查）记录；

(6) 智能系统施工组织设计、施工方案；

(7) 智能系统检测、系统集成检测方案。

3. 施工试验记录

(1) 智能系统工程安装观感功能验收；

(2) 智能系统工程试运行记录；

(3) 智能系统分项工程检测记录表；

(4) 智能系统子系统检测记录表；

(5) 智能系统强制性条文检测记录表；

(6) 智能系统（分部工程）汇总表；

(7) 智能系统竣工验收汇报表；

(8) 火灾自动报警系统竣工验收记录表；

(9) 火灾报警系统运行日登记表。

七十七、电梯安装工程资料

1. 材料质量合格证及检验报告

(1) 电梯设备开箱检验记录；

(2) 电梯主要设备、材料附件出厂合格证、产品说明书、安装技术文件。

2. 施工试验记录

(1) 电梯机房、井道建筑安装交接检记录；

(2) 自动扶梯、自动人行道建筑安装交接检记录；

(3) 电梯承重梁、起重吊环埋设情况检查记录；

(4) 轿厢平层准确度测量记录；

(5) 电梯层门安全装置检验记录；

(6) 电梯噪声测试记录；

（7）电梯运行试验记录；

（8）电梯运行试验曲线图；

（9）自动扶梯、自动人行道整机运行试验记录；

（10）电梯整机功能检验记录；

（11）自动扶梯、自动人行道验收整体功能检验记录；

（12）接地电阻测试记录；

（13）电线绝缘电阻测试记录。

3. 质量验收记录

（1）检验批工程质量验收记录表；

（2）分项工程质量验收记录表；

（3）子分部（分部）工程质量验收记录表。

七十八、质量监督站对监理质量行为监督检查项（宁波地区）

1. 监理单位资质、项目监理机构的人员资格、配备及到位情况。

2. 监理规划、监理实施细则（关键部位和工序确定及措施）的编制审批内容的执行情况。

3. 对材料、构配件、设备投入使用或安装前进行审查情况。

4. 对分包单位资质进行核查情况。

5. 见证取样制度的实施情况。

6. 对重点部位、关键工序实施旁站监理情况。

7. 质量问题通知单签发及质量问题整改结果的复查情况。

8. 组织检验批、分项、分部（子分部）工程的质量验收、参与单位（子单位）工程质量的验收情况。

9. 监理资料收集整理情况。

七十九、质量监督站对建设单位质量监督检查项（宁波）

1. 施工前办理质量监督注册、施工图设计文件审查、施工许可（开工报告）手续情况。

2. 按规定委托监理情况。

3. 组织图纸会审、设计交底、设计变更工作情况。

4. 组织工程质量验收情况。

5. 原设计有重大修改、变动的，施工图设计文件重新报审情况。

6. 及时办理工程竣工验收备案手续情况。

八十、质量监督站对施工单位质量监督检查项（宁波地区）

1. 施工单位资质、项目经理部管理人员的资格、配备及到位情况。主要专业工种操作上岗资格、配备及到位情况。

2. 分部单位资质与对分包单位的管理情况。

3. 施工组织设计或施工方案审批及执行情况。

4. 施工现场施工操作技术规程及国家有关规范、标准的配置情况。

5. 工程技术标准及经审查批准的施工图设计文件的实施情况。

6. 检验批、分项、分部（子分部）、单位（子单位）工程质量的检验评定情况。

7. 质量问题的整改和质量事故的处理情况。

8. 技术资料的收集、整理情况。

八十一、质量监督站对勘察设计单位质量行为监督项

1. 参加地基验槽、基础、主体结构及有关重要部位工程质量验收和工程竣工验收情况。

2. 签发设计修改变更、技术洽商通知情况。

3. 参加有关工程质量问题处理情况。

八十二、质量监督站对检测单位质量行为监督检查项

1. 是否超越核准的类别、业务范围承揽任务。

2. 检测业务基本管理制度情况。

3. 检测内容和方法的规范性程度。

4. 检测报告形成程序、数据及结论的符合项程度。

5. 不合格检测报告的台账及检测报告的处理情况。

八十三、住宅工程质量通病处理程序

1. 工程交付使用后，在保修期内出现住宅工程质量通病时，建设单位应及时组织施工、监理、物业等相关单位及业主（住户）代表进行现场全面检查，做好详细的图文记录，并经各方签字确认。

2. 施工单位根据检查情况提出处理方案，报监理、建设等相关单位审查同意后实施。必要时组织专家论证。

3. 施工单位应按照处理方案实施，并做好施工记录。

4. 监理单位应对施工过程进行旁站监理，并做好监理记录。

5. 修复后，建设单位组织施工、监理、物业等相关单位进行验收，并形成验收记录。

6. 建设单位应收集、整理通病处理的相关记录和资料，并存档。

八十四、住宅工程质量通病控制工程资料

1. 住宅工程质量通病控制工程资料一并纳入建筑工程施工质量验收资料。

2. 住宅工程竣工验收前，应向工程质量监督部门提供下列相关资料：

3. 施工单位的《住宅工程质量通病控制工作总结报告》

4. 监理单位的《住宅工程质量通病控制工作监理报告》

5. 各方责任主体签署的单位工程《住宅工程质量通病控制专项验收记录表》

八十五、住宅工程质量通病控制专项验收

1. 住宅工程施工质量通病控制工程应从地下防水工程、砌体及混凝土结构工程、屋面防水工程、楼地面工程、装饰装修工程、安全防护工程、室内环境工程、建筑节能工程、给水排水工程、电气工程十个控制措施项目进行专项验收。

2. 监理单位监理工程师（建设单位项目技术负责人）组织施工单位项目专业质量（技术）负责人等在对由《建筑工程施工质量验收统一标准》所划分确定的检验批及分项工程进行验收时，应按以上十个项目中相对应包括的内容对工程质量通病控制措施情况进行专项检查，并在检验批及分项工程验收记录的签字栏中，作出是否对质量通病进行控制的验收记录。

3. 监理单位总监理工程师（建设单位项目负责人）组织施工单位项目负责人和质量、技术负责人等在对由《建筑工程施工质量验收统一标准》所划分确定的分部工程进行验收时，应按以上十个项目中相对应包括的内容对工程质量通病控制措施情况进行专项验收，并在相应的分部质量通病控制措施实施检查记录表中填写验收记录。

4. 工程竣工验收前，建设单位应组织设计、监理、施工等相关单位的项目负责人、技术（质量）负责人和各专业负责人进行质量通病控制的专项验收，施工单位应向参加专项验收的各位人员提交《住宅工程质量通病控制工作总结报告》，监理单位应向参加专项验收的各位人员提交《住宅工程质量通病控制工作监理报告》，建设、设计、监理、施工单位的项目负责人应在《住宅工程质量通病控制专项验收记录表》上签署意见，验收合格后方可组织竣工验收。

5. 工程竣工交付后，建设单位应组织设计、监理、施工和物业等相关单位，进行工程质量通病控制效果的专项评估，形成相应的评估报告，作为住宅工程评优的重要资料。

八十六、浒山江以西1号、2号地块项目部监理工作 2012 年度总结

浒山江以西1号、2号项目部，成立于 2010 年1月份，开工日期为 2010 年1月8日，历时三年的时间，建筑面积 17.6 万 m²，地下一层，由 10 栋高层建筑组成，为精装修商品房。目前项目部人员：总监一名，总监代表一名，专业监理工程师 2 名，土建监理员 3 名，安装监理员 1 名。共计 8 人。目前，已完成总工程量的 90%。

1. 本年度完成的工作

2012 年项目部工作主要完成了

（1）10 栋楼幕墙工程面板干挂检查验收监理工作，幕墙预验收工作，幕墙资料签字审核工作。

（2）完成 10 栋 90% 楼精装修监理检查验收工作，完成 90% 精装修验收资料工作。

（3）完成 10 栋楼铝合金门窗安装检查验收工作，完成了 10 楼铝合金门窗的预验收工作及资料签字工作。

（4）完成主体工程屋面、地下室、栏杆等装饰装修工作及资料工作。

（5）完成了市政管线安装监理工作。完成了景观 80％的监理工作。

2. 项目部管理工作

2012 年度，共计召开项目部内部例会 11 次。会议主要进行工作交流，各个分管监理员及监理工程师汇报自己的工作以及存在的问题，由总监分别对问题进行具体的要求并针对工地的控制要求做些具体的说明。并对下月工作具体要求。传达公司总监例会的精神。

总监及总监代表参加公司的每月总监例会，并在每次的项目例会里传达公司的会议精神。

项目部内部根据楼号进行了具体的分工，责任落实到人。总监主要注重策划和具体的工作检查指导，项目人员注重检查和执行工作。项目全体人员参加总监或由总监代表主持的监理例会，每次均达到了预期的效果。使每个监理人员均明确自己一周的工作重点及现场存在的问题，达到了步调一致的效果。

3. 四控、两管、一协调

浒山江以西项目监理部共分为两个地块，1 号地块 2012 年度设 2 人，2 号地块设置了 5 人，根据工程的实际情况进行调节。分别对两个地块进行四控、两管一协调的工作。

主要采取的监理工作形式是：

（1）专监及监理员每天对现场进行巡视过程中，对发现的质量问题、安全问题进行拍照，并口头要求施工单位进行整改，对不整改问题下发监理巡查单（附照片），对下发巡查单也不整改问题，通过总监或总监代表允许下发监理工作通知单，并要求施工单位对问题进行闭合。本工程两个标段共计下发监理巡查单 300 余份，下发监理工作通知单 50 余份。

（2）对大的安全隐患以及合同里规定有关安全、质量、工期等问题，施工单位多次不整改，由总监依据合同签发罚款通知单并报业主，由业主收取费用。本工程监理共开出罚款通知单 20 余份。

（3）针对需要与业主沟通及与施工单位进行沟通的问题，由总监签发联系单给业主，本工程共计签发联系单 6 份。

（4）例会中，施工单位及监理单位采用 PPT 的形式进行汇报。监理的 PPT 汇报主要是进度检查对比照片，安全检查、质量检查、整改回复、工地做得比较好的地方照片，资料问题等。比较直观的反映工地的问题。

（5）本工程分包单位比较多，大小有二十多家分包单位。对精装修隐蔽工程，采取了制定验收计划，并严格按照验收计划执行，参加验收的相关单位在固定的时间参加隐蔽验收，并对验收中检查出的问题在例会中以照片形式提出。对整改不到位的问题下发巡查单或监理通知单。

（6）对渗漏水问题，均进行了每个房间进行了渗水试验，个分管监理及时进行检查渗漏，在大雨过后进行现场屋面房间的检查，并及时汇总，要求施工单位及时进行整改。

各个楼号均进行了烟道串烟试验，对冒烟现场要求施工单位及时进行在、修复完善。

（7）由总监制定预验收计划，并与业主沟通后按预验收计划由总监委托总代进行预验收，包括查资料及现场存在的质量问题。

（8）平时注重召开各个专题会议，解决工地存在的各种问题，并形成会议纪要下发相关单位。

（9）对施工单位报验的资料，不会超过3天，及时进行签字，做到资料的及时性。

（10）对工程量的复核，各个分管专监及监理员均各自把关，根据现场完成量进行有效的复核。不完成项目均被删除，不予上报。并由总监签字上报业主。

（11）对施工单位上报的联系单，分管监理员及专监根据现场情况进行复核，并由总监进行签字确定上报建设单位。

4. 沟通管理

本着公正的第三方进行现场的管理工作，与业主采取联系单及口头沟通的形式。对业主违背建设程序的有关行为及时提出，并有效地采取自我保护的形式，巡查单、通知单以及会议里的PPT等进行下发文件，尽量不与业主发生正面冲突。灵活的掌握工地大局面。业主的上级领导来工地会议上，曾几次表扬项目监理部的工作比较到位。

5. 团队合作

浒山江以西1号、2号项目部全体人员，能够在总监的领导下，步调一致的工作，根据工程的进展情况开展自己的工作，能够完成自己的本职工作。团队意识比较好。

分工管理，在过去多次的培训后，都能够胜任自己的工作，按要求有效地检查工地，发现问题，并解决问题，有问题及时汇报。在例会，在平时，能够顾全大局，完成领导交办的各种任务。

比如资料管理，资料员不在岗的情况下，卢凯与郑军民及时负责管理资料，身兼多职。

卢凯既管理1号楼和5号楼的精装修及幕墙监理巡视检查工作，又管理1、2、3号楼景观市政工作，后又肩负了资料员的工作。

郑军铭既管理1号楼及4号楼的精装修及幕墙监理巡视检查工作，又管理4、5、6、7号楼的市政景观监理现场检查工作，同时也负责一些会议纪要等工作。

周爱惜管理2标段的专监工作，七栋楼的现场幕墙及精装修工作，并负责做2标段的PPT汇总及汇报工作。

孙奇峰负责1标段8、9、10号楼的幕墙及精装修专监监理工作，并负责8、9、10号楼的PPT整理汇报工作。

马旭峰负责8、9号楼的精装修及幕墙工程监理检查工作，又负责8、9、10号楼的景观监理检查工作。并负责1标段的资料管理工作。

杨毅为总监代表，能够严格地贯彻总监的各项指令，并且具体的实施总监的意图。被授权组织了每个月的安全大检查，负责审核了工程联系单，负责审核的工程进度款，大的安全质量问题及时的跟总监取得指令，被总监授权进行各项分项及分部工程预验收工作。分部工程及时的跟业主分部工程有关负责人沟通。即负责整个项目总监交代的工作，又具体负责市政景观的专监工作。较好地完成了总监交代的各项任务。

安装员王铭洪，管理10个楼的安装监理工作，虽然身为监理员却起到了专监的作用；参加工地项目部例会，参加每周的监理例会，并审核施工单位报验的资料，检查现场巡视与土建人员及时进行沟通，对施工单位管理比较严格，劳动纪律比较好，工作到位。

总监侧重团队的管理、协调与沟通，侧重大局及决策。及时纠正内部的各种管理问题。

因此，浒山江以西1号、2号地块项目监理部在三年的时间，多次得到业主领导的认可，虽然在工作中存在问题，但都能够在工作中得到及时的解决。

6. 存在的问题

(1) 有的员工工作主动性不强，习惯让领导指派交代工作，工作不够细致。

(2) 有的员工文化水平不高，需加强自身的学习，以胜任更大、更严格的工地管理工作。

(3) 队伍经验不足。有的魄力不足，有的理论水平有待提高，有的实践经验需提高。

(4) 偶有劳动纪律不强的问题。

(5) 还需更加规范的管理，并且员工的抗压性要加强。

浒山江以西1号2号项目监理部

总监理工程师：李燕

2012年12月7日

八十七、2012年度个人工作总结

1. 2012年的工作

2012年我任余姚众安时代广场项目总监。任慈溪浒山江以西1号、2号地块项目总监。

余姚时代广场总建筑面积33.7万 m^2，两层地下室12.5万 m^2，单体建筑9栋楼。其中，有五星级大酒店一栋，办公楼一栋，其他为精品住宅。分为两个标段，工程在2011年10月24日开工。目前正处在土方开挖及底板施工过程中。2012年的主要工作为桩基工程，总包单位进场前期工作，支撑、压顶梁施工及土方开挖工程。

慈溪浒山江以西1号、2号地块总建筑面积17.6万 m^2，一层地下室，单体建筑10栋楼，均为商品住宅精装修。工程于2010年1月8日开工，目前在精装修收尾阶段。2012年的主要工作为幕墙挂板施工、铝合金门窗施工、精装修施工、市政景观施工。

2. 2012主要工作

(1) 主持召开项目部例会。余姚时代广场项目部召开项目部例会10次。浒山江以西1号、2号地块召开项目部例会11次。

(2) 主持召开工地监理例会。余姚时代广场召开监理例会40余次。浒山江以西1号、2号地块召开监理例会30余次。

(3) 主持召开专题例会。余姚时代广场主持召开专题例会4次。浒山江以西1号、2号地块主持召开专题例会3次。

(4) 主持安全大检查。余姚时代广场主持安全大检查6次。委托督促总代浒山江以西1号、2号地块每月的安全大检查。

(5) 对项目部内部培训交底。余姚时代广场项目部培训7次，分别为：钻孔灌注桩；维护桩；地下室工程（含监测及土方开挖）；安全检查；总监、专业监理、监理员的工作职责；监理资料管理；主体工程。均以整理资料下发监理现场人员。

浒山江以西项目部均在 2010 年及 2011 年进行 8 次之多的培训。

（6）对施工单位进行总监交底。参加为业主方、施工方、监理方所有管理人员，均以交底资料下发施工单位、业主及专业监理。余姚时代广场交底 6 次，主要有：第一次工地例会总监交底；钻孔灌注桩总监交底；维护桩总监交底；地下室工程总监交底；安全总监交底；主体总监交底。随着工程的进展情况进行大的分部及分项工程交底。

浒山江以西 1 号、2 号地块，在过去的 2010 年及 2011 年的两年里，均进行了总监交底，主要有：第一次工地例会总监交底；基坑维护及监测工程总监交底；安全监理交底；幕墙总监交底；精装修样板房总监交底；大的风险源总监交底。

（7）监理日常管理。监理巡视、检查、指令发布，文件传达，签阅监理日常资料，参加业主主持的各种会议，制定分部工程预验收计划并主持等总监的工作，指导并纠正监理人员日常的工作。

（8）利用业余时间进行了监理理论及实际工作经验的总结，写出了 35 万字的电子书。

（9）参加了网上监理工程师的继续教育，考试合格。

3. 工地采取了新的管理方式

（1）监理例会监理人员采用 PPT 汇报管理

余姚时代广场及浒山江以西两个工地，均要求监理内部进行 PPT 模板汇报工地的质量、安全文明施工、进度协调等图片形式汇报。要求现场不允许压问题，及时采取图片的形式在例会里汇报：有进度对比照片，有提出后的问题整改照片，有未整改的照片，有反应工地全貌的照片，有现场检查管理的照片等。慈溪浒山江以西项目采用 PPT 已经运行了有两年半的时间，余姚时代广场项目采用 PPT 运行了有 11 个月的时间。

（2）要求施工单位在监理例会中采用 PPT 汇报

在监理采纳 PPT 管理形式的情况下，要求施工单位例会也采用 PPT 形式汇报，并要求施工单位完善 PPT 的管理内容。具体要求施工单位进度原材料周进场汇报、劳动力人员进场汇报、进度汇报、质量情况汇报、上周及本周计划汇报、需协调的有关事项等。并要求进行月度汇报，监理及施工单位均有月度汇总汇报资料。

（3）平时采用 QQ 群信息沟通协调管理

余姚时代广场为了加强日常的管理信息协调，并把问题消灭在平时，采取了利用 QQ 群的信息管理，要求施工单位项目部管理人员业主人员，监理人员全部加到群中。工地的相关人员如设计、监测、检测等单位相关单位负责人也均加到群中。

要求监理内部巡视及检查验收的问题及时上传至群内，要求施工单位及时整改。施工单位整改后及时上传问题整改后的闭合照片，监理及业主进行复检。

要求施工单位每天上报土方开挖等前一天的工程量，监理人员及业主及时整理工程量每日报表。

要求施工单位在混凝土浇捣的过程中上传本次混凝土计划浇筑量，混凝土坍落度测试情况图片、试块制作图片、配合比单。混凝土完成浇筑后由监理人员上传实际完成量及大体积混凝土浇筑情况图片。

要求监理人员上传混凝土浇筑巡视照片。夜间施工 10 时～11 时上传混凝土旁站图片及总方量浇筑图片。浇筑完毕上传混凝土方量。

　　要求材料验收的具体时间及时在 QQ 群内通知监理人员，要求施工单位验收时在 QQ 群内通知具体验收时间，要求需要协调的有关问题应及时提出。经过四个多月的实践，感觉利用 QQ 群的管理效果明显。QQ 群的信息管理还在不断摸索中，我想随着工程的进展会有更好的效果应用在工程实践中。

　　（4）采用监理通知单、巡查单及罚款通知单的形式对工地进行有效控制

　　①余姚时代广场项目上，采取了对在 QQ 群内要求的问题不整改的单位下发监理巡查单，再不整改的问题采用监理通知单，巡查单及通知单均要求施工单位及时回复。对未整改没回复的在例会里要求施工单位逐依落实，一直不整改的按合同进行罚款。目前已经对某标段一次罚款 5000 元。

　　②浒山江以西 1 号、2 号地块，采用了巡查单及通知单以及罚款通知单的形式。采用罚款通知单由总监签发。截止 2012 年 12 月 8 日浒山江以西 1 号、2 号地块共计开出罚款通知单 30 余份，总金额达十多万元。余姚时代广场项目部签发罚款通知单 1 份，罚款 5000 元。

　　（5）利用巡查、周检及月检进行安全控制

　　总监在安全交底后由每个监理人员分别负责所管理的分工现场工地，每天进行巡视检查安全的动态情况，及时下发巡查单：监理通知单通过总监的同意下发。委托专业监理每周进行周检，由总监、项目经理、业主工程部负责人签字，要求施工单位按时整改。每月总监主持一次安全大检查，施工单位项目经理、技术负责、安全负责人、电工参加，专业监理工程师及安全监理员，业主项目部负责人及业主代表参加检查，由监理下发整改通知单。

　　4. 工作体会

　　（1）总监要对项目部内部及施工单位及业主进行交底，制定规则，并在平时的过程中要求自己及手下严格按此实行。

　　（2）及时纠正现场这样或那样的问题。利用会议、私下沟通、电话，QQ 群、PPT 等形式，让工地形成规范习惯性工作。

　　（3）总监思路清晰制订各种计划是关键，做到有的放矢。

　　（4）注重内部团队协作、分工明确、不搞个人专断、分散工作量。按监理职责管理并指导手下人员的工作。

　　（5）对业主单位不卑不亢、按建设程序、按法规去处理各种问题。

　　（6）对施工单位不吃拿卡要，并严格按照国家验收规范、合同，法规去监理。

　　（7）注重自身的业务及现场实践学习，提高自己的综合管理能力。

李燕

2012 年 12 月 7 日

附录 作者文章精选

过去曾经发表在我的博客以及杂志中，现收列在此。

一、如何做好总监理工程师的一点想法

总监理工程师如何做好自己的工作，结合自己几年做监理工程师，总监代表，总监谈一下自己的看法。

1. 要有一定的专业知识、监理方面的法规知识、一定的实际经验。

总监是工地监理的核心，工地监理的好与坏起着决定性的作用。这三方面的知识是缺一不可的。

今年夏天我们公司搞了一个民意调查，我有幸是其中的一员，参与了调查。分别调查了总监、监理工程师、监理员等30多人。感触很深，有年龄大的总监提出现场很难管，理由是有时控制不住施工方。我想这主要是他在监理方面的理论知识还不太过硬，我们做监理工程师工程的方方面面都应能够控制住的，所以认真考全国注册监理工程师，并把所学的知识用在工作中是很有必要的。最起码不受制于人。

专业知识也是我们总监的重中之重。在质量控制中离不开专业知识。我们公司有一个总监就是可能这方面欠缺，让人们拿来当笑谈，柱子在粉刷前的一道刷水泥浆，他去工地说：这是什么脏了吧唧的，给我搞清爽。这样的总监就连监理员也瞧不起他，更别说施工单位了，一个投资一个亿的工程让他去做工地的总监，最后让甲方给退回了公司。

实践经验也很重要，如果光有理论没有实践经验是不行的，一切全部按本本去做，那将一切工作都是寸步难行的。我觉得总监这三方面的知识是必要条件，缺一不可。

2. 与业主的关系要有张有弛，不卑不亢

目前我们国家的监理我觉得还不是很正规，业主也不很正规，业主大都不太懂建筑方面的法规，他们聘请的一些人有的是只懂一些专业知识的人，或是有实践经验的人。他们有的过多的干预了监理的工作，有时让监理无法工作。这几年我的感触很深，接触了很多各种各样的甲方，有的甲方以自己为中心，有的甲方一切责任都推给监理，有的甲方专门管监理，做好总监与业主协调好确实不是件容易的事，即要把工作做了，还要业主认可，这就是一个总监的综合协调能力了，也就是一个总监的三个方面的技能的综合体现，即：技术技能、人文技能、观念技能。

我觉得对待各种业主要分别对得，毕竟监理的客户是业主，他就是我们的上帝，要让他们满意是我们的目的，又不要出质量事故，又不要出安全事故，又能让上级检查过得去。我监理的一个工地，业主跟施工方搞得很好，业主有时工地例会也不参加，我每次例会还是照开不误，会上的内容由监理起草完下发，都有人员签到单，发给业主，而且对业主是不卑不亢，两次下来，他不得不参加。对待业主不附合法规方面的事，是监理比较头痛的事，又不能跟他硬碰硬的，只好采取一点迂回的办法。下发监理联系单给业主，太严

重的只好报告上级主管了。我的一个工地，业主在没有审批的情况下，打桩中要求自行桩径加大 40cm；既没有设计文件，也没有规划单位的审批文件，实在难办啊！但我要求业主方将文件全部拿来，否则监理拒签字，6 层的房子加地下室，那要增加多少面积呀，如果不提出来，只是一味地听业主的，以后查到了，那不是与业主一样串通了吗？这个事情弄到了公司总经理那，我又给质监站打了电话，最后设计出了个文字的东西，业主也写了保证，以后有问题与监理无责。我想我的责任尽到了，我有原始凭证在手。业主也不会对我怎样。相反他觉得这样对工作负责任很放心。

对质检站也是你的几个电话，都是为了工作上大的原则性的问题提的，他也会对你总监监理的工地很放心。

3. 与施工单位

与施工单位要以事实说话。大问题当仁不让，不服管就上纲上线；按监理规范的要求去做，小问题口头提出，改了就算。

几年下来，我觉得与施工单位的相处也很有学问的，开始进场都是在互相掂量着分量，你不拿出一点能够说服施工方服你的，他是不把你监理放在眼里的，尤其那些有钱的老板，他觉得有钱一切都可以搞定。在协调中既要能拉弓，也要能松开，一味的拉弓，最后也要把自己搞垮的，业主也会叫你走人的。我的一个工地，前几天施工单位在屋面上没有做找平层，就在上面直接放挤塑板，上面直接放了炉渣，监理工程师首先口头通知整改，他们不听，下发监理工程师函，之后施工单位还照样施工。我把这个事情反映给了甲方，第 2 天去解决这个事情，在会上项目经理竟然把下面的人还叫来了，要打监理工程师，作为总监这时一定要给监理工程师撑腰的，这时败下阵来你的工作下一步将无法开展，这个时候就要拿出监理的依据来，监理规范规定的要求，对不合格项，监理方将不签字，承包单位未经许可擅自施工或拒绝监理整改通知的，总监有权签发暂停令。会上，我说这个事情处理不好我会向建委或质监站报告的。施工方的总经理也来了，会上批评了下属，讲了很多客套话，给足了监理面子，那好了，就交给设计单位吧，要求设计认可，那是他们的事了，我认可设计单位的文字东西，哈哈，大获全胜，以后好管多了，很听监理的话。

4. 与下属相处要以诚相待。

在工作中指导，在生活中关心，取其优点。

2004 年我监理的一个工地，建筑面积有 11.8 万 m^2，是一个高档的小区，当初业主对我下面的总监代表印象不好，跟我说了几次他的不足，暗示我要换掉他。我没有按业主的意思去办，这个总监代表很有工作经验，而且工作很认真负责任，有一定魄力，这样大的一个工地没有一定的魄力是管理不住的，尽管他有时的工作方法存在一定的问题。有一次施工中间验收，他说有事没参加验收，质量评估报告在验收会上就下发了，我也签了字，而第 2 天他上班后把发给施工方的质量评估报告都收了回来，说是他没同意。业主很生气，一个函发给了公司，公司又返给了我。我找到他，没有跟他多说，就是一句话：你觉得你这样做对吗？他无言以对。在每次的工地例会上，我总是让监理工程师先发言，让他们把工地的问题都讲出来，我从不怕这样会降低了总监的威信，我会把他们没讲到的讲一讲，再重申一下他们讲过的要做好的事项，这也是调动下属的积极性，给他们一个展现自己的一个空间。工作不是一个人做的，工作没有问题了，下面的人都有凝聚力，这就是总监的成绩。所以，我做总监就是要下属多说多讲，让业主觉得我们是一个战斗的集体，这样也能充分地反映工地存在的问题。在平时闲聊时我也与他们谈天说地，他们有什么话也愿意跟我说。有一个26岁的新员工我带了他2个月，走时他说我像一个大姐姐，他说学到了好多的东西，这是多好的事情啊！

二、监理在工作中要注意的几个问题

这几年的监理工作实践，觉得现场应该注意的几点：

1. 现场监理要选技术水平高有责任心的监理工程师和监理员。只有水平不踏实工作等于没有水平，只有责任心没有工作水平也是不行的。

我公司有一个监理工程师，而因为施工单位在别的工地取了一组试块让其在上面签字送检，他竟然签了。这种作伪证的做法导致他不得不离开了公司。这件事还牵连了很多人。监理工程师的职业道德是很重要的。

2. 专项施工方案一定要认真看，认真审核。一看承重架，二看塔吊，三看脚手架，四看土方开挖；资料一定要齐备。审批措词要严谨，我在施工方案审核最后总要写一句：施工中要符合现行的施工安全技术操作规程规定。这是规避风险。任何工地出了安全事故都是先查施工方案。

3. 工地例会一定要定时按时召开，而且要把问题在会上说明，写在会议纪要中，这就是预控到位，也叫事前控制。平时发生的问题无论施工方是否回函也是要发的。不回复采取各种手段强制回复。去年我的一个工地就是施工方把钢筋都放在了地下室围护的边上，我下发了监理工程师通知单，施工方还以为没事，甲方也认为没事。可几天后，一场大雨导致地下室围护坍方，业主没有说监理不负责任。

4. 自拌混凝土要控制好开盘的检验，由现场监理员自行过磅，这很重要，在平时的检查中要心中有数。总监要检查是否开盘检验。我们这有一个工地，地下室都浇筑好混凝土后，才发现混凝土强度等级错了，这是监理的严重失职，施工方损失了200多万元。总监在配比上也要有时间去抽检一下。

5. 对承重架的支撑一定要严格把关，对大高跨架子总监一定要亲自到现场验收。很多安全的事故都发生在这上。我去年监管的一处工地，有一层6米高，跨度近8米的支撑。施工方施工中没有铺设扫地杆和剪刀撑，监理让他们架设。他们只说边施工边架设。上午我去检查，听说下午要浇筑混凝土，而且下午真的开浇混凝土。于是，我给质监站打了电话说明此事，质监站又给施工单位总经理打了电话说明此事，质监站批评了施工方，这就是安全隐患。

6. 对地下室工程一定要千万注意围护部分，总监一定要掌握第一手资料，要经常地去工地检查，这是非常重要的。

7. 对于日常监理工程师施工验收，总监要做到心中有数，看其水平怎样，不放心的就要多过问，多去现场看看。基础的轴线可能的话一定要总监在场验收的。

8. 砌体工程的粉刷前一定要在两种材料的接合部位挂网，当一个质量控制点去控制，并列为检验批检验，

9. 总监平时要做到心中有数，质量控制点很多，关键要做到事前控制。比如，窗框

的打注发泡剂要督促监理工程师检查验收。项目部的例会要定期召开，好的监理人员一定要表扬，这样才能调动人的积极性。

10. 总监一定要把好中间验收和竣工验收关，对混凝土的原材料等试验资料均要检验，现场具备了验收条件才能验收。在预验收中把问题都反映出来，并要求施工方整改。

三、两层地下室施工中应该注意的几个问题

结合自己现场看到的，听到的，感觉到的，实践过的，我觉得地下室施工中应该注意的几个问题：

1. 设计中如果能用一层支撑最好是不用两层支撑。这样可以加快施工工期，并且可以节约资源。

2. 业主的前期准备工作一定要充分，对于周边的环境能够充分的调查清楚，并且有相应的措施。不能够等到施工中，再去处理前期的工作，这样会造成工期延误，发生很多不可抗力的问题，业主投资增加，施工质量下降。

3. 现场项目经理和施工员以及总监和业主代表的施工经验很重要，基坑施工存在着很多不确定风险，这要靠多年的实践经验积累，才能充分判断。

4. 汽车坡道处要加支撑，以防止拆撑后的土体挤压引起剪力墙的倾斜。这个可能是设计方最容易忽视的，大都是施工单位在经验中总结得来。

5. 后浇带处最好能够用角钢或是槽钢隔断支撑，与楼板整体浇筑在一起，这样拆除支撑时不会引起压缩变形过大。这也是设计方容易忽视的。

6. 大型基坑施工中，维护支撑梁的换撑，设计方应该考虑提前拆除支撑的措施，可以达到分期分批拆除的效果，从而不影响施工的进度，拆除支撑也是需要时间的，这样做为业主争取了更多的时间也为施工单位保证了工期。

7. 土方开挖的降水很重要，我们工地采用了 38 口井，边开挖边抽水，效果很好，现场工作面保持了很干爽，没有大的积水产生。

8. 施工中的管理安排很重要，土方开挖顺序是重中之重，实践经验的积累很重要，不影响工期，有条不紊又能够确保基坑的安全。边开挖边观察，以深基坑检测数据为依据，严格控制开挖的施工进度，而不是想挖多少就挖多少。

9. 出土口的位置支撑梁的加固很重要，大部分设计方是不会在支撑梁的图纸中设计的，都是要施工单位后期制定方案。这要求施工单位在开始施工支撑之前就要提前考虑，并且做好。我们工地是在支撑梁的钢支撑间又加了一个钢立柱，并且把支撑梁在其该部位钢筋加大。出土口位置在打桩期间就增加了旋喷桩的数量，多打了几排。这要在前期施工之前就要考虑好。

四、现场检查要注意的几个问题

1. 主梁施工缝要留在跨中的三分之一范围内。

2. 梁端加密区长度为 1.5 倍的梁高。

3. 柱子焊接接头错开为满足 $35d$ 和大于 $50cm$ 两个条件。底层柱根加密区为柱高三分

之一。上面梁加密区为柱高六分之一。

4. 梁的下部中间三分之一范围内接头应小于等于50％。上部梁端三分之一范围内也应等于小于50％。

5. 柱子混凝土浇筑好后要马上包塑料布，对混凝土柱进行养护。

6. 雨天混凝土施工要随浇筑随用塑料布覆盖，以免水泥浆流失。并应加大混凝土强度等级。

7. 楼梯施工缝要留在踏步的三步以上，接缝处理要进行凿毛，并且要进行套浆处理。

8. 钢筋验收前要对支撑架进行检查验收，按施工单位报上的方案检查。在此之前还要检查扣件钢管等是不是进行了检测，是否合格，不合格是否有方案。

9. 检查高度大于8m，跨度大于18m的梁是否进行了论证。

10. 卫生间一般标高低下3～5cm。

11. 外墙有平台的地方均应在墙上有挡水线。

12. 梁模板里面要设置清扫口。

五、做好监理大纲的一点想法

有朋友要跟我学做监理大纲，因为我当监理时候，做过大纲。我只能从总体把握上说一说思路。

有人说监理大纲好做，做了一个就行了，那一个就是个范本了，就是东抄抄、西抄抄。我不是很同意这句话。我觉得，好的监理大纲应该有针对性，它与监理规划、监理细则、施工组织设计是一样的。何为好，就是在总体框架下，比别人的更有针对性，更能够反映你公司的实力，更能够对本工程针对性的解决问题；怎样能够保证招标文件提出来的要求，也就是响应招标文件的实质要求，而不是简单的抄一抄。有些公司的监理规划和监理大纲一样，千篇一律：厂房是这个规划，高层建筑也是这个规划，甚至钢结构也是这个规划，更出笑话的是道路桥梁也是房建的规划，让人家质监站都查出来了，这怎么能是一个范本就了事呢？

1. 首先要看投标的工程是什么性质的工程，是厂房还是房屋建筑工程，是市政工程还是公路工程。这样你才能选好一个类似工程的监理大纲模板。其实你只要经常浏览网上的论坛，就会收集到很多这类的监理大纲或监理规划模板，包括：道路、桥梁、高层建筑、低层建筑、钢结构、管涵、厂房、预应力等。现在这个年代有了网络，查询资料很方便，只要你用心在网上找，各种资料都会有。

2. 看招标文件的具体要求，是符合性评审，还是技术标占了一定的分值。

符合性的评审，你只要把该有的写进去就好，关键点是组织机构，"四控、三管、一协调"，总之是常规性的写进去就好了，因为这样的标书，评委只看你总体上的要件是否齐全，组织结构、管理措施，按监理规范的要求去写。控制点可多可少，因为主要内容的符合也就可以。

但如果是技术标（监理大纲），不是符合性的评审，或是商务标和技术标各占了一定的权值（一般的技术标大多占30％左右），那就要用心制作这个标书。招标文件会给你提出要求，这时，我认为在总体要求全面的条件下，要逐项列出各项，因为，到时候评委会逐条核对，为了便于评委评议，目录，尽量与内容一致。但是，不能说只是要一致就行，因为懂行的评委不光看你是否满足了招标文件的要求，大纲里该有的内容，你若没有，我想他也不会给你很高的分值。因为，编制招标文件的人，并不一定很懂监理工作，但是有些评委懂，他会挑出一些毛病来。关键还是要满足招标文件的要求，控制点的针对性，如何控制等，反映投标人与其他投标人的不同。

3. 标书的编制人对各种工程都要了解一些，否则不会编制一个好的标书。如果你不了解道路和桥涵工程，你不了解桩基工程，你就不知道往标书里写入针对性的文字，当然，并不是每一个标书内容都是千篇一律的。监理大纲做为投标的文件现在是有些变味。制作标书的人不知道评委喜欢什么样的标，是厚一点的标书好，还是薄一点的标书好。标书厚了就要写得细，而且是越细致越好，工程该有的控制点都有，有人认为就是个好的标书；但是，监理大纲，就是为了承揽业务的一个大纲，内容不宜过多，在实施期间的监理规划和监理细则，才要求详细。评委水平高低不均，实在是难以满足。我曾编制过一个标书，有300多页，内容面面俱到，是个高层建筑，因为这个工程里有小品、景观、绿化，又是深基坑，所以这个标书，比监理规划更详细。后来，甲方的人跟我说，你们的监理大纲是请浙江大学的相关人员编制的吧，编制得这么好。并要求我把电子版给他。这说明甲方很认可这个大纲，这个大纲虽然厚，但内容全面，该有的都有了。

4. 标书中要有针对性的语言，尤其对总监的要求和监理工程师的要求要明确体现。光是有他们的业绩和资质并不一定会打动评委，可以写上总监的组织能力、独特的管理特点等；可以再写曾经监理过的类似工程，管理经验如何丰富等。在有关监理工程师的能力和水平上，务实的东西要写一些，因为评委看到这些会关注这些；从管理工地的责任心、技术能力方面、管理力度、管理经验上写会好些。

5. 排版和装订，要力求做好。以前我曾遇到过一个钢结构的施工单位，他们就是以图做为标书，是很独特的标。过于应付的标书，让人一看就是很没有实力的表现，标书精美一些，让人看了赏心悦目。

6. 目录要尽可能的详细。因为评标的时候，时间急迫评委没有那么多时间详细的看，但是你的标书目录齐全，就会给评委看标书一个方便的感觉，他看你的目录该有的都有了，而且是那么的详细，从直观的感觉上就是这个标书做得比较好。再加上他翻看你标书中的具体控制点，要是很到位的话，他会拿你的标书跟其他标书对比，你的标书优势就会多些。

六、从基坑漏水看施工索赔

工程索赔是在工程承包合同履行中，当事人一方由于另一方未履行合同所规定的义务或者出现了应当由对方承担的风险而遭受损失时，向另一方提出赔偿要求的行为。以下就我工地的具体索赔事项，分析施工索赔。

1. 索赔产生的原因

按索赔产生的原因有：①当事人违约。②不可抗力。③合同缺陷。④合同变更。⑤工程师指令。⑥其他第三方原因。

我们工地在深基坑基础开挖中，基础围护有五处漏水点，基坑几次进水，抢险排水，均由总包单位完成，造成了总包单位索赔。因处理基坑漏水费用达 70 多万元。

本工程原因分析：基础围护结构有两家分包单位，1/2 咬合桩单位施工，1/2 钻孔灌注桩单位施工。且其两家均为指定分包，不受总包单位的管理。

（1）第一处漏水在基坑的西侧

为咬合桩处，因为当初外面施工污水管导致无法施工咬合桩，后打了五根钻孔灌注桩，基础开挖中遇到两次台风，钻孔灌注桩开挖差导致基坑漏水。这五根钻孔灌注桩又是业主另行要求钻孔灌注桩单位帮忙打的。因此咬合桩单位对自己承担这个费用不接受。

这个有不可抗力的因素，因为遇到了几十年不遇的台风，而且业主在其外施工污水管引起咬合桩单位无法施工咬合桩，全部施工完后补打了钻孔灌注桩，钻孔灌注桩施工质量上有问题，而导致了漏水。此处漏水经全力抢险，因正遇到台风，导致整个基坑被淹，费用较大。这个有业主的原因，有施工的原因，有不可抗力的原因。全部由咬合桩单位和钻孔灌注桩单位各 1/2 来承担损失有失公平。

（2）第二处和第三处漏水为咬合桩漏水

此处认定很简单，谁施工谁负责。费用由咬合桩施工方承担。

（3）第四处漏水

业主要求在基坑外开挖污水管井，破坏了外面的旋喷桩。主要原因是前期的准备工作做得不充分而导致，这个应由业主来承担费用。

（4）第五处漏水

是钻孔灌注桩一处的漏水，但其外边是原污水管井，据分析导致漏水是因为污水管所致。这个费用由钻孔灌注桩单位承担，因为，施工单位应该对工程周边的环境有所了解，应该承担这个风险。

2. 索赔

因所有堵漏抢险由总包单位来完成，总包单位按程序递交了向业主索赔报告，符合索赔的程序要求，业主再向各指定分包单位提出索赔。因为没有按程序分包纳入总包的管理，所以只好由业主来完成对分包的管理和索赔工作。

按现行建筑施工合同索赔的程序为：①承包人提出索赔申请。②发出索赔意向通知后 28d 内，向工程师提出补偿经济损失和（或）延长工期的索赔报告及相关有关资料。③工程师审核承包人的索赔申请。④当该索赔事件持续进行时，承包人应当阶段性向工程师发出索赔意向，在索赔事件终了后 28d 内，向工程师提供索赔的有关资料和最终索赔报告。⑤发包人审核工程师的索赔处理证明。⑥承包人是否接受最终的索赔决定。

3. 工期索赔和费用索赔计算

本次基坑漏水的索赔包括了工期索赔和费用索赔。第一处漏水两次，因为业主直接委托了咬合桩单位施工，总包单位向业主索赔工期达 50d，审批后为 30d。因为土方开挖为关键工作，应该给予工期索赔。第四处漏水为没有造成停工损失，只有费用损失。

工期索赔计算有网络图分析和比例计算法两种。

索赔费用的包括：①人工费。②设备费。③材料费。④保函手续费。⑤贷款利息。⑥保险费。⑦利润。⑧管理费。

费用索赔计算方法有实际费用法，修正总费用法等。

4. 做为甲方代表处理索赔的几点体会：

（1）要掌握索赔的基本原理和合同的相关条款。基本原理和合同熟悉才能够合理准确的处理索赔。

（2）要了解现场发生的实际情况。掌握了现场的实际情况，才能够有的放矢，不至于被假象所蒙蔽。

（3）划清各方的责任。责任划清，也就意味着费用和工期索赔条理清楚了。

（4）分清索赔产生的原因。只有原因分析清楚，才能够有理有据的分清责任。

（5）索赔以合同为依据。合同里有通用条款和专业条款，全面的理解和掌握合同对处理索赔很重要。

（6）及时合理地处理索赔。索赔有时限性，超过其时限，将不予受理索赔。

（7）做好前期现场的工作，以减少施工中的索赔。前期准备工作做得不充分，就会在施工中有所反映，造成了索赔，费用相应的加大。

（8）按国家的法律法规进行分包合同管理。不符合要求，最后还是要业主来承担责任。

（9）管理好监理单位，是现场代表处理好索赔关键所在。

七、浅议咨询单位的风险管理策略

工程咨询服务的内容包括：

（1）规划咨询。

（2）专题咨询。

（3）政策咨询。

（4）项目前期阶段咨询（投资机会研究、可行性研究、企业投资项目核准和备案咨询、政策性资金咨询申请咨询、工程咨询评估）。

（5）准备阶段咨询（勘察设计、项目融资咨询、工程与货物采购咨询、招标代理）。

（6）工程实施阶段咨询（合同管理、工程监理、设备监理、项目竣工咨询）。

（7）项目运营阶段的项目后评估。

（8）项目管理咨询。

作为咨询企业如何在市场竞争中立于不败之地，进行有效的风险管理是必要的。

1. 工程咨询单位面临的风险因素

（1）政策风险

工程咨询单位运营过程中由于政策、制度的不确定性或变化导致损失的可能性。比如，笔者了解，我国南方由于经济比较发达、政策性比较好，因而咨询企业就比较多；而我国北方，咨询企业相对比较少。咨询企业承揽业务也要考虑地域的影响。

（2）市场风险

工程咨询市场的价格、汇率不停的涨落、竞争对手的情况会时刻发生改变，竞争格局是动态的，市场信息会不停变化。因而不把握市场的变化，就可能造成损失。

（3）管理风险

缺乏风险管理知识，风险管理规章制度不健全，工程担保和工程保险体制不健全，这些都有可能产生经济风险。

（4）法律风险

在服务合同执行中，有法不依、执法不严。对法律未全面、正确理解，工程中可能触犯法律。比如行贿受贿、招标中弄虚作假、工程咨询服务中不依据法律，而完全以业主的意愿执行等，都有可能触犯法律。

（5）财务风险

资金周转中的风险，很多小的咨询企业抗风险的能力比较弱，一旦没有合适的项目，就会资不抵债，甚至倒闭。

（6）道德风险

这主要表现为咨询从业人员，不规范执业，不遵守职业道德。比如有的监理人员吃拿卡要，不注意自身的职业修养，给监理企业带来了很坏的影响，影响了以后业务的开展。

2. 工程咨询单位风险管理策略

总体的策略是风险承担、风险转移、风险补偿、风险控制。合理配置风险管理所需的人力和财力资源。咨询企业应该根据自身的情况选择。

（1）针对咨询单位的风险管理策略

1）建立规范的内部治理结构。实行严格、科学的战略控制和管理，规避经营风险、市场风险、财务风险。一个咨询企业要在市场定位，研究战略地位，为自己承揽业务打下个良好的基础。

2）健全内部风险控制制度。这包括：内部岗位授权制度、内控报告制度，内控批准制度、内控责任制度、内控审计检查制度、内控考核评价制度、重大风险预警制度、以总法律顾问制度为核心的企业法律顾问制度、重要岗位权利制衡制度等。目前，经营比较好的咨询单位大都是内部管理制度健全，或实行了贯标，有制度可依，有制度可查。

3）建立咨询单位的信用等级制度。较好的履约记录、营业记录、资信情况较高的信用评级，都为企业认真的完成工作奠定了良好的基础。

4）建立责任赔偿制度。咨询单位建立责任赔偿制度，其目的是增加咨询单位的不公正成本，以约束其行为。

5）推广担保制度。提供担保的金融机构或行业协会要慎重地审查咨询单位的承担能力、信用情况，才决定是否提高担保，这将促使咨询单位努力提高自身的业务素质和服务质量，以增加市场竞争能力。

6）建立工程保险制度。工程保险制度是工程咨询机构规避风险和转移风险的重要手段。

7）实行合伙人机制。合伙制通过组织体制上的风险约束，促使咨询单位强化风险意识。

（2）针对咨询人员的风险管理策略

1）强化合同履行意识。这是防范风险的基础。咨询人员必须牢固树立合同意识，对合同做到心中有数，对自身的责任和义务要有清醒的认识，履行自身的责任和义务。以合同为处理问题的依据，在咨询客户委托的范围内，正确行使合同赋予自身的权利，谨慎、勤勉地为客户提供服务，严格履行合同，认真完成本职工作，以避免因工作疏忽带来的风险。

2）提高专业技能。专业和技能是咨询单位和人员提供服务的必要条件，咨询人员应定期参加继续教育和企业的培训，不断获取行业内最新的知识、技术、拓宽知识领域，学习资深专业人士的实际经验。

3）投保责任保险。咨询工作的特性决定了咨询人员的一部分职业责任风险是不能避免的，只能通过保险方式转移。

4）加强自身管理。咨询人员在咨询过程中应与咨询客户、咨询团队其他成员与有关政府部门等各方建立良好关系。

5）提高职业道德素质。咨询人员在工作中必须科学、严谨，处理问题公正、客观。同时廉洁自律，严格遵守职业道德，才能够更好地取得客户的信任，为日后的开发业务打下良好的基础。

八、如何做好业主代表的一点想法

业主代表，在建筑施工合同示范文本中定义为发包人派驻施工场地履行合同的代表。按施工合同，业主代表就是发包人在施工现场履行施工合同代表业主行使自己权利和义务的全权代表。

我做过多年的施工方项目管理工作，做过多年的监理工程师和总监的工作，又做过业主代表工作，接触了各式各样的业主代表。对此，就如何做好业主代表谈点自己的想法。（这是我做业主期间的一点想法）

1. 业主代表要有良好的品格

工程项目管理，业主是上层人物，其项目管理贯彻整个项目的全过程、全方位，他是工程全权责任人和决策者。

这就要求业主代表有较高的水平，有较高的自身素质。业主代表，在工地接触的都是施工单位和监理，或者是设计院的人员，他对施工、监理和设计的绝对控制权。

我接触过的业主，有的对施工单位百般刁难，把在监理合同中委托监理的工作，独揽在自己的手里，让施工单位对他俯首称臣，为自己捞得了一己私利。与老板和国家都造成了很大的损失。

业主代表在工地是业主的代言人，也是一个工地的核心人物，他的作用直接影响了工程的质量进度和投资进度。业主代表应该有完美的人格、工作勤奋、善于沟通、处理问题果断、做事灵活并善于变通，又不失原则。

2. 要有扎实的专业及管理知识

业主代表很多情况下在现场要做出工程决策，工程的质量、造价、进度的买单者都是业主，因而，在现场施工中可能会遇到技术复杂的问题，要借助自身的专业基本功来解决，作为工程项目管理的一方且是最高的组织者的业主代表，他的水平和决策权力，直接影响了工程成功与失败。

我也曾接触过有的业主代表遇事拿不定主意，给工程带来了很大问题，因为业主不能够及时的决策导致时间的拖延造成材料价格的上涨，也有因为时间的拖延而导致工期的拖延。

同时，现场管理要求业主有广博的知识和管理知识。项目管理有各方的管理，施工的管理和监理的管理都代替不了业主的管理，管理的失误会给施工单位造成损失，同时也给业主自身带来了损失。业主代表现场管理涉及很多方面，有地基基础方面的，有结构方面的，有施工方面的，有装饰装修方面的，有安装方面的，有造价方面的，有安全方面的，有管理方面的，有法律法规方面的，一个称职的业主代表知识面要广泛。

我认为，作为业主代表持证上岗及经验都是必要的。我接触过一些业主代表，是业主单位聘请的一些无资格证管理人员，可能是懂得一些基建的人员，有很多是曾经的木工、泥工等，因为跟不上时代的发展，很难处理合同中比如索赔、合同管理等问题，使工程处于有法不能依的地步。有的业主就是拍脑门办事，就因为是业主的地位，施工方、监理方也只能够是听之任之。

3. 要有领导能力

这种领导能力能够使业主代表处于工程中的有利地位。很多监理和施工项目经理，有着多年的现场技术，管理经验。很多时候，他们是看业主的眼色行事，从能力上讲，你的领导能力就能够迫使他们服从你，否则，有的业主代表也就是现场的摆设，只能利用自己的权利迫使施工和监理信服自己。如果碰到职业道德不很好的施工项目经理，再碰到不负责任的监理，那么工程的质量就可想而知了。

4. 业主代表要有良好的沟通能力

业主代表应该清楚，什么时候什么事情应该进行信息沟通和交流，以便及时发现和解决问题。

很多业主单位把现场的"四控、两管、一协调"全权委托给监理，如果业主代表不掌握现场的情况，不进行及时沟通，就很有可能使工程处于不利地位。因为人是有惰性的，包括监理和施工。

我做过多年监理，在很多情况下，业主代表在现场督促和沟通，能够使监理和施工方明了业主的意图。但在我国，很多事情不按照合同履行，使监理和施工方不明了业主意图。当然这也和我国的国情有很大的关系，很多工地业主的老板说了算，而业主代表则是个责任的承担者而已。

5. 业主代表要有丰富的实践经验

这个很重要，很多知识来源于实践，现场很多经验是书本里没有的，这也就是很多的方法中要有专家调查。有了丰富的经验，实践中就可以做到事前控制，未雨绸缪，事半功倍。

如果一个工地，业主方、监理方、施工方、还包括设计方，在各自的经验上都很丰富的话，那么这个项目的成功几率就很高，当然这里的成功包括了质量、进度、造价、安全等。不能够以牺牲进度、牺牲质量、牺牲造价、牺牲安全为代价谈论所谓的成功。这几方面是相辅相成的，是矛盾的对立统一，应该站在全局的角度看这个问题。并不是业主肯花钱，就会有一个优质高效的工程建成。

6. 业主单位要赋予业主代表应有的权利

业主代表在工地现场是代表甲方行使权利，很多情况下都是决策权。比如材料的选择，比如很多方案涉及资金的使用，比如设计变更等。如果业主单位没有给现场业主代表应有的权利，或者虽然给了权利却层层审批把关，架空了业主代表的权利，那么这个工地管理起来也不能够充分发挥业主代表应有的能力，也会使工程不会很好的顺利展开。在实践中已有很多实际例子。我在做业主代表期间也深有感触。

因为业主的一拖再拖，造成了施工单位的工期费用索赔事件比比皆是。这些都说明了责、权、利不对等，造成了施工合同的难以履行。

7. 业主代表要不断地完善自己

完善自己包括不断地丰富自己的知识结构，不断学习理论知识，不断丰富自己实践经验，不断完善自己品格素质、道德法律、人格魅力等。同时培养自己坚强的毅力，处理压力的能力，培育自己良好的人际关系，解决好突发事件的能力。

九、审核深基坑土方开挖注意的几点

根据审核深基坑土方开挖方案，觉得在审核中应该注意以下几点：

1. 工程概况

应该包括：

（1）基坑周边的环境说明，包含建（构）筑物，地下管线设施、周边道路、周边河流、周边高压电等。

（2）基坑支护简要的说明，什么维护结构，什么桩形等。

（3）工程桩类型，施工段的位置说明。

（4）施工进度详细计划，具体的开工日期，竣工日期等。

（5）地质情况，包含地下水情况。

2. 施工准备

（1）施工平面布置图，包含出土口位置，如何设置的出土口、堆场、塔吊位置、起重车停车位、临时设施、施工道路。

（2）管理人员配备，包含现场管理人员名单和施工现场应急小组名单。落实到人头。

（3）施工机械配置，仪器配置。

（4）劳动力配置情况。

3. 基坑土方开挖施工

（1）土方开挖顺序图，包含平面图，剖面图。基坑栏杆维护结构图。

（2）土方开挖施工技术措施，包含挖土、运土、垫层施工。挖掘机数量计算，车量计算。

（3）基坑降水排水措施，包含基坑外的排水，基坑土方开挖期间的降水，挖到基底的排水，现场如何设置的。

（4）施工安全措施包含夜间施工措施、电气安全措施、机械安全措施、对基坑的安全检测措施、对周边环境的检测措施等。

（5）文明施工措施。

4. 基坑支护结构拆除方案与土方回填方案

5. 与现场检测单位、监理单位、业主单位工作协调机制

6. 应急处理方案

7. 施工方应注意的几个图

包括的几个图：施工进度横道图或网络图，土方开挖顺序图，基坑栏杆维护图及周边

排水图，现场平面布置图，土方开挖平面图、剖面图，降水平面布置图。

十、总监理工程师对创钱江杯高层建筑的针对性控制

总监理工程师是工地的灵魂人物之一，他对工地的控制举足轻重，对工地管理得好坏起了决定性的作用。这要求总监理工程师既要有扎实的监理理论基础知识，也要有较高的技术理论水平，还要有多年的工地实际经验，同时还要有组织和管理协调能力。在实际工作中，总监理工程师要按照国家的法律法规及合同要求，完成"四控、两管、一协调"工作，妥善地处理好工地的各项工作，总监理工程师还要能够熟知钱江杯的各种标准，带领监理项目团队为业主提供一个优质的品牌楼房。

针对高层建筑，结合自己这几年的工程实践，谈谈自己对创钱江杯高层建筑工程总监理工程师的针对性控制。

1. 加强对钻孔灌注桩的控制

加强清孔监理控制。清孔的泥浆浓度及时间是保证孔底沉渣量主要的手段。这项工作要求现场监理工程师能够及时的测泥浆稠度，并要测沉渣厚度以满足设计要求。在施工中要加强灌注控制。

2. 基础底板的控制

（1）加强土方开挖及施工过程变形观测的监控

这涉及基坑的安全稳定，总监理工程师必须安排专人负责这项工作，严格按照专家论证过的土方开挖方案实施。加强对周边环境的巡视，结合检测报告及时发现并处理问题。

（2）加强施工方案的审核及施工控制

重点是大体积混凝土方案，高层建筑的基础大多是厚度较大的钢筋混凝土底板。一般底板灌注的体积较大。这类结构由于混凝土水化过程中释放的水化热引起温度变化和混凝土收缩，进而产生温度应力和收缩应力，是造成其产生裂缝的主要因素。因此审核施工方案，要求施工单位方案对大体积混凝土进行理论计算预测。

施工中控制，配合比设计应对配合比进行优化，选用低热水泥加外掺料（粉煤灰、片石等）来替换普通水泥，降低水化热量，同时对覆膜的层数、类型及冷却水管的应用等也必须根据计算结果进行布置，还应加强对"测温孔"的监察，防止混凝土内外温差超过25℃。

（3）加强保温及降温过程的控制

根据施工的计算结果严格监理薄膜的层数、时间，加强冷却水管水流进出水温的测量等。

3. 高层建筑质量通病控制

楼地面、屋面渗漏水，地下室渗漏水，厕所渗漏水，墙面外窗渗漏水，外墙、地面石材空鼓、色差的病是现场监理部日常监理工作重点。总监理工程师应该要求监理部有关人员对以下工作进行及时的检查：

（1）屋面防水工程及厕所、厨房渗漏防治要点及防治手段，现场监理工程师应加强检查、督促验收，并找出有效防治对策。

1）认真监督楼（地）面（厕所、厨房）现浇混凝土四周翻边施工，控制翻边施工高

度（一般为 120cm），翻边应振捣密实不留施工缝并按规范要求控制拆模，防止混凝土留下渗漏隐患。

监控手段：旁站监理与巡视监理相结合，测量翻边尺寸，观察，批准拆模报告。

2）认真监督楼（地）面（厨房、厕所）及屋面部分防水基层粉刷层施工。现场监理工程师加强基层施工监控，尤其板面（垫层）在粉刷前应清理干净，满制水泥浆或其他结合剂应监控，认真监督粉刷层施工。排水坡度（包括天沟、檐沟）、找平层排水坡度须符合设计要求。防止基层粉刷层开裂、起鼓、起壳、起砂。

监控手段：现场巡回监理、观察。对基层结合剂进行见证取样抽检并审查抽检报告。

3）对进场的防水材料，防水层与基层结合涂料等防水材料，监理工程师应查验材料出厂证明、合格证、质保书、现场抽验报告，必要时对上述材料防水性能及结合层涂料与基层结合性进行现场抽查复检。检查报告复检合格，监理部批准用在工程上否则另选材料检验，直至合格。监控手段：审核防水层及基层结合涂料，现场见证取样检查，审查全部资料，包括合格证、出厂证明、质保现场抽检报告。

4）现场监理工程师在防水材料铺贴前，条件许可时，可组织试铺贴。从结合层制备，防水材料涂刷铺贴顺序，卷材搭接要求等进行旁站监理；大面积铺贴按《屋面工程质量验收规范》GB 50207 检查验收，主控项目不合格不允许进行下道工序施工，监理工程师下令整改；一般项目按规范要求验收。

监控手段：现场旁站监理，观察铺贴顺序。搭接方向尺量，搭接宽度是否符合规范要求。

（2）墙面漏水防治要点及防治手段：墙面渗水是又一常见质量通病。而高层住宅建筑墙面及外墙安装的门窗施工质量好坏是防治墙面漏渗水关键所在。项目监理部采取下述步骤监控：

1）外墙砌筑质量监控：按规范要求控制砂浆水平灰缝饱满度应大于 80%，防止通缝、瞎缝、假缝和透明缝。

监控手段：旁站监理、巡回监理，观察"四缝"，抽检水平缝顶头缝饱满度 ≥80%，并按规范要求进行验收，签收验收记录，检查砌筑前砌体充分湿水，杜绝干砖上墙。

2）粉刷前用砂浆砌实脚手洞，所有脚手洞必须用比原强等级高一等级的砂浆填实饱满，用湿水后砖堵实，是隔断墙面渗水重要措施。

监控手段：按规范要求分片检查脚手洞堵实情况，全部验收合格进行下道工序。

3）外门窗框与墙体接缝、嵌缝质量监控。外门窗框与墙面接缝是外墙漏水又一通道，控制接缝质量是防止外墙渗漏重要工作，嵌缝前应认真清理接缝处垃圾、杂物，按设计与相关验收规范规定，要求嵌填接缝填充压条及密封材料的密实性，确保接缝密实不渗漏。

监控手段：监理巡回检查，按规范要求抽检，必要时进行水密性、气密性试验。

4）外墙面粉刷监控。外墙粉刷质量是防治外墙渗漏的最后一道防线。粉刷前认真清除墙面杂物，充分湿水；保证墙面与粉刷层有良好结合，粉刷用砂子应为中粗砂，含砂量符合验收规范要求。粉刷砂浆应分 2~3 层成活，层间粉刷层搭接接头按验收规范要求错开，外墙粉刷分格线设塑料条防渗。

监控手段：巡回监理，观察检查，粉刷前分片验收墙面，审查监控砂子、水泥等材料质量。

（3）墙面粉刷开裂防治要点及防治手段。住宅工程墙面粉刷开裂是施工质量又一通病，尤其在框架结构墙柱结合处，更为普遍。

1）钢筋混凝土柱（梁）与砌体交界处，因材料特性不同而收缩变形或收缩不一致引起粉刷面开裂，根据规范要求应在混凝土与砌体交界处通长固定一条钢丝网或其他纤维材料，宽度在界面两侧各≥200mm，表面刷界面剂。

监控手段：现场巡回监理，观察钢丝网或其他纤维材料固定情况，防止固定不牢固，量测：固定宽度。

2）墙面粉刷开裂防治对策及监控要点：进场粉刷用砂子含泥量过大或采用细砂粉刷墙面将留下很大隐患，必须严格监控。粉刷前清理墙面垃圾、杂物；墙面应充分湿水，保证基层与粉刷结合能力。

粉刷用砂浆应符合设计要求及相关工程验收规范要求，粉刷层应分 2～3 层成活，层间粉刷层搭接接头按验收规范要求错开，应在砂浆初疑后收光。

监控手段：巡回监理，审查进场粉刷用水泥及砂子出厂证明质保书及见证抽检报告，观察：墙面湿水情况及各层粉刷接缝搭接。

（4）楼（地）面铺石材空鼓防治要点及防治手段

1）进场粉刷用中粗砂子的含泥量应严格按施工验收规范要求控制，不合格不允许使用并退场。

监控手段：审查水泥、砂子出厂证明，质保书及现场见证抽检报告。

2）清洁地面污物，保持基层清洁。

监控手段：巡回监理与旁站监理相结合，观察地面基层，旁站监理基层干硬混凝土配合比。

（5）房间分隔几何尺寸不完全成规矩的防治要点及防治手段。住宅建筑房间分隔几何尺寸不成规矩，也是常见质量通病之一，一般不认真检查是不易发现的，后续粉刷，装修承包单位也无法完全弥补土建施工缺陷，它影响装修后室内美观，严重时引起后续装修工作返工。

1）墙体施工前房屋中心线、放线误差应控制在规范要求范围内，不可超出许可范围。

监控手段：测量监理工程师根据设计图纸要求对墙体放线结果进行审查与复测。

2）控制墙体施工质量尤其定位误差、垂直度、平整度：墙砌体第一皮砖（砌体）定位很关键，底层砂浆应饱满密实、平整，第一皮砖（砌体）对中偏差≤±4mm，砌完第一皮砖房间几何尺寸偏差≤±5mm，墙面垂直度、平整度控制在《砌体工程施工质量验收规范》GB 50203 要求范围内。

监控手段：旁站监理与巡回监理相结合，观察、尺量，锤球吊线检查墙面垂直度，2m 靠尺检查墙面平整度。

（6）地下室渗漏水防治要点和防治手段。地下室渗漏水，它影响到高层建筑地下人防工程与地下室正常使用，监理部拟采用下述对策：

1）在混凝土的配置、搅拌及浇筑过程中，严格监控抗渗混凝土原材料及抗渗混凝土配合比、抗渗等级。

监控手段：巡查监理，跟踪检查监控。

2）对必须预留的施工缝，预留穿线套管，严格检查验收，确保止水钢板止水翼环的密封性。

监控手段：旁站监理，每条轴线均检查验收，设后浇带处检查后浇带止水钢板预埋位置加固钢筋及止水钢板密实性。

3）控制支模尺寸的准确，确保有足够的强度、刚度与稳定性，杜绝浇筑过程跑模、胀模影响混凝土浇筑质量而留下漏水隐患。

监控手段：审查支模方案，巡回检查模板支撑情况，强度、刚度及稳定性，检查隔离剂涂刷情况。

4）防水混凝土浇筑过程旁站监理，监控重点为：

① 预留预埋位置振捣密实；

② 施工缝处振捣密实；

③ 前后浇筑混凝土接头处间隔时间自搅拌完成至振捣完成不大于 90min，以确保混凝土的整体密实性；

④ 控制混凝土收光时间在混凝土初凝之前，防止初凝后对混凝土搅动在构件内部留下渗水隐患；

⑤ 控制拆模时间，审查拆模报告及混凝土强度试验报告不满足验收规范条件不允许拆模；

⑥ 加强混凝土养护监控，夏季必须淋水养护 14d，一般天气淋水养护 12d 左右，并监控覆盖保湿；

⑦ 地下室外墙防水层施工是提高地下室防渗漏的重要措施，监理工程师将旁站监理地下室的防水层施工确保防水层施工质量；

⑧预留后浇带施工是地下室防水的又一关键：

A. 后浇带必须在地下室（或主体结构）施工完成以后施工，确保后浇带两侧结构沉降趋于稳定，混凝土收缩变形到位，防止浇完后出现较多收缩变形或不均匀沉降引起结构破坏。

B. 后浇带混凝土浇筑前应认真清理后浇带两侧混凝土、钢筋、止水钢板上污物、锈斑，抽干后浇带内积水，确保后浇带干燥无污染物。

C. 清除后浇带两侧混凝土（止水钢板上下部）浮浆及松动石子。

D. 后浇带混凝土强度等级较主体混凝土高一级并且按要求填微膨胀剂的同防渗等级防水混凝土。

E. 加强后浇带养护，其养护时间不少于 7～14d。

⑨ 加强回填土回填过程的监控是保护防水层质量又一手段，回填过程中要防止野蛮施工，防止破坏防水层。

4. 高层建筑的安全控制

(1) 基坑支护

1）基坑开挖前，要按照土质情况、基坑深度及环境确定支护方案。

2）深基坑（$h \geqslant 2m$）周边应有安全防护措施，且距基坑（槽）1.2m 范围内不允许堆放重物。

3）对基坑边与基坑内应有排水措施。

4）在施工过程中加强坑壁监测，发现异常及时处理。

（2）脚手架

1）高层建筑的脚手架应经充分计算，根据工程的特点和施工工艺编制的脚手架方案应附计算书。

2）架体与建筑物结构拉结：二步三跨，刚性连接或柔性硬顶。

3）脚手架与防护栏杆：施工作业层应满铺，密目式安全网全封闭。

4）材质：钢管 Q235（3♯钢）钢材，外径 48mm、壁厚 3.5mm，焊接钢管、扣件采用可锻铸铁。

5）卸料平台：应有计算书和搭设方案，有独立的支撑系统。

（3）模板工程

1）施工方案：应包括模板及支撑的设计、制作、安装和拆模的施工程序，同时还应针对泵送混凝土、季节性施工制定针对性措施。

2）支撑系统：应经过充分的计算，绘制施工详图。

3）安装模板应符合施工方案，安装过程应有保持模板临时稳定的措施。

4）拆除模板应按方案规定的程序进行先支的后拆，先拆非承重部分。拆除时要设警戒线，专人负责监护。

（4）施工用电

1）必须设置电房，两级保护，三级配电，施工机械实现"四个一"；施工现场专用的中心点直接接地的电力线路供电系统中心采用 TN-S 系统，即：三相五线制电源电缆。

2）接地与接零保护系统：确保电阻值小于规范的规定。

3）配电箱、开关箱：采取三级配电、两级保护，同时两级漏电保护器应匹配。

5. 创钱江杯的资料控制

创钱江杯工程，不仅对监理的"四控制"要求很高，同时对信息管理及合同管理要求也很高，这就要求监理单位在掌握国家性的建筑资料要求及《宁波市建筑工程资料管理规程》地方性资料的同时，还要全面的掌握《浙江省建设工程钱江杯奖（优质工程）结构质量要求细则》，对钱江杯优质工程中结构工程施工资料评价标准，及对钱江杯优质工程中结构工程施工管理工作评价标准有个全面的了解掌握，并在监理的工作中认真的实施。确保钱江杯评价标准要求得以有效控制。

（1）控制要求细则实施

1）施工资料管理文件

在开工前，总监要对监理进行明确的交底，关于资料控制的有关条款，做到事前控制，要求施工单位配备素质高的资料员，在各项管理中，按照国家地方标准去实施，按照钱江杯的有关要求去实施。

按照钱江杯优质工程中结构工程施工资料评价标准（试行）去评定，督促要求施工单位报审资料要及时、齐全、完整。

2）施工现场准备、技术资料

督促检查施工单位报验施工准备技术资料和有关结构工程的资料，达到准确、及时、完整，确保评定为优。杜绝评价一般。

3）地基处理记录、设计变更记录等

保证"地基处理记录"及"工程图纸变更记录"子项中有关结构工程的资料，达到准确、及时、完整。

4）施工物资材料、构（配）件质量证明、复试报告

控制施工单位施工材料预制构件质量证明文件及"复试试验报告"中子项中有关结构工程的子项资料，达到准确、及时、完整。

5）施工记录、试验记录、隐蔽工程验收

"施工试验记录"中子项和"隐蔽工程检查记录"中子项，以及"施工记录"中子项中有关结构工程的资料，达到准确、及时、完整。

6）施工验收、质量评定资料

工程质量事故处理记录及"工程质量检验记录"中子项中有关结构工程的资料，达到准确、及时、完整。

7）施工资料整理及时性、审核手续完备性

要求施工单位上述类资料都能及时收集，审核手续完备，且资料整理有序，查找方便。

8）施工资料内容齐全、真实、正确

确保施工资料内容齐全、真实、正确，能真实反映工程结构质量。

9）施工资料管理水平

对整个施工资料管理由总监亲自负责，由专职资料员负责实施，事先有策划。要求施工单位专人负责收集、整理及时到位，用表统一、填写清晰、字迹清楚、签认审核完整，便于查找。

（2）按钱江杯优质工程中结构工程施工管理工作质量评价标准去组织实施

1）质量计划目标预控措施

要求施工单位，事先应有有关质量创优目标和计划，并有相应的质量保证体系和组织，人、财、物预控措施监理应加以检查。

2）组织机构、质量体系、过程控制有效性

要求施工单位组织机构完善，人员固定，质量体系运行正常，能按施工进程及时研究相应措施，解决施工中的难点和问题，确保施工质量达到预定目标。

3）与顾客沟通畅通的程度

督促施工单位定期召开施工协调会，各种交底会议，及时签发和签认联系单，与建设、设计、监理、分包、质监等各方创优目标一致，相互支持，关系融洽。

4）施工方案的针对性

要求施工单位根据工程结构的特点、难点制定针对性的施工方案，并按规定程序审定和按施工方案组织实施，在实施过程中发现的问题，能按规定的权限进行处理。

5）技术交底的可行性

督促检查施工单位技术交底、施工方案交底、工种交底以及班前交底都能认真做到。

6）管理文件贯彻实施程度

督促检查施工单位管理文件包括企业制订的各种有关质量的文件，特别是企业制订了各种工法和作业指导书，并能切实执行。

7）管理工作质量在施工现场结构质量的实效

督促检查施工单位现场管理有序，结构质量好，要保证工程创安全与文明施工省级标

准化工地。

8）管理创新、科技进步状况

督促检查施工单位在工程中开展 QC 小组活动，施工工艺有创新，应用新材料、新工艺、新设备和新工具。

（3）监理在工程中资料的控制

在开工前，总监理工程师要求施工总承包企业向建设、设计、监理、质监、建设主管部门、协会申报创优计划。总监理工程师应该对申报的每项结构工程根据结构施工进度，进行定向检查和随机抽查，安排专门的监理人员做好每次定向检查的记录，定向检查一般2～3次。总监理工程师要组织项目部有关监理人员认真学习钱江杯的有关检查评定要求，学习钱江杯优质结构工程质量的评审要求标准，按照要求去检查验收。要注重事前控制，把一些隐患消灭在萌芽中。要配合检查评定小组，提供真实完整的资料。

监理在检查中要坚决杜绝下列情况的发生：

1）结构工程未经定向检查即进行了抹灰等后续隐蔽工程施工。

2）使用国家明令淘汰的建筑材料、构（配）件、设备产品等的工程和不符合国家有关环境污染控制要求的工程。

3）在申报或评审过程中因质量缺陷被投诉、举报。

4）结构实体检测达不到设计和规范要求的工程。

5）施工现场发生四级及其以上重大事故。

6）主体结构验收时发现有渗漏现象的工程。

十一、地下室施工监理控制要点

随着城市高层建筑的发展，一层地下室已经基本普遍，两层及以上的地下室也不断的增多起来，做为现场监理工程师，地下室工程施工，对其安全性要求较大，对施工单位及监理工程师的技术水平要求的也比较高，就监理如何控制地下室施工监理，谈点自己的看法。

1. 支护结构的方案审查及监控

（1）审查支护工程设计承包单位资质、设备、以往工程业绩以及人员上岗证，判定承包单位能力，确保其符合本工程施工需要。

目前工程大部分是通过招投标工程而接的业务，因此，在监理中是例行程序审查，只有符合招投标的人员资质就可为合格。

监控手段：考察支护承包单位及了解其已完同类支护工程成功的实例。人员必须与招标人证对齐。

（2）在熟悉本工程地下室设计要求和工程地质勘测报告基础上，及时参与建设单位组织的支护工程方案论证，积极参与建设单位组织的支护桩设计图纸的审查。可以针对支护图纸及勘察报告及周边环境提监理建议。

监控手段：熟悉图纸，理解工勘报告，详细了解本工程地质特点与土质对支护工程的影响，对支护设计要求重点做到心中有底。参与支护方案论证，提出监理的意见。

（3）审查设计，拟定监理对策，吃透图纸，查找设计是否有问题，根据图纸制定监理对策。

监控手段：对支护设计在前期论证基础上进一步论证、审查，找出支护施工中的关键节点及监理对策，确保支护工程施工在监理有效监控之中。

（4）审查承包单位支护结构施工设备、进厂原材料（水泥、砂、石、钢筋、焊条焊剂及采用的止水材料等），审查出厂证明、合格证、质量报告同时按要求进行见证取样送检，合格者允许进场使用，不合格者责令退场，另选材料，再报再审直至合格。

监控手段：审查支护结构施工机具设备的合格证、准运证、机械编号证及其他有关资料确认施工机械处在正常状态。

（5）审查支护工程施工组织设计（或施工方案）

监控手段：对施工组织设计（或施工方案）进行分解论证，分析其针对性、合理性及可操作性，对关键工序作为重点审查。

（6）审查基坑支护监测方案，是否符合现场实际，周边的控制点是否符合本工程的实际需要，对周边的控制监测是否能够满足本工程的控制要求。工程中每日审查监测单位报验控制的监测资料。达到报警值的要求施工单位采取措施，并且及时的召开现场会议，问题及时的反馈给设计单位。严重的进行抢险处理。

（7）对支护结构工程桩及止水围幕现场施工监控

监控手段：旁站监理，对支护结构桩严格按桩身施工要求，监控要点（细则）监控，止水帷幕按止水帷幕施工要求监控要点（细则）监控。

（8）土方开挖及地下工程施工至回填完成期间边坡稳定检测监控

监控手段：指令承包单位作出基坑边坡稳定性监测方案，并报审方案可行性，承包单位在检测期间，测量监理工程师进行复测并留有详细记录，发现异常变化及时向总监并通过总监向建设单位报告，作为基坑支护进一步决策依据。

2. 基坑开挖施工监控要点和监控手段

（1）严格监控施工过程，按已施工完支护放线开挖，同时控制开挖时间保证支护结构强度。

监控手段：巡视监理，按批准施工组织设计要求监控，检查基坑放坡位置是否与支护协调，严格控制土方开挖时间满足支护结构强度要求。

（2）土方开挖监控：按土方开挖施工方案（审批后）分层开挖，每层开挖深度为0.5～0.8m，杜绝一次开挖到位，造成土应力急速释放，引起支护系统受力过大而变形破坏，控制挖土标高，当土方挖至距设计标高20cm时，应保留10cm基土人工修坡，防止超挖，监控挖土机运行线路，杜绝挖土机在同一位置反复碾压造成基土人为破坏，严格防止挖土机械损坏已成桩身。

监控手段：旁站监理，观测，协调土方开挖施工现场测量开挖深度及开挖标高。

（3）基坑外截水、基坑内排水监控。

基坑开挖后，坑内应在四周设立排水沟，分段设置集水坑，随机抽除基坑集水，基坑上部距边坡1000mm四周设截水沟截断坑外水流入基坑。

监控手段：巡回监理，检查排水沟、截水沟构造、断面尺寸，坡度是否符合施工组织设计要求，观察基坑上截水沟与基坑内排水沟，监督及时抽水。

（4）土坡边坡监控手段

巡查监理，督促承包单位准备防雨布，在大雨及雪天之前对土坡全面覆盖保护，要求承包单位应在边坡顶设变形监控点，敦促承包单位定期进行边坡稳定性观测，测量监理工程师进行复验，并留有详细记录。当出现异常情况及时报告总监、建设单位与相关单位作出相应决策。建设单位应聘请有资质单位进行边坡监测。

3. 地下室底板施工监控要点和监控手段

（1）检查砂石质量和试验报告，检查水泥和钢筋焊条（焊剂）的出厂合格证及现场见证抽验砂、石、水泥、钢筋焊条（焊剂）质量报告，检验钢筋外观质量。钢筋接头经试验合格后方准使用。

监控要求：主控项目不合格者严禁现场使用，并责令退场。

监控手段：现场巡检并审查材料三证及抽查复验报告。

（2）检查模板轴线尺寸、标高、断面尺寸、预留孔洞位置、尺寸，预埋件数量、尺寸、位置、标高，检查模板支撑是否符合批准的支模方案要求，并检查是否牢固。

监控手段：审核批准承包单位的支模方案，现场巡视监理，经纬仪、钢尺丈量模板几何轴线，预留孔洞、预埋件尺寸，肉眼检查支模牢固情况。

（3）查验安装好的钢筋，确保钢筋形状、直径、数量、位置及搭接长度、预留插筋及锚固长度符合设计与验收规范要求。

监控手段：现场巡视监理，根据设计图纸肉眼观察、计数，钢尺测量，对到绑扎现场成型钢筋按规范要求每一检验批都进行验收。

（4）混凝土搅拌和混凝土浇筑。严格按配合比规定材料、添加剂品种计量投料。目前大部分为商品混凝土，因此，调查搅拌站距离工地的远近，运输时间，满足规范要求。加强现场振捣控制。根据现场施工情况及规范要求，会同施工人员随机取样做好试块。

监控手段：审查商品混凝土的配合比报告，浇筑混凝土全过程旁站监理：

1）根据现场挂牌符合配比报告的配合比，经常考场拌和站的配比情况。

2）浇灌现场监理工程师严格检查浇筑顺序、振捣时间，检查浇筑混凝土振动情况，根据大体积混凝土浇捣方案实施，确保不漏振，保证混凝土浇捣密实，并控制混凝土接头处浇灌时间上下层混凝土注料时间间隔不超过初凝时间。

（5）根据混凝土浇筑时间和混凝土强度报告批准承包单位拆模报告，现场巡视检查拆模情况，对拆模后出现的质量问题分清一般质量问题和严重质量问题以分别处理。

监控手段：监理员现场巡视监理，逐一检查拆模混凝土构件，一般质量问题经监理工程师检查确认后，同意承包单位修补并认真做好记录，严重质量问题承包单位写出质量事故报告，经建设单位与设计部门同意后，按设计要求进行加固。

4. 对厚度较大的钢筋混凝土底板结构的监控。

大体积混凝土浇筑，关键是采取措施解决水化热引起的体积变形问题，以最大限度减少开裂。结构断面尺寸最小在 80cm 以上，水化热引起混凝土内最高温度与外界气温之差，超过 25℃。

监理应该根据大体积混凝土的特点，有针对性的监控措施，根据施工单位的监控措施，去组织检查。

（1）监理工程师应检查混凝土拌合料的浇筑温度

对混凝土拌合料的浇筑温度影响较大的是石子和水。在气温较高季节或经计算混凝土内外温差不满足要求时,首选降低水温,次选降低石子温度。夏季为防止太阳的直接辐射,应在砂石堆场搭设简易装置等措施。商品混凝土主要考查搅拌站的现场条件,监理提出具体的要求。

(2) 去搅拌站检查混凝土的拌制

1) 保证混合材的质量,加强材质检验,检查混凝土试配情况。

2) 外加剂及膨胀剂掺量是否准确,掺量误差应控制总掺量的±1‰以下。

3) 搅拌均匀。外加剂及膨胀剂在新拌掺混凝土中应分布均匀,避免局部过量引起不良后果。

4) 加料顺序:采取同掺法,液体外加剂加水稀释后同其他材料同时掺入,粉状外加剂、膨胀剂、粉煤灰和水泥同时加入搅拌机。

(3) 检查混凝土的输送

1) 采用商品混凝土时,检查混凝土搅拌运输车的数量必须满足混凝土的连续浇筑的要求,一定要避免施工冷缝的出现。

2) 检查高温季节,对混凝土的输送管、混凝土泵的安装地点应采取覆盖、遮阳措施。

3) 检查配置混凝土输送泵的数量,以满足混凝土浇筑方法的要求。

(4) 检查浇筑方法

1) 分层连续浇筑:检查分层厚度不大于 600mm,非泵送混凝土的分层厚度不大于 400mm,检查混凝土振捣器与混凝土的和易性。检查分层间的时间间隔,不超过混凝土的初凝时间。

2) 推移式浇筑法

检查施工中是否采用分层浇筑。

3) 采用插入式或其他类型振捣器振捣,检查钢筋密集区即墙、柱、梁相交处采用小直径插入式振捣器。振捣以表面是否水平,不再显著下降,不再出现气泡,表面泛出灰浆。

4) 泌水处理:可在板四周侧模的底部、上口开设排水孔,使多余的水分从孔中自然排出,或采取其他措施。

(5) 检查混凝土的养护

监理工程师应该根据以下的措施实施监控,检查。

1) 降温法

A. 在混凝土内部预埋循环水管,通过冷却水降低混凝土内部最高温度,这种方法需准备两台水泵和调温水池。

B. 垂直换热水管法。

在大体积混凝土内部垂直竖立的钢管,管口高于混凝土的上表面。在混凝土升温阶段,采用塑料管之类插入钢管底部置换出高温水,这样高温水在混凝土表面可提高表面温度。

2) 蓄水养护

在混凝土终凝后,在大体积混凝土的表面蓄以一定高度的水。由于水的导热系较小,且有一定隔热保温效果。可以控制混凝土表面温度与内部中心温度差。

3) 保温法

覆盖方法：板表面混凝土浇筑结束，用木抹子抹平，碾压后，约过 12～20h，先铺草袋或薄膜，根据不同季节及温度监测情况，大约在 1～3d 之间，混凝土内部开始降温之际，再完全铺至需要覆盖厚度。

先覆盖草袋或薄膜应根据季节、混凝土的配合比设计、养护时间等确定。在混凝土养护期间应保证混凝土表面湿润。检查专人负责养护的人员是否按要求养护。

（6）温度跟踪监测

信息化施工在混凝土养护过程中，需对大体积混凝土升温、内外温差、降温速度及环境温度等监测，测温方法可采用电子测温，也可以采用简易的测温方法。

监理工程师在控制中应定点定时检查温度控制情况，如有不符合要求稳定，责令施工单位及时地采取措施整改。

十二、浅谈监理工程师的主动控制与被动控制

1. 主动控制与被动控制的概念

工程监理主要是对承包商的建设行为进行监控的专业化服务。目标是监理控制的标准，工程建设过程中，是动态的，动态控制监理的主要控制方法，按照控制措施制定的出发点，动态控制可以分为主动控制与被动控制。

一个好的监理理工程师应该能够充分运用主动控制与被动控制的基本原理，充分的为业主把好关，使目标得以实现。

主动控制是在预先分析各种风险因素及其导致目标偏离的可能性和程度的基础上，拟订和采取有针对性的预防措施进行控制，从而减少乃至避免目标的偏离，以保证计划目标得以实现的控制方式。是一种前馈控制，又是一种事前控制。

被动控制是在项目实施过程中发现偏差，通过对产生偏差原因的分析，研究制定纠偏措施，及时纠正偏差的控制方式。被动控制是事中控制、事后控制，反馈控制和闭环控制，是一种面对现实的控制，虽然目标偏离已成为客观事实，但是通过采取被动控制措施，仍然可能使工程实施恢复到计划状态，减少偏差的严重程度。是一种反馈控制。主动控制和被动控制对监理工程师来说缺一不可，都是实现项目目标控制所必须采取的控制方式。

2. 实际工作控制中对监理人员素质要求

笔者以为，作为一名合格的监理工程师，应该是以主动控制为主，而以被动控制为辅。目标控制的好与坏，跟监理工程师的自身的素质有很大的关系。我国对监理工程师的素质要求比较高，要有较高的理论水平（大专学历）和复合型的知识结构，有丰富的工程建设实践经验，良好的品德和职业道德，良好的敬业精神，健康的体魄和充沛的精力。监理只有具备以上综合的素质，才能够做到：严格监理，优质服务，公正，自律，廉洁自律。

我国目前监理工程，大部分为施工阶段的监理，监理的主动控制与被动控制，与监理的自身素质密不可分。

笔者曾经接触过一位老总监，现场经验丰富，每次工地例会上，都能够把近期施工单位可能发生的问题，事先在会上予以说明，提请施工单位的注意。而不仅仅是检查发现了

的问题，才要求施工单位整改，起到了事前控制，因而也起到了预控的效果。这就是监理工程师施工现场经验的重要性，而没有现场经验的监理工程师只能够是事后控制。

笔者在做监理工程师的时候，还曾发生过这样一起事情，一起电梯井的检查验收，施工单位经过层层的钢筋、木工施工，质量员的检查验收后，要求监理进行验收。质量员、施工员都说看下就行了，不用再认真检查量尺寸，都已经校核好。笔者在检查验收中发现了施工单位尺寸偏差24cm，原因在施工单位没有按变更单进行施工，因这个变更单在开工时候下发，时间已经过去了很久。变更单没有引起施工单位的重视，而按照原图纸施工，因此，引起了施工单位的错误施工，从这件事情上，我觉得做为监理工程师敬业素质的重要性。如果不检查，施工单位想当然的经过了几个环节的程序，以为不会有问题，但会造成很大的人员材料的浪费，更严重者会影响业主的电梯安装，达不到应有的监理成效。

笔者还曾接触过一个工地，在土建单位挖出预应力管桩后，才发现少了一根，现场监理记录里却是一根都不少，这就足以说明监理缺乏足够的责任心。

笔者曾了解过，有一些没有大专学历，只有职业学校学历的毕业生都在做监理。有的甚至根本就没有接触过工程的人，也都来做了监理，监理成了学习的大课堂，在工作中，根本达不到主动控制的要求，被动控制也起不到应有的作用。从图纸到现场验收，不能很好地发现问题。有的监理人员，对施工单位吃拿卡要，从而使监理的形象大打折扣，没有了监理应有的职业道德。

3. 主动控制与被动控制的关系

监理在工作中主动控制与被动控制的合理使用，是监理工程师做好工作的保证，按照目标控制的组织措施、技术措施、经济措施、合同措施予以保证目标的得以实现。主动控制可以解决将教训上升为经验，用以指导拟建工程的实施，起到避免重蹈覆辙的作用，降低偏差发生的概率及其严重程度。被动控制通过发现偏差，落实并实施纠偏措施，减少偏差的严重程度，达到控制的效果。

对于现场监理工程师，针对项目目标控制，主动控制和被动控制两者却一不可，在保证监理人员的自身素质情况下，把主动控制和被动控制紧密地结合起来，加大主动控制的比例，在实施工程中进行定期，连续的被动控制。保证项目质量目标，进度目标，投资目标和安全目标得以实现。从而为业主提供一个优质高效的工程，起到监理应有的作用。

4. 主动控制与被动控制的采取的措施

监理工程师在现场要求施工单位充分的运用主动控制与被动控制，加大项目部的管理力度，采取以下有效的主动控制和被动控制措施。

（1）主动控制采取的措施：

1）详细调查并分析研究外部环境条件。

2）识别风险。

3）用科学的方法制订计划。

4）高质量地做好组织工作。

5）制定必要的备用方案。

6）计划应有适当的松弛度，即"计划应留有余地"。

7）沟通信息流通渠道。

（2）被动控制采取的措施：

1）应用现代化管理方法和手段跟踪、测试、检查工程实施过程，发现异常情况及时采取纠偏措施。

2）明确项目管理组织中过程控制人员的职责，发现情况及时采取措施进行处理。

3）建立有效的信息反馈系统，及时反馈偏离目标值的情况，以便及时采取措施予以纠正。

因此，对一名合格的现场监理工程师，素质要求很高，要在不断的学习过程中能够充分的运用主动控制和被动控制，采取必要的主动控制和被动控制措施，不断提高自身的素质，才能够做好现场的监理工作。

十三、浅谈泥浆护壁钻孔灌注桩监理的质量控制

1. 监理要了解钻孔灌注桩适用场地条件及地质报告

按承载力分为端承桩、摩擦桩、端承摩擦桩、摩擦端承桩。要了解桩的种类，根据桩的特点实施控制。钻孔灌注桩在高层、超高层的建筑物和重型构筑物中被广泛应用，适用于黏性土、粉土、砂土、填土、碎石等以及地质条件比较复杂、夹层多、风化不均、软硬变化较大的岩层。适用于当建筑场地临近有建筑物（构筑物）或地下管线等工程设施，采用其他桩型将引起不良影响时。设计要求单桩承载力较大，技术经济指标和施工条件又比其他桩型优越时，桩端持力层层顶标高变化较大，桩的长度难于准确确定时。

监理应该掌握地质勘探要求，根据地质报告实施桩基的地质监控。

2. 了解钻孔灌注桩可能出现的质量问题以采取应对措施

钻孔灌注桩容易出现的质量问题如下：坍孔、钻孔漏浆、桩孔偏斜、缩孔、断桩、缩颈、钢筋笼上浮、钢筋笼下浮、钢筋笼焊接不符合要求、桩身夹泥、孔低沉渣过大、夹渣、露筋、离析、桩位偏位、垂直度偏斜、桩身混凝土强度不够、泥浆稠度不符合要求等。

监理工程师只有掌握现场易出现的质量问题，要做到有预控措施，才能够有针对性的控制。

3. 前期工作的监控

1）资质审查

例行检查施工承包单位的资质，招投标业务或是业主指定的分包商已经经过了严格的审查，监理只有把资质证书以及相关的人员证书要求施工单位报监理备查。

2）桩基施工组织设计专项方案审查

施工组织设计对于保证工程的质量至关重要。因为一个施工单位的施工方案决定了他的操作水平，好的施工单位，会依据审批过的施工组织设计施工，做到事前有计划，事中有控制检查，事后有验收；过程控制中会有自检，互检和交接检。因此，这项工作要求总监严格把关，从制度上到人、机、料、法、环上严格审查，在监理中要求施工单位，严格按审批的施工组织设计去有效的实施。现场主要抓住制度和人这第一关，以人的工作质量去保证施工质量。

4. 施工过程的监理控制

主要依据钻孔灌注桩成孔的工序去监理控制：钢筋笼下料施工——定桩位——护筒埋设——钻机就位——钻孔——终孔——第一次清孔——下放钢筋笼——接入导管——第二次清孔——浇筑水下混凝土。

根据施工的程序采用监理对策，钻孔灌注桩，现场的旁站检查尤其重要，根据容易出现的质量问题，要有针对性的全过程控制。

（1）检查施工单位人员的到岗

检查质检人员的到岗情况以及是否采取了自检，要求施工单位的质量人员必须进行严格的检查，监理在验收和旁站的基础上严格控制施工记录的真实性。

（2）检查施工单位的现场定位放样记录

要对现场施工的测量记录检查，并且现场进行复测，确保桩位的正确无误。

（3）垂直度的控制

检查钻机就位的平整垂直度，在钻进过程中应作必要的检测，特别是钻进过程中碰到孤石、坚土时更应及时复查。主要用水平仪进行检测。

（4）孔内水位及泥浆比重的控制

检查孔内水位以及泥浆比重，为了防止坍孔，孔内水位必须高出地下水位 1m 以上；钻进过程中适时控制泥浆比重，一般控制在 1.1～1.3 的范围内。监理要配备泥浆比重计，实时进行抽查检测。

（5）终孔

根据设计深度、地质情况，浮渣取样等情况，根据试验桩的结果经设计、勘察、监理、施工、业主五方定下的试验桩的标准检查验收。

（6）清孔

清孔分两次进行。第一次清孔在成孔完毕后立即进行，第二次在下放钢筋笼和灌注导管安装完毕后进行。测定孔底沉渣，监理要根据清孔泥浆稠度，根据测绳检查验收，沉渣厚度应符合设计要求。

（7）钢筋笼的检查验收

对已经施工完毕的钢筋笼进行品种、数量规格、焊接质量、接头位置等验收，符合要求才可以下放钢筋笼。现场还要重点控制施工单位钢筋笼下放的长度，必须符合设计要求。监理如果马虎，就给有些素质较差的施工单位有了可乘之机。

（8）水下混凝土施工监控

1）原材料、配合比、坍落度的控制

检查配比单。混凝土厂家的质量保证资料，检查坍落度。现场监理要见证取样混凝土试块，确保试块的真实有效，有些是委托搅拌站进行养护，这个搅拌站取的试块不具备有现场说服力，因此，现场监理必须要求施工单位现场随机取样现场养护，并且监理见证送样。

2）提升及拆管的监控

混凝土应连续灌注。控制导管的上下速度以及垂直度，严防速度过快碰撞钢筋笼；速度过快会把钢筋笼带出。混凝土下料不可过多，埋管深度宜保持在 2～3m。过多则影响灌注速度或造成塞管，拔管困难引起钢筋笼上浮等质量问题；过少则易造成浮浆或泥巴夹层。这个过程控制要求施工单位对施工班组进行认真交底，提升班组的控制意识，并且实时监控旁站。

十四、浅谈监理公司的市场发展战略

笔者认为，目前正是一些有实力监理企业的转型阶段，逐渐的由单一的监理公司向项目管理公司发展，以在产品生命周期的成长期占领市场，笔者就目前就职的监理公司，浅谈监理公司的市场发展战略。

我国从 20 世纪 90 年代开始实行监理制度，它是我们国家一项新的制度。国家建筑法要求实行强制性监理，这为监理公司的发展提供了发展的良机。笔者的公司从一个乙级监理公司，人员不足 70 人，年产值不足 1000 万，发展到年产值达 3000 万元以上，人员达 200 人以上的规模，形成了一定规模的监理咨询企业，为浙江的建筑业做出了的贡献。

随着我国经济建设的不断发展，新的管理模式也在不断地出现并与国际接轨。建立中国的咨询管理公司、项目管理公司的同时各种资格证书也在不断地推出。这些年我们国家不断地推出了很多与项目管理咨询公司有关的资格证书：监理工程师、项目管理师、环评工程师、投资咨询工程师、安评工程师、安全工程师、结构工程师、造价工程师、建筑工程师等，这些资格证书，为国家各类咨询业企业的发展奠定了基础。

目前，各种规模的监理公司、咨询公司、项目管理公司、造价事务所等如雨后春笋般破土而出，未来咨询行业的竞争是显而易见的。就目前我公司的市场战略，谈自己的一点浅显看法。

1. 监理的生命周期

我公司目前的业务是单一的监理业务，近年来我公司监理业务发展的比较快，而且取得了很大的成就。

监理行业按产品的生命周期理论划分导入期、成长期、成熟期和衰退期，我认为目前监理行业已经处在成熟期阶段。处于成熟期的监理企业，监理的产品是服务，此阶段的特点是产品定型、技术成熟、成本下降、利润水平高，但随之而来的是需求逐渐满足，行业增长速度减慢，行业内部企业之间竞争也日趋激烈。而项目管理咨询公司则是处于产品生命期的成长期阶段，也正是市场进入的绝好时机。处于成长期的产品生命周期的特点是，市场需求急剧膨胀，行业内的企业数量迅速增加，行业在经济结构中的地位得到提高，产品质量提高、成本下降。对项目管理咨询企业，此时是进入该行业的理想时机。

2. 我公司的 SWOT 分析

SWOT 分析是企业外部环境分析和企业内部要素分析的组合分析。优劣势分析是对于企业自身的实力及与竞争对手的比较，而机会和威胁分析将注意力放在外部的环境的变化及对企业的可能影响上。

我公司的内部优势，在行业中已经处于稳定的地位，市场份额比较大，业主以及社会已经是广泛的认同，总经理的业务承揽能力比较高，企业形成了一定的规模，业绩比较佳，具备了国家注册监理工程师及造价工程师等相应的管理人员，管理制度基本完善，有较好的政府外部资源关系，资金比较充裕有较大的优势。劣势，总监的队伍资质证书上达不到国家的要求，难以适应目前的招投标体制。部分监理人员的队伍资格还不完善，个别监理人员自身素质比较差，监理队伍经验不丰富，缺乏大型的复杂的施工现场经验，走出本地进入大都市存在一定的劣势，配备的设备不够完善，对企业的形象有所影响，业务比较单一，内部缺乏强有力的管理。

我公司的机会与威胁：机会，正处在国家改革开放的前沿，杭州湾新区的设立是一个新的契机，监理业务量以及项目管理方方面面的业务量将随着杭州湾的开发大幅度的增加。国家大力推行代建制、强制监理制，监理公司向项目管理公司的转型初期，国家也会大力扶持监理公司的转型，项目管理咨询公司处于生命周期的成长期，进入门槛不会很高，市场成长率将会比较高等都为我公司奠定了很好的外部机会。

威胁，一些新的监理公司、项目管理公司、各种咨询公司不断地出现、竞争将会越来越残酷，业主选择咨询公司将会越来越苛刻，市场成长率也将不会有前几年那么高。各种管理模式随着改革开放的不断推进，将会逐渐取代单一的监理制，人员的工资水平要比以前要求提高。咨询人员的管理水平也将要求是高素质的人员而取代初期的单一的没有证书的监理人员。

3. 企业的战略选择

按照 SWOT 分析图的四个象限：增长性战略、扭转性战略、防御性战略、多元化战略、我认为我公司应该采取多元化战略，企业有较大的内部优势，但要面临外部严峻的外部挑战，应该利用企业自身优势，开发多元化经营，避免或降低外部威胁的打击，分散风险、寻求新的发展机会，向项目管理公司发展转型，多元化业务承揽。

4. 战略选择

市场战略分为三个层次；总体战略、基本竞争战略和职能战略。从总体的内部优势劣势分析及外部的机会威胁分析上看，我公司应该选择多元化战略，在总体战略中多元化战略是以企业现有的设备和技术能力为基础，发展与现有产品或服务不同的新产品或服务不同的新产品和服务。

咨询公司，主要还是人才的问题，咨询公司的业务量关键是个人的能力。因此，我公司应该在投资组合上采取扩张的发展战略。我觉得应该逐步加大优秀人才的引进力度，选择发展的竞争战略，采用多元化的战略，逐步增设可行性研究业务，增设代建业务，增设造价业务及招标代理业务，增设环评业务，增设安全评价及管理业务，增设设计业务，增设勘察业务，增设试验业务，设计业务。以上业务可以采取各种组合，在监理资质上增设公路监理资质，水工监理资质，设备监理资质。逐步实现公司向多元化经营的项目管理公司发展，以取得市场的占领时机。

实现几年时间里达到一个较大规模的项目管理咨询公司。

十五、探索监理对嵌岩桩的质量控制

笔者有幸以总监理工程师的身份参与了绿城慈溪浒山江以西 1 号、2 号地块的监理工作。下面结合监理工作实际，谈谈自己对嵌岩桩质量控制的几点认识：

1. 做好交底工作

(1) 工程桩开工前，总监对施工单位的现场管理人员进行桩基工程交底，这样，施工单位在施工过程中有章可循，使现场施工管理人员对各个质量控制点有个清醒的认识。笔者针对以下几个控制点，进行了详细交底，这几点同时也是要求现场监理人员必须到位实测实量点：开钻、入岩、终孔、一次清孔、下钢筋笼、钢筋笼搭接焊，二次清孔、孔深量测、沉渣量测、泥浆比重量测，浇捣混凝土配比单的检查控制，填制监理表格。

（2）工程桩开工前，针对监理队伍素质参差不齐，为了控制好嵌岩桩的质量，笔者在工地进行了层层交底，总监交底，专业监理工程师交底。结合工地实际以老带新，使新人能够在较短的时间内掌握嵌岩桩的质量控制要点。笔者认为，总监必须对嵌岩桩以下要点进行交底，让其现场监理人员全面的掌握其控制点的标准，以确保工程质量满足设计及规范要求：

1）岩样的判定。根据地质勘察单位的岩样，进行对比分析。试验桩控制标准，地质报告，以及经验判定。掌握岩样主要色泽，硬度等，如笔者的工地设计要求入岩为中风化凝灰岩。

2）入岩深度量测。首先要确定上余尺寸量测并如实记录，监理如实在现场取得具体数据。笔者工地设计入岩深度为 $1.5D$。

3）终孔量测。根据测绳量测，该为定量控制，监理现场实际量测取得定量具体数据。

4）第一次清孔。通过调整泥浆比重把沉渣清至孔外，监理人员主要是过程控制。

5）下钢筋笼焊接。由现场监理人员实际检查测量，为定量指标。按国家规范要求，双面焊 $5D$，单面焊 $10D$。

6）钢筋笼长度控制，在平时检查中，要求施工单位将所有钢筋笼抬至现场，不允许边焊接边抬至现场，容易造成偷工减料的漏洞，这项控制为过程控制。

7）二次清孔，监理人员现场为过程控制。

8）沉渣检测，为监理必检查的定量指标，采用测绳或沉渣仪测定。测绳根据每个人的现场经验而定，为主观控制指标，而有资料表明比较先进沉渣仪可定量指标，笔者的工地沉渣控制在 5cm 以内，用测锤量测。

9）孔深测定。为监理检查定量指标，这个也是业主核算工程量的一个依据。采用测绳以及钻杆双控检查。

10）泥浆比重检查。这个检查为定量指标，有量秤以及比重计检测方法。笔者工地泥浆比重为 1.1～1.2 之间，用比重称量测。

11）配合比检查，每批混凝土，监理必须拿到配比单，并要不定时的对混凝土的坍落度进行检查。

（3）监督施工单位的交底

笔者工地总监以及土建监理工程师，参加了施工单位对于桩基机长的交底会议，以督促施工单位，进行全过程的质量控制。

2. 过程控制

（1）控制资料的真实性

监理内部资料的真实性，直接反应的是工程的实际质量，因此，总监必须要求现场监理人员必须如何的填报工程的实际检测结果。在笔者的工地，每根桩一张原始凭证记录表，每天早上由现场监理报给专业监理工程师进行审核效验，现场监理人员分桩机、分桩号进行控制，每根桩都有详细的记录。监理记录与施工单位记录应该检查一致，这样就会及时发现施工单位在质量和工程量上的问题。

（2）严格内部管理

及时召开项目部例会,分析总结施工过程中发现的各种问题,调换不称职不负责任的监理人员。以专业监理工程师为现场的全权控制,分工协作。在笔者的工地,实行监理员分桩机控制,人员分配由专业监理工程师控制倒班,及时动态的调节监理人员,掌握监理现场监理人员的动态。

笔者的工地每周都有,专业监理工程师把工地发生的"四控"问题,以书面形式报给总监。总监根据现场的实际情况在工地例会中系统地阐述"四控、两管理、一协调"的情况。并且每周把一周检查的问题用周检的形式下发给施工单位以及业主单位,这样,在一周中的各种问题,就都会有一个系统的归纳,起到了很好的效果,同时如果在此期间各种问题,也很好的保护了监理自己。经过多次检查不整改的项目下发监理通知单,强制要求施工单位限期整改。

(3) 用数据用照片说话

要求施工单位每周上报各种数据报表,笔者的浒山江以西1号、2号地块工地,施工单位每次的工地例会用文字如实的上报各种统计数据,均要求用定量指标报告,包括,管理人员的数量,施工人员具体数量,桩机具体数量,完好程度,进场材料数量、时间,检测批次,每天每根钻机完成数量,总完成数量,未完成原因分析,计划本周每台钻机完成量,累计完成量。各种桩型号,完成总量等。

资料的控制,也就意味着质量控制。比如业主要求的相邻桩长入岩的对比,这样控制,就可以看出入岩深度是不是有异常,对照勘察报告就能够判断入岩是否够。

笔者工地的质量和安全隐患问题由监理派专人拍成照片,在工地例会中演示给施工单位及业主,包括钢筋笼焊接不符合规范,现场打桩遇到原有井的质量问题,现场入岩困难等问题。用数据说话,用图片说话,对施工单位确实起到了应有的控制效果。

3. 掌握影响施工质量的因素

在施工现场中,由于桩基单位个体差异很大,有的完全不知道桩基施工的重要性,时有偷工减料的现象发生。因此,现场监理就要清楚容易在哪些环节发生影响施工质量的问题。笔者总结了一下本工地和其他一些工地的经验,认为嵌岩桩在以下一些地方容易偷工减料,了解施工单位容易偷工减料的环节才能够有针对性的控制:

(1) 控制入岩桩基钻进的速度,也就是每小时的进尺深度,达到该标准才能够算入岩或终孔。因此,有的桩机长,就把桩机钢丝绳拉紧,吊着打,以造成每小时进尺艰难的假象。这个要依据现场的经验判定,在笔者的工地只要一发现此种现象就罚款措施。由监理开给总包单位,由总包单位实施处罚。

(2) 准备好的岩样,现场监理检查从现场捞出的是已经准备好的假岩样。

(3) 钢筋笼边焊接边抬,造成监理不能够全过程检查。几台桩机同时要求验收,使监理来不及检查。以使钢筋笼少放。

(4) 量测入岩深度时提钻杆,待监理人员离开后将钻杆放下以造成虚假的入岩深度,偷工减料,引起数据与现场的不符。

(5) 入岩时钻杆吊起,造成测量上与尺寸不符。

(6) 钢筋笼不是标准长度,在接钢筋笼时吊起来,少放钢筋笼。

(7) 长时间不换钻头,以造成入岩困难的假象,实际并未真正入岩。

4. 掌握嵌岩桩的主要承载特性

嵌岩桩的岩样判断有时候会引起争议，因此，如何能够确保施工工程质量，因此要求总监能够多掌握理论上的依据，掌握嵌岩桩承载力要求，掌握地质报告，掌握岩样特性，并且根据设计勘察意见，以确保工程质量。还能够使工地不增加施工难度，不拖延工期，笔者曾查过有关资料表明：

嵌岩桩对与长径比大于15～20倍的泥浆护壁钻（冲）孔嵌岩桩，无论嵌入风化岩还是完整基岩中，其荷载传递具有摩擦桩的特性，一般桩端阻力所占比例不超过20％。当长径比大于40且覆土为非软弱土层时，嵌岩桩的端承作用较小，桩端嵌入中微风化或新鲜基岩不会明显改变桩的承载性状。对短而粗、清底良好的嵌岩桩（墩）长径比小于等于5，端阻力才先于覆土层的侧阻力发挥，且端阻力起主要作用，其承载特性属于端承桩。因此，掌握端承桩的荷载传递特性是十分重要的。也为工地质量问题判断提供了一定的依据性。

十六、利用影像资料手段管理在建项目的几点体会

1. 简介 PPT 图片

（1）准备数码相机数部，可以根据项目部的人数配备。笔者认为，应该为监理部人员人手配一部数码相机，无论是在巡视工地还是在检查验收中或是在原始数据的获取中及时地获取工地图片的各种质量、进度等信息，图片标定日期，其目的是图片在拍摄中留下现在进行时的日期，为以后各种文档追踪留下时间依据。

（2）准备幻灯机一部，可以放在会议室中，在工地例会中用幻灯播放每周采到的各种进度、质量，投资，安全等等图片。施工、监理、业主、设计等单位均以制作的 PPT 在工地例会中播放进行控制管理。

（3）准备手提电脑一部，在会议室中用电脑幻灯播放各方主体编制的 PPT 图片。

（4）各方主体，备 U 盘，在每次例会中，利用电脑及幻灯播放已经整理好的 PPT 图片。

（5）监理人员包括总监，专监，监理员每日在巡查及各种工地检查验收中及时拍摄工地照片，并按日期制作 PPT 幻灯图片。

（6）施工单位每日根据工程进展情况拍摄进度、质量、安全等等照片，以及问题整改后的照片，跟监理查出的各种问题照片形成闭合。

（7）业主根据工程进展情况拍摄工地各种照片，以实行动态全方位的塔尖管理。

（8）监理单位资料员每周根据照片整理 PPT 图片由专监或总监在例会里进行汇报总结并提出各种问题及整改要求。

（9）在例会中施工单位以 PPT 图片进行汇报。

2. PPT 图片在进度中的应用

（1）施工单位每周的工地例会中，用 PPT 以图表进行汇报。上周的进度计划，与月进度计划对比分析，未完成的原因分析。总进度计划列出，与月进度计划对比，本周的进度计划。

（2）施工单位以工地现场进度图片形式进行汇报。并进行上周实际完成量和计划进行对比分析图片。比如，深基坑工程各个区块开挖图片及垫层砖胎的施工，直观并一目了

然。比如，检测数据点可以直接标注在基坑开挖平面图中，利于直接反应工地的形象面貌。再比如，本周上周进度四层，本周进度五层进度图片。主要反映该部位的进度形象面貌。

（3）监理项目部以图片形式在例会中及时反映工地的总体各个区块、楼号工地进度形象面貌，分析未完进度原因，及时要求施工单位进行进度控制。

（4）业主根据工程进度情况及时提出要求。

3. PPT 图片在质量中的应用

（1）施工单位从工地开工之初，即确定质量控制采取 PPT 图片的管理方法。施工单位内部可以自行采取自检图片的形式进行质量控制，交底图片拍照，在周例会里汇报。每周项目部根据自检及监理提出的各种问题图片进行要求整改。并以整改好后的照片在每次的工地例会中汇报。

（2）项目监理部，每天巡视工地或检查及验收，以照片反映工地的质量问题。从原材料的进场到钢筋的焊接，从工地的土方开挖砖胎膜断面的检查到钢筋验收，从脚手架的搭设再到混凝土浇捣，坍落度的检查以及混凝土试块的制作。可以反映问题，也可以直接进行现场取证施工单位的各个工序的控制。这样做一是对监理自身工作的检查，二是对施工单位的一种约束，三是及时反应工地的各种质量问题。给决策层一个判断解决问题的依据。比如，现场坍落度的检查，在每次的例会与监理汇报与涵盖本周的混凝土坍落度历次抽查的图片，现场试块抽检的图片，验收中的质量问题等等情况。可以列制表格及图片配合使用。直接控制监理的工作质量也直接对施工单位进行了有效的控制。在拍摄中在相机里制定工作日期，时间在工作中的重要性。对施工单位的问题整改后进行图片追踪，整改后以图片进行反映，并在例会中以图片的形式展示。

（3）业主按要求制定自己 PPT 管理。

4. PPT 在安全管理上的应用

（1）施工单位汇报每周包括安全交底及技术交底时候的照片，以图片的形式在工地例会里汇报。以及安全进展情况图片。对监理提出安全问题，整改后以图片的形式反映在 PPT 里，标定时间，例会中播放。

（2）监理单位以图片的形式反映工地安全问题，在例会里用 PPT 播放出，参会的各方主体领导会及时根据这些照片进行决策，有效的控制工地的安全事故的发生。

（3）总监每周组织的周监，以 PPT 形式检查结果及时在专题会议里提出，直观形象。施工单位可以根据此照片进行整改。专业监理工程师可以根据此照片进行复查整改情况。

（4）业主根据监理的 PPT，施工单位的 PPT 进行及时有效的监控。

5. PPT 在投资管理中的应用

（1）各种变更单发生，可以由监理人员拍摄现场的原始见证照片，由总监进行审批，有图片、有文字、便于总监签认。

（2）各种工期及费用索赔都以原始图片及文字记录为准。

（3）总监依据项目监理部拍摄的每周、每月进度照片及现场巡查及分管监理工程师的审核后的工程量进行工程付款的签署意见。

6. PPT 在信息管理上的应用

笔者认为，日后的监理日常工地管理，应对工地的有关图片，视频进行归档整理，保持电子文档。这其中包括施工单位的电子文档，对施工全过程的一个记录。监理的图片电子文档记录、业主电子文档记录、图片管理应该纳入竣工验收里，质量监督站根据监理、施工、业主的各种平时电子文档细部及全部过程控制进行检查。有理有据的竣工验收。

监理的资料不只是文字的整理归档，还应该包括电子文档的归档整理，笔者认为，现在在信息管理上推行这种 PPT 图片的管理模式，会有利于工程建设中的质量、进度、投资、安全控制，起到防微杜渐的作用。

（1）施工阶段的监理资料包括图片资料。比如隐蔽验收，监理可以对隐蔽工程进行具体的拍照，细部及整体全貌，留有影像资料，并整理归纳。每周做的 PPT 就满足了整理归纳的要求。

（2）监理月报可以采取文字及图片电子文档的形式向业主及监理单位汇报，便于业主及监理单位掌握工地的全貌以及反映工地进度、质量、安全、投资等各种工地问题。

（3）监理工作总结也应包括这方面电子文档图片的要求。

7. PPT 在组织协调上的应用

建筑工程参建单位比较多，各个工种比较繁杂，工地里各种问题频繁不断，PPT 图片管理在组织协调中的作用也至关重要。比如在精装修过程中，安装单位和总包单位施工中碰到各种现场的问题，施工单位可以图片的形式反映出来，便于监理及业主根据照片直接进行组织协调。在比如，因为业主图纸上的错误，施工单位可以把图纸在会议中用 PPT 形式提出，各方主体问题根据图片及现场进行决策，并及时增补变更单。

8. 用 PPT 管理的各种好处

（1）可以有效地提高监理队伍的素质，用工作程序照片控制监理的工作质量。PPT 不仅只是反映问题，而且反映监理的过程控制，重点部位的照片，旁站照片，材料的抽查送检，现场抽检都可以用图片和列表的形式反映，并在例会里汇报，好的品质工程及问题及时进行整理，并提供给业主及施工单位。可以提高监理队伍的素质，要求监理单位配备能满足现代管理手段的监理人才。

（2）提高施工单位的素质，对施工单位提高管理提出了具体的要求，并且要求图片进行回复，管理及时有效直观。

（3）对整个工地管理留下文字视频等资料，为评标工地提供基础资料，为创杯工地留下影像资料。免得总是最后评比都是做表面文章。

（4）提高各方主体的控制水平，有据可查。

（5）为类似工程提供借鉴的影像资料，并且资料有图像的追溯性。

9. 拓展应用

笔者认为，在正常的 PPT 图片管理中，还可以采用以下几种方法。

（1）以视频记录工地各检验批及分项施工过程控制。一些重点部位与关键环节可以采用录像的形式进行管理留存档案。

（2）以巡查单、监理通知单、周检配图片及文字进行有效管理。一个巡查单一个质量或安全问题，施工单位针对性的以整改后的照片回复。监理通知单及以问题图片反映问题，并要求施工单位以整改后的图片进行回复闭合。笔者的慈园工地监理实践中就采用了巡查单及监理通知单配照片的形式。一个巡查单一个质量问题，施工单位根据巡查单及时整改照片回复。

（3）PPT 图片可以纳入工地管理的一部分，全面的推广实行，并且归档时要有一些电子文档或图片归档为其一部分。

10. 实际应用的体会

笔者在慈溪慈园项目任项目总监理工程师，该项目从桩基施工中期就开始用 PPT 及巡查单照片的形式进行现场工地的管理，已经历时两年半的时间，一直都在坚持这样的管理。效果明显。具体的一些体会总结如下：

（1）对监理例会中的要求都是采取 PPT 图片的形式，提高了监理人员质量控制的水平，过程控制比较直观，同时有效的管理控制了工地。

（2）便于业主及总监对大型工地的管理决策，根据每周的例会 PPT 的播放及时地掌握工地的各种动态信息。总监组织会议以大局全过程控制预控为主，内部交底，对业主及施工单位的交底，概念明确。针对照片一些大的安全及质量问题及时地进行决策，提出整改的各种方案，比如对大的安全隐患，施工单位拖延整改的及时进行罚款处理。

（3）工地例会由总监主持，会议的程序为，施工单位以 PPT 图片的形式汇报工地里的进度、质量、投资控制、协调等。管理目的明确，问题直观。通过总监及业主对会议的图片及时进行点评提出要求，需要协调的一些问题及时予以答复。

（4）项目监理部的 PPT 汇报资料里包括了上次例会 PPT 图片已经整改及未整改后的照片，以及好的亮点照片，提出具体的要求。检查上次例会议定事项的落实情况，便于施工单位根据图片进行整改，并且具有可追踪性。

（5）用图片图表检查分析工程项目进度计划完成情况，提出下一阶段进度目标及其落实措施。施工单位每周有上周的计划及完成情况，未完成情况分析，人员，材料，设备进场情况及变化情况。并备有图片，便于监理及业主的进度动态控制检查。

（6）质量控制以图片形式在 PPT 进行演示，进行控制，对一些重点部位列出要求，规范，图纸等要求。使参加工程的每一位管理者目标清晰。针对有些施工单位不整改的问题下发巡查单，强制施工单位整改后用照片进行回复。效果比较明显。

（7）安全问题以照片的形式提出，起到了很好的直接控制效果。因例会中施工单位的项目经理等领导都参加，图片等会直观的反映问题，为施工单位项目经理及时地了解现场的安全问题及时提供了依据。

（8）协调的有关事项，以图片文字提出，有原始的图片信息，更加具有依据性。

因此，笔者认为，现在的工程项目各方主体，应该大力提倡利用影像资料手段管理在建项目，进行现代化的管理，提高各方的管理水平。

十七、互联网 QQ 群在在建工程上信息的应用

在建工程信息及时的收集与交流，是工程管理的依据，是工作过程之间联系的桥梁。在建工地施工现场，各方主体包括了建设方、监理方、施工方、勘察方以及设计方。各方之间信息及时有效地沟通对工程项目目标实现起着至关重要的作用。

笔者任余姚时代广场的总监，为了解决工地现场信息的沟通问题，利用互联网普及建立了 QQ 群，有效地起到了这种效果，起到了事半功倍的作用。

笔者的工地分为两个标段，建筑面积 33.7 万 m^2，两层地下室 12.5 万 m^2，地形狭

长，工程规模比较大，且分布面较广。因而，给现场的沟通造成了很大的困难，利用 QQ 群，进行信息的沟通，起到了很好的效果。就 QQ 群的管理，笔者谈谈自己的实际操作想法和起到的效果。

1. 群的建立。两个工地拉通了网线，笔者建立 QQ 群，得到了业主、施工单位的大力支持。现场的业主管理人员，监理项目部人员，施工单位管理人员均加入群内。因而这就建立了一个信息的平台，利用 QQ 群内的功能进行信息有效沟通及共享。这个群包括参建各个主体。目前，我们的群只是包括建设单位、监理单位及施工单位的各方的项目部管理人员，三方的项目负责人均加入本群。设计单位没有加进来。

2. 会议纪要及时有效的沟通。监理例会会议纪要上传，由各方负责人根据监理整理的会议纪要进行修改，开始设定初稿上传，各方可以通过监理上传下载、修改、完善后传给监理资料员，由监理总监或总监理代表审核后资料员在整理后形成终稿上传，并形成纸质文件下发。这样的沟通，省时省力，且三方主体均对会议纪要进行了有效的确认。而会议纪要是根据监理例会中各方主体的 PPT 形式总结汇总而成，包括了进度控制内容、质量控制内容、安全控制内容、合同控制内容、本周材料进场情况、本周劳动力情况、本周机械设备情况、本周需协调的内容等。

3. 现场的技术问题及时有效沟通。针对工地发生的各种问题，需要业主与设计单位进行及时有效沟通，而监理和施工单位第一时间发现的问题，可以通过群内及时地跟业主代表沟通，而且，有关领导也会及时地掌握需要设计方处理的有关问题。问题可以是现场的图片或文字说明或截取设计图纸照片。有关问题，形成联系单、形成文字或图片的形式交由设计单位处理。

4. 现场的质量问题及时反馈。给各方有关负责人处理问题留有余地。对监理检查出的问题，以口头及书面的形式要求施工单位整改，而现场发现的质量问题，监理可以用现场图片的形式或者文字的形式发到 QQ 群内，可以用发信息的方式通知施工单位有关的管理人员。各方主体，有的有电脑，有的有手机，而现在的智能手机，都有接受群内信息的功能，而关注本群的信息也是有关管理人员的一项工作。这样起到的效果是：施工单位可以及时的按监理的要求整改及时有效，业主、监理的有关负责人也第一时间掌握了工地的动态。

而本天发生的问题不会延续到下一周例会中提出。施工单位可以把整改好后的照片发到群内，形成闭合。杜绝了只是在工地例会里提出问题监理的事后控制，起到了事中控制的作用。把问题消灭在平时每天的过程控制中。

5. 进度控制。笔者工地目前处在土方开挖及支撑梁及周边压顶梁的施工过程中，要求施工单位每天上报出土方量及进度对比以及土钉、锚杆等施工工程量，每天上午九点之前发到 QQ 群内，各方主体资料员根据上报的信息进行工程量的及时整理，而三方的主要领导也在第一时间掌握了工地的工程进展情况。譬如今年国庆及中秋的八天假期，笔者就通过 QQ 群内的信息及时了解工地的情况，以及监理内部发现的问题动态，及时进行动态控制。

6. 群内信息及时沟通。本工地业主平时的有关要求，以及监理的有关要求，施工单位的有关问题，通过群内发信息，减少了距离造成的有关沟通不便的问题。而照片上传更是起到了很好的效果。

7. 对现场发现的安全问题，业主以及监理都可以以照片的形式及时地上发到 QQ 群内，本工程监理还有以巡查单的形式，一个问题针对一张照片下发给施工单位，限时要求整改，不整改的有关问题再下发监理通知单。也避免了只有进行安全检查才会发现问题的弊病。安全问题消灭在平时。

8. 项目建设所有知识和信息共享。本工程施工总承包单位为两家特级资质单位，业主为国内上市公司，监理公司为甲级房建资质，各方均有很好的经验可以借鉴，因而，可以充分利用这个 QQ 平台进行很好的学习和沟通，为本工程的信息沟通以及质量目标、进度目标、安全目标、投资目标控制起到很好的作用。更为现代化、程序化、标准化的管理起到了应有的作用。

9. QQ 群的广泛应用。笔者认为，目前一些比较大规模的在建工程，现场三方主体的项目管理均可以建立 QQ 群。一些单位的项目管理可以利用 QQ 群进行，而不仅仅是只是通知开会聊天等简单的应用。如今的企业项目管理均可以充分利用好互联网这个平台，进行信息沟通和知识共享。